国家自然科学基金(52300147、51979011)资助项目

硅铝基固废协同处置及其在水工混凝土中资源化利用

Co-disposal of Silica-Alumina Based Solid Waste and Its Resource Utilization in Hydraulic Concrete

周显 陈霞 陈宇驰 等／著

图书在版编目（CIP）数据

硅铝基固废协同处置及其在水工混凝土中资源化利用 / 周显等著. -- 武汉 : 长江出版社, 2022.12

ISBN 978-7-5492-8660-7

Ⅰ. ①硅… Ⅱ. ①周… Ⅲ. ①废物综合利用 - 应用 - 水工材料 - 混凝土 - 研究 Ⅳ. ① TV431

中国版本图书馆 CIP 数据核字 (2022) 第 252601 号

硅铝基固废协同处置及其在水工混凝土中资源化利用

GUILÜJIGUFEIXIETONGCHUZHIJIQIZAISHUIGONGHUNNINGTUZHONGZIYUANHUALIYONG

周显等 著

责任编辑： 李春雷
装帧设计： 蔡丹
出版发行： 长江出版社
地　　址： 武汉市江岸区解放大道 1863 号
邮　　编： 430010
网　　址： https://www.cjpress.cn
电　　话： 027-82926557（总编室）
027-82926806（市场营销部）
经　　销： 各地新华书店
印　　刷： 武汉盛世吉祥印务有限公司
规　　格： 787mm × 1092mm
开　　本： 16
印　　张： 22
字　　数： 530 千字
版　　次： 2022 年 12 月第 1 版
印　　次： 2024 年 6 月第 1 次
书　　号： ISBN 978-7-5492-8660-7
定　　价： 168.00 元

《硅铝基固废协同处置及其在水工混凝土中资源化利用》

编 委 会

前言
PREFACE

为促进我国“30·60”目标顺利实施，“十四五”期间我国规划的一大批国家水网和新能源体系支撑工程将进入建设高峰，水电工程、引调水工程分布于流域上中下游且工程规模庞大，对原材料需求量巨大。受资源禀赋、能源结构、发展阶段等因素影响，长江经济带大宗固体废弃物（简称固废）综合利用仍面临生产及堆存量大、综合利用率及产品附加值低等严峻形势。2020年长江经济带一般工业固体废弃物产生量为10.2亿吨，相比2015年增长了10.6%，而综合利用率却下降了2.9%。尾矿、石膏、赤泥、钢渣等大宗工业固体废弃物利用尚未形成产业化规模，大量固废堆存给周边土壤、地表水和地下水带来污染，对流域水源和生态环境安全形成隐患。

秉承生态优先、低碳绿色发展理念，针对大规模存量和增量工业固废堆存造成的巨大环境压力这一迫切形势，结合双碳背景下国家水网和新能源体系支撑工程建设需求，开发钢渣、磷渣等典型工业固废用作建筑原材料并实现其在工程中的资源化利用，不仅可缓解工业固废对流域造成的环境压力，还能变废为宝，促进化工、水泥、煤电、冶炼等多产业协同融合及低碳绿色建材发展。

本书以长江经济带典型工业固废为研究对象，基于国家自然科学基金委资助的工业固废相关项目（52300147、51979011）以及铁尾矿、活性石粉等固废在我国部分大中型水电工程中的研究与应用科研成果，侧重从多源固废的微观结构与品质调控机理、绿色活化技术、固废基水泥混凝土制备技术与性能规律等方面，紧密结合硅铝基固废与灰—渣结构互补效应，突出新材料、新工艺与新技术在实际工程中的应用成果，推动大宗固废综合利用由“低效、低值、分散利用”向“高效、高值、规模利用”整体转变并取得积极进展。认真吸纳行业内有关研究成果与实践经验，以期为工业固废在新时期工程建设中的大规模成熟应用提供借鉴与参考。

本书由周显组织撰写，负责书稿大纲的拟定与全书的校核，并全程指导各章内容的编排工作。本书共分为6章。第1章由周显编写，主要介绍硅铝基固废在水工混凝土中应用的意义及作用机制。第2章主要介绍长江经济带大宗硅铝基固废特性和利用现状及存在的问题，由周显、陈霞编写。第 3 章介绍了硅铝基多源固废材料组分活化及性能调控技术，由周显、陈宇驰、侯浩波、金中武编写。第 4 章介绍了硅铝基多源固废内生污染物的固液分配规律及协同无害化作用机理，由陈霞、范泽宇和陈逸编写。第 5 章主要介绍了硅铝基固废材料在混凝土骨料、矿物掺和料中利用的关键技术和品控指标，由庞波、娄宗斌编写。第 6 章总结，由周显编写。

汪韦兴博士、耿军军博士、万沙博士、瞿庭昊参与了本书的部分研究工作，本书的编撰也获得了他们的大力支持，在此表示衷心感谢！彭子凌和鲁麒在本书的撰写过程中提出了宝贵意见，在此一并表示感谢！

本书在编写过程中，得到了长江水利委员会长江科学院材料与结构研究所的大力支持与帮助，特别感谢国家自然科学基金委员会对本书研究成果提供的项目资助。本书涉及环境地球化学、材料学、化学等多个学科领域，同时作者研究领域和认识水平有限，书中难免出现疏漏和不妥之处，敬请各位读者批评指正。

作　者

2024 年 4 月

目录

CONTENTS

第 1 章　绪　论

随着社会经济条件的发展，世界各国都加大了对交通基础设施及人居环境改善的力度。水泥在建筑材料领域一枝独秀，已经成为了继淡水资源之后排行第二的物质资源材料。然而，在大量使用水泥建材的同时，世界气候变化及温室气体排放形势也日趋严重。2016 年，世界水泥产量 41 亿 t，我国产量 24 亿 t，按照世界水泥可持续发展倡议组织 CSI (Cement Sustainability Initiative) 发布的吨水泥排放二氧化碳 629kg 核算，2016 年全球水泥行业碳排放量为 25.79 亿 t，约占年碳排放总量的 7%，其中我国约占 4%。面对全球节能减排的产业发展趋势，水泥行业的技术革新及新型低碳替代材料的开发成为其发展的难题。地质聚合物作为一种继承传统水泥浇筑工艺的新型胶凝材料，其碳排放量仅为水泥的 1/5，近年来逐渐得到国内外学者的重视。

建筑材料发展面临的另一个难题是生产原材料的供应。随着我国经济高速发展的浪潮不断持续，众多自然资源已经进入匮乏期。按照目前水泥工业发展的平均水平，生产 1t 水泥，消耗 670～750kg 石灰石、100～150kg 黏土、5～15kg 铁矿、85～110kg 煤。巨大的能耗催生了众多以硅铝酸盐废弃物为原料的替代建材产品。地质聚合物领域发展亦是如此，天然矿物的匮乏导致矿渣、粉煤灰、赤泥等大宗工业固体废弃物成为该领域的重要原料。因此，从建材行业发展的需求及资源匮乏的形势出发，利用大宗工业废物生产新型低碳胶凝材料具有重要研究价值。

在环境领域，固体废物种类繁多、特性复杂，有别于气、液相污染物质单一呈现污染特性的属性，其呈现为污染特性和资源特性并存的属性，因此在固体废弃物综合处理过程中，讲究“减量化、无害化和资源化”三化并行。目前尤为突出的固体废弃物污染问题表现在大宗工业固体废弃物上，如冶金废渣、采矿废渣、燃料废渣、化学废渣等不仅产量大，同时对储存空间需求及污染极大，探索规模化、资源化的综合利用途径成为关键。多年的利用实践证明，利用大宗固体废弃物制备建筑胶凝材料无疑是最具潜力的废物资源化途径。近年来，重金属污染控制无论在何种行业中均日趋严峻。针对重金属污染控制，重金属污染修复材料逐渐成为该领域关注的重点，比较突出的包括重金属吸附材料及重金属固化稳定化材料。前述众多工业废弃物不仅具备一定的表面活性，同时经适当处理后具备一定的胶凝活性，对重金属表现出一定的吸附、物理包覆及化学固结特性，因此在利用大宗工业废弃物开发胶凝材料的同时，实现其重金属污染修复功能的耦合是极具研究价值的课题。

受资源禀赋、能源结构、发展阶段等因素影响，未来我国大宗固废仍将面临生产强度高、利用不充分、综合利用产品附加值低的严峻挑战。若依靠建材行业消纳固废，相关建材企业产品品种单一、附加值不高、产业链不完善；而分离回收固废中的有价元素要经过特殊的工艺流程，且有价元素回收后仍有大量二次尾渣产生，需进一步消纳处理。因此，亟须开发大规模消纳稀土尾矿的利用技术。

传统水工混凝土具有水泥用量高、用水量大、骨料体积占比高等特点，带来严重的环境负荷并消纳大量自然资源，同时混凝土易开裂、耐久性差，严重影响水工建筑物的使用寿命与安全运行。因此，提高水工混凝土的经济性和长期耐久性能，大力发展绿色混凝土，是水利水电行业实现可持续发展的重大研究课题。在混凝土中掺入优质矿物掺和料取代部分水泥，开发固废基砂石骨料，不仅可以提高工业废渣的资源化利用，降低对自然资源和能源的消耗，还可以改善混凝土的抗裂耐久等各项性能，是发展现代绿色高性能混凝土的重要技术措施。

20 世纪 50 年代，长江科学院在水利水电行业率先开展了粉煤灰、矿渣粉等矿物掺和料用于水工混凝土的可行性研究。自 20 世纪 90 年代起，长江科学院联合中国水利水电科学研究院和中国长江三峡集团有限公司对掺粉煤灰、矿渣粉、天然火山灰质材料胶凝体系的水化机理、品质控制、性能规律、配制技术及测试技术方面开展了广泛深入的研究，推动了粉煤灰、矿渣粉、天然火山灰质材料等矿物掺和料在部分大中型水利水电工程中的应用，取得了显著的社会效益和经济效益。

随着水利水电工程建设的蓬勃发展，水工混凝土矿物掺和料的需求量也日益增加。然而，我国粉煤灰与矿渣等传统矿物掺和料资源空间分布不均匀，很多地区粉煤灰供应紧张，优质粉煤灰更是供不应求。故因地制宜地开发其他新型矿物掺和料或将粉煤灰与其他掺和料以合适比例掺入水泥基材料，已成为水工混凝土掺和料发展的必然趋势，这样一方面可以适当缓解粉煤灰供应紧张问题，另一方面可以结合其他矿物掺和料的优势，取长补短，经过复掺改性后的混凝土各项性能更加优异。

采用硅铝基固废作为水工混凝土掺和料，可大规模消纳硅铝基固废。我国在尾矿、钢渣以及铜渣、镍渣等固废经过活性激发制备胶结材料研究方面已取得良好进展。铜尾矿经过 600℃高温煅烧和机械粉磨，当其比表面积控制在一定范围内时可以提高其反应活性，但活性激发程度有限。尾矿基混合胶凝材料的梯级混磨时间是控制其强度的关键因素。根据尾矿、钢渣、镍渣等固废类型及材料特性，选择合适的活性激发与胶结体系使其达到水工混凝土强度设计要求在技术上是可行的，但应关注尾矿固废自身的二次粉磨及粒度、级配及分布等颗粒特性控制、与之相匹配的制备工艺以及长期涉水时材料强度等力学性能的演变规律。此外，钢渣、尾矿等硅铝基固废具有硬度大、强度高、结构致密耐磨等特点，满足水电工程用骨料性能技术要求，在充分论证其作为水工混凝土骨料技术经济可行性的基础上，明确其品质与安全控制技术要求，并提出硅铝基固废骨料水工混凝土制备与应用技术，是发展与丰富现代绿色生态水工混凝土的重要技术举措。

针对上述固废处置及资源化利用存在的问题，基于国家自然科学基金委资助的工业固废相关项目（52300147、51979011）以及铁尾矿、活性石粉等固废在我国部分大中型水电工程中的研究与应用科研成果，开展了硅铝基固废协同处置及其在水工混凝土中资源化利用技术研究，揭示了硅铝基多源固废协同调质活化机理，阐明了硅铝基多源固废体系中复合污染物在复杂环境下的多相归趋机制，最终形成了硅铝基多源固废在水工混凝土中资源化利用关键技术体系；通过多元固废协同活化与重构，充分发挥其材料禀赋特点，结合复合污染协同无害化处置实现伴生及次生污染物固化稳定化，基于品质控制、制备技术、质量要求等建立完善固废基水工混凝土应用技术，创新性地为大规模消纳复杂硅铝基固废提供了新的技术路径，也为现代水工混凝土材料体系设计提供了新的解决方案，推动了多源固废协同处置技术的进步。

第2章　长江经济带大宗硅铝基固废

2014年，《全国土壤污染状况调查公报》对我国土壤污染现状的描述为：全国土壤环境状况总体不容乐观，部分地区土壤污染较重，耕地土壤环境质量堪忧，工矿业废弃地土壤环境问题突出。工矿业、农业等人为活动以及土壤环境背景值高是造成土壤污染或超标的主要原因。从污染分布情况看，南方土壤污染重于北方；长江三角洲、珠江三角洲、东北老工业基地等部分区域土壤污染问题较为突出，西南、中南地区土壤重金属超标范围较大；镉、汞、砷、铅4种无机污染物含量分布呈从西北到东南、从东北到西南方向逐渐升高的态势。

矿产资源开发、重化工企业沿江高密度分布、有色冶金等行业排放的固体废弃物是长江流域土壤污染的主要元凶。全国6个土壤污染防治先行区有4个集中在长江经济带，分别是浙江台州、湖北黄石、湖南常德、贵州铜仁。因此，促进长江经济带的固体废弃物资源化利用是长江大保护战略的核心和重点问题。

2.1　钢渣

2.1.1　钢渣特性

钢渣是在炼钢过程中产生的副产品。据估算，每生产1t钢材会产生0.15～0.20t钢渣。在炼钢生产过程中，钢渣处理是一道重要的工序。钢渣处理工艺的效果受钢渣的黏度与流动性影响较大；反过来，处理效果的不同会影响钢渣水硬胶凝性与钢渣的稳定性。目前，国内外钢渣的处理工艺及方法主要有：

(1) 钢渣的水淬法处理工艺

在高温且呈液态的钢渣流出和下降的过程中，压力水将其击碎、分割，而且本身高温的熔渣遇水骤冷而收缩，因应力集中产生而破裂，同时熔渣与水进行了热交换，在水幕中熔渣便粒化。此种工艺的优点是装置占地面积较少，工艺过程比较简单，钢渣胶凝活性较好；缺点是钢渣的处理率较低，仅为50%。

(2) 钢渣的热泼法处理工艺

钢渣的热泼法处理工艺基本过程是将液态的钢渣直接泼到一个预备的渣坑中，经喷出的水冷却后，由于钢渣热胀冷缩，内外受热不均，以及游离氧化钙的水解膨胀作用，钢渣会破裂、自解粉化。该工艺的优点是技术已经足够成熟，经过热泼法处理后，钢渣中游离氧化钙的含量明显减少，且比较经济；缺点是占地面积较多，而且对环境污染比较严重。

（3）钢渣的风淬法处理工艺

钢渣的风淬法处理工艺基本过程是用吊车将装满液态炉渣的渣盆吊放到倾翻支架上，倾翻支架，将渣液逐渐倒到粒化器的前方，从粒化器内喷出的高速气流将其击碎，同时由于表面张力的作用，被击碎的液渣滴会收缩并凝固，形成直径约为2mm的球状颗粒，最后散落于水池之中。此处理工艺的优点是操作简单，可以避免水淬时容易爆炸等不利因素，资金投入也较少；缺点是对钢渣的流动性要求较高，随着钢渣冶炼技术的不断进步，钢渣黏度相比以往有所增大，导致风淬处理工艺的效率不断下降。

（4）钢渣热闷法处理工艺

钢渣热闷法处理工艺的基本流程为：将热熔状态的钢渣冷却，使其温度降到300～800℃，然后将其装入热闷装置，其中的喷雾遇到热渣会产生饱和蒸汽，饱和蒸汽会与钢渣中的游离氧化钙（$f-CaO$）、游离氧化镁（$f-MgO$）等进行水化反应，产物为 $Ca(OH)_2$ 和 $Mg(OH)_2$，与此同时，钢渣产生体积膨胀，导致其自解粉化。该处理方法的优点是处理后的钢渣粒度较小，其中所含的 f-CaO 和 f-MgO 含量大大降低，且经过此法处理后，钢渣中的水硬活性矿物具有较好的胶凝活性，经过热闷法处理的钢渣的资源化利用率可达100%。

（5）滚筒法处理钢渣技术

滚筒法处理技术的应用到目前为止并不多。实践表明，经过滚筒法处理的钢渣稳定性比较好，可直接进行资源化利用，并且可以有效减少在钢渣处理过程中对环境产生的污染。同时，滚筒法处理技术的工艺过程比较短，可以大大减少投资。相信该技术的应用会越来越广泛和成熟。

（6）钢渣粒化处理技术

钢渣粒化处理技术的工艺基本流程是先将渣罐内呈液态的钢渣经倾翻机，液态钢渣流过渣沟和沟头，流进轮式粒化器中进行，钢渣落入脱水器转鼓中，形成一种渣和水的混合物，在转鼓转动作用下，渣粒提升、脱水，然后翻落到出料溜槽之中，通过磁选实现渣和铁的分离。该粒化处理技术的优点是排出的钢渣颗粒粒度比较小，为后期的粉磨减少了工作量，而且整个工艺的投资也不高，还兼具安全性较高和环保性较强的优点。不足之处是此项技术的可靠性及应用性还有待实践进一步证实和检验。

（7）转碟法处理技术

转碟法处理技术是英国的克凡纳公司研制的一种钢渣处理技术。该技术采用内含可以变速旋转浅碟的炉渣处理罐，并且在罐上设有气罩。运行时，渣罐中的熔渣经内衬的渣道转入高速转动的转碟，转碟的离心力作用迫使熔融态的渣破碎，并将破碎的渣抛向处理罐的水冷罐壁，此罐壁非常光滑而不黏渣，熔融态的渣在这里凝固，然后下落到气动的冷却床进行冷却。冷却完成后，渣粒沿着倾斜通道进入一个下料槽。下料槽将部分渣粒再次提升，重新送到处理罐和转碟，类似水处理中的回流技术。这种独特的设计可以使熔融的炉渣在短时间内凝固，又可对处理罐壁进行打磨，使其不黏渣，一举两得。该处理方法的主要特点是安全、操作简单、没有污染、钢渣粒化效果非常好，更重要的是，出来的钢渣稳定性好，水硬性矿物活性好。唯一的不足是其技术在满足大型炼钢生产方面还有待继续完善。

2.1.2 钢渣综合利用现状

尽管目前钢渣的应用较为广泛，钢渣资源化技术的开发及应用也取得了一定的进展，但是，一些因素使得钢渣不能稳定而可靠地资源化利用。钢渣不仅占用了大量土地，而且会污染环境，更严重的是会对人体健康造成危害。据统计，近年来全国钢铁企业每年排出钢约 5000 万 t，但其综合利用率仅为 36%。武钢（现宝武钢铁集团）每年产生钢渣 150 万 t 以上，其尾渣利用也是一个难题。

从钢渣产生过程来看，在炼钢时加入一些石灰石、白云石和铁矿石等冶炼熔剂，同时加入石灰后，在高温条件下融熔成为两个互不熔解的液相，最后钢被分离出来后，剩下的杂质就是钢渣。钢渣中存在许多硅酸盐矿物，并且钢渣具有与硅酸盐水泥熟料类似的化学组成，是一种具有潜在活性的胶凝材料，BOF 钢渣处理流程见图 2.1-1。

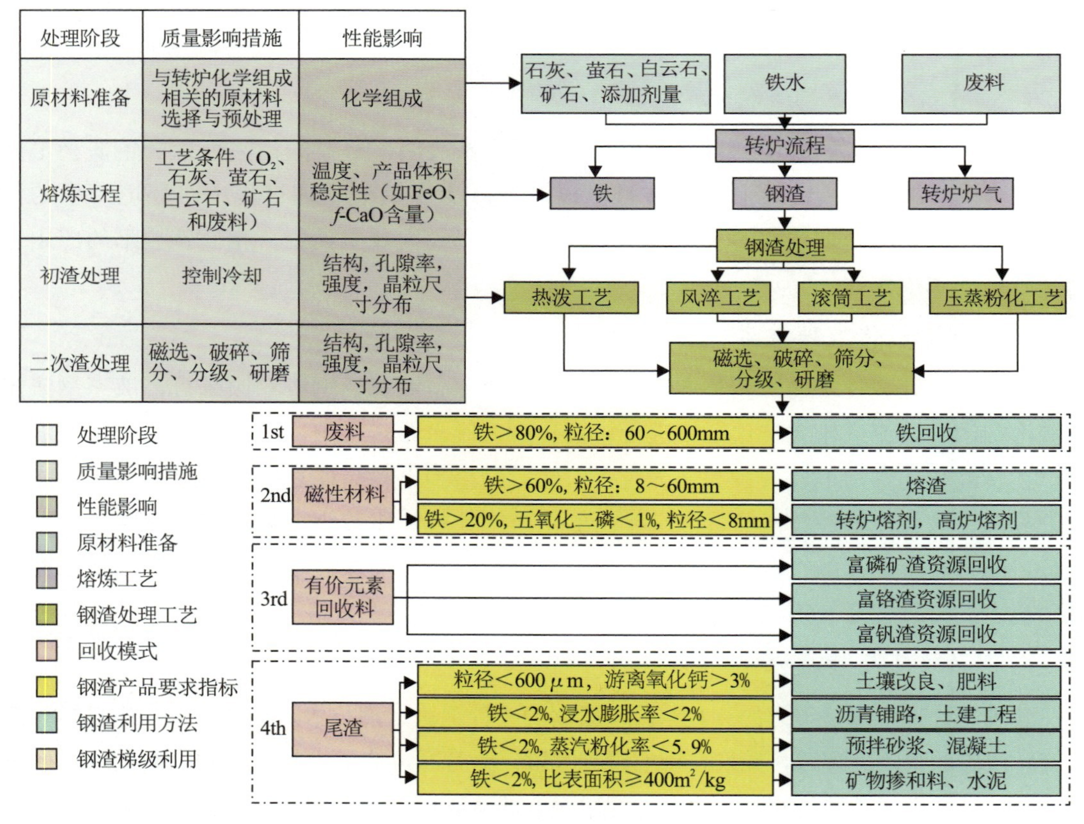

图 2.1-1 BOF 钢渣处理流程图

我国大部分炼钢企业分布在大城市，钢渣的大量累积造成土地资源的巨大浪费，而且钢渣中含有游离氧化钙，氧化钙经雨水大量冲刷会溶解于水中，造成附近土壤碱化、水域或河水 pH 值升高，对整个城市生态环境污染严重。从 20 世纪中期开始，国内外科研工作者开始着手解决钢渣的处理和利用问题。目前，根据钢渣粒径和成分的不同，其主要分为炼钢和炼铁的原材料、烧结原料、冶金炉熔剂、筑路材料、钢渣水泥、农业用肥、回填材料等。发达国家钢渣的综合利用已接近或达到排用平衡。20 世纪 70 年代初，美国就已将当时产生的 4000 万 t 钢铁废渣全部利用，其中 56％的钢渣用作烧结原料和熔剂，38％的钢渣用于筑路。英、法、德、日、瑞典和比利时已将高炉渣全部综合利用。

我国在 20 世纪六七十年代对钢渣进行了大量研究，但综合利用技术发展不平衡，与西方国家还有一定的差距。当前我国钢渣主要利用方式有：①钢渣水泥；②钢渣作为道路基层材料；③钢渣配烧水泥熟料；④用作炼铁烧结矿原料；⑤用钢渣制砖和砌块；⑥其他方面，如喷丸清理的清洁剂、水体滤池的有效滤料及医用发热剂、工业干燥剂等。

国外对钢渣处理和利用研究始于 20 世纪 70 年代，各国根据自身的特点，开发了一些适合自身条件的钢渣再利用途径。总体而言，国外钢渣主要用于填埋工程、筑路工程、沥青混合料等。在钢渣水泥方面的利用很少，研究也不是很多。

尽管我国钢铁工业对钢渣资源化利用起步较晚，钢渣资源化利用技术与国外相比存在一定差距，但随着全社会对钢渣越来越关注，中国在钢渣利用方面也取得了长足的进步。

（1） 国外钢渣利用途径

钢渣作为炼钢过程中产生的副产物，可再利用于其他工业领域，实现其资源化利用。在钢渣处理和再利用方面，世界各国根据各自的国情特点相继研究出了一些技术。

1） 日本

1976 年日本钢铁联盟成立“渣资源化委员会”，重点研究各种废渣的基本特性，研发各种渣的利用和生产的基础技术，特别是对钢渣的研究比较重视；19 世纪 70 年代末，日本建设省土木研究所、土木研究中心和前面提到的钢铁联盟的“渣资源化委员会”协作研究钢渣在道路中的应用，并且于 1988 年修订的《沥青路面铺路纲要》中明确指出，钢渣可以成功用于沥青路面；此外，钢渣也可以作为水泥熟料的掺和料以及特殊肥料分别在建材和农业领域进行使用。

自 1986 年开始，日本开始进行利用钢渣中的石灰等成分改善受污染的封闭性海域（如东京湾、伊势湾、濑户内海等）的海底水质和底质，已得到一定的试验结果。1992 年日本住友工业金属公司所排放的钢渣总量大约为 150 万 t，其利用途径为：用于填埋工程的占 40％，用于土木工程的占 32％，用于高炉、转炉循环利用的占 21％、用于水泥材料的占 4％，用于加工原料的占 2％，用于道路的占 1％。韩国钢铁公司的钢渣主要用于填埋和往外销售，其中，37％的钢渣用于填埋，25％的钢渣用于厂内循环利用，其他的 38％外售。

2）德国

德国钢渣综合利用情况为：近30%的钢渣用于配入烧结和高炉再利用，高达50%的钢渣用于土建行业，18%用于农业用肥，只有剩下的小于5%的钢渣被送往渣场。德国的钢渣开发部门对钢渣的资源化特性有如下评价，作为铺路材料，钢渣有着很好的工程特性，它承载力大、坚固性良好、耐冰冻、体积稳定性较强、耐磨性非常好，同时还具有较强的耐浪花拍打和潮流冲击的特性。用于铺路时，混合炉渣的承载力高于普通材料，可以减小大约2cm的沥青层厚度，成本大大减少。德国杜伊斯堡—莱茵豪森炉渣研究所在钢渣水化膨胀性问题上进行了较深入的研究。

3）美国

在20世纪70年代初，美国历史上长期形成的渣堆现象基本得到了很好的解决，钢渣基本上实现了排用平衡，钢渣的资源化利用有了一些成果。目前美国钢渣的有效利用率在98%以上，其中有56%的钢渣用于烧结和高炉；用于筑路工程的也较多，用量达38%，在美国境内，多条主要铁路均利用钢渣作为道渣。

从以上资料中可以看出，尽管发达国家钢渣的总体利用率较高，比如美国、日本、德国等发达资本主义国家的利用率已接近100%，但从具体应用途径来看，其在水泥、混凝土生产等建材上的利用量还是比较低。日本的利用技术在世界上属于领先水平，但其钢渣用于水泥生产的部分仅占6%；德国的钢渣利用率虽高，但基本上用于集料，用于水泥的也很少；美国在20世纪90年代以前只有1%的水泥生产用到钢渣。

（2）国内钢渣利用途径

目前，我国钢渣不再像以往那样作为一种固体废物简单处理，而是已经广泛应用到冶金、建材、农业用肥等方面。据初步估算，在现阶段，我国钢渣每年利用的基本情况是：年利用量约620万t，其中120万t的钢渣用于回炉烧结，将近250万t的钢渣用于筑路，200万t的钢渣用于工程回填料，还有40万t左右作为水泥的掺和料，用于其他建材的钢渣大概有10万t。但是按相关标准评定，我国钢渣实际年利用率仅为40%左右。具体来说，中国的钢渣的资源化利用主要有以下几种途径。

1）用作冶金原料

当烧结矿中掺入钢渣粉代替溶剂，钢渣中小于8mm的颗粒占5%～15%，这样，不仅可以回收渣中的钢粒、二价金属氧化物（氧化镁、氧化铁、氧化锰等），而且还可以起到“增强剂”的作用，无论是烧结矿的质量还是产量都有显著提高；当用钢渣代替石灰石用作高炉或化铁炉的溶剂时，可以很好地改善高炉渣、化铁渣的流动性，使铁的产量有所增加；对于转炉高炉而言，每吨钢使用高碱度钢渣大约25kg，并配合一定量的白云石，可以使炼钢成渣时间提前，降低初期渣对炉的侵蚀等不良影响，对炉龄的提高有一定的作用，减少耐火材料的消耗量。若采用特殊技术，还可以很好地提取渣中稀有元素。

2）用作建筑材料

由于钢渣含有硅酸二钙、硅酸三钙等矿物相，和水泥熟料中的矿物相类似，具有一定的胶凝性，可以在钢渣中加入一定量的激发材料，制成水泥基胶凝材料，进行利用。钢渣的活性是潜在的，水化速度较慢，导致掺量受限，高效激发其活性是值得研究的课题。1991 年，太钢东山水泥厂一期工程投产运行，这是当时最大的钢渣水泥生产企业，年产达 25 万吨，还有邯郸、安阳等地的 50 多家工厂也有所发展，共同形成了年产 200 多万吨钢渣水泥的生产规模，尽管钢渣用作混合材料有几十年的历史，不少大型水泥企业也有丰富的应用经验，但 2021 年新修订的强制性标准《通用硅酸盐水泥》（GB 175—2023）禁止使用钢渣作混合材，大部分水泥企业使用钢渣积极性不高。

钢渣还可在铁路、公路、路基、工程回填、修筑堤坝、填海造地等工程中作为填埋料使用。国标《道路用钢渣》（GB/T 25824—2010）也规范了道路用钢渣的控制指标和检测方法。

2008 年奥运会国家体育馆的建设项目中，钢渣作为抗浮压重材料用于体育馆地下室的填埋，取得了良好的效果。同时由于钢渣具有优良的耐磨性，将钢渣作为耐磨集料制备耐磨水泥混凝土路面和沥青混凝土路面的研究也取得了较大的进展。另外还可用钢渣微粉生产新型建筑材料，如制备砌块空心砖等混凝土制品和生产耐火砖。

3）用于农业肥料

从肥料的角度来看，钢渣含有大量的钙、硅元素，同时含有多种其他元素，是一种很好的复合矿物质肥料。钢渣主要元素除了硅、钙以外，还含植物所需的锌、铁、锰、铜等微量元素，对作物生长非常有利。钢渣的成分波动较大，有些钢渣含有较多的磷元素，可用于钙镁磷肥和钢渣磷肥的生产；同时当钢渣的粒度在 4mm 以下，并含有一定数量的 150μm 以下的极细颗粒时，亦是一种很好的酸性土壤改良剂。

4）生产微晶玻璃

微晶玻璃诞生于 20 世纪 60 年代，因其有膨胀系数可调节、高强度、耐磨性好、耐酸性强、耐腐蚀性好、热稳定性强等众多优点而获得人们的青睐。从结构上看，微晶玻璃属于 $CaO-Al_2O_3-SiO_2$ 三元系统，钢渣同时具有这 3 种成分，且含量较高，通过合理配制和加入其他原料可以用来合成微晶玻璃。江勤、陆雷等人从这一角度出发，以宝钢钢渣为研究对象，加入粉煤灰、铜尾矿以及砂岩等其他辅料，成功制成了一种复合废渣微晶玻璃。实践证明，该玻璃比一般的装饰材料以及其他矿渣微晶玻璃的性能要好。

2.1.3 钢渣胶凝活性利用研究进展

钢渣的活化技术一般分为机械活化和化学活化，还有一种活化方式是热力活化。所谓机械活化，就是通过粉磨等机械手段使物料颗粒粒径减小，同时物料的晶体结构及表面晶格会随之发生变化，从而使物料的活性得以提高。不同物料的化学组成不同，相应的矿物组分也有差异，他们在粉磨过程中的结构变化也不同，这种结构变化与物料粉磨的易磨性有关，也和物料晶型本身的稳定性有关。所谓化学活化，就是通过化学手段（如添加激发剂等）来对钢渣进行活化，激发其潜在活性，促进胶凝材料的水化反应，使其水化反应更加充分。

目前，在钢渣的活性激发研究中，几种常见的激发剂有钠、钾等的硅酸盐、碳酸盐、硫酸盐以及他们的氢氧化物等，还有固体激发剂如水泥熟料、石膏、石灰等。其中，以水玻璃（即硅酸钠的应用）最为广泛和成熟，但是，受其液体状态和成本等因素限制，人们更愿意把眼光投向选择来源广泛、成本低廉且施工方便的固体激发剂。

钢渣的几种活化技术简要介绍如下：

（1）机械活化

所谓钢渣的机械活化，就是利用粉磨等机械手段提高钢渣的细度，使其矿物晶格产生缺陷、错位和重结晶等，进而结晶度下降，减少晶体的结合键，增大水化反应时钢渣中矿物相与水的接触面积，使水分子更容易进入矿物内部，从而提高矿物与水的作用力，加速钢渣的水化反应。有关资料表明，当钢渣比表面积达到 $400m^2/kg$ 时具有较高的活性，可作为一种高活性的掺和料来进行利用。

南京工业大学采用机械方法来激发钢渣活性，通过对钢渣的粒度、密度等指标进行测试，还利用 XRD 等现代测试方法进行研究，他们发现，在经过高能机械研磨之后，钢渣发育完整的晶形逐渐转变成无定形，其颗粒的大小和晶体的结构等都发生了非常明显的变化，钢渣所具有的潜在胶凝活性可以被激发出来。由于钢渣的比表面积不断增大，粉磨能量中的一部分能量将转变为新生颗粒的表面能和内能。同时，钢渣中晶格能随之迅速减少，晶体的键能也产生变化。在晶格能损失的位置可能会产生晶格缺陷、错位、重结晶等，进而在钢渣表面形成非晶格态结构，这种结构易溶于水。

陈益民等的研究指出，钢渣粉磨得越细，活性越高。提高细度是提高活性的有效手段。机械力活化就是对钢渣进行机械力粉磨，通过提高其细度和比表面积来提高其活性，达到活化作用。

有关研究发现，在钢渣颗粒与熟料混合粉磨的情况下，钢渣的比表面积实际上与 $237m^2/kg$ 相近，此时活性指数在 75%左右，可以作为水泥的活性混合材料。当比表面积由 $237m^2/kg$ 提高到 $460m^2/kg$ 时，钢渣的活性指数直线上升，直至 95%左右。若钢渣被粉磨到足够的细度，其比表面积达到 $800m^2/kg$ 时，对应的 7d 的活性指数明显高于 28d 的活性指数，说明细到一定程度的钢渣粉早期强度可以达到很高的水平，甚至高于空白样品。究其原因，可能是超细钢渣粉中的 C_3S、C_2S 暴露得更充分，在较短时间内就能完成水化反应，使早期强度提高。徐光亮等通过分别粉磨提高钢渣细度的研究表明：相同钢渣掺量时，随着钢渣粉磨时间增加，水泥强度是提高的。

机械活化中存在的问题：由于炼钢的炉料不同、炼钢工艺的不同以及渣处理的方式不同，各个钢厂的钢渣成分波动较大，钢渣的细度不同，水硬活性也不同，因此，粉磨条件的选择不够稳定和成熟，正处于探索阶段；随着粉磨时间的延长，钢渣比表面积不断增大，比表面能显著增加，由于晶格内能的作用，可能会发生钢渣颗粒的重结晶过程；目前国内的传统生产工艺是将熟料、钢渣、矿渣和石膏等混合磨细，由于钢渣的易磨性差，钢渣的细度达不到要求，钢渣的掺入量和活性激发效果都受到一定的限制。

（2）化学活化

碱金属的硅酸盐包括硅酸钠、硅酸钾等，碳酸盐包括碳酸钠、碳酸钾等，另外，氢氧化物如 NaOH 等也可用作钢渣的激发剂，目前，硅酸钠（即水玻璃）使用最为普遍。徐彬等人采用水玻璃作为水泥激发剂，成功制得强度标号为32.5～42.5的碱激发水泥。

还有一类激发剂是以水泥熟料、矿渣、石膏、粉煤灰等灰渣材料为代表的固体激发剂，目前，这一类激发剂已逐渐成为研究的热点，已取得了一定的成果，但是仍存在不少问题，钢渣的掺入量一般只能在30%以下。当我们将石膏作为激发剂时，钢渣胶凝材料的水化产物中主要成分是水化硅酸钙和钙矾石，钢渣早强性较差，而钙矾石的出现能够有效提高胶凝体系的早期强度。但钢渣中若只加石膏，则形成的钙矾石数量较少，若再加入少量的水泥熟料，则反应体系中 $Ca(OH)_2$ 的浓度得到提高，从而可以维持较好的碱性环境，促进其生成更多的水化硅酸钙和钙矾石。3种石膏激发剂中无水石膏作为激发剂时对钢渣的激发作用最为明显。

以上激发剂对钢渣活性的激发都有一定的作用，由于水玻璃呈液体状，在工程应用中用作水泥材料的激发剂时，需要在施工前添加到用钢渣水泥作胶凝材料的混凝土配料中，这样就会给现场施工造成极大不便；但是若采用固体激发剂，就可以很好地避免这一问题。而且从经济性角度来看，固体激发剂大部分本身来源于工业废渣，来源广泛，成本较低；从资源化的角度考虑，更具有以废治废的环境效益。

从目前国内外的研究现状和趋势来看，将机械激发和化学激发结合起来是一种很好的途径，既能降低成本，减少能耗，又能达到比较理想的活化效果，是今后钢渣活性激发及其资源化利用研究的发展趋势。

（3）热力活化

国内外关于热力活化的研究较少，林宗寿等通过采用热力活化的方法处理钢渣，结果表明，若采用热力活化技术，可得到活性比较高的钢渣材料，而且当这种钢渣预处理材料的掺入量为35%～40%时，仍然可以制得性质比较稳定的42.5R的钢渣水泥。钢渣的热力活化作用机理如下：在100℃蒸压条件下，钢渣中的玻璃体网络结构会受到热应力的作用，对玻璃体解聚有很好的促进作用，从而加速钢渣水化反应的速率，显著提高钢渣的活性。

2.2 赤泥

赤泥是制铝工业中由铝土矿提取氧化铝产生的污染性废渣，一般生产1t氧化铝会产生 0.8～1.5t 赤泥。全世界每年约产生 7000 万 t 赤泥，而我国作为世界第四大氧化铝生产国，每年赤泥产量高达 3000 万 t。作为一种工业固体废弃物，其主要危害性表现为强碱性，一般 pH 值为 9～13，目前主要的处理方式是坝场堆放，这不仅占用了大量的土地，而且对土壤、地下水造成极大的污染。

2.2.1 赤泥的特性

目前工业生产氧化铝的工艺包括拜耳法、烧结法以及联合法。拜耳法适用于精炼高品位的铝土矿粉，其 Al_2O_3/SiO_2 为 7～10，其产生的赤泥称为拜耳法赤泥，其主要成分为氧化铁、氧化铝；烧结法和联合法适用于中低品位的铝土矿，其 $m_{Al_2O_3}/m\,SiO_2$ 分别为 3～6、4.5 以上，烧结法赤泥主要物相为 $2CaO \cdot SiO_2$，联合法即拜耳法和烧结法联合，由于两种方法的结合方式不同，又可以分为串联法、并联法和混联法。我国铝土资源丰富，大部分铝土矿的 Al_2O_3/SiO_2 为 5～6，适用于烧结法或联合法。我国六大铝生产企业中山西、河南、贵州三大铝厂主要以国内铝土矿为原料，过去主要采用的工艺以联合法生产工艺为主，然而随着近年来拜耳法工艺的不断发展和推广及我国去落后产能工作的不断推进，这些铝厂已经基本淘汰旧生产工艺，拜耳法生产工艺逐渐成为主流工艺。另外广西平果铝矿资源相对品位较高，山东铝业则主要采用进口铝土矿为原料生产，进口铝土矿主要是三水铝石型，具有高铝、低硅、高铁的特点，因此广西平果铝业和山东铝业长期以来均采用拜耳法生产工艺。

不同工艺生产的赤泥的化学组分各不相同，表 2.2-1 为我国各省不同工艺赤泥化学成分，拜耳法赤泥普遍呈现特点为高硅、高铝，而烧结法和联合法普遍表现为高硅、高钙。相对应的赤泥的矿物组成也有所不同，通常赤泥的矿物组成包括方解石、赤铁矿、针铁矿、β-硅酸二钙等硅酸盐和硅铝酸盐以及原矿中没有反应的矿物。赤泥具有胶结的孔架状结构，主要由凝聚体、集粒体、团聚体三级机构组成，具有较大的空隙率和比表面积，而且以大小相差悬殊、变化幅度大为其明显特征。同时赤泥还具有高压缩性。赤泥的含水率也相对较大，其含水量一般为 70%～95%。

表 2.2-1　我国各省不同工艺赤泥化学成分　（单位：%）

化学组成	拜耳法			烧结法				联合法	
	山东	广西	郑州	山东	贵州	山西	郑州	郑州	山西
SiO_2	19.43	16.66	19.38	22.00	25.90	21.43	21.36	20.50	20.63
Fe_2O_3	33.88	47.48	11.94	9.02	5.00	8.12	8.56	8.10	8.10
Al_2O_3	17.89	16.82	25.87	6.40	8.50	8.22	8.76	7.00	8.10
CaO	2.66	6.86	19.46	41.90	38.40	48.80	36.01	44.10	44.86
MgO	0.10	1.20	1.09	1.70	1.50	2.03	1.86	2.00	2.02
Na_2O	12.18	10.60	5.89	2.80	3.10	2.60	3.21	2.40	2.77
其他	13.86	0.38	16.37	16.18	17.6	8.8	20.24	15.9	13.52

2.2.2 赤泥基胶凝材料研究现状

如前述，赤泥作为一种硅铝酸盐废渣，在化学组成上具备了开发硅酸盐胶凝材料的潜力。目前赤泥应用于胶凝材料领域的研究主要包括生产硅酸盐水泥、复合水泥、水泥熟料、碱激发水泥或地质聚合物水泥。

利用赤泥可以生产多种型号的水泥。由于烧结法赤泥在矿物组成上与硅酸盐水泥类似，可将其同适量石灰石、砂岩等混合制备水泥生料。从物相上来看，烧结法赤泥含有大量的β-硅酸二钙，是水泥的主要物相之一，在生产水泥熟料时能起到晶种的作用。赤泥的添加对降低能耗、提高水泥的早期强度和提高抗硫酸盐侵蚀能力有一定的贡献。但由于赤泥中碱含量太高，影响水泥的性能，用量常常不大，需要对赤泥进行脱碱处理，这在一定程度上限制了赤泥在普通硅酸盐水泥中的应用。

除生产多种型号水泥和熟料外，赤泥在胶凝材料领域另一个重要的研究方向是生产碱矿渣复合水泥以及碱激发地质聚合物水泥。将赤泥引入碱矿渣水泥中，能使其在性能上有所提高，而且赤泥含有一定的碱，能在一定程度上激化矿渣活性的同时减少碱的用量，并且赤泥能解决碱矿渣水泥在水硬过程中的强度倒缩。Pan Z. 等研究利用烧结法赤泥和高炉矿渣，添加水玻璃、铝酸钠激发剂制备碱矿渣复合水泥，该水泥属于无熟料水泥，其 28d 强度可达 56MPa，并且具有早强性能和抗酸侵蚀性能。Dimitrios D. Dimas 等利用拜耳法赤泥和高岭土，在强碱激发剂的激发作用下制备了赤泥基地质聚合物，并研究了固液比、碱激发剂浓度、高岭土掺量等因素对其性能的影响。Zhang G. P. 等探索利用拜耳法赤泥、粉煤灰、磷石膏及液体碱激发剂制备复合地质聚合物水泥，研究结果表明该复合水泥可以作为有效的胶凝材料应用于路基建设等工程中。He Jian 等利用稻壳灰调配赤泥的化学组成，制出了赤泥/稻壳灰基地质聚合物，并优化各项材料配比和制备工艺，其最优强度可达 20.5MPa。Ye Nan 等尝试利用煅烧的方式激活拜耳法赤泥，并在水玻璃和强碱溶液激发下制出了赤泥基地质聚合物，该材料 28d 抗压强度达到了 49.2MPa，超过了普通 R42.5 硅酸盐水泥的强度，极具应用潜力。

总体而言，近年来国内外众多学者致力于赤泥无机胶凝材料的开发，特别是对地质聚合物领域给予了格外关注，这主要归因于赤泥本身产量大以及特定的物理化学性能极具开发地质聚合物的潜力。但总结目前研究发现，虽然赤泥具备高含量的硅、铝，但是在制备无机胶凝材料时，对于原材料的化学组成调配是必需的，因此往往需要配合其他硅铝酸盐材料使用；其次，不同工法的赤泥化学组成不同，稳定的材料构成很难确定，相应的反应机理和控制因素也很难确定；最后，原始赤泥的活性较低，在制备胶凝材料前，必须采取相应的预激发工艺，目前普遍的做法是高温煅烧，该方法能耗高、耗时长且成本高，亟待探索新的预激发工艺。近年来国内学者 Zhang Na、Liu Xiaoming 以及 Guo Yanxia 等开展了大量赤泥和煤矸石混合制备地质聚合物的研究，发现赤泥和煤矸石混合体系具备较大的应用优势，该体系极大地提高了原材料的利用率，同时在适合配比下预激发效果更好，因此利用赤泥和煤矸石混合料制备地质聚合物极具研究前景。

2.3 飞灰

2.3.1 垃圾焚烧飞灰

生活垃圾焚烧有利于垃圾的减量化和减容化，但垃圾经过焚烧后仍然会残留部分焚烧灰，包括占原始垃圾质量20%～30%的底灰和占原始垃圾重量的2%～3%的飞灰，垃圾焚烧工艺流程见图2.3-1。底灰（bottom ash）主要由熔点较高的矿物成分组成，如金属片、沙子和玻璃碴，从焚烧炉底部收集。飞灰（fly ash）则一般通过燃烧气体清洁装置（如布袋除尘器）收集，颗粒较细。表2.3-1给出了MSW焚烧灰的大概组成范围。统计数据表明，飞灰中含有一定量的金属，如Cd、Hg、Pb、Sb和Zn，这些金属及其氯化物都具有挥发性。飞灰中氯含量（主要是Cl^-）平均达到10%wt（表2.3-1）。底灰中主要含有一些可能具有潜在毒性的金属，如Cr、Cu、Ni和Pb。从表2.3-1中可以看出，飞灰和底灰的组成范围较广，表明焚烧过程的不同对焚烧灰的组成影响巨大。

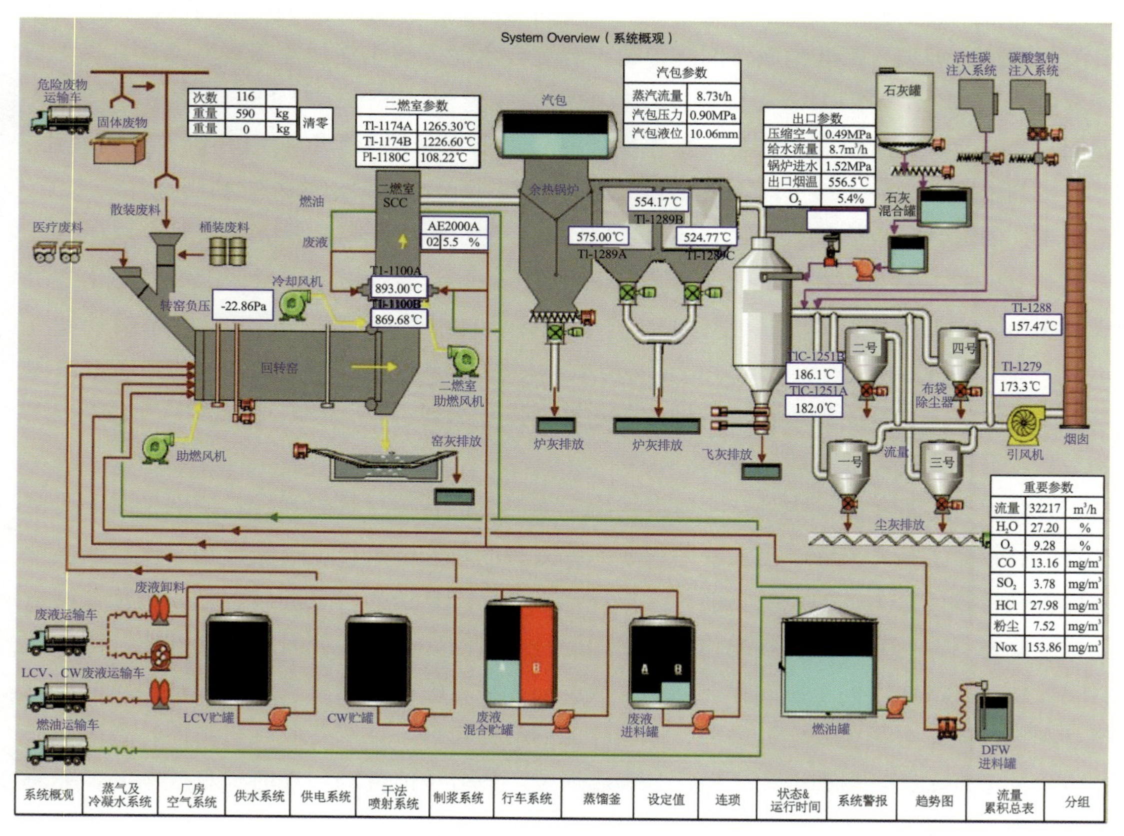

图2.3-1 垃圾焚烧工艺流程

表 2.3-1　　不同焚烧技术产生的底灰和飞灰中主要元素及次要元素组成　　(单位：ppm)

元素	底灰	飞灰
Al	22000～73000	49000～90000
Ca	370～123000	74000～130000
Fe	1400～150000	12000～44000
K	750～16000	22000～62000
Mg	400～26000	11000～19000
Na	2800～42000	15000～57000
Si	91000～308000	95000～210000
Cl	800～4200	29000～210000
S	1000～5000	11000～45000
As	0.1～190	37～320
Ba	400～3000	330～3100
Cd	0.3～70	50～450
Cr	23～3200	140～1100
Cu	190～8200	600～3200
Hg	0.02～8	0.7～30
Mn	80～2400	800～1900
Mo	2～280	15～150
Ni	7～4200	60～26000
Pb	100～13700	5300～26000
Sb	10～430	260～1100
V	20～120	29～150
Zn	610～7800	9000～70000

注：范围取值包含上下限。

目前，国内外已有大量关于生活垃圾焚烧过程中金属分离的研究，如研究飞灰和底灰中金属的组成。Cd 和 Pb 等元素的主要形式为氯化物，因其熔点较低，会在飞灰中富集；而 Al 和 Si 等主要形式为氧化物的元素，因其熔点较高，会在底灰中富集。金属在飞灰和底灰中的富集比例受控，与焚烧过程中复杂的物理和化学过程有关。金属化合物的挥发不仅依赖于焚烧温度，还依赖于燃烧气体的组成。根据热力学平衡的计算和测量，提高含氯化合物（如 HCl）的浓度，以及降低鼓风量，都能增加金属的挥发性（尤其是 Cd、Pb、Cu 和 Zn）。当空气中存在含硫化合物时，金属的挥发性会降低。飞灰中富集重金属主要通过两个途径：①具有挥发性的金属化合物在焚烧气体中悬浮颗粒表面凝结；②焚烧后燃烧气体冷却时，气态金属也可能在其他挥发性物质上直接冷凝。以上两个过程中重金属含量和颗粒直径都成反比。此外，不同飞灰之间元素的含量也各不相同。无论采用哪种焚烧技术，Pb 在细小颗粒中富集度都最高，Cd 和 As 的富集规律则相对难以预测。根据凝聚方式不同，金属有可能会停留在飞灰颗粒表面和被包裹在飞灰颗粒内部。Camerani

Pinzani 等通过同步辐射 X 射线荧光光谱发现，有些金属，如 Cd 和 Pb 主要包裹在颗粒内部，而 Zn 在内部和表面都有富集。Fujimori 研究发现工业垃圾焚烧飞灰中的 Cd、Cu、Mo 和 Zn 主要在飞灰颗粒表面富集，而 Co、Mn、Ni 和 Pb 等酸溶性化合物在飞灰颗粒内部和表面都有富集。Ramesh 和 Kosinsky 的研究表明，Cd 和 Pb 在固化过程中（1000～25℃），表面含量逐渐减少，内部含量逐渐增加，并且通过微观机理研究发现，Cd 和 Pb 占据了多铝红柱石（$3Al_2O_3 \cdot 2SiO_2$）的氧空位，或者和硅铝酸盐基质形成稳定化合物。研究飞灰中金属分布影响机制能反映飞灰的性质。例如，重金属在飞灰上占据的位置会影响其释放到浸出液中的速度和总量，被包裹在飞灰颗粒内部的金属拥有较低的浸出特性。

此外，飞灰的基质组成也会影响挥发金属在飞灰颗粒中的分布，Ca 和 Fe 与垃圾焚烧飞灰中其他金属如 Cd、Cr、Pb 和 Zn 具有正相关性；Cd、Cu 和 Pb 在富含石英的生物质焚烧灰中富集。除了元素分析以外，还有研究关注挥发金属和某种矿物含量（如石灰、二氧化硅、氧化铝、铁铝氧石和多种硅铝酸盐）的相关关系，以确定合适的矿物作为吸附剂吸附有毒金属，而不引起侵蚀和污染。高岭土（硅铝酸盐）能吸附 K、Na 和 Zn，以及 Cd、Cu、Pb 和 Sb，并能降低其挥发性。

尽管飞灰颗粒上和内部通常都含有痕量元素，但是每种痕量金属的特性及焚烧参数的影响机理对其在颗粒上的分布有重要影响。另外，MSW 是多相燃料，成分组成变化较大。最近针对 MSW 作为燃料的研究表明，MSW 中非金属（如 C、H、N）含量每年变化不大，而 K、Cl 和痕量金属（如 Cu、Pb 和 Zn）变化较大。

除了重金属以外，飞灰中还存在持久性有机污染物，包括多氯代二苯并-对-二噁英（polychlorinated dibenzo-p-dioxins）和多氯呋喃（polychlorinated dibenzofurans）。由于飞灰中富集了许多有毒有害污染物，在许多国家中，飞灰都被划分为危险废物管理名录之内。我国原来也将飞灰作为有毒物质列入《国家危险废物名录》；后来为了提高危险废物管理效率，将飞灰列入 2016 年《国家危险废物名录》的豁免管理清单中。但仍然要进行无害化的处理处置，才能进入安全卫生填埋场。

一般来说，城市垃圾焚烧飞灰的无害化处理可以分成 3 类。①分离技术，包括淋洗、浸出、生物提取和电化学过程；②热处理技术，包括烧结、熔融、玻璃化和气化；③固化/稳定化技术，包括化学稳定法、固化法和地聚物稳定化。

2.3.2 煤气化粉煤灰

随着全球不可再生资源的大量减少，资源、能源的节约与集约是推动绿色发展的重要途径。随着众多节能热解技术应运而生，气化技术作为一种饱受争议的热解焚烧技术于 20 世纪 80 年代末开始发展。在西欧、美国、日本等发达国家地区，气化技术已经开始广泛应用于燃煤、发电、废弃物处理等方面。而在国内，因为处理能力与成本原因，大多数气化技术还停留在发展的初步阶段。据统计，截至 2019 年底，中国拥有大型煤气化装置 80 多套，其中 60%已经投产运行；近年来，各类煤气化装置相继投入使用；虽然垃圾气化装置在国内仍然未大规模运作，气化热解技术凭借其超高的资源利用效率、出色的环境友好程度成为目前蓬勃发展的新兴技术产业，在今后的垃圾“三化”处理中必将占有一席之地。

气化技术是将燃烧质置于无氧或者缺氧的条件下，添加水蒸气、CO 等气化剂辅助气化，从而达到将燃烧质在高温条件下的气化炉内完全裂解、热解的目的。生产工艺见图 2.3-2，由于绝大部分的气化炉在低 O_2 条件下燃烧运行，所以含有有机质的燃料、生活或工业垃圾、生物质在气化热解过程中产生 CO_2、NO_x、SO_x 等废气物质的量要远小于普通焚烧技术，且由于气化温度较高，在促进了有机物的循环利用与自持燃烧的同时有效减少了二噁英等有害物质的生成。由于气相排放物质减少，气化炉中固体颗粒物排放量相对增加，大量的固体废弃物从气化装置中脱出，其主要固体废弃物有气化粉煤灰、气化炉底渣（统称气化灰渣）等。我国每年气化粉煤灰的排放量达 8000 万 t，占粉煤灰总量的 15.1%，并逐年增加。气化经过几代技术改进，从流化床到喷流床，气化程度越高，产生的气化粉煤灰颗粒越小。普通燃煤电厂粉煤灰颗粒大小在 10～80μm，流化床气化粉煤灰颗粒大小在 10μm 左右，而喷流床气化渣颗粒大小为 0.1～0.5μm。气化炉中产生的气化飞灰随着燃烧质原料的化学成分不同，性质与组成也相应存在巨大差异。为了降低熔融点，通常在原煤的气化过程中添加氧化钙等碱性物质助熔，所以气化飞灰偏碱性。原煤中含有的大量重金属随着燃烧挥发并富集于细小的气化飞灰中，以 Pb、Cr、Zn、Hg 含量最为丰富。随着灰分的碳化，灰渣的碱度逐渐降低，重金容易以离子形态浸出，对环境造成巨大污染。气化粉煤灰的物理性质由原煤燃烧工艺与气化装置决定，而化学性质大多相同，矿物的形貌结构单调统一。

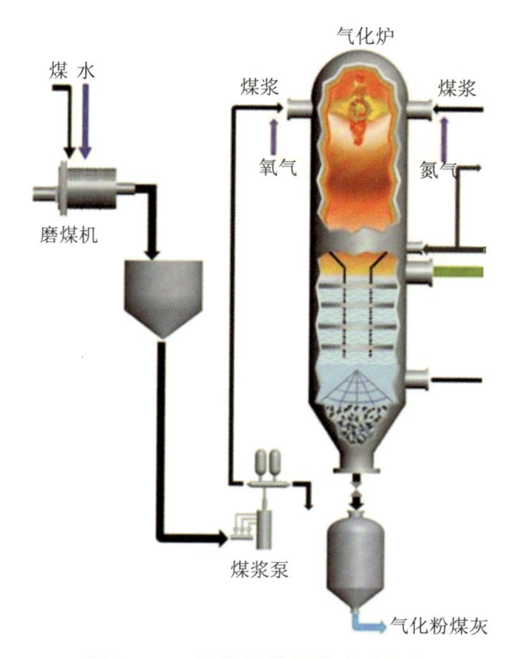

图 2.3-2　气化粉煤灰的生产工艺

普通的工业固体废弃物如高炉矿渣、火力发电厂粉煤灰、钢厂钢渣以及各类石膏等都可以经过一定的预处理过程来激发其潜在的凝胶活性，将它们作为水泥添加剂、建材或板材的黏结剂等材料进行重新利用，可以达到“以废治废”的目的。由于气化灰渣的特殊性质，处理与回收它们的手段十分有限，具体体现在灰渣中凝胶活性物质含量较少，在一般条件下很难发生凝胶水化反应；灰渣颗粒比表面积小，表面反应的活性低，几乎不可作为催化剂负载物；未燃尽组分含量极其不均，碳化现象严重。因此，针对气化灰渣的资源化利用与循环回收是极具意义的。目前的研究主要将气化粉煤灰用作墙体建筑材料、提取高品质硅粉、制作微晶玻璃、掺入混凝土添加剂、制作功能性材料、道路表面铺设等，具体如下：

（1）墙体建筑材料

气化粉煤灰中含有大量活性氧化铝与氧化钙，可加入生石灰、适量水泥熟料、石膏等，以代替水泥作为胶凝材料与胶砂混合搅拌成浆体，调整各原料比例达到工程条件，制成空心砖、承重砖等传统建筑材料。灰渣的低密度与高稳定性极其类似优质的天然骨料，可以作为混凝土支撑。普通粉煤灰在此方面应用已经很成熟，据报道，粉煤灰掺量为10%左右时，砖体韧性得到改善，如 Acosta 等将气化炉渣与飞灰混合物（烧失量仅为 2.64%）掺入黏土制备建筑用砖，后期抗压强度比普通 Portland 水泥高 80%。

（2）提取高品质硅粉

气化粉煤灰中 Si 含量很高，而且其中矿物存在高温热历史所以形成的多为玻璃相，可以通过碱溶浸提的方式对其中的 Si 重新利用。气化粉煤灰中玻璃微珠含量在 90%以上，当量半径小于 2μm，结构与微硅粉很相似；经过特殊酸浸提取回收 Al 提取后剩下的固态渣中活性 SiO_2 的纯度甚至可达到 90%以上，经过干燥分级制成极细的高品质硅灰。

（3）制作微晶玻璃

游世海等利用普通粉煤灰制备 $CaO—Al_2O_3—SiO_2$ 系和 $MgO—Al_2O_3—SiO_2$ 系微晶玻璃，同时他们添加发泡剂与晶核剂以同样原料制造泡沫型微晶玻璃；孙善彬等将粉煤灰与少量赤泥混合，经过高温热处理制造抗折性较好的微晶玻璃体。气化粉煤灰中玻璃微珠的纯度很高，几乎所有微珠都是由无定形态 SiO_2 构成，质地较软，易收缩拉伸。空心玻璃微珠的熔融特性远超过普通粉煤灰，相应转变晶相的温度要求更低，所以利用气化粉煤灰制造微晶玻璃可节约更多能量。

（4）掺入混凝土添加剂

由于气化粉煤灰颗粒微小，其具有良好的堆积密度，所以在结合毛细水分时会有更优异的分散性与保水性。将水泥、外加剂与气化粉煤灰按照一定比例掺入河砂、碎石等骨料，调整水灰比，可制成混凝土。根据相关研究，将 15%的气化粉煤灰代替水泥作为胶凝材料，可改善混凝土强度、降低用水量且使混凝土拥有更好的和易性、耐磨性；高卓等将天然砂与 F 级粉煤灰混合掺入混凝土中，可减少混凝土干缩，提高其耐磨、抗冻性能。

（5）制作功能性材料

高温下形成的气化粉煤灰单个颗粒多为空心轻质，在溶解重新结晶时期加入发泡剂或造孔剂如Al粉、碳素材料粉体、酚醛树脂等，在一定温度下混合烧胀，其中的有机物等挥发逸出；获得多孔材料用作水体污染物吸附、生物负载膜、催化剂载体、吸声降噪、隔热等。

（6）道路表面铺设

粉煤灰在道路铺设方面应用已经非常成熟，作为本身具有火山灰活性的材料，粉煤灰能够融合大部分水泥熟料以及具有水化活性的工业废渣如钢渣、矿渣等。粉煤灰既可以与煤矸石、石膏一起作为道路基层填料减少熟料使用，又可以混合入道路基层混凝土改善混凝土易脆特性、减少道路面磨损。

气化粉煤灰在综合利用方面仍然处于起步阶段，以上多数研究仅将其作为比F级燃煤粉煤灰更细致的普通粉煤灰使用。由于其与水泥融合性比普通粉煤灰差，所以消纳能力不足50%。气化粉煤灰颗粒细小不便储存、难以减量化，颗粒绝对密度小、有很强的扩散性，容易进入大气增加PM2.5。仅将它当作工业固体废弃物添加剂混入胶凝材料或用作路面铺设，也是对这种具有巨大潜在活性资源的浪费。因此，气化粉煤灰的未来发展方向是高值的材料化利用，而新材料开发的目的在于激发气化粉煤灰潜在活性，使其消纳能力最大化。

2.4 磷渣

磷渣是用磷矿石制取黄磷后排出的工业副产物。磷渣的化学组成、玻璃相含量与矿渣接近，其主要成分是CaO和SiO_2，平均含量在90%以上。由于产地和黄磷生产过程中原料磷矿石、硅石、焦炭等的化学组成和配比不同，产生的磷渣的化学组成和矿物组成波动较大，见表2.4-1。与矿渣不同的是磷渣中Al_2O_3的含量相对要低，一般不超过5%。受黄磷生产工艺的影响，磷渣中P_2O_5的含量一般小于3.5%，但很少小于1.0%。

表2.4-1　23个黄磷厂排放磷渣的化学组成　（单位：%）

组成	CaO	SiO_2	Al_2O_3	Fe_2O_3	MgO	P_2O_5	F
平均值	45.8	34.0	4.0	1.0	2.8	2.4	2.4
均方值	2.4	3.2	2.0	0.9	1.5	1.4	0.2

我国西南地区磷矿和水电资源丰富，自20世纪80年代后期至21世纪初，利用国内“西部大开发”和国外磷化工布局与结构调整的机遇获得了快速的发展，云南、贵州、四川三省的黄磷生产能力占全国的90%以上。据统计，2008年我国黄磷产量超过200万t，磷渣排放达到2000万t。

2.5 尾矿

一般将企业在开采与分选矿石过程中所产生的固体废弃物称为尾矿，分为矿山尾矿和选矿厂尾矿，随矿石一起开采出的岩石和分选过后残余的品位过低的矿石均称为矿山尾矿；经过特殊处理筛选之后用管道输送至尾矿库堆存的矿物废料称为选矿厂尾矿。

无论是尾矿的输送还是堆放都以相当的人力和物力为基础，相关调查显示，输送 1t 尾矿的成本是 2～3 元人民币；尾矿的堆存所需要的投入更是无法估计，因而实现尾矿的资源化利用就显得十分必要。尾矿是可以回收再利用的二次资源，而且综合利用的领域十分广阔。除了尾矿中有用组分的提取外，还可以将尾矿用于矿山充填、改善农作物土壤，或直接用于交通、土木工程中，同时它也可以作为原料生产各种建筑材料，用于建材领域。

一味地将尾矿堆存于尾矿库中不仅会浪费大面积的土地资源、严重污染周围的生态环境，同时还伴随着坝体坍塌等事故风险；每逢雨季，尾矿库事故频发，库中流泻的大量细流态尾矿进入水体后严重污染了江河，危害着附近居民的生命和财产安全。例如，浙江省某市因饮用水源被上游尾矿污染，数十万居民被迫将水源地改为 60km 外的水库。尾矿排放量的增加使尾矿库越堆越高，给附近居民的生存和环境安全埋下了重大的隐患。世界大坝委员会的调查显示：近百年来，超过 200 个尾矿库发生过重大事故，这些事故多半由地震引起，不仅造成了人员的伤亡，还严重污染了当地环境。例如，20 世纪 60 年代发生在智利中部的大地震破坏了当地一半以上的尾矿库，事故伤亡人数超过 200；1998 年在西班牙阿兹那科尔，上游的尾矿库发生了尾砂流泻事故，导致下游约 $46km^2$ 的土地遭到严重污染；国内至今为止已有 8 次重大尾矿库事故发生，共有 364 人死亡，造成的经济损失难以估量。

目前国内仅有 7%左右的尾矿得到了综合利用，不仅利用规模很小，而且没有充分发掘其潜在使用价值和经济效益。无法回收利用的大批尾矿只能长时间地弃置在尾矿库中，不仅导致大量的耕地被征用、生态环境被严重破坏，而且还需要投入巨额资金进行处理和维护，这些都是影响矿山企业可持续发展的主要因素。我国累积堆存的尾矿已有百亿吨，年排放量高达 10 亿 t，对他们进行有效回收和利用将是一项收益十分可观的工程。相关调查显示：位于广西南丹县的几十个尾矿库中所堆存的尾矿资源价值数十亿元人民币。

回收尾矿中的有价值组分与整体利用是其资源化利用中最主要的两种途径。尽管有价值组分的回收和利用可以为企业带来良好的经济效益，但是这种方法无法消纳大量的尾砂，对尾砂的减量化和无害化作用甚小；尾砂中所含的非金属矿物成分和传统的无机非金属材料十分相似，而且其总体含量大于 90%，通过适当的处理与改性之后就可以直接将其作为传统胶凝材料的替代品进行使用，从而实现尾砂的减量化、无害化和资源化。

随着矿产资源的日渐匮乏，世界各国对尾矿的资源化利用也越来越重视，西方发达国家早已在几十年前就已经开始进行相关研究工作。截至目前，部分欧美地区的矿山已经能够使用无尾工艺进行开采和分选；国内只有少量关于尾砂资源的三化研究，而且均起步较晚、起点较低；虽然在有价金属回收、建筑产品生产等方向已经取得了一定的研究成果，但是与发达国家高达60%的综合利用率相比较，我们仍有很多地方需要创新与提高。

大多数尾砂中均含有各式各样的金属和非金属矿物，他们都是珍贵的二次矿产资源，亟待回收和利用。譬如，部分尾砂中可以回收包括Fe、Ag、重晶石等在内的多种有用物质；从锡尾矿中可以筛选Zn、Ag等多种金属元素。

尾矿地表排放会导致诸多环境问题：

(1) 污染环境

尾砂中所含的重金属、S、As等有毒物质以及残留的选矿药剂可直接对环境造成污染；经干燥后颗粒直径小于10μm的尾砂在风力作用下四处飘扬，严重污染大气环境；尾砂在风化作用下能够产生大量的有害物质和重金属离子，他们溶于水后经水循环迁移会污染周围水环境和土壤，进而危害居民健康，影响植物与动物的生长繁殖；硫铁矿尾矿中所含有的硫酸盐在物理化学作用下所产生的酸性废水会对动植物和人类的生存构成严重威胁。

(2) 占用土地

尾砂的输送和堆存要求尾矿库必须建造在开采矿区范围内，且应该与矿山的生产规模相适宜。有统计显示：21世纪初我国在尾矿库建造方面花费超过20亿元，同时有大面积土地被征收用于建造尾矿库。截至目前，全国有超过100万hm^2的农用田地被用于尾矿库建设，占全国耕地总面积的1.04%；矿山开发所毁林地面积约为1万km^2。

(3) 安全隐患

各地矿山企业不仅在因尾矿库的不规范使用、超龄服役等因素所引起的各类尾矿库事故中存在大量人员伤亡，同时还需承受事故所来的巨大经济损失和恶劣社会影响。相关方面调查结果显示：国内在安全范围内使用的尾矿库不超过650座，不及总数的1/4；按照规范设计建造的仅1253座，勉强占到总数的一半；且只有206座尾矿库按期进行风险评价，数量不及1/10。数量多、库容大、坝体高是我国尾矿库的主要特征，因此我国尾矿库事故发生的频率和事故的危害程度均为世界罕见，在95种特大事故中将其列为第18位。解决尾砂的排放问题已经迫在眉睫，常规的尾矿堆存方法在经济和政策上已经无法适应矿山可持续发展的要求，必须另辟蹊径。

(4) 尾矿库的维护和管理费用

突发事故造成的田地毁坏与生态破坏的赔偿成为政府和企业不得不面对的问题。有关专家估算：国内矿山企业尾砂堆存的基建成本为1～3元/t；维护、经营、管理所需费用平均为4.5元/t；国家和企业财政在尾矿的排放和堆存问题上每年至少需要投入10亿元人民币，很多企业和地方财政早已不堪重负。

2.5.1 尾矿资源综合利用的现状

国际上关于尾矿资源综合利用的研究工作早已开展，很多国家已经投入了大量的资金，并且获得了良好的社会效益和经济效益。

（1）尾矿资源的二次回收利用

回收利用尾矿中的有价值组分是尾矿资源综合利用的一个重要途径。中国矿产资源的一个最重要的特征就是单一矿少、伴生矿多，因为技术设备、管理体制落后等原因，多种有价金属和矿物没有充分回收；这些潜在资源的回收和利用将会为企业带来良好的社会效益和经济效益，然而当前只有少数矿山在回收有价值组分，如甘肃的白银公司、金川公司、山东三山岛金矿等。

（2）尾砂作为建筑材料生产的原料

目前世界上已经有许多以尾矿为主要原材料制得的建筑材料产品。这些产品通常价格低廉、实用性强，最常见的就是微晶玻璃、建筑陶瓷、尾矿水泥等。

微晶玻璃是截至目前尾砂整体利用技术水平较高的一种产品。一般以高硅型、铝硅质、碱铝硅质、钙铝硅质尾矿为主要原料，在建筑装饰行业、化工行业和电子工业中应用十分广泛。

（3）利用矿山尾矿复垦植被

许多西方国家如德国、美国、澳大利亚，虽然地广人稀，但仍然对尾矿库的复垦工作十分重视，他们矿山土地的复垦率平均高达80%。美国的Minnesota作为全球已探明铁矿石储量最高的地区，其东北部岩层以铁燧岩为主，尾矿呈碱性、无毒；N、P元素含量较高，有机质含量偏低。20世纪80年代末，美国矿业总署和部分矿山企业着力于研究将该尾矿用作植被复垦土的可行性，并重新调查了其营养结构，加入了生活垃圾、庭院堆肥、纸浆和煤浆等N、P含量较低、含水率较高且有机质含量丰富的物质；经过调整的尾矿复垦土可以显著提高植物成活率，而且3年后该尾矿复垦土能够进行自我修复，再也不需要以前的营养结构调整措施。

我国矿山的土地复垦工作起步于20世纪60年代，在20世纪80年代后期至90年代进展较快。1988年11月，国务院颁布了《土地复垦规定》，制定了“谁破坏，谁复垦”的原则。该规定的出台立即引起有关部门的重视，有效地加快了矿山土地复垦工作的步伐。1990年前后，马鞍山矿山研究院迈出了关于尾矿植被复垦和扬尘抑制探索的第一步。

（4）尾砂作为矿山充填料使用

将尾砂作为井下采空区填充原料不仅工艺简单，而且还可以节约矿山的充填成本和开采成本；同时降低矿石的贫化率和损失率，提高其回采效率。许多金属矿山现在都采用尾砂充填技术，充填骨料有分级尾砂、全尾砂和细砂混合料等，利用管道自流将尾砂胶结充填浆体输送至井下采空区，不仅解决了尾砂的堆存问题，避免了环境污染，而且能够防止由于采矿所引起的地面塌陷等地质灾害。安徽省安庆铜矿利用水泥固结尾砂作为采空区充填浆体，不仅提高了生产能力，同时节省大量的费用。实践证明，使用来源广泛的尾砂代替砂石作为井下采空区胶结充填骨料在技术上可行，在经济上合理，是矿山正在推广的一项新工艺。此外将尾砂用在填充露天采坑、低凹山谷等造地工程中也是可行的。

2.5.2 矿山尾矿资源化利用存在的问题

尽管近年来关于尾矿的资源化利用研究在国内进展很快，同时越来越多的研究成果正在逐步应用到实际生产中，但仍有许多问题是我们不得不面对的。

(1) 资源意识淡薄，尾矿资源化利用阻力巨大

虽然我国矿产资源种类丰富，数量巨大，但是大部分矿产品品位低劣，且呈现多组分伴生现象，矿山企业为在短期内牟取暴利，对矿产资源盲目开采，采富弃贫现象严重，导致尾砂中残留有大量可回收组分，难以对尾砂中残留的有用物质加以回收和利用。

(2) 政府经费投入短缺，政策法规不完善

长期以来，国家对尾矿资源化利用项目的投入太少，截至目前，仍没有专项资金来支撑；在完善尾矿资源化利用管理体系上，由于缺少强制性政策措施和法律条例，部分矿山企业宁肯缴纳高额的排污费，也不曾考虑在尾矿资源化利用上进行投资，缺少对尾矿进行资源化回收和利用的积极性，这些都在一定程度上使资源浪费问题与环境污染问题愈加严重。

(3) 缺少高附加值产品，市场竞争力低下

我国将尾矿应用于工业生产的技术水平较低，最常见的做法就是将有价金属回收过后的尾砂作为砂石的替代品进行出售，或者直接进行出售；在微晶玻璃等高档建材产品的应用方面，复杂的工艺和较高的成本使我们无法与市场上其他的建材产品竞争，基本只停留在实验室阶段，难以推广到实际应用中。

(4) 缺少示范工程，实践具有盲目性

尾矿资源的回收与利用所需要的技术支撑较为广泛，涉及行业众多；国内目前缺少关于尾矿合理处置及充分利用的示范工程，导致在尾砂资源化利用方面缺乏经验；特别是在矿山如何综合利用堆存尾矿资源和将尾矿用作土壤修复剂等方面均缺乏全国性的示范工程。

2.6 低活性石粉

石粉主要指由各种岩性的岩石（包括石灰岩、花岗岩、玄武岩、砂板岩等）经机械加工筛分后小于 0.16mm 的微细颗粒。在水工混凝土中，对石粉的使用主要体现在两个方

面：①用石粉部分取代细骨料，即石粉代砂；②将石粉作为混凝土掺和料使用，即石粉替代水泥。针对前一个方面进行的工程应用研究较多，在普定、岩滩、江垭、汾河二库、白石、黄丹等水电工程中均利用石粉取代部分细骨料，取得了良好的效果。对于后者也有较多的研究，在龙滩、漫湾、大朝山、小湾等水电工程，均采用石粉作为掺和料取代部分胶凝材料，取得了良好的效果。

石灰石粉对于混凝土性能的主要影响概述如下：石灰石粉在一定掺量范围内可以发挥填充密实以及微集料效应，能明显改善新拌混凝土的和易性，对混凝土的凝结时间也几乎没有影响，而且可以在一定程度上提高混凝土的早期强度和抗渗性能，还可减少水泥用量30～50kg/m³。从温控角度考虑，石灰石粉的掺入可以降低3～5℃的水化温升，这对于减小温度应力、提高混凝土抗裂性能是有利的。不过，也有学者们指出，尽管石灰石粉可以改善混凝土的流变性能并提高混凝土的早期强度，但对混凝土长龄期强度的贡献甚微，甚至是负效应。另外，石灰石粉是作为胶凝材料的一部分掺入混凝土体系中，这就会导致体系中水泥用量减少，进而使相应水泥水化用水量也减少，在保持水胶比不变时，内掺大量石灰石粉会导致混凝土内多余的水分蒸发，混凝土干缩增大；同时，石灰石粉具有加速水泥早期水化的作用，容易导致混凝土坍损增大，不利于实际生产中商品混凝土的远距离运输。

石灰石粉与粉煤灰双掺料碾压混凝土和单掺粉煤灰的混凝土相比，在保持水胶比、胶凝材料用量不变的条件下，不增加碾压混凝土的单位用水量，对工作性影响较小，但会缩短碾压混凝土的凝结时间；当石灰石粉与粉煤灰的掺量比例小于1时，早期（28d前）可促进碾压混凝土的强度发展，对抗拉强度、弹性模量、极限拉伸值等力学性能影响较小，随着龄期增长，碾压混凝土后期强度增长率降低，各项性能有一定程度的降低。石灰石粉与粉煤灰双掺料碾压混凝土的绝热温升较低，抗压弹性模量较小，混凝土抗裂性能较好。由于石灰石粉为惰性材料，掺石灰石粉降低了胶凝材料浆体与骨料之间的黏结力，因此，碾压混凝土的层面抗剪强度有所降低，加强碾压混凝土的层面质量控制，采取有效的层面处理措施，有助于提高石灰石粉与粉煤灰双掺料碾压混凝土的质量。

某些石粉在特定细度条件下具有一定的火山灰活性，目前已在四川、云南、西藏等地区的多个水电工程中被作为掺和料并得到成功应用。位于雅砻江干流上的两河口水电站混凝土采用的人工砂岩骨料为具有潜在危害性反应的活性骨料，为此，长江科学院将此砂岩骨料粉磨制成石粉，分别通过外掺石粉和提高人工砂石粉含量两种途径，采用混凝土棱柱体法开展了砂岩骨料的碱活性抑制效果试验。试验结果表明，当外掺5%～20%的石粉时，砂岩骨料混凝土的碱硅反应（Alkali Silica Reaction，ASR）膨胀变形降低4.5%～19.6%；当石粉与粉煤灰（20%）复掺时，石粉掺量为10%时抑制砂岩骨料ASR膨胀变形的效果最好。在保持人工砂细度模数接近的条件下，提高人工砂中石粉的含量至15%时，砂岩骨料混凝土的ASR膨胀变形最小；同时外掺20%粉煤灰，人工砂中石粉含量在

5%～15%时，砂岩骨料混凝土呈收缩状态，当石粉含量继续增加至20%时，砂岩骨料混凝土的变形则为膨胀变形。由此可见，当活性砂岩骨料粉磨至一定细度时，掺入适量石粉或适当提高人工砂中石粉含量，可以在一定限度上抑制骨料的碱活性反应。

在水工混凝土中使用石粉置换部分水泥不仅能延缓或抑制ASR，而且对水工混凝土的其他性能也有着一定的改善作用，同时对节约资源、降低工程造价也有重要意义。因此使用石粉掺和料是解决水工混凝土中ASR问题的一种实用、经济和有效的途径。

第3章　硅铝基多源固废材料的协同稳质活化机理

我国年排放的工业固体废弃物已达10多亿吨，累积堆存量超过70亿t。除了矿渣得到很好利用外，其他总量多达数亿吨的固废，如粉煤灰、钢渣和煤矸石等的有效利用率则很低。而“两型社会”的建设迫切需要对这些工业固体废弃物进行深加工，充分发挥其潜在活性，使之成为水泥和水泥基材料中能够实现性能调控的辅助性胶凝材料。大掺量替代水泥熟料可以减少水泥工业生产过程中的资源消耗与污染排放，为改善人类居住环境做出重要贡献。

上述部分工业固体废弃物的硅铝质含量一般在50%以上，具有较大的潜在活性，统称为无机硅铝质胶凝材料。无机硅铝质胶凝材料所包含的品种因硅铝质的含量、晶格密实度、晶格畸变及其与钙质的结合度不同，以及各品种的颗粒形貌、级配、细度不同而表现出不同的物理化学活性特征。目前，对工业固体废弃物活性的评定方法比较多样化，对无机硅铝质胶凝材料体系不具有广适性，且未对其活性按龄期的分布特征进行相关研究。开展多源固废的协同处置，利用并匹配固废的资源属性，可相互促进降低固废活化所需能耗，并提升固废活性。

3.1　多源固废硅铝组分活化技术研究

3.1.1　赤泥—煤矸石协同活化技术

赤泥和煤矸石活性较低，煅烧可活化其中的硅铝组分，然而煅烧能耗较高，探索低能耗高效的活性激发工艺是赤泥和煤矸石资源化利用的关键技术。机械力作为清洁化学能，不仅能改变固废物理结构，同时能改变化学组成。在机械力激发过程中，碱性氧化物可提高煤矸石活性Al、Si的含量，赤泥中的Na_2O可降低煤矸石的碱激发需求。赤泥为湿法冶金产物，以黏性土质为主，需要在机械粉磨过程中添加助磨剂防止黏性颗粒聚集黏附，煤矸石中含有少量原生煤，可以作为赤泥的无机助磨剂使用。因此，赤泥和煤矸石在混磨过程中具有相互促进的作用，本小节研究确定赤泥和煤矸石机械力化学效应激发的最佳工艺参数，通过探索共混体在机械力化学效应作用下粒径、比表面积、矿物组成等的变化确定预激发反应机制，同时利用可知参数建立数学模型表征赤泥和煤矸石共混体预激发活性。

3.1.1.1 试验原材料及设计

本小节所选用的主要原料为拜耳法赤泥（下述赤泥均为拜耳法赤泥）、高岭土质煤矸石（下述煤矸石均为高岭土质煤矸石）以及工业水玻璃和氢氧化钠。赤泥取自中铝集团山东分公司，标注为 RM；煤矸石取自山西省阳泉煤业集团，标注为 CG；工业水玻璃（CP）及氢氧化钠颗粒（AR）购于市场。

赤泥在自然条件下干化后 105℃烘干至恒重，破碎并过 10mm 筛。煤矸石作为赤泥助磨剂，需碾磨至粒径≤200μm 后放入干燥器中待用。采用高速行星磨（XQM-4L）对原料进行机械力化学效应激发，转速为 2000r/min，设定球料比为 20∶1。

按照表 3.1-1 设计实验样品，根据上述方法混磨样品后，将预激发固体粉末和碱激发剂以固液比 0.4 进行混合，碱激发剂为 3.4M 水玻璃及 5mol/L 的 NaOH 混合溶液，混合比为 5∶3。将混合后的浆体快速搅拌 5min 后倒入 20mm×20mm×20mm 模具，在 80℃下养护 1d 后脱模置于标准养护箱中（温度 20±2℃，相对湿度 95%RH 以上）养护至 28d，分别测试试样 7d、14d、28d 的强度，每个试样制备 3 个平行样，取 3 个平行样的平均值为测定值。利用强度与粒径分布特征、碱溶率和表面能变化的多元拟合回归，建立赤泥—煤矸石共混体预激发活性预测模型。

表 3.1-1　赤泥—煤矸石共混样品制备方案

样品名	原材料组成	预激发方式
S1-1	100%RM	粉磨 20min
S1-2	100%CG	粉磨 20min
S1-3	20%CG，80%RM	单独粉磨后混合
S1-4	20%CG，80%RM	混磨 20min
S1-5	20%CG，80%RM	600℃下煅烧 2h
S2-1	10%CG，90%RM	混磨 20min
S2-2	20%CG，80%RM	混磨 20min
S2-3	40%CG，60%RM	混磨 20min
S2-4	50%CG，50%RM	混磨 20min
S3-1	20%CG，80%RM	混磨 10min
S3-2	20%CG，80%RM	混磨 20min
S3-3	20%CG，80%RM	混磨 40min
S3-4	20%CG，80%RM	混磨 60min

（1）表面能的计算

表面能指在恒温、恒压条件下，可逆地增加材料表面积所需要做的功，即材料表面粒子相对内部粒子多出的能量。表面能是衡量材料表面活性的重要指标，同时也反映了比表面积等颗粒表面特征参数，比表面积的变化直接导致颗粒表面能改变，特别是对机械力化学效应作用下的颗粒。本书通过吸附法计算前驱体的表面能，详细计算过程如下：

根据表面化学原理，吸附气体在粉末颗粒表面的浓度一定大于内部结构的浓度，此差值为表面超量 τ（mol/cm^2），τ 与气体吸附量的关系如式（3.1-1）：

$$\tau = \frac{Q}{Q_0} \cdot S \tag{3.1-1}$$

式中：Q——气体吸附量，cm^3/g；

Q_0——气体摩尔体积，22400mL/mol；

S——比表面积，m^2/g。

根据 Langmuir 吸附理论，材料表面气体吸附量可表示为式（3.1-2）：

$$Q = \frac{abP}{1 + bP} \tag{3.1-2}$$

式中：a——单层饱和吸附量，cm^3/g；

b——吸附平衡常数，无量纲；

P——吸附压力，MPa。

由吉布斯公式可知表面张力变化，如式（3.1-3）：

$$d\gamma = -\tau RT d\ln P \tag{3.1-3}$$

将式（3.1-2）代入式（3.1-3），可得到材料在吸附气体前后的表面能变化值 π（J/m^2）。

$$\pi = -\int d\gamma = \int \tau RT d\ln P = \frac{aRT}{Q_0 S}\ln(1 + bP) \tag{3.1-4}$$

式中：R——气体常数，8.3143J/（mol·K）；

T——吸附气体热力学参数。

（2）平均粒径计算

在研究赤泥—煤矸石共混预激发体活性表征时，必须确定预激发粉末体的物化参数，颗粒粒径分布特征无疑是粉末体重要的物理指标，然而表征颗粒粒径分布特征的参数很多，包括 D_{10}、D_{30}、D_{50}、D_{60}、D_{90} 以及细度等，这些参数在总体上可以有效解释预激发颗粒分布状况，但由于参数过多，无法定量化表达粒径分布特征。因此本书参照相关报道，采用具有统计学意义的平均粒径来定量化粒径分布特征。

假设激活粉末体为理想球体，其平均直径为 D（p，q），计算公式如式（3.1-5）：

$$D(p, q) = \left(\frac{\sum_{i=1}^{k} n_i D_i^p}{\sum_{i=1}^{k} n_i D_i^q}\right)^{\frac{1}{p-q}} \tag{3.1-5}$$

式中：n_i——直径是 D_i 的颗粒的数量；

p——1～4 整数值；

q——0～3 整数值。

p、q 取值不同，代表不同的物理意义。

本书研究颗粒体平均粒径分布，分布取值为 4 和 3，表示体积平均粒径，整理式（3.1-5）可得式（3.1-6）。

$$D(4,3)=\frac{\sum_{i=1}^{k} n_i D_i^4}{\sum_{i=1}^{k} n_i D_i^3} \tag{3.1-6}$$

将各试样粒径分布特征数据代入上式可以求出各试样的平均粒径。

（3）Al、Si 碱浸出特性

活性硅铝是形成三维网络聚合物结构的前提。取适量干燥固体粉末，按质量体积比为 1∶10 加入 5mol/L NaOH 溶液，在 25±2℃条件下水平震荡 24h，静置过滤后取上清液，利用电感耦合等离子体光谱仪（ICP）测定 Al、Si 的含量。Al/Si 浸出率为浸出液中所含 Al/Si 量和浸出前固体粉末中所含 Al/Si 的总量的比值。

3.1.1.2 原料理化特性

（1）物理性质

试验用赤泥和煤矸石物理性质见表 3.1-2。赤泥为红色泥浆，含水率为 34.04%，相对较高；煤矸石含水率较低为 1.2%。

按照《固体废物腐蚀性测定玻璃电极法》（GB/T 15555.12—1995）测定原材料 pH 值。赤泥 pH 值呈强碱性，为危险废物。煤矸石的 pH 值偏中性。

采用全自动比表面积分析仪（NOVA2200e，美国）测定赤泥和煤矸石比表面积。颗粒粒径采用麦奇克 S3500 系列激光粒度分析仪测定，其主要利用颗粒的衍射或散射光谱来分析颗粒大小。表 3.1-2 中特征粒径分布点 D_{50}、D_{95} 分别代表试样颗粒 50%通过率和 95%通过率特征点的粒径大小，R_{80} 为 0.08mm 筛筛余量，代表样品的细度。图 3.1-1 为试样粒径分布图，粒径分布同比表面积，原样不能直观比较，测定值为经预处理后结果。

表 3.1-2　试验用赤泥和煤矸石物理性质（Mean±SD，n=3）

样品	含水率/%	pH 值	比表面积/（m^2/g）	粒径分布			
				D_{50}/μm	D_{95}/μm	R_{80}	R_{45}
RM	34.04	12.7±0.2	12.2±0.1	30.76	112.8	13.30	36.97
CG	1.20	6.8±0.2	16.2±0.2	23.02	195.4	5.68	12.56

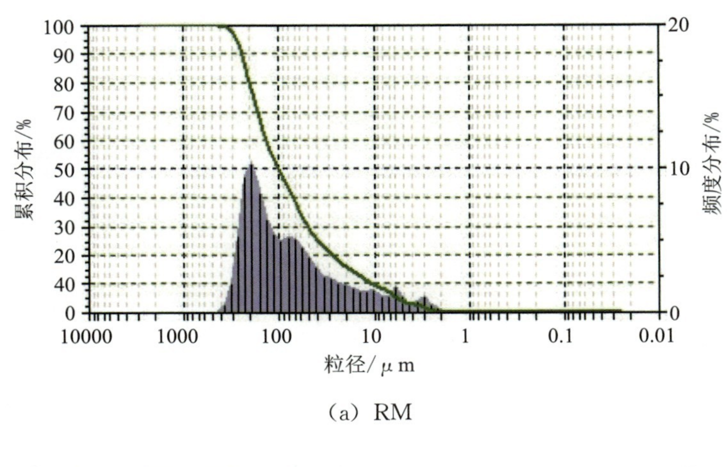

(a) RM

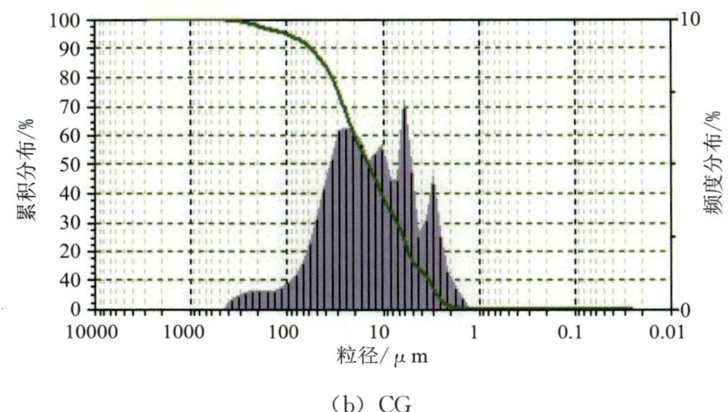

(b) CG

图 3.1-1 试样粒径分布

(2) 原料的化学组成

表 3.1-3 给出了两种原料的化学组成。赤泥的主要化学组成为 Al_2O_3、SiO_2、Na_2O 及 Fe_2O_3，占比大于 70%，该赤泥 CaO 含量极低，为低钙赤泥，为制备纯硅铝基地质聚合物提供了便利；煤矸石的化学组成主要为 Al_2O_3、SiO_2，占比接近 70%，同时还含有一定量碳，含碳可能会对地质聚合物材料体系的耐久性产生一定影响。

表 3.1-3 赤泥和煤矸石化学组成 （单位：%）

化学组成	Na_2O	Al_2O_3	SiO_2	P_2O_5	SO_3	CaO	TiO_2	Fe_2O_3	MgO	C
RM	10.85	20.26	12.83	0.17	0.6	0.87	7.35	33.39	0	0
CG	0.33	22.21	45.69	0.12	3.06	0.98	0.54	5.49	0.4	11.37

(3) 材料的矿物组成

图 3.1-2 为赤泥和煤矸石矿物组成，从图中可以看出 RM 中 Fe 的存在形态以赤铁矿物相为主，Al 和 Si 的存在形式主要为三水铝矿和钙霞石矿物相，在 20°～35°存在微弱的驼峰，说明赤泥具备一定量的无定形态物质，根据赤泥产生的过程可以判定其为碱溶无定

形态 Si 和 Al 活性组分，说明 RM 具备一定的反应活性；煤矸石的矿物组成主要以高岭石和石英为主，为了优化原料配合比，采用 XRD 半定量化煤矸石中所含高岭土含量，定量化结果见图 3.1-3，CG 约含高岭土 46.6%，含石英 21.33%，从图 3.1-3 中可以看出，该煤矸石高岭土含量极高，具备开发地质聚合物的潜能。

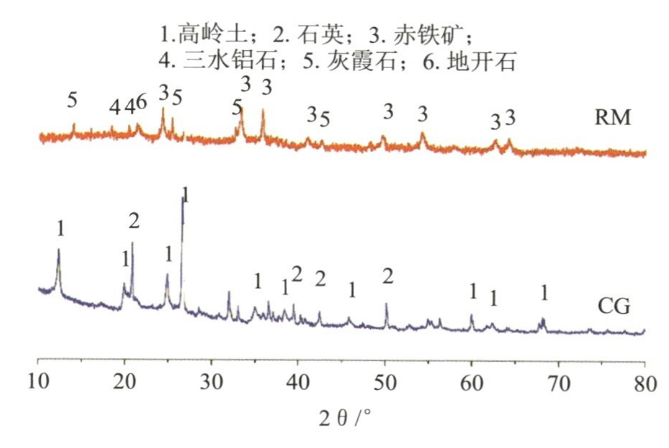

图 3.1-2　赤泥和煤矸石矿物组成

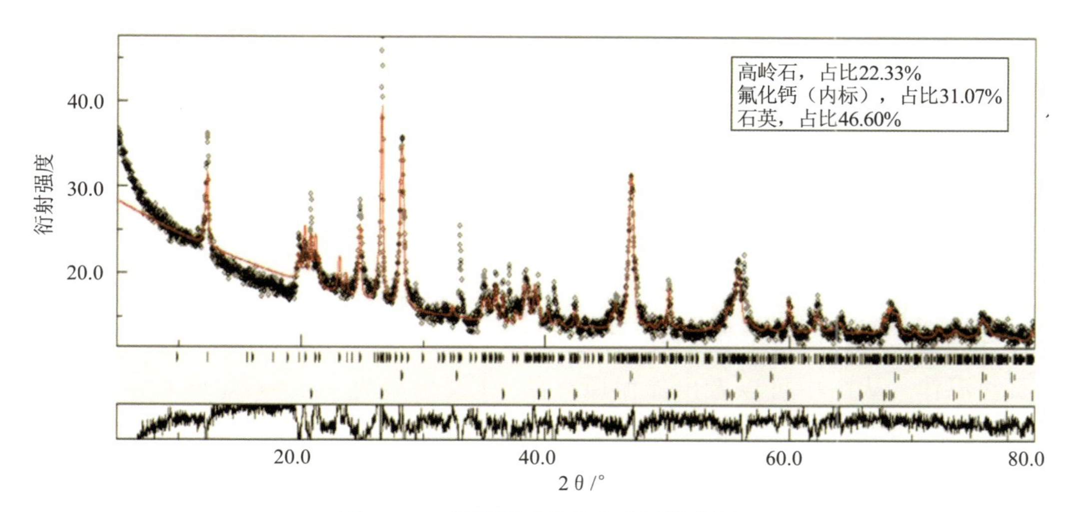

图 3.1-3　煤矸石矿物组分定量拟合图

（4）原料的 Al、Si 碱浸出特性

表 3.1-4 为原料的 Al、Si 碱浸出特性。

表 3.1-4　原料的 Al、Si 浸出特性（Mean±SD，$n=3$）

试样	Al 浸出率/%	Si 浸出率/%
RM	17.2±0.3	6.8±0.1
CG	4.6±0.2	1.2±0.1

由前述化学组成可知，赤泥中 Al_2O_3 的总含量为 20.26%，碱浸出率仅为 17.2%，说明 RM 原样中可直接参与碱激发反应的 Al 组分较少，必须进行必要的激发处理。煤矸石中 Al 主要以高岭石矿物相存在，其在未激发状态下碱溶性较低；Si 以高岭石和石英两种形式存在，石英物相极其稳定，因此 Si 浸出率极低。如果将石英看成惰性成分，按照高岭石化学组成 Al_2O_3 和 SiO_2 的摩尔比为 1∶2，则碱溶高岭石后，Al 和 Si 摩尔比为 1∶1。与表 3.1-4 中结果并不一致，表明高岭石并未完全解聚，而是更多的 Al—O 结合层的断裂释放。

3.1.1.3 赤泥—煤矸石共混体机械力粉磨激发的协同效应

确定赤泥和煤矸石共混体采用机械力化学效应进行激发的前提是探索二者共混的协同效应。固体粉末在机械力作用下活性提高主要由晶格缺陷或畸变、新生表面、原子基团、外激电子的产生而引起。本书利用赤泥和煤矸石共混预激发制备地质聚合物，粉末共混体在机械力作用下同样会发生相应的物化反应，根据土聚合反应特征及预激发体需具备的物化特征，我们从 Al（Al_2O_3）、Si（SiO_2）浸出特性，Al、Si 结合能及矿物相变化 3 个方面同时对比赤泥、煤矸石原样及以 3 种不同预激发方式激活的赤泥—煤矸石共混体的物化特性，分析赤泥和煤矸石共混机械力粉磨激发的协同效应。

（1）Al、Si 浸出特性

地质聚合物聚合反应过程第一阶段即预激发固体粉末中硅铝酸盐在碱激发剂作用下分解成为 Al、Si 活性单体，因此预激发固体粉末的 Al、Si 碱浸出特性对于材料是否可以有效制备地质聚合物极其关键。赤泥、煤矸石原样及不同方式预激发试样的 Al、Si 浸出特性见图 3.1-4，为验证共混机械力激发的效果，实验同时设计了另外两种预激发共混体，即试样 S1-3 赤泥和煤矸石在单独粉磨后的共混试样和试样 S1-5 600℃下煅烧 2h 的赤泥—煤矸石共混体。从图中可以看出赤泥原样的 Al 浸出率为 9.4%，煤矸石原样则仅为 2.9%，两者在单独粉磨 20min 后以 8∶2 的比例共混，其浸出值仅为 8.5%，按照原样浸出值计算理论浸出值为 8.1%，因此其单独粉磨后共混仅提高了 0.4%，几乎没有太大影响，分析其中的原因主要是赤泥单独粉磨颗粒团聚沉积现象严重，颗粒比表面积不增加反而减小，虽然煤矸石单独粉磨比较面积增大，部分高岭土及石英晶体在粉磨激发下发生晶格畸变，会对 Al 浸出产生一定促进作用，然而其组成比例较小，对整个体系影响较小；煅烧活化试样 Al 浸出达到了 21%，较理论浸出值提高了两倍以上，表明煅烧对共混体具有较好的活化效果，但是依然低于共混机械力激发试样，证明赤泥—煤矸石共混机械力激发对材料的 Al 浸出协同效应明显。同样从图中也可以看出各试样的 Si 浸出特性基本与 Al 浸出特征吻合，主要的差异在于共混粉磨激发试样 S1-4 和煅烧激发试样 S1-5 较 Al 浸出率增长幅度较小，分析其中原因可能是材料中 Al 源主要为赤泥中活性 Al 和三水铝矿及煤矸石中的高岭土成分，而 Si 源则主要是赤泥中的活性 Si 及煤矸石中的高岭土和石英，相对而言赤泥中活性 Al 成分高于 Si，而煤矸石中石英处于较稳定状态，在粉磨激发后依然较难在碱性条件下溶出。由以上分析，参照相关报道，可以确定赤泥和煤矸石通过共混机械力粉磨激发可以有效促进材料的 Al、Si 碱溶出。

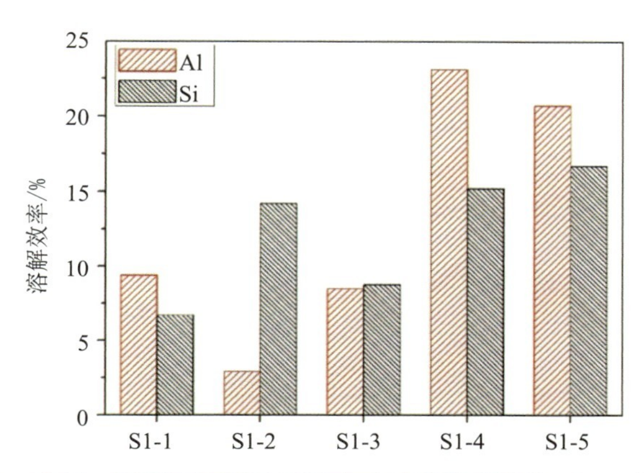

图 3.1-4　赤泥、煤矸石原样及不同方式预激发试样的 Al、Si 浸出特性

（2）矿物相变化

矿物相的变化主要是检验预激发共混体的化学效应，图 3.1-5 呈现了原样及 3 种不同激活方式的赤泥—煤矸石共混体的 X 射线衍射图谱，从图中可以看出石英和赤铁矿的特征衍射峰均清晰地存在于原样及预激发共混试样中（S1-1、S1-3、S1-4 和 S1-5），这是由于这两种矿物在机械力激发或高温煅烧激发时很难分解；通过共混机械粉磨激发及高温煅烧后赤泥—煤矸石共混样矿物相中出现了铝硅酸钠及霞石的特征峰，这两种矿物相的硅铝酸盐本身较容易在碱溶液中分解，使反应体系中 Al、Si 活性单体增多，促进土聚合反应，而赤泥本身的钙霞石相和煤矸石的高岭土相均已消失，表明赤泥—煤矸石共混体在煅烧激发和共混粉磨激发下均能发生化学反应，这同时解释了前述 Al、Si 浸出特性分析的结果；然而赤泥和煤矸石单独粉磨后按比例混合试样 S1-3 却未出现类似 S1-4 和 S1-5 试样的矿物相变化，其主要特征衍射为赤铁矿和石英，值得注意的是赤泥原样在 20°～35°具有明显的驼峰，预激发试样 S1-4 和 S1-5 也表现出同样的特征，但 S1-3 未表现明显的凸出，说明单独机械力粉磨并不能达到预激发效果，同时间接证明了赤泥—煤矸石共混体在机械力化学效应激发下对材料的活性增强具有协同促进效应。

（3）Al 2p 和 Si 2p 结合能的变化

Al 2p 和 Si 2p 结合能是表征硅铝酸盐材料体系中 Al、Si 结合形式的重要手段。在机械力化学效应激发过程中，粉末激发体中晶体物质极易发生物化反应生成新的矿物相，其中硅铝酸盐规则结构通常会改变，直接导致粉末体中 Al、Si 的结合形式发生变化，观察其结合能的变化可以判定其主要变化规律。本书通过 X 射线光电子能谱（XPS）结果分析试样的 Al 2p 和 Si 2p 结合能的变化，结果见图 3.1-6。

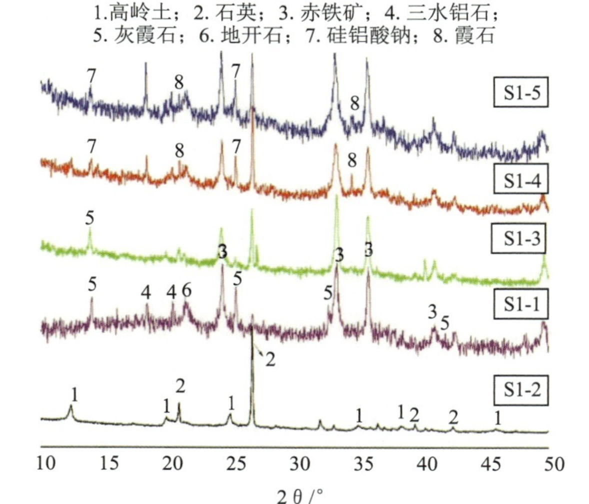

图 3.1-5　原样及预激发试样的 X 射线衍射图谱

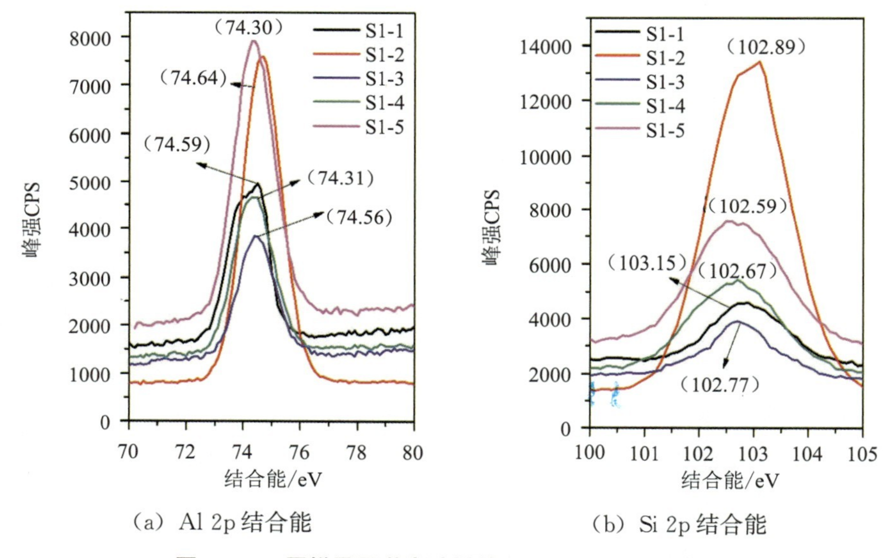

(a) Al 2p 结合能　　(b) Si 2p 结合能

图 3.1-6　原样及预激发试样的 Al 2p 和 Si 2p 结合能

图 3.1-6（a）为 Al 2p 结合能变化情况，图 3.1-6（b）为 Si 2p 结合能变化情况。从图 3.1-6（a）中可以看出，赤泥和煤矸石原样的 Al 2p 结合能峰值分别位于 74.59 和 74.64eV，经煅烧激发和共混机械粉磨激发试样的峰值降低为 74.30 和 74.31eV，而单独粉磨后共混试样 S1-3 对应峰值为 74.56，较前两者变化较小；通常 Al 2p 结合能的降低是由 Al 配位数的变化导致的，铝氧四面体 $[AlO_4]^{5-}$ 中 Al 2p 结合能一般在 73.40～74.55eV，而铝氧八面体中则为 74.10～75.00eV，因此可以确定经过机械力和煅烧激发后，共混体的硅铝酸盐网络结构发生了变化。S1-4 和 S1-5 两个试样中 Al 2p 结合能的变化归因于原样中钙霞石和高岭土中 Al 以铝氧八面体 $[AlO_6]^{9-}$ 形式存在，经活化后其矿

物相转变为在碱性溶液中易分解的铝硅酸钠及霞石矿物相，而在这两种矿物相中 Al 以四面体形式存在。从图 3.1-6（b）可以看出 Si 2p 结合能的变化同样遵循 XRD 分析结果，经煅烧和共混机械粉磨激发，矿物相的转变直接导致 Si—O 聚合度的变化，Si—O 聚合度的变化可以从矿物相 Si/O 摩尔比的变化中看出，两种有效的预激发方式促使 Si/O 摩尔比由原样的 1∶3.4、1∶3.5 变化为 1∶4，其 Si 2p 结合能较原样均降低，这从侧面证实了原样中晶体相 Si 源向低聚合态或无定型转变的过程。对比 S1-3、S1-4 和 S1-5 三个试样的 Al、Si 结合能变化，可以发现单独粉磨对于赤泥和煤矸石的预激发效果极其微弱，特别是化学效应极小，从而再次证实二者共混机械力激发的协同化学效应，然而难以否认的是煅烧激发从 Al、Si 结合能变化角度而言较共混机械力激发具有微弱的优势，在考虑能耗及环保的前提下，认定赤泥—煤矸石共混机械力激发粉磨前驱体更有优势。

3.1.1.4 赤泥—煤矸石粉末前驱体激发工艺的优化及活性表征

机械力粉磨激发工艺受多种参数的影响，特别是粉磨机械本身参数对于激发体活性变化具有显著的影响。粉磨机械本身各参数间本身具有相互联系性，为了稳定粉磨机械参数，本书选用高能行星球磨机，固定球料比和转速，探索粉磨时间、原料组成对材料活性的影响。

（1）前驱体制备地质聚合物机械性能

由于目前对于地质聚合物粉末前驱体的活性检验没有统一的方法，众多研究者参照水泥等传统硅酸盐材料活性检验方法，认为制备相应条件下的地质聚合物的强度变化是最为直接的检验标准，因此在优化共混机械力粉磨激发工艺的过程中，实验首先通过机械强度检验考察预激发体的活性。

图 3.1-7 列出了不同原料配比和粉磨时间条件下经赤泥—煤矸石共混体机械力激发试样制备的地质聚合物强度发展趋势，图中并未呈现赤泥和煤矸石原样制备碱激发固化体强度数据，这是因为二者在养护期内基本未获得有效的强度数据。图 3.1-7（a）展示了随着煤矸石的比例增大，试样的强度先增大后减小，其中尤以赤泥和煤矸石配比为 8∶2 的试样 S2-2 抗压强度最为突出，表明该配比条件下赤泥—煤矸石共混体预激发体活性最好，同时在整个龄期内各试样的强度不断增强，但各龄期间增长幅度也同样呈现先增长后降低的趋势，说明煤矸石过量条件下会抑制材料碱激发强度的发展；图 3.1-7（b）给出的是不同粉磨时间下预激发体制备的地质聚合物试样强度变化，从图中可知粉磨 20min 后试样的强度达到了最大强度，随着粉磨时间继续增加，材料的强度增长趋势变缓，可能的原因是材料颗粒粒径在粉磨 20min 时达到了最佳分布状态，具体的颗粒分布特征在后面章节中介绍，因此可以认定在实验限定的球料比和转速条件下粉磨激发 20min 的试样 S3-2 为最佳。

表 3.1-5 中赤泥和煤矸石的配比由 9∶1 到 5∶5，其 SiO_2/Al_2O_3 摩尔比变化范围为 1.29～2.26，Na_2O/Al_2O_3 摩尔比变化范围为 0.44～0.77，M. Srinivasula Reddy 等在总结地质聚合物性能与原料之间关系中指出 Na_2O/Al_2O_3 的范围为 0.4～0.8，本书设定范

围正好与之吻合。由前述预激发体激发后新生成矿物相中 Si/Al/Na 摩尔比为 1∶1∶1，而根据原料矿物相组成可以看出原料本身包含 21.33%石英，那么原料中 Si 源在激发过程中有一部分仍处于稳定状态，因此 SiO_2/Al_2O_3 摩尔比应至少大于 1，综合确定煤矸石的掺料在 10%以上。

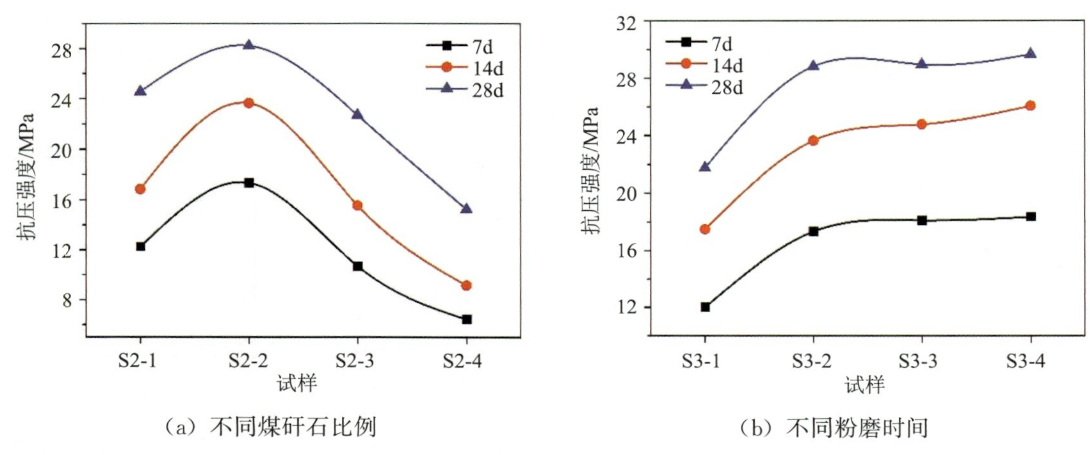

(a) 不同煤矸石比例　　(b) 不同粉磨时间

图 3.1-7　预激发体制备地质聚合物强度变化情况

表 3.1-5　不同配比赤泥—煤矸石共混体 Si/Al、Na/Al 摩尔比

样品号	RM∶CG	SiO_2/Al_2O_3	Na_2O/Al_2O_3
S2-1	9∶1	1.29	0.77
S2-2	8∶2	1.53	0.70
S2-3	6∶4	2.01	0.53
S2-4	5∶5	2.26	0.44
S1-1	10∶0	1.05	0.86
S1-2	0∶10	3.50	0.02

(2) 粉末前驱体的表面能

为了有效表征赤泥—煤矸石共混体在机械粉磨作用产生的物化效应，试样通过 N_2 吸附模拟测定预激发体的表面能变化情况。由前述式（3.1-4）可知计算材料吸附气体前后的表面能变化值 π，需要确定参数包括预激发体比表面积 S、单层饱和吸附量 a、吸附平衡常数 b 以及吸附实验条件下 N_2 的热力学参数 T 和 P，其中 S 由实验室 BET 多点吸附法测定；T、P 按实验条件设置分别为 303.15 K 和 0.108MPa；a 和 b 的确定主要通过吸附曲线数据分析所得，主要计算过程如下。

由前述式（3.1-2）进行变形可得：

$$\frac{1}{Q}=abP+\frac{1}{a} \tag{3.1-8}$$

由式（3.1-8）可以看出 $1/Q$ 和 P 线性相关，其中 a 和 b 的乘积为斜率 k，而 $1/a$ 为

截距 d，那么通过对各试样的参数 $1/Q$ 和 P 进行线性拟合即可求出 a 和 b 值，各试样的拟合曲线见图 3.1-8，拟合效果基本良好，所得直线斜率 k、截距 d 以及计算所得 a 和 b 的值见表 3.1-6，最后通过前述式（3.1-4）即可计算出试样吸附气体前后表明能变化值 π。

由表 3.1-6 中 S2-1 至 S2-4 试样的吸附前后表面能的变化可知赤泥和煤矸石配比为 8∶2 时，试样表面能最大，说明其活性较其他试样更大，同时可以看出随着煤矸石比例的增大，粉末的比表面积呈增长趋势，但表面能却并没有呈现相同的趋势，这表明机械力化学效应激发体的活性并不依赖于材料的表面积。同时对比同一配比不同粉磨时间条件下试样 S3-1 至 S3-4 的表面能变化情况进行分析，从中可以发现材料的表面能增长到一定程度后基本保持不变，说明此时增加粉磨时间只会增加能耗，对于材料的表面活性增长并无太大促进作用，这也与强度变化分析相一致。总结上述分析结果，优选共混机械力粉磨激发参数为赤泥和煤矸石配比为 8∶2，机械粉磨时间为 20min。

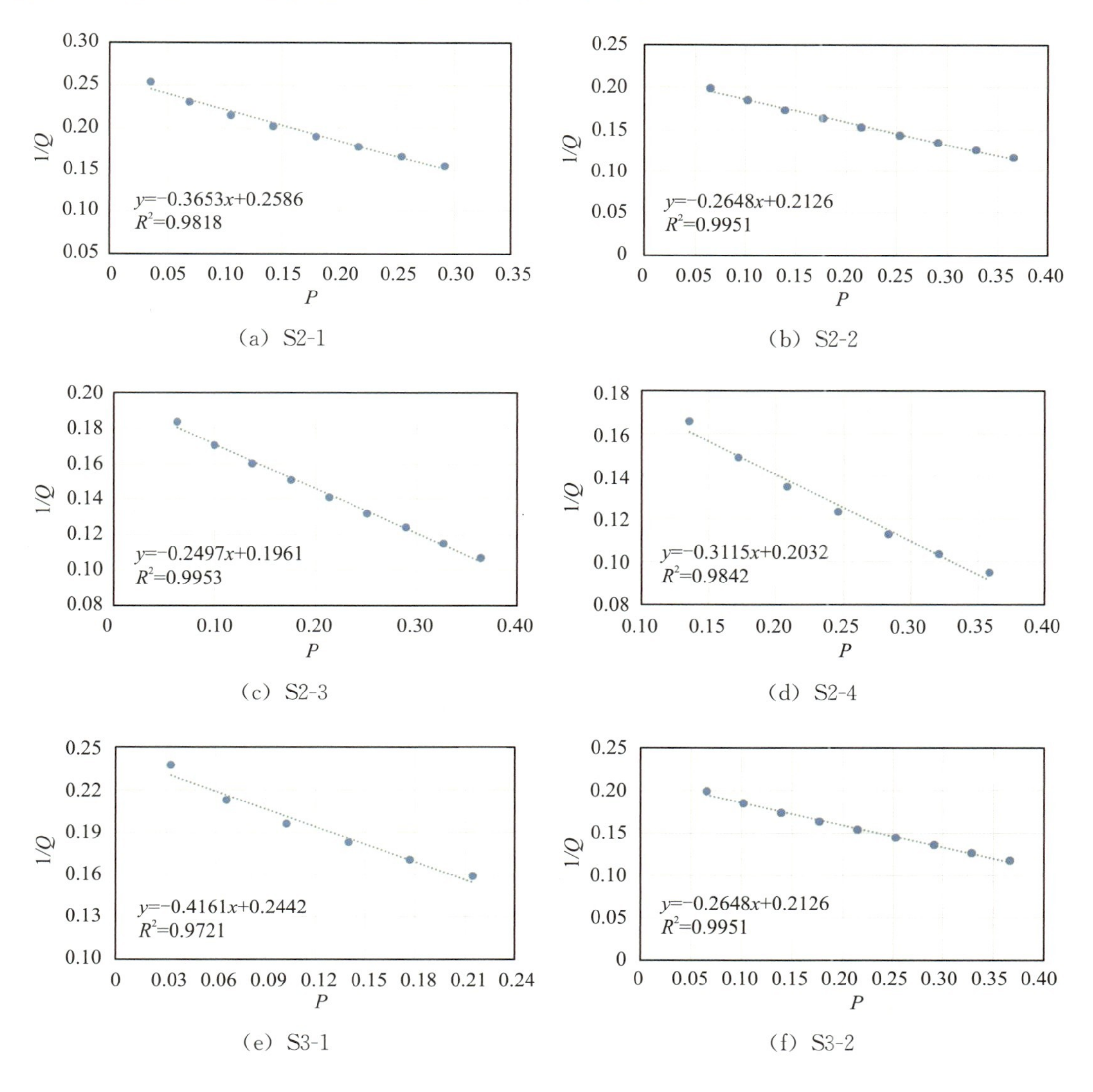

（a）S2-1　（b）S2-2

（c）S2-3　（d）S2-4

（e）S3-1　（f）S3-2

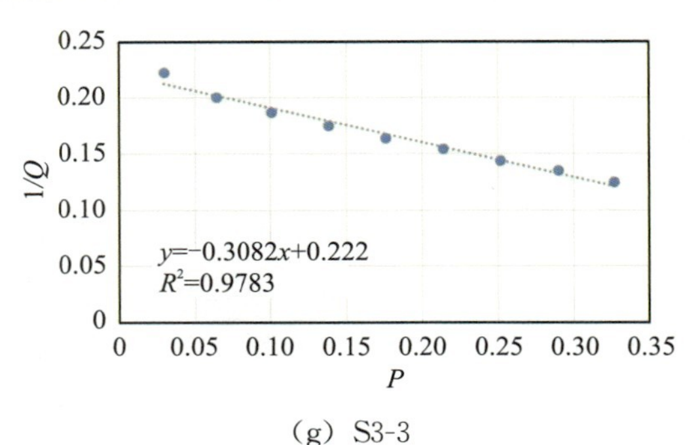

(g) S3-3

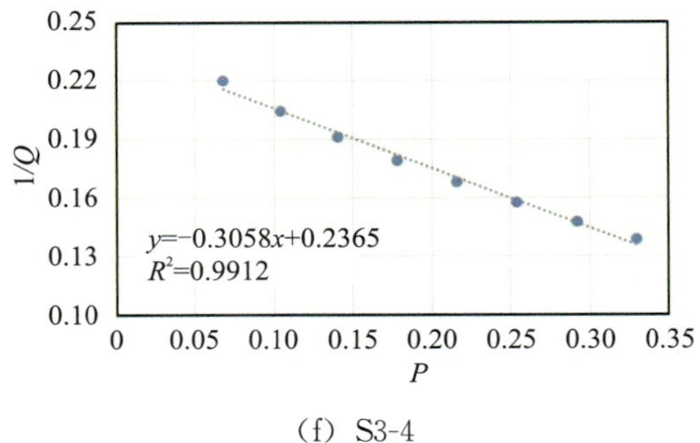

(f) S3-4

图 3.1-8　$1/Q$ 和 P 线性关系拟合

表 3.1-6　　预激发体表面能计算相关参数

样品号	S /（m^2/g）	k	d	a/（mL/g）	b	$\|\pi\|$ /（J/m^2）
S2-1	19.69	−0.365	0.2586	3.866976	−0.09447	0.1308
S2-2	23.64	−0.265	0.2126	4.703669	−0.05630	0.1391
S2-3	26.05	−0.250	0.1961	5.099439	−0.04897	0.1191
S2-4	32.48	−0.312	0.2032	4.921260	−0.06330	0.1189
S3-1	21.45	−0.416	0.2442	4.095004	−0.10161	0.1115
S3-2	22.64	−0.265	0.2126	4.703669	−0.05630	0.1391
S3-3	23.17	−0.308	0.2220	4.504505	−0.06842	0.1452
S3-4	22.96	−0.306	0.2365	4.228330	−0.07232	0.1455

（3）粉磨前驱体的颗粒分布特征

预激发体颗粒分布特征也是评价机械力粉磨作用的重要参考指标。在优化机械力粉磨激发工艺的过程中，实验同样对各试样的颗粒分布特征进行检测，为了直观反映机械粉磨作用效果，本书选取颗粒累积分布特征进行分析，图 3.1-9（a）对比了赤泥和煤矸石不同配比共混体在相同条件下粉磨激发后的粒径分布，R9G1 和 R8G2 粒径分布基本没有太大区别，R8G2 在 30μm 作用分布略有增加，而随着共混体中煤矸石比例的增加，颗粒累积分布明显向低粒径方向移动，说明煤矸石较赤泥更易粉碎，在共混粉磨过程中其助磨的作用突出；图 3.1-9（b）则反映了赤泥和煤矸石相同配比下不同粉磨时间颗粒粒径分布变化情况，总体而言粉磨体主要有 3 个主峰，分别位于 3μm、7μm 和 32μm 附近，随着粉磨时间的增加，3 个累积分布峰均增大，但是总体峰位并未改变，表明机械粉磨时间的增大并不一定会提高粉磨效率；总结上述分析，从粒径累积分布特征角度，认为增加煤矸石的比例或增加粉磨时间更有助于颗粒向微粒径转移，然而参照水泥胶凝材料对粒径的要求，地质聚合物材料也同样对颗粒粒径有要求，虽然具体的限定范围仍然未能确定，但通过试样的性能对比，也可以发现并不是颗粒粒径越小，粉末土聚合反应更好，因此从分布特征上无法实现共混机械粉磨激发工艺优化的目标。

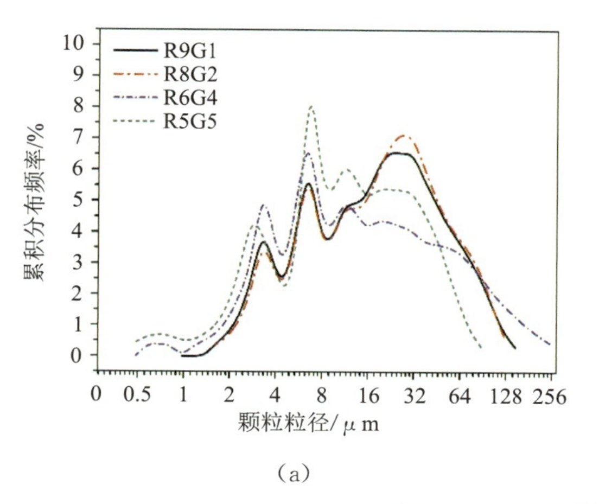

(a)

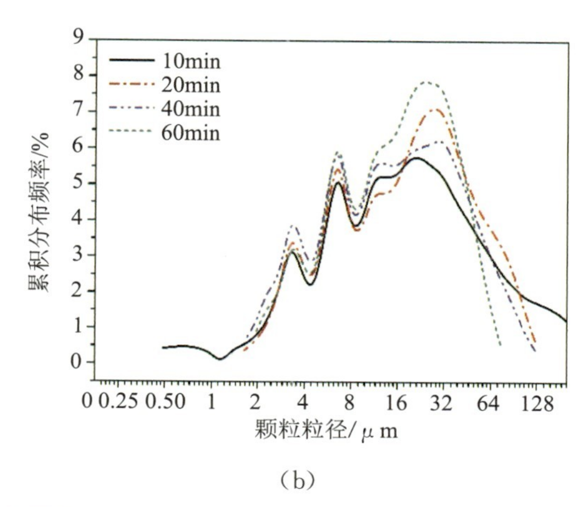

(b)

图 3. 1-9　试样颗粒累积分布特征

在以上分析的基础上，考虑后续对赤泥—煤矸石共混体活性定量表达的需求，预激发体的颗粒粒径分布特征必须采取定量化的表达方式定义，本书采用 D（p，q）粉末颗粒体积平均粒径对其定量化表达。根据前述式（3. 1-6）计算各试样的平均粒径 D（4，3），见表 3. 1-7。从表中可以看出随着煤矸石比例的增大，其平均粒径逐渐减小，该值随着粉磨时间的增大而减小，但是从数值上分析，R8G2 和 R6G4 基本接近，这可能是煤矸石和赤泥的比例在这两种组合之间达到协同效应的平衡，当煤矸石量超过平衡所需，材料的粒径快速下降；同时粉磨 40min 试样和粉磨 60min 试样的平均粒径也基本接近，说明在粉磨 40min 时已经达到最佳效果，再增加粉磨时间只会徒增能耗。

表 3. 1-7　试样的粒径特征

百分比/%	粒径/μm							
	R9G1	R8G2	R6G4	R5G5	10min	20min	40min	60min
10.00	2.94	3.68	3.45	2.35	3.16	3.68	3.18	3.56
20.00	4.82	5.95	5.74	3.62	5.68	5.95	5.31	5.78
30.00	6.40	8.98	8.37	5.89	8.41	8.98	7.18	8.12
40.00	9.82	12.95	12.20	7.32	11.96	12.95	10.51	11.23
50.00	14.93	17.94	16.92	10.11	16.59	17.94	14.33	14.87
60.00	22.82	23.14	22.08	13.58	22.36	23.14	19.31	18.86
70.00	34.77	29.43	28.74	18.90	30.78	29.43	25.65	23.47
80.00	54.13	39.02	38.66	26.06	45.95	39.02	33.95	29.25
90.00	89.05	57.59	57.38	36.87	84.34	57.59	48.92	37.92
D（4，3）	80.73	51.32	50.33	32.44	77.07	51.32	42.81	41.71

（4）粉末前驱体的 Al、Si 碱浸出特征

在优选机械粉磨激发工艺的过程中，实验同时测定了各预激发体的 Al、Si 浸出特性。

实验为了深入分析材料该特征，设计测定在 3、5、8、10mol/L 氢氧化钠浸提液作用下各试样的浸出情况。具体的测试结果见图 3.1-10，从图 3.1-10（a）和图 3.1-10（b）中可以看出，随着煤矸石比例的增大，试样的 Al 浸出率明显减少，但 Si 浸出率变化较小，出现这种现象的原因可能是煤矸石比例增加后，煤矸石中的高岭土活化效果逐渐减弱，但煤矸石的助磨作用显著增大，促使赤泥中未分解且处于较稳定态的铝酸盐矿物分解或发生晶格畸变降低了结构稳定度，在碱溶作用下，进一步释放，致使试样中 Al 浸出率明显增大，然而赤泥中的 Si 源主要稳定态的石英在机械力作用下并没有产生太大结构变化，也不能在碱溶作用下释放；分析图 3.1-10（c）和图 3.1-10（d）可知，随着粉磨时间的增大，Al、Si 的浸出率均呈增长趋势，但到后期增长趋势减缓，表明粉磨效率降低；从所有试样的浸出结果看，随着碱溶液浓度的升高，试样的 Al、Si 浸出率均呈增长趋势，表明各激发体具备在碱激发条件下持续释放 Al、Si 活性单体的条件，可以用来制备地质聚合物，同时在 5mol/L 之后增长趋势逐渐减缓，参照其他研究报告，在后续确定碱溶定量指标时以该条件下 Al、Si 浸出值为参考值。

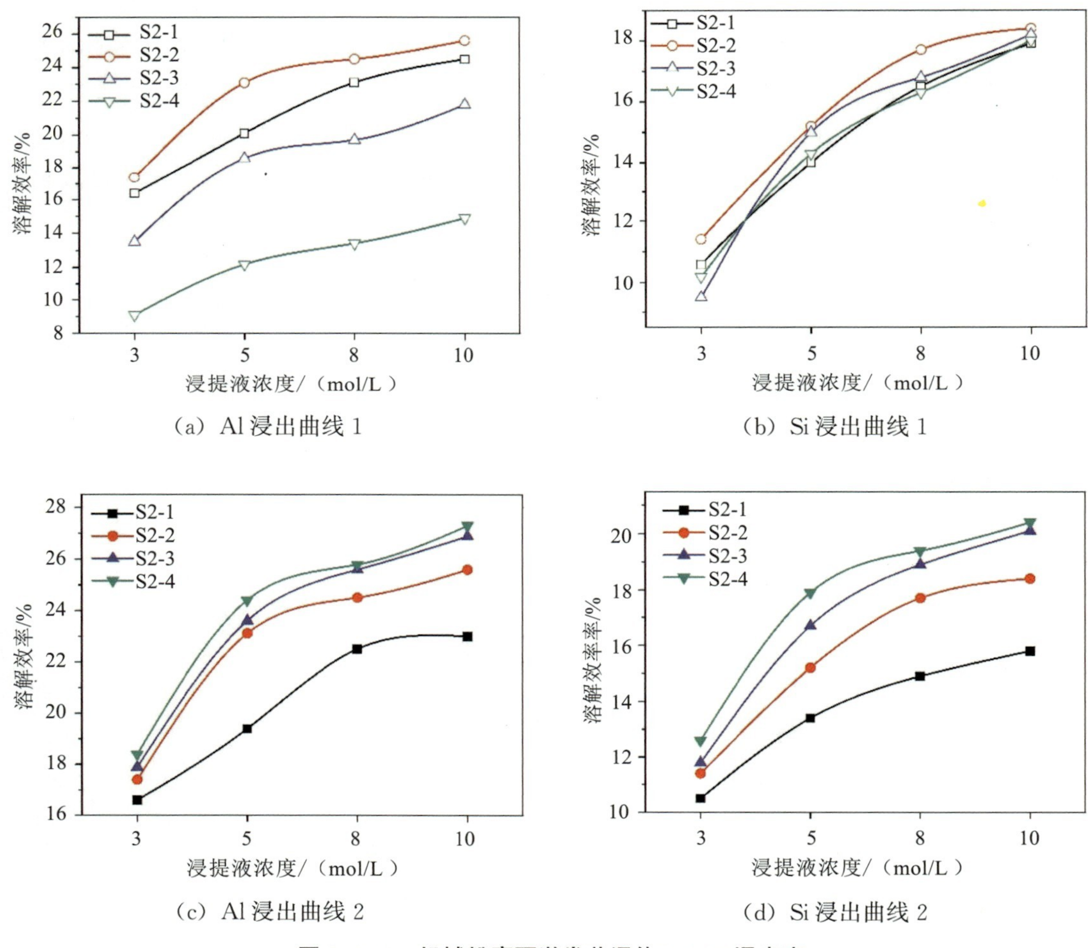

图 3.1-10 机械粉磨预激发共混体 Al、Si 浸出率

（5）赤泥—煤矸石共混预激发体活性表征

地质聚合物制备过程中其固相粉末的胶凝活性对于材料性能极其关键，然而在现有的研究中，针对固废基地质聚合物原料活性的定量表征研究仍然较少。地质聚合物发展过程中最初是以纯相高岭土或偏高岭土为原料，纯相物质的活性认定主要通过定量化其参与反应的矿物相实现，随着地质聚合物原材料的不断丰富，硅铝酸盐固体废弃物不断引入，导致其原料的组成不断复杂化，同时其作为地质聚合物前驱体使用时，必须通过有效的激活方式进行活性激发，那么对激发体活性的表征成为该研究的重点。利用固化强度来判断是最为有效且真实的活性鉴定方法，然而其实验周期长且需要消耗大量样品，不利于材料研发。本书通过机械力化学效应对赤泥—煤矸石共混体进行激发，如前述研究可以确定机械力作用下共混体在物化特征上有显著的变化，参考地质聚合物聚合反应的特征，确定可定量化的指标，包括表面能 π、平均粒径 D（4，3）及 Al 和 Si 浸出浓度，因此以相应粉末试样碱激发固化体抗压强度为活性判定标准，设其为应变量 y，以上述 4 个指标为自变量 x_i，$i=1$，2，3，4。通过多因素线性拟合，即可建立赤泥—煤矸石共混体强度预测模型，以该模型间接表征预激发体活性。样本包括本书探索实验过程中可定量化的样本及本部分优化试样样本，各样本及各参数见表 3.1-8。

表 3.1-8　　模型拟合样本及参数

编号	样品号	UCP	|π|	D（4，3）	Al	Si
		y	x_1	x_2	x_3	x_4
1	R9G1	24.55	0.1308331	80.73356	20.1	14.0
2	R8G2	28.22	0.1390742	50.32066	23.1	15.2
3	R6G4	22.68	0.1189627	50.32859	18.6	15.0
4	R5G5	15.26	0.1191204	32.43546	12.2	14.3
5	10min	21.77	0.1114554	77.06972	19.4	13.4
6	—	—	—	—	—	—
7	40min	28.95	0.1452624	42.80861	23.6	16.7
8	60min	29.66	0.1455110	32.71047	24.4	17.9
9	R8.5G1.5	27.25	0.1342653	68.43345	20.5	14.5
10	R7.5G2.5	24.37	0.1324907	50.33027	22.9	15.5
11	R7G3	24.05	0.1278663	50.32545	22.1	15.9
12	R6.5G3.5	23.03	0.1210462	50.32705	19.4	15.3
13	R5.5G4.5	17.18	0.1190275	36.34045	14.7	14.7
14	15min	26.35	0.1230785	68.45056	20.6	14.4
15	30min	29.00	0.1423065	45.80652	23.5	16.2
16	50min	29.32	0.1440655	36.72135	24.1	17.5

采用软件 PASW Statistics 18.0 将 y 作为因变量，x_1，x_2，x_3，x_4 作为自变量，建立多元线性回归模型。首先不考虑变量的多重贡献问题，方法中选择“进入”，表示所有的自变量都进入模型，模型拟合调整后的 R^2 为 0.909，拟合度较高，回归方程显著性检验的 p 值为 0，表示被解释变量与解释变量全体的线性关系显著，可建立线性方程。

$$y=152.590x_1+0.087x_2+0.615x_3+0.675x_4-22.655 \tag{3.1-9}$$

由表 3.1-9 可知，除 x_1 外，其他变量均大于显著性水平（sig. >0.05），这些变量保留在方程中是不正确的，因此需要重新建模。

表 3.1-9　模型拟合相关参数

模型	非标准化系数		标准化系数	t	sig.
	B	标准误	Beta		
常数	−22.655	13.579		−1.668	0.126
x_1	152.590	61.759	0.393	2.471	0.033
x_2	0.087	0.062	0.310	1.413	0.188
x_3	0.615	0.290	0.493	2.121	0.060
x_4	0.675	1.004	0.198	0.672	0.517

重新建模采用“向后筛选”方法，从显著性水平（sig. <0.05）看，只有 x_4 不满足变量要求，因此剔除变量 x_4。最后的模型结果见式（3.1-10），回归方程显著性检验的 p 值为 0，模型拟合调整后的 R^2 为 0.914，模型拟合参数见表 3.1-10。

$$y=160.241x_1+0.050x_2+0.766x_3-14.480 \tag{3.1-10}$$

分析上述拟合模型，一次拟合结果将预先设定的 4 个变量均考虑在内，其中表面能 x_1 代表机械力作用下颗粒的新生表面的能量变化，平均粒径 x_2 表征颗粒物理分布特征，x_3 和 x_4 则反映的是机械力作用下颗粒中硅铝酸盐释放能力，其中 Al 的释放均来自原料中的铝酸盐或已有的活性 Al 组分，而这些组成在地质聚合物反应过程中直接参与反应，然而 Si 源还包括一部分稳定态的石英，由于碱浸出实验反应条件与碱激发土聚合反应条件存在一定差异，因此我们猜想可能在碱浸出过程中石英 Si 源对浸出量有一定干扰，因此在向后筛选二次模拟时将其剔除。从模型公式上看，增加 1 个单位表明能，材料碱激发固化强度提高 160.241MPa，然而在本书计算条件下，材料的表面能增长以 10^{-2} 数量级变化，因此其强度变化范围也仅为个位数的变动，符合实验规律，其同时说明如果采取更为高效的表面能激发方式，对于固化体强度的变化将具有重大贡献；而对于平均粒径而言，其增加一个单位，仅会引起 0.05MPa 强度增长，而在粉磨激发过程中随着时间的推移，粒径的变化逐渐减小，因此单纯地增加粉磨时间无法实现赤泥—煤矸石共混体的预激发活性；Al 浸出值对于强度的单位贡献值为 0.766，而在本书样本中，该值的变化区间为 11.4，强度增长为 8.96MPa，因此提高原料的 Al 浸出率也是增加其活性的重要手段；由上分析可知，在对赤泥—煤矸石共混体进行机械力粉磨激发过程中首先应探索如何快速高效提高其表面能，其次为提高其活性 Al 的浸出率，最后再考虑粒径的变化。

表 3.1-10　　模型拟合相关参数

模型	非标准化系数		标准化系数	t	sig.
	B	标准误	Beta		
常数	−14.480	5.883		−2.461	0.032
x_1	160.241	59.169	0.413	2.708	0.020
x_2	0.050	0.027	0.179	1.850	0.041
x_3	0.766	0.180	0.613	4.261	0.001

3.1.1.5　赤泥—煤矸石前驱体机械力活化效应分析

基于前述对赤泥—煤矸石共混粉磨协同效应、机械粉磨工艺优化及粉末前驱体活性表征的研究，本节就赤泥—煤矸石共混体在机械力化学效应作用下引起的化学变化进行分析，选取赤泥和煤矸石配比为 8∶2 的共混体在不同粉磨时间下的前驱体为研究对象，利用 XRD、FTIR 及 SEM（电子显微镜）揭示机械力作用下共混体的活化机制。

（1）XRD 分析

图 3.1-11 为赤泥—煤矸石共混体随粉磨时间增加矿物相变化情况，对比图 3.1-1 可知，赤泥—煤矸石共混在机械力作用下，其中主要发生的矿物相变化为，三水铝矿和高岭石特征衍射峰逐渐消失，取而代之的是铝硅酸钠和霞石，在粉磨 10min 时三水铝矿还未完全消失，但粉磨 20min 后该相完全消失，铝硅酸钠和霞石衍射峰逐渐增大，但是试样粉磨 40min 和 60min 后该特征峰并没有太大变化，同时在 20°～35°衍射峰出现凸起，证明无定形态物质的生成，但是由于原料物相复杂，衍射峰杂峰众多，该现象并不特别明显。分析其中发生化学反应的原因可能赤泥中残留的 Na^+、[SiO_4]、[AlO_4] 和煤矸石的高岭石相 $Al_2O_3 \cdot 2SiO_2 \cdot 2H_2O$ 在机械力作用下发生反应向 $NaAlSiO_4$ 相转变，从而使共混体中 Al、Si 的结合能降低，导致其在后续的碱激发反应过程中更易释放 Al、Si 单体，促进土聚合反应的持续进行。

（2）FTIR 分析

地质聚合物材料结构的表征可以通过红外光谱分析鉴别。本书利用赤泥和煤矸石作为原料开发地质聚合物，其预激发体结构主要呈现为复杂的 Si—O 基团的振动。Si—O 基团都是由 $[SiO_4]^{4-}$ 四面体组成，在不同的矿物组成结构中其通过彼此连接构成不同的网络，同时 Al^{3+} 可取代 Si 形成 $[AlO_4]^{5-}$ 四面体，也可形成 $[AlO_6]^{9-}$ 八面体，因此实验在关注预激发体化学键的变化时主要关注 Si—O—Si、O—Si—O 及 Si—O—Al 的变化情况。图 3.1-12 给出的是不同粉磨时间下共混体的红外光谱变化情况，其主要的变化出现在低波数段 400～800cm^{-1} 和中波数段 800～1300cm^{-1}。在低波数段，位于 465cm^{-1} 的谱带为 [TO_4] 四面体中 Si—O—Si（Al）的弯曲振动，而位于 545cm^{-1} 的吸收峰主要为 [AlO_6]

八面体中 Si—O—Al 的弯曲振动，其发生配位改变的硅铝酸盐。在中波数段，主要出现一个宽的 Si—O—Si（Al）不对称振动峰，这是由共混体中多种 Al、Si 组分的特征吸收峰重叠所致，其中位于 911cm^{-1} 附近的谱带为 Si—O 末端振动；位于 999cm^{-1} 的谱带则对应 Si—O—Si（Al）不对称振动，这个峰往往被认为是无定型物质形成的标志，在 1099cm^{-1} 附近的振动主要为结构孔隙中 Si—O—Si 的伸缩振动，对应的 1150cm^{-1} 附近谱带为位于硅铝酸盐结构表面的 Si—O—Si 伸缩振动。

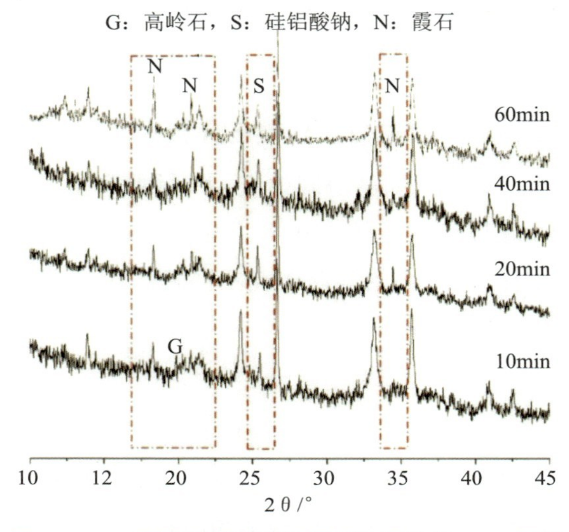

图 3.1-11　不同粉磨时间作用下共混体的 XRD 图谱

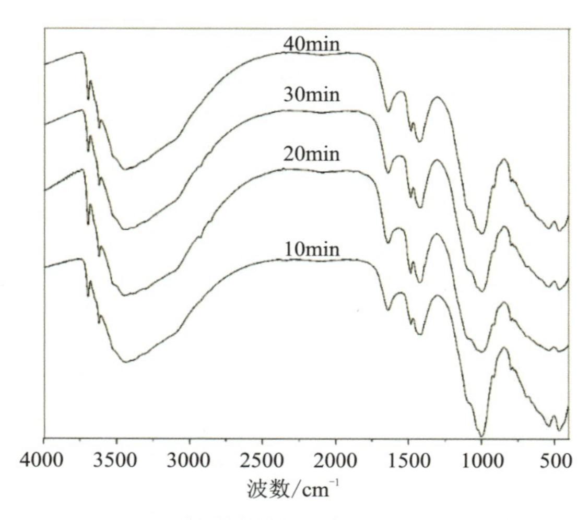

图 3.1-12　不同粉磨时间作用下共混体的 FTIR 图谱

为了深入了解在中波数段谱带变化的原因，实验还将 800～1300cm^{-1} 段各试样的波谱转化为吸收率，并利用分峰软件对波谱进行分峰处理（图 3.1-13），分别统计不同谱带的峰面积和峰位置波数，具体统计结果见表 3.1-11。

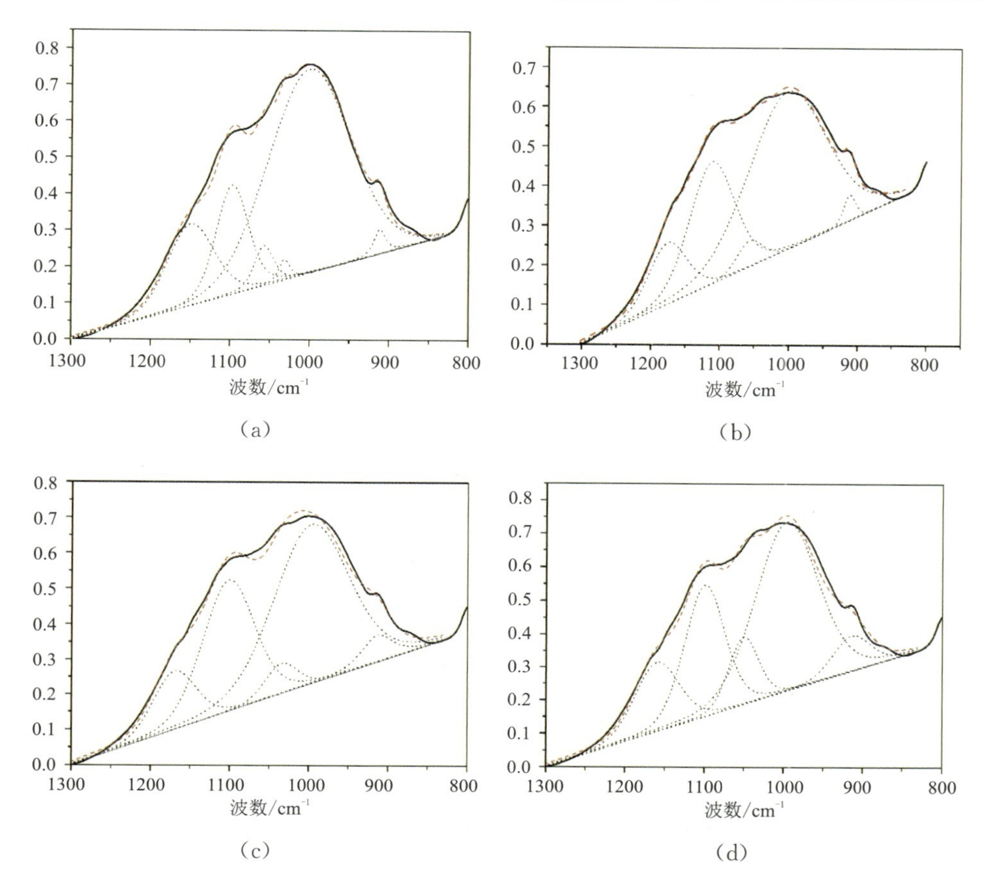

图 3.1-13　不同粉磨时间作用下共混体的 FTIR 图谱分解

表 3.1-11　FTIR 图谱分解谱带的峰面积及峰位

振动吸收带 /cm^{-1}	峰面积/%				峰位/cm^{-1}			
	10min	20min	30min	40min	10min	20min	30min	40min
910～920	0.0145	0.0149	0.0538	0.0613	912	911	914	914
990～1005	0.6380	0.5785	0.5393	0.4748	1001	1000	999	996
1025～1035	0.0534	0.0313	0.0435	0.0905	1032	1036	1034	1050
1090～1115	0.1471	0.2628	0.2642	0.2380	1097	1102	1098	1099
1150～1170	0.1551	0.1125	0.0992	0.1355	1150	1176	1150	1160

从统计结果可以看出，随着粉磨时间的增大，变化最大的谱带为 1150～1170cm^{-1}，其主要反映的是颗粒表面 Si—O—Si（Al）的伸缩振动，材料表面的硅铝酸盐聚合度不断降低，表明粉磨作用对材料表面的影响极大；相反，位于网络孔径结构中的 Si—O—Si（Al）所对应的振动吸收带（910～920cm^{-1}）却没有明显的变化，表明粉磨作用很难对硅铝酸盐内部深层次网络结构造成破坏；谱带 990～1005cm^{-1} 的吸收峰位和峰面积随粉磨时间不断减小，表明粉磨时间增大促使前驱体 Si—O 聚合度不断降低，该谱带的变化正好说

明高岭土矿物结构发生破坏，导致 XRD 分析中并未发现其存在。

（3）SEM 分析

图 3.1-14 对比了赤泥原样、煤矸石原样及共混粉磨预激发体的微观形貌变化，赤泥原样以团聚体为主，而煤矸石原样主要由大量的层状叠加的片状晶体物质组成，这些片状层叠结构在粉磨过程中极易被破坏，相反赤泥内部的小颗粒聚集体却很难被破坏，由此可解释煤矸石的加入对于共混体粉磨具有助磨作用；经过共混机械粉磨激发后，试样的微观特征则表现为无定形态的颗粒团簇，这可能是赤泥和煤矸石共混后，赤泥颗粒和煤矸石片状颗粒在机械力作用下相互包覆，晶体缺陷不断增大，结构无序的非晶颗粒不断增多所致。

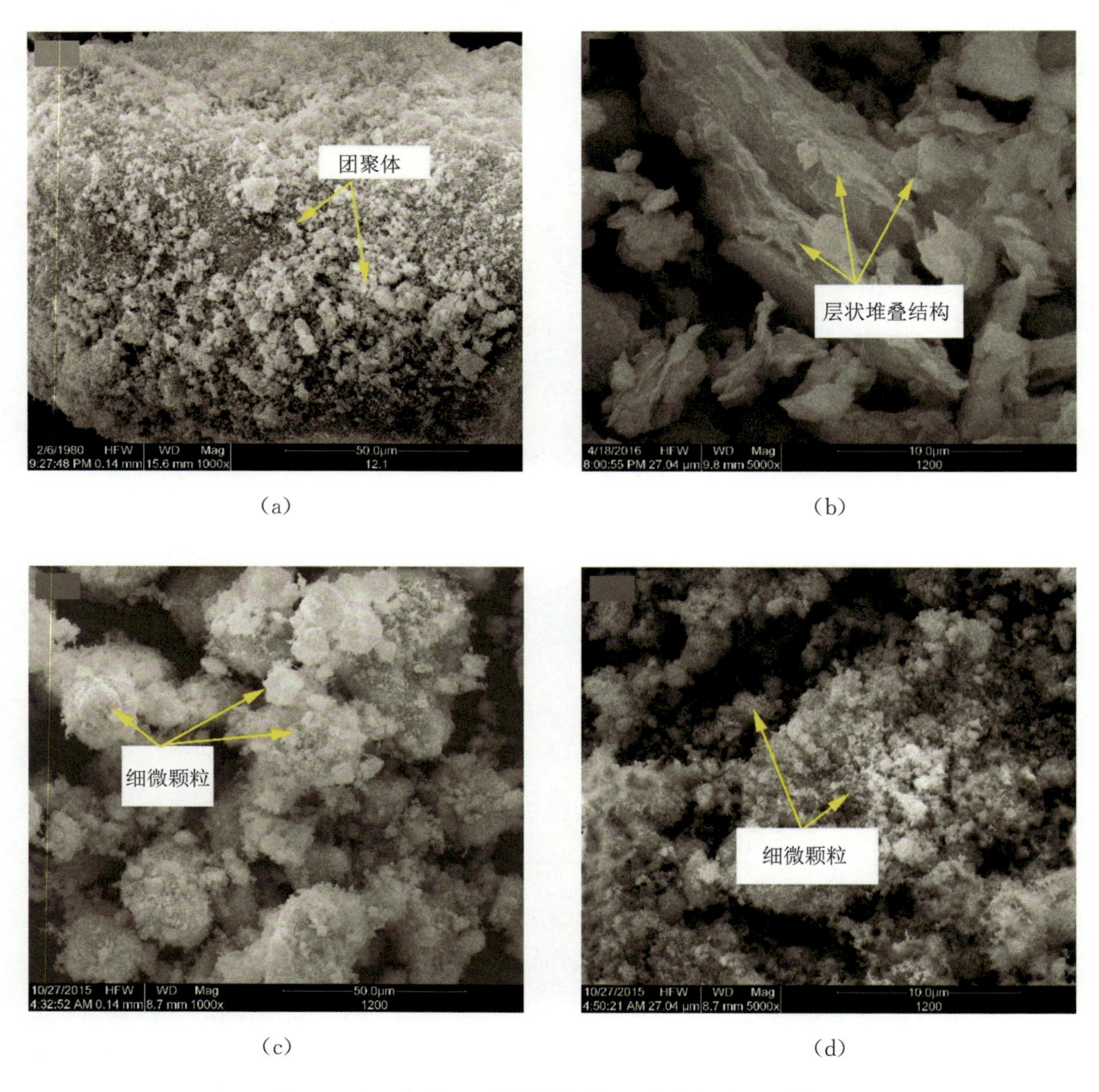

(a) (b) (c) (d)

图 3.1-14　赤泥、煤矸石原样及共混前驱体微观形貌

(4) 共混体机械力活化过程分析

固体粉末特别是多种粉末在机械力作用下，活化能的提高主要依赖于三个方面的变化：其一，原料中晶体物质产生缺陷或畸变，从而破坏化学反应平衡致使材料表面活化能发生改变；其二，机械力致使粉末颗粒微细化和凝胶化，且分散度增加使新生表面产生，表面能发生改变；其三，新生表面产生新生原子基团，促进活性物质间进行反应。

综合前述分析，本书设计将赤泥—煤矸石共混体通过机械粉磨激发，其激发过程主要包括三个方面，见图 3.1-15，第一方面为赤泥—煤矸石粉末的单纯混合，主要表现为原料中稳定矿物相赤铁矿和石英之间的混合；第二方面表现为成分间互相包覆，主要表现为活性 Si、Al 及结构畸变的硅铝酸盐矿物被稳定态物质包裹；第三方面为新生物质的产生，主要表现为新生低聚合度硅铝酸盐及原有活性硅铝酸盐的释放。

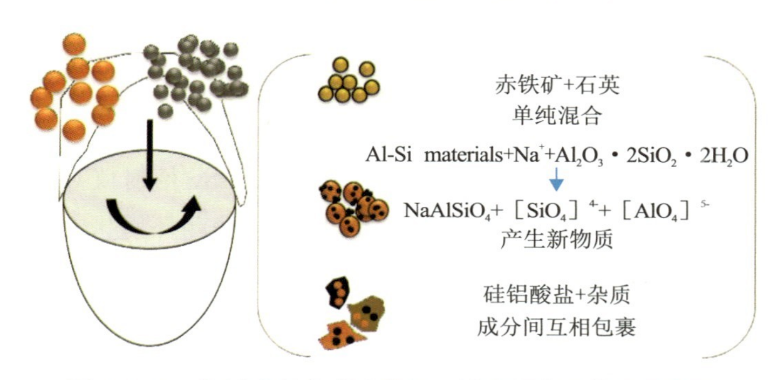

图 3.1-15 机械力粉磨激发赤泥—煤矸石共混体作用方式

根据本小节研究结果，赤泥—煤矸石在共混机械力粉磨作用下，可以有效提高共混体的 Al、Si 浸出率，降低硅铝酸盐聚合度，同时反应生成 N—A—S—H 新相，其协同激发效应可以达到高温煅烧活化效果。赤泥—煤矸石共混体机械粉磨激发最佳工艺为赤泥—煤矸石配比为 8∶2、粉磨 20min，该粉末前驱体为 R8G2。赤泥—煤矸石共混预激发体的活性表征可以借助机械强度与材料颗粒表面能、颗粒平均粒径以及 Al、Si 碱浸出率之间的线性拟合模型表征，由于材料 Si 源的复杂不确定性，经向后筛选二次拟合确定，拟合模型为$y=160.241x_1+0.050x_2+0.766x_3-14.480$。机械力粉磨激发赤泥—煤矸石共混体的机制主要包括三个方面内容，即单纯混合、成分间互相包裹和产生新相，其中产生新相主要是通过机械力作用赤泥中的硅铝酸盐、碱成分和煤矸石中的高岭土成分发生反应生成无定形态硅铝酸盐及部分 Al、Si 活性单体。

3.1.2 钢渣活化技术

本书选用的钢渣来自武钢热泼法生产的钢渣。热泼法是在炉渣高于可淬温度时，以有限的水向炉渣喷洒，使渣的温度应力大于渣本身的极限应力，产生碎裂，游离氧化钙的水化作用使渣进一步裂解。热泼法排渣速度快，冷却时间短、便于机械化生产，处理能力大；钢渣活性较高、生产率高。缺点是破碎难度大，细磨加工量大，钢渣安定性差。

3.1.2.1 试验方法

(1) 钢渣预磨试验

将原始钢渣采用工业棒磨机破碎至5mm以下，采用500mm×500mm小型球磨机(SM-500，无锡建仪仪器)对破碎钢渣进行球磨30min。转速为48r/min，过32目筛(0.5mm)。

(2) 钢渣化学成分分析

采用X射线的能量和波长可以定量分析待测样品中元素的含量。采用XRF分析的仪器为荷兰PANalyticalB. V. 公司生产的Axiosadvanced型X射线荧光光谱仪。测定元素含量范围为10^{-6}～1；测定元素的范围为F(9)～U(92)。钢渣中游离氧化钙和游离氧化镁采用EDTA滴定法(YB/T 140—2009)进行测定。

(3) 钢渣矿物组成分析

采用德国Bruker公司所生产的D8Advance型粉末X-ray衍射仪对原料的矿物组成进行测定，待测固体样品在测试之前都研磨至45μm以下。检测环境为室温(23±2℃)，衍射角范围5°～80°。

(4) 钢渣中硅酸盐和RO相含量的测定

采用水杨酸—甲醇溶液萃取法测定钢渣中硅酸盐矿物相的含量。将质量为5g的细磨钢渣粉过0.08mm筛，溶解于300mL溶度为0.2g/mL的水杨酸—甲醇溶液(以水杨酸为溶质)中，在25℃的水溶液控温中搅拌3h，然后将该混合溶液用布氏漏斗过滤，滤渣用无水甲醇冲洗3次，并经105℃烘干后测其质量含水率。钢渣中硅酸盐矿物相为：硅酸二钙、硅酸三钙。将烘干残渣放入锥形瓶，依次加入60g蔗糖、60gKOH固体、300mL超纯水。混合液采用磁力搅拌器在95℃油浴中加热搅拌120min后离心分离，残渣用热水洗涤后再次离心，然后用甲醇洗涤残渣两次，进行第三次离心分离，最终得到主要组成为RO相的残渣WRO。钢渣中RO相由含铁的固熔体组成。

(5) 钢渣粉体流动性的测定

采用休止角(SL 237—023—1999)来表征钢渣粉体流动性。测试时将钢渣粉倒入漏斗内，使样品通过漏斗落在下方圆盘上，测定粉体层的高度H和圆盘直径D后，按照公式求得休止角。

(6) 钢渣粉的筛余量、比表面积、粒径分布的测定

依据《水泥细度检验方法 筛析法》(GB/T 1345—2005)标准使用FSY-150B水泥细度负压筛析仪测定粉磨后钢渣粉的45μm筛余量和80μm筛余量；依据《水泥比表面积测定方法 勃氏法》(GB/T 8074—2008)标准采用DBT-127型勃氏透气比表面积仪测定钢渣

粉的比表面积；依据《水泥颗粒级配测定方法激光法》(JC/T 721—2006) 标准采用麦奇克 S3500 系列激光粒度分析仪进行干法测定钢渣粉的粒径分布。

(7) 钢渣岩相的确定

采用德国蔡司 Axioskop 40 POL 偏光显微镜对钢渣进行岩相分析。将钢渣制成体积约为 1cm^3 的方形试块，研磨出一个待测平面，分别用 280、1000、2000 目砂纸依次打磨，采用抛光机进行抛光处理制得待测光片，光片观察前采用 1%硝酸酒精溶液浸蚀 3s。

(8) 钢渣结构与水化活性分析研究实施方案

1) 钢渣原样的理化特性分析

分析预磨钢渣中硅酸盐和 RO 相含量，对筛余量、比表面积、粒径分布和粉体流动性进行测试，确定钢渣的岩相组成，通过 XRD、XRF、SEM 等表征分析其化学组成、矿物组成。

2) 钢渣原样的粉磨特性研究

采用 QM-QX2 行星式球磨机进行钢渣粉磨特性研究实验。将 200g 预磨钢渣样加入不锈钢球磨罐中，不锈钢球质量为 3kg，公转速度为 120r/min，自转速度为 240r/min。球磨时间分别为：10min、20min、30min、40min、50min、60min、70min、80min、150min 和 240min。分别测试每组钢渣的筛余量、比表面积、粒径分布和粉体流动性。

3) 粉磨钢渣矿物相分布特征研究

采用 20 目、60 目、110 目、200 目筛子对 10min、20min、30min、40min、50min、60min、70min、80min、150min 和 240min 球磨后的钢渣进行筛分，测试不同粉磨时间后钢渣在 245～833μm、150～245μm、74～150μm 和小于 74μm 各粒径级的 XRD、XRF 以及硅酸盐和 RO 相含量，分析钢渣中各矿物相的易磨性，并且建立各层矿物相比表面积或含量与粉磨时间的数学关系。

4) 粉磨钢渣水化活性研究

对经过 10min、20min、30min、40min、50min、60min、70min、80min、150min 和 240min 球磨后的钢渣进行水化活性分析，将抗压强度作为指标评价不同粉磨时间后钢渣的水化活性，建立粒度与钢渣活性之间的关系。

(9) 钢渣水化活性的测定

以粉磨试验后的钢渣和硅酸盐水泥为原料，依据《用于水泥混合材的工业废渣活性试验方法》(GB/T 12957—2005)，在硅酸盐水泥中掺入 30%的钢渣粉，通过外掺适量石膏，调整试验样品中 SO_3 含量与对比水泥 SO_3 含量相同，相差不大于 0.3%。样品应充分混匀。将其 28d 抗压强度与该硅酸盐水泥 28d 抗压强度进行比较，水泥胶砂强度试验方法按《水泥胶沙强度检验方法（ISO 法）》(GB/T 17671—1999) 进行。抗压强度比 K 即为活性钢渣水化活性。试样破碎后取内部样进行 XRD、SEM 等分析。

3.1.2.2 钢渣的理化性质

(1) XRF

采用 XRF 分析手段对样品的化学成分进行分析，根据 XRF 测得数据，用所含元素氧化物百分比的形式表示，见表 3.1-12。钢渣（GS）的主要化学成分为 CaO、SiO_2、Al_2O_3、Fe_2O_3、FeO、MgO、P_2O_5 等。与硅酸盐水泥和矿渣相比，钢渣具有铁和磷含量高而硅质和铝质含量低的特点。其中的 *f*-CaO 和 *f*-MgO 是造成钢渣安定性问题的主要原因。

表 3.1-12　　钢渣化学成分组成　　（单位：%）

钢渣来源	CaO	Fe_2O_3	SiO_2	MgO	MnO	Al_2O_3	P_2O_5	TiO_2	*f*-CaO
实验用 GS	42.93	26.48	11.86	9.14	2.85	2.23	1.96	0.997	5.59
我国平均	40～50	1～40	12～18	4～10	1～2.5	2～5	1～2.5	0～2	1～7

注：范围取值包含上下限。

(2) XRD

图 3.1-16 为试验用钢渣 XRD 衍射图谱。由图 3.1-16 可见，钢渣中水化活性组与水泥活性组分类似：硅酸二钙，硅酸三钙是主要活性物质，少于两者在水泥中的占比；但铝酸三钙、铁代铝酸四钙的含量高于水泥组分的占比。惰性组分 RO 相主要由含铁的固熔体组成，含量在 30%以上。

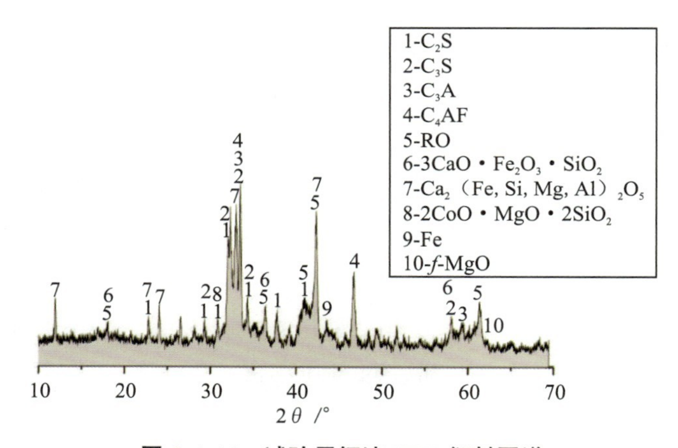

图 3.1-16　试验用钢渣 XRD 衍射图谱

3.1.2.3 钢渣的粉磨特性

由于钢渣的形成温度很高，其晶体结构致密且粗大，其易磨性比水泥熟料差。钢渣在机械力粉磨过程中，微观上是钢渣颗粒内部 Ca—O 键、Si—O 键、Mg—O 键、Fe—O 键等化学键的不断断裂过程，宏观则表现为颗粒粒径、粉体流动性、堆积密度等物理化学性质的变化。因此，本节对钢渣在不同粉磨时间下的细度、粒径分布、粉体流动性、堆积密度、晶体结构等方面进行研究，以其揭示钢渣的粉磨细化特性。

（1）钢渣细度

粉体的细度通常通过筛余量和比表面积来表征，钢渣粉在不同粉磨时间下的筛余量和累积分布规律见图 3.1-17。

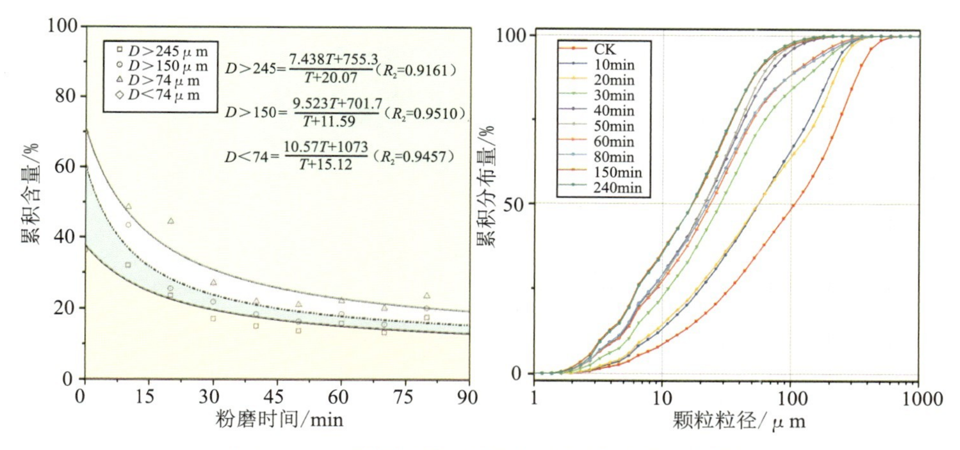

图 3.1-17　不同粉磨时间下钢渣粉的粒径分布图

由图 3.1-17 可以看出，随着粉磨时间的延长，钢渣粉的 245μm、150μm 和 74μm 筛余量均先逐渐下降，50min 后又逐渐增加。钢渣在粉磨一定时间后粒径出现波动变化是因为：①粉磨后钢渣颗粒变细，活性点位增多，细颗粒之间容易相互黏附产生团聚现象；②原有颗粒在粉磨过程中发生破裂，在裂纹部位造成 Ca—O 离子键和 Si—O 共价键的断裂，释放电荷，导致断裂部位重新愈合形成大颗粒。

表 3.1-13 为钢渣粉不同粉磨时间 74μm 筛余和比表面积的变化情况。从表 3.1-13 中可以看出，钢渣在粉磨 50min 之后比表面积继续增加，表明钢渣在粉磨 50min 之后颗粒逐渐产生团聚，导致粉磨效率下降，更多的能量消耗在难磨的大颗粒继续细化中。

表 3.1-13　　不同粉磨时间比表面积变化

粉磨时间/min	74μm 筛余/%	比表面积/（m^2/kg）
0	69.93	150.0
10	48.51	276.7
20	44.36	318.6
30	27.06	361.9
40	21.88	413.0
50	20.95	502.4
60	22.07	538.4
80	23.44	552.7
150	15.93	561.5
240	18.60	566.1

（2）钢渣粉体流动性

休止角反映的是粉体在松散堆积状态下颗粒间的摩擦特性，一般用来表征粉体的流动性。休止角越大，粉体流动性越差，且测试的重复性差；休止角越小，粉体流动性越好。不同粉磨时间下钢渣粉的休止角见图 3.1-18。

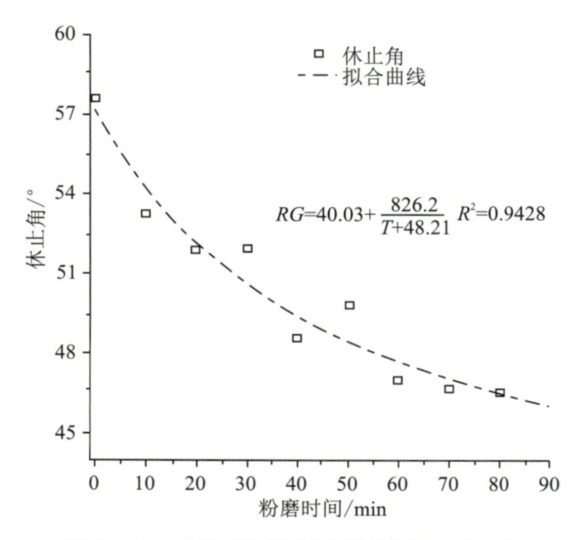

图 3.1-18　不同粉磨时间下钢渣粉的休止角

从图 3.1-18 中可以看出，钢渣粉的休止角随粉磨时间增长而逐渐减小，呈倒数关系。表明钢渣在粉磨过程中粉体流动性逐渐变好，在 60min 以后逐渐趋于平衡。

（3）钢渣活性物质机械力化学分析

不同粉磨时间下的磨细钢渣粉的 XRD 图谱见图 3.1-19。

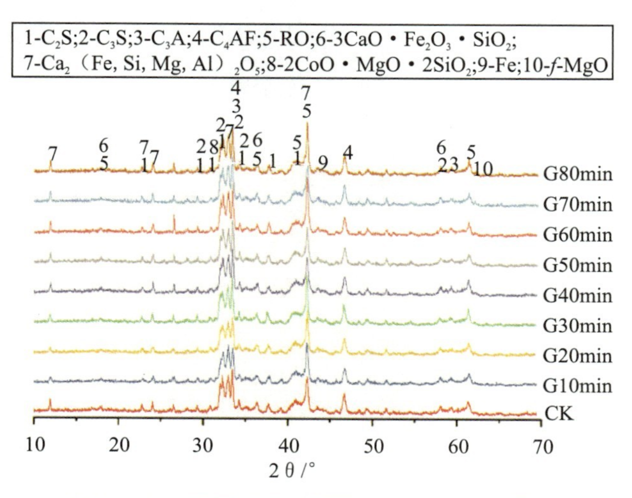

图 3.1-19　不同粉磨时间下钢渣粉的 XRD 图谱

钢渣在机械粉磨过程伴随着粒径的减小和表面积的增加。颗粒粒径固体粉末特别是多种粉末在机械力作用下，活化能的提高主要依赖于三个方面的变化：第一，原料中晶体物质产生缺陷或畸变，从而破坏化学反应平衡，致使材料表面活化能发生改变；第二，机械力使粉末颗粒微细化和凝胶化，且分散度增加使新生表面产生，表面能发生改变；第三，新生表面产生新生原子基团。

从图 3.1-18 可以看出，不同粉磨时间下钢渣衍射峰位置基本没有变化，说明粉磨后的钢渣没有形成新的原子基团或物相。而主要活性物质 C_2S、C_3S 和惰性难磨相 RO 相的衍射峰强度则出现变化，表明各物相的结晶度出现不同程度的变化。根据 D. W. Stricker 理论，可以通过 XRD 衍射峰强度 I 的变化来估算晶体结晶度 K 的变化：

$$K = \frac{I}{I_0} \times 100\% \tag{3.1-11}$$

式中：K——晶体的结晶度，%；

I、I_0——粉磨特定时间钢渣样品和初始钢渣的衍射峰强度，CPS。

选取 C_2S 相（130）和（112）面的特征衍射峰位于 2θ 角的 29.35°和 32.67°处；C_3S 相（021）和（205）面的特征衍射峰位于 2θ 角的 29.42°和 34.38°处；RO 相（200）和（220）面的特征衍射峰位于 2θ 角的 42.18°和 61.12°处。不同粉磨时间下钢渣粉的 C_2S、C_3S 和 RO 相的衍射峰强度和相对结晶度见表 3.1-14。

表 3.1-14　不同粉磨时间下钢渣粉的 C_2S、C_3S 和 RO 相的衍射峰强度和相对结晶度

晶相	C_2S				C_3S				RO			
晶面	(130)		(112)		(021)		(205)		(200)		(220)	
2θ	29.35		32.67		29.42		34.38		42.18		61.12	
指数	I	K /%	I	K /%	I	K /%	I	K /%	I	K /%	I	K /%
CK	52	100	385	100	89	100	457	100	499	100	127	100
G20	32	61.5	262	68.1	52	58.4	321	70.2	428	85.8	100	78.7
G40	70	134	333	86.5	54	60.7	393	86.0	309	61.9	120	94.5
G60	44	84.6	366	95.1	62	69.7	443	96.9	515	103	102	80.3
G80	32	61.5	331	86.0	53	59.6	422	92.3	509	102	149	117

从表 3.1-14 中可以看出，机械粉磨使钢渣中 C_2S 和 C_3S 晶体的有序结构发生一定破坏，晶体结构向非晶态转变，随着粉磨时间的增加，非晶态逐渐增加。RO 相为难磨相，相对结晶度几乎不发生变化。

图 3.1-20 为粉磨 50min 后钢渣粉不同粒径范围内 XRD 图谱，从图中可以看看出：①不同粒径范围内钢渣粉的 XRD 没有产生偏移和新的衍射峰，主要矿物组成类似，部分矿物相在小颗粒粒径的钢渣粉中逐渐消失，如 $Ca_2(Fe, Si, Mg, Al)_2O_3$；②随着粒径的减小，钢渣粉的结晶度逐渐减小，衍射峰强度减弱，非晶相也逐渐增多。

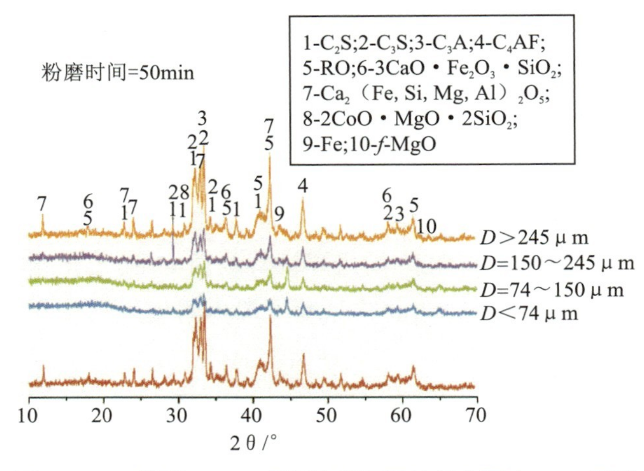

图 3.1-20　粉磨 50min 后钢渣粉不同粒径范围内 XRD 图谱

（4）钢渣显微形貌

不同粉磨时间下钢渣的显微形貌见图 3.1-21。灰色及白色物质主要是铁钙相、RO 相和金属铁相。由图 3.1-21 可见，随着粉磨时间增加，颗粒粒径尺寸虽然有所减小，但是大小颗粒不均匀分布现象并未改变。其中活性物质与惰性物质交错生长，难以分离。这与图 3.1-19 的 XRD 结果相互印证。

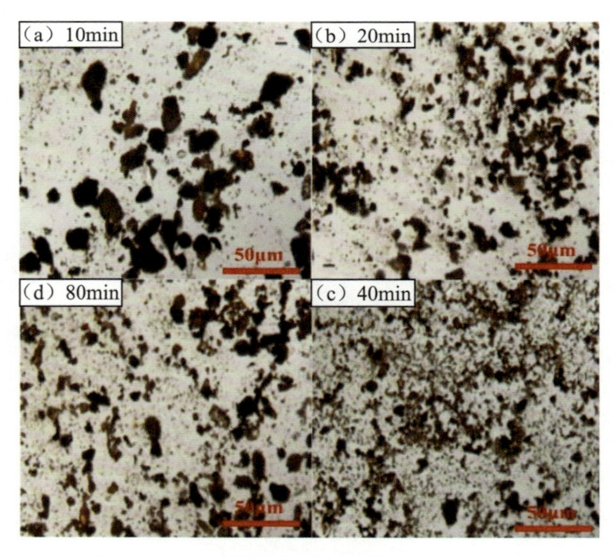

图 3.1-21　不同粉磨时间下的钢渣显微形貌

（5）钢渣粉粒粒径与胶凝活性灰色关联度分析

粉体材料粒径的变化会产生填充效应和化学活性效应，从而影响其胶凝特性。因此，有必要探讨钢渣粒径分布对其胶凝力学性能的影响，从而得到钢渣粉粒径与复合水泥力学性能之间的匹配关系，找到最佳匹配粒径。灰色关联分析可以考察钢渣各粒径对胶凝水化强度的贡献程度，找出活性程度最高的粒径范围。

将钢渣粉的粒径分布分为 0～16μm，16～45μm，45～74μm，74～150μm，150～245μm，不小于 245μm 共 6 个区间（范围取值包含下限不包含上限），各区间钢渣粉百分比见表 3.1-15。

表 3.1-15　　不同粉磨时间不同粒径范围钢渣颗粒含量

样品编号	粉磨时间/min	粒径分布/%					
		0～16μm	16～45μm	45～74μm	74～150μm	150～245μm	≥245μm
G0	0	30.07	10.50	23.14	10.50	23.14	36.29
G1	10	35.49	9.17	18.45	9.17	18.45	36.89
G2	20	43.64	7.94	17.01	7.94	17.01	31.41
G3	30	72.94	5.37	4.81	5.37	4.81	16.87
G4	40	78.12	3.62	3.35	3.62	3.35	14.90
G5	50	79.05	4.79	2.60	4.79	2.60	13.55
G6	60	77.93	3.74	2.64	3.74	2.64	15.69
G7	70	80.08	4.55	2.28	4.55	2.28	13.10
G8	80	76.56	3.44	2.60	3.44	2.60	17.39

注：范围取值包含下限不包含上限。

含 30%钢渣粉钢渣水泥的 3d、7d 和 28d 净浆强度见表 3.1-16。

表 3.1-16　　不同粉磨时间不同龄期钢渣净浆强度

样品编号	粉磨时间/min	抗压强度/MPa		
		3d	7d	28d
G0	0	8.8	13.6	32.2
G1	10	10.1	14.8	34.7
G2	20	12.6	22.7	36.6
G3	30	12.6	27.3	36.6
G4	40	10.1	29.6	39.1
G5	50	7.6	31.8	40.4
G6	60	12.6	33.0	42.9
G7	70	13.9	34.1	44.2
G8	80	13.5	32.8	43.6

首先建立灰色关联模型，以钢渣水泥 3d、7d、28d 的抗压强度为母序列，对应序号分别设为 Y_1、Y_2、Y_3。钢渣粉各粒径区间颗粒含量百分数设为子序列，0～16μm、16～45μm、45～74μm、74～150μm、150～245μm、≥245μm 分别对应序号设为 X_1、X_2、X_3、X_4、X_5、X_6，母序列和子序列的对应数值见表 3.1-17，数据初值化后的结果见表 3.1-18。

表 3.1-17　　母序列与子序列对应数值

试样编号	母序列			子序列					
	Y_1	Y_2	Y_3	X_1	X_2	X_3	X_4	X_5	X_6
G_0	6.80	13.64	22.70	7.45	14.44	8.17	10.50	23.14	36.29
G_1	9.10	14.78	34.73	10.49	17.40	7.59	9.17	18.45	36.89
G_2	11.60	22.73	36.62	15.11	21.53	7.00	7.94	17.01	31.41
G_3	11.90	27.28	36.62	27.16	36.63	9.14	5.37	4.81	16.87
G_4	12.70	29.55	39.15	35.60	32.98	9.54	3.62	3.35	14.90
G_5	11.50	31.82	40.41	35.74	31.77	11.54	4.79	2.60	13.55
G_6	12.63	32.96	42.94	35.76	31.04	11.10	3.74	2.60	15.69
G_7	13.89	34.10	44.20	34.70	33.43	12.00	4.55	2.30	13.10
G_8	13.50	32.80	43.60	34.69	28.74	13.10	3.44	2.60	17.39

表 3.1-18　　母序列与子序列初值化处理结果

试样编号	母序列			子序列					
	Y_1	Y_2	Y_3	X_1	X_2	X_3	X_4	X_5	X_6
G_0	1.000	1.000	1.000	1.000	1.000	1.000	1.000	1.000	1.000
G_1	1.338	1.083	1.530	1.409	1.205	0.929	0.874	0.797	1.016
G_2	1.706	1.667	1.613	2.028	1.490	0.856	0.756	0.735	0.866
G_3	1.750	2.000	1.613	3.646	2.536	1.118	0.512	0.208	0.465
G_4	1.868	2.167	1.725	4.779	2.283	1.167	0.345	0.145	0.411
G_5	1.691	2.333	1.780	4.798	2.199	1.412	0.456	0.112	0.373
G_6	1.857	2.417	1.892	4.800	2.149	1.362	0.356	0.114	0.432
G_7	2.043	2.500	1.947	4.658	2.314	1.462	0.433	0.099	0.361
G_8	1.985	2.405	1.921	4.656	1.990	1.607	0.328	0.113	0.479

分别计算每一母序列与各子序列差的绝对值 $\Delta_i(k)=|Y_i'(k)-X_i'(k)|$，其计算结果和 $\Delta_i(k)$ 的最大值 M 与最小值 m 见表 3.1-19。

分别计算母序列与各子序列差的关联系数 $\gamma_{oi}(k)=\gamma[x_0'(k),\ x_i'(k)]$，其计算结果见表 3.1-20。

计算母序列与各子序列的灰色关联度绝对值 $\gamma_{oi}=\gamma(x_0',\ x_i')=\sum\gamma[Y_0'(k),\ X_i'(k)]/n$，结果见表 3.1-21。由判断关联极性的公式，求得母序列（钢渣水泥各龄期抗压强度）与子序列（钢渣各粒径区间）的关联极性，其灰色关联度见表 3.1-22。

表 3.1-19　　母序列与子序列差的绝对值及最值

差值	序列	G_0	G_1	G_2	G_3	G_4	G_5	G_6	G_7	G_8	max	min
Δ_1 (k)	X_1'	0	0.07	0.32	1.90	2.91	3.11	2.94	2.61	2.67	3.11	0
	X_2'	0	0.13	0.22	0.79	0.42	0.51	0.29	0.27	0.00		
	X_3'	0	0.41	0.85	0.63	0.70	0.28	0.50	0.58	0.38		
	X_4'	0	0.46	0.95	1.24	1.52	1.23	1.50	1.61	1.66		
	X_5'	0	0.54	0.97	1.54	1.72	1.58	1.74	1.94	1.87		
	X_6'	0	0.32	0.84	1.29	1.46	1.32	1.42	1.68	1.51		
Δ_2 (k)	X_1'	0	0.33	0.36	1.65	2.61	2.46	2.38	2.16	2.67	2.61	0
	X_2'	0	0.12	0.18	0.54	0.12	0.13	0.27	0.19	0.00		
	X_3'	0	0.15	0.81	0.88	1.00	0.92	1.05	1.04	0.38		
	X_4'	0	0.21	0.91	1.49	1.82	1.88	2.06	2.07	1.66		
	X_5'	0	0.29	0.93	1.79	2.02	2.22	2.30	2.40	1.87		
	X_6'	0	0.07	0.80	1.54	1.76	1.96	1.98	2.14	1.51		
Δ_3 (k)	X_1'	0	0.12	0.41	2.03	3.05	3.02	2.91	1.95	1.92	3.05	0
	X_2'	0	0.33	0.12	0.92	0.56	0.42	0.26	1.95	1.92		
	X_3'	0	0.60	0.76	0.50	0.56	0.37	0.53	1.95	1.92		
	X_4'	0	0.66	0.86	1.10	1.38	1.32	1.54	34.35	1.92		
	X_5'	0	0.73	0.88	1.41	1.58	1.67	1.78	34.94	1.92		
	X_6'	0	0.51	0.75	1.15	1.31	1.41	1.46	29.47	1.92		

表 3.1-20　　母序列与子序列差的关联系数

γ_{o1} (k)	X_1'	1	0.957	0.828	0.450	0.348	0.333	0.345	0.373	0.368
	X_2'	1	0.921	0.878	0.664	0.789	0.753	0.842	0.851	0.997
	X_3'	1	0.791	0.646	0.711	0.689	0.848	0.758	0.728	0.804
	X_4'	1	0.770	0.621	0.556	0.505	0.557	0.509	0.491	0.484
	X_5'	1	0.742	0.615	0.502	0.474	0.496	0.471	0.444	0.453
	X_6'	1	0.828	0.649	0.547	0.516	0.541	0.522	0.480	0.508
γ_{o2} (k)	X_1'	1	0.801	0.783	0.442	0.333	0.346	0.354	0.377	0.328
	X_2'	1	0.915	0.881	0.709	0.918	0.907	0.830	0.875	0.997
	X_3'	1	0.894	0.617	0.597	0.567	0.586	0.553	0.557	0.775
	X_4'	1	0.862	0.589	0.467	0.418	0.410	0.388	0.387	0.441
	X_5'	1	0.820	0.584	0.422	0.393	0.370	0.362	0.352	0.411
	X_6'	1	0.951	0.620	0.460	0.427	0.400	0.397	0.379	0.464
γ_{o3} (k)	X_1'	1	0.926	0.786	0.429	0.333	0.336	0.344	0.360	0.358
	X_2'	1	0.824	0.926	0.623	0.732	0.785	0.856	0.806	0.957
	X_3'	1	0.718	0.669	0.755	0.733	0.806	0.743	0.759	0.830
	X_4'	1	0.699	0.640	0.581	0.525	0.536	0.499	0.502	0.490
	X_5'	1	0.676	0.635	0.521	0.492	0.478	0.462	0.452	0.458
	X_6'	1	0.748	0.671	0.571	0.538	0.521	0.511	0.491	0.514

表 3.1-21　　粒径范围与净浆强度关联系数绝对值

	Y_1	Y_2	Y_3
	3d	7d	28d
X_1'	0.556	0.530	0.542
X_2'	0.855	0.892	0.834
X_3'	0.775	0.683	0.779
X_4'	0.610	0.551	0.608
X_5'	0.578	0.524	0.575
X_6'	0.621	0.566	0.618

表 3.1-22　　粒径范围与净浆强度关联系数

	Y_1	Y_2	Y_3
	3d	7d	28d
X_1'	0.556	0.530	0.542
X_2'	0.855	0.892	0.834
X_3'	0.775	0.683	0.779
X_4'	−0.610	−0.551	−0.608
X_5'	−0.578	−0.524	−0.575
X_6'	−0.621	−0.566	−0.618

由表 3.1-22 的钢渣复合水泥各龄期强度与钢渣粉各粒径区间的关联大小可以看出，粒径小于 74μm 区间的钢渣颗粒与复合水泥 3d、7d、28d 的抗压强度呈正相关，该区间钢渣粉可促进钢渣水泥各龄期抗压强度。其中，16～45μm 部分钢渣粉对抗压强度增进作用最大，对 3d 抗压强度的增进作用的大小顺序为：16～45μm>0～16μm>45～74μm。大于 74μm 区间的钢渣颗粒与钢渣水泥 3d、7d、28d 抗压强度呈负相关，该区间钢渣粉会降低钢渣水泥各龄期抗压强度。150～74μm、245～150μm 和>245μm 对抗压强度的削弱作用相差不大。由上述结果可知，为提高掺 30%钢渣粉的复合水泥的 7d、28d 强度，应增加小于 74μm 尤其 16～45μm 的颗粒含量，限制大于 74μm 的颗粒含量。因此，可以认为钢渣粉 16～45μm 粒径是与基准水泥的最佳颗粒匹配粒径。

钢渣粉磨是其作为胶凝辅助材料应用的前提。因此，本章对钢渣的矿物特征及粉磨特性进行了系统研究，主要结论如下：

①钢渣的主要化学成分为 CaO、SiO_2、Al_2O_3、Fe_2O_3、FeO、MgO、P_2O_5 等。钢渣的矿物相包括 C_2S、C_3S、RO 相、铁钙相、钙铁榴石及少量金属铁相等。

②钢渣在粉磨过程中细度和休止角均与粉磨时间呈倒数关系。比表面积和粉体流动性随着粉磨时间增加而增大，粉磨后期会出现团聚现象，钢渣粒径会随着球磨时间呈现波动现象。

③根据灰色关联分析，粒径在 16～45μm 部分钢渣粉对钢渣水泥抗压强度增进作用最大，而该部分钢渣粉在粒径 0～74μm 范围内占比很小，因此提高该部分比例将有助于提高钢渣的胶凝活性。大于 74μm 的钢渣均对钢渣水泥强度起到削弱作用。

3.2 多源固废水化机理研究

3.2.1 钢渣—气化粉煤灰聚合水化机理

自地质聚合物初期聚合体于 1980 年真正产生以来，由于其在不同的特定环境下形成的物质相与结构都不尽相同，地质聚合物形成的机理至今在胶凝体系研究中仍在诸多争议。硅酸盐水泥专家认为地质聚合反应就是简单的碱激发水化反应，高钙含量的地质聚合物的矿物成分就是波特兰水泥处于反应不完全的早期水化产物。但是，水泥在一定养护龄期后出现大量结晶态水化产物，这些产物为水泥的物理强度提供重要支撑；而地质聚合物的强度在初期时就已经达到部分水泥的后期标准。地质聚合物即使经过很长的养护时间，其中含有的物质仍然无法定义为结晶态晶体。所以，地质聚合物聚合反应与水泥水化反应差异较大。从 Nguyen、Sindhunatad 等研究的粉煤灰质硅铝酸钾型聚合物的物相与结构看，聚硅铝酸盐—硅氧体是基于 5～20nm 的硅酸盐颗粒形成的，但是聚合方式存在很多差异，这是由形成产物的原料不同所导致。基于气化粉煤灰形成的地质聚合物的最终产物及其形成过程也与普通聚合物有所不同。

本章通过 XRD 物相分析研究气化粉煤灰—钢渣基地质聚合物的矿物组成；利用 SEM 观察聚合物的微观结构形貌特征；通过 Si、Al、Ca 三元相图分析地质聚合物形成的固溶体模式并得到生成物的宏观热力学参数；根据测量材料的微量热变推算聚合程度进而模拟聚合物前驱体在初期每个阶段的聚合过程。最终，结合地质聚合热力学、动力学以及各产物的微观形貌变化研究地质聚合物的聚合机理。

3.2.1.1 实验方法及仪器

矿物成分分析：试块在不同的养护龄期时刻物质相变化通过 XRD 定性表征，将试块通过压力机破碎，把试块小碎片研钵粉磨，过 0.075mm 直径的筛子并对筛选粉末进行测试。测试 2θ 角度范围为 10°～70°。

TG/DTG 分析：地质聚合物中可能存在带有结晶水的矿物相物质，试块干燥后粉磨，进入热重分析仪器（STA499c，德国）开始前通 N_2 以隔绝空气中的 CO_2 干扰，防止 O_2 将试样中还原性组分氧化。测试温度变化为 30～1000℃。

XRDRietveld 精修：将地质聚合物碾磨成粉，过 0.075mm 直径筛，选取 CaF_2 作为 XRD 定量比例参考对象，将 CaF_2 与聚合物粉末按照质量比 1∶1 的比例碾磨混合均匀。取 2mg 混合粉体在 D8XRD 衍射仪中从 2θ=0°～75°以每分钟 2°的转角速度进行缓慢扫描。

聚合物微观形貌分析：通过 SEM 对成型的各个龄期试块破碎后的断片进行观察。由于材料整体导电性能较差，需要将本身抽离真空的时间延长至 10min。经过喷金 120s，分辨率密度稍降后，调整放大倍数范围为2000～30000倍。

比表面积（BET）与空隙结构：

试块破碎后，取当量$\varphi=1\sim2mm$的碎片进行压汞测试，相应的孔结构与比表面积需要作为试块性质的微观参考指标。在隔绝空气的情况下采用压汞仪（AutoPore Iv 9510，美国）利用Hg吸附和脱附，通过吸附、脱附的Hg体积和用量研究试块碎片的比表面积、孔径分布、孔容积。

微量反应热测试：将混合好的SFA、SS、MK按照上章中的比例混合均匀，倒置粉体2g于反应舱内并用树脂薄膜封口。将激发剂按照当量水灰比加入液舱。利用微量热仪（FTT0007，英国）内置针刺破固液隔离膜让激发剂缓慢渗透，从渗透开始的一刻计算反应时间，记录聚合热变化曲线。

（1）无定形态半定量XRD计算

将精细扫描的地质聚合物与CaF_2混合粉末XRD数据通过定性找出所有的结晶形态尖峰物质，将XRD曲线导入Maud软件，并倒入相应的结晶物质与CaF_2进行拟合。当拟合程度符合特定值时，得出晶态物质与CaF_2的质量比值，通过CaF_2计算各个晶态物质在地质聚合物中的含量。无定形态物质的相对质量含量即为聚合物总质量与结晶态物质质量之差。

（2）三元相图分析

有很多学者认为高Ca含量的地质聚合物存在稳定性与水化凝胶存在很大差异，一些学者认为高Ca体系下的聚合物存在形式不稳定，最终会朝水化产物衍变。而热力学性质能反映高Ca地质聚合物的存在稳定性，所以热力学参数可说明内部物质变化趋势。

液相中可溶性极强的盐类（卤化物、硫酸盐）形成均一固溶体的过程达到平衡时需要相当长的时间，对于固溶/水溶的平衡体系的吉布斯自由能函数可表示为：

$$dG=\left(\frac{\partial G}{\partial x}\right)_{\xi}dx+\left(\frac{\partial G}{\partial \xi}\right)_{x}d\xi=0 \tag{3.2-1}$$

式中：x——物质在固相中的分数；

ξ——溶解反应进行程度。

如要满足式（3.2-1），则要求①$(\partial G/\partial x)_{\xi}=0$且$(\partial G/\partial x)_{x}=0$或者②$dx=0$且$(\partial G/\partial x)_{x}=0$。前者表明物质在固相与液相中均达到平衡状态，固相物质趋于稳定；后者要求体系处于固相组成x不变的一种亚稳定状态。由于原料在碱性激发剂中溶解性强，所以，当产物稳定也必须满足式（3.2-1）。聚合体液相中离子活度的改变会在很大程度上影响固溶体物质的组成，在一定条件下，不同固相物质的确会发生相互转化，这是由生成物的平衡反应导致。所以，生成产物需要经过热力学参数表明其究竟会重新溶解于液相（条件①）还是达到完全平衡（条件②）。

$CaO—SiO_2—Al_2O_3$（C—S—A）三元相图于20世纪60年代创建，其最初被用作分析硅酸盐固溶体中的碳酸盐存在形式，计算复杂的水泥水化相平衡时的热力学各参数变化以及对 CSH/CASH 凝胶体系中已知物质的定量预测。无论是地质聚合物还是典型的硅酸盐凝胶均属于典型的多相 SS/AS 体系。C—S—A 三元相图同样可以通过原料化学组成判断聚合物体系中可能生成的已知凝胶水化产物；通过组成以及总活度系数 K_{sp} 计算聚合物的热力学参数，这些参数同时可以预测不同时期的物质转化规律。

（3）聚合动力学

根据水泥凝结的反应来看，水泥水化过程有一定程度的膨胀，这是典型的放热反应；而地质聚合物水化与水泥不同，聚合物经历的“溶解—聚合”过程的每个反应均为放热反应。所以，通过微量热曲线也就是地质聚合物的聚合反应放热曲线来模拟上述聚合过程并将聚合过程分阶段进行解释，可以研究聚合过程中的速率变化、模拟最终的产物形态。Knudsen 方程于 20 世纪 70 年代提出，其将水泥水化反应程度与水化热曲线建立关系，从而推导水泥反应热的动力学方程。基于水泥水化反应放热标志性阶段，以放热量总量的 1/2 即 Q_{50} 作为区分点，整个聚合过程动力学应当遵从以下方程：

$$\alpha(t)=\frac{Q(t)}{Q_{\max}} \tag{3.2-2}$$

式中：$\alpha(t)$ ——聚合反应随时间变化在 t 时刻的反应程度；

$Q_{\max}$——整个反应阶段中假设其反应已经发生完全的反应总热量变化；

$Q(t)$ ——聚合发生起，反应 t 时刻的累计放热量。

于是，对其微分就可得到反应速率与放热量 Q 的关系：

$$\frac{\mathrm{d}\alpha}{\mathrm{d}t}=\frac{\mathrm{d}Q}{\mathrm{d}t}\cdot\frac{1}{Q_{\max}} \tag{3.2-3}$$

而且存在：

$$\frac{1}{Q(t)}=\frac{1}{Q_{\max}}+\frac{t_{50}}{Q_{\max}(t-t_0)} \tag{3.2-4}$$

式中：t_0——诱导期结束时反应时刻，在聚合物中为原料溶解阶段结束时刻；

t_{50}——水泥水化反应热放热累积量到达 50%的时刻，在地质聚合物中为从 t_0 起到反应热累积达 $Q_{\max}/2$ 的时刻。

由于地质聚合物的反应动力学复杂多样，原料不同的地质聚合物的聚合阶段不同，还并没有专门针对地质聚合物的动力学提出相应的模型能很好地模拟这一过程。通过利用 Mori-Minegishi 模型以及水泥的假一级动力学 Krstulovic-Dabic（K-D）模型分别对聚合物动力学曲线阶段进行拟合以提取每个阶段主要控制聚合反应速率的因素或确定反应级数。在这些模型的基础上改进适合地质聚合物的聚合反应模型。

（1）Mori-Minegishi 模型

将水泥水化分为成核（Nucleation）、相界面生长（Phase Boundary Growth）、扩散（Diffusion）三个阶段，针对硅酸盐反应程度 $\alpha(t)$，有如下反应方程：

$$[1-(1-\alpha)^{\frac{1}{3}}]^{n}=Kt \tag{3.2-5}$$

式中：K——反应速率常数；

t——反应时间；

n——随着水化（聚合）反应的机理而变化的常数，当 n 小于 1 时，反应速率的快慢主要受成核阶段控制；当 n 接近于 1 时，反应速率主要受相界面生长阶段控制；当 n 大于 1 时，控制反应速率的主要为扩散阶段。

（2）K-D 模型

在 Mori-Minegishi 模型的基础上，Krstulovic 与 Dabic 提出，将水泥水化热动力曲线简化为假一级动力学。此模型仍然将水泥水化分为 3 个阶段，成核与晶体生长 NG 阶段（Nucleation and Crystal Growth）、界面交互 I 阶段（Interactions at Phase Boundaries）以及扩散 D 阶段（Diffusion），于是存在如下关系：

1）成核与晶体生长 NG 阶段

$$[-\ln(1-\alpha)]^{\frac{1}{n}}=K_{NG}(t-t_0) \tag{3.2-6}$$

对其微分后，NG 阶段的反应速率为：

$$\frac{\mathrm{d}\alpha}{\mathrm{d}t}=F_1(\alpha)=K_{NG}n(1-\alpha)[-\ln(1-\alpha)]^{(\frac{n-1}{n})} \tag{3.2-7}$$

2）界面交互 I 阶段

$$1-\sqrt{3}(1-\alpha)=K_I(t-t_0) \tag{3.2-8}$$

I 阶段的反应速率为：

$$\frac{\mathrm{d}\alpha}{\mathrm{d}t}=F_2(\alpha)=K_In(t-\alpha)^{\frac{2}{3}} \tag{3.2-9}$$

3）扩散 D 阶段

$$[1-(1-\alpha)^{\frac{1}{n}}]^2=K_D(t-t_0) \tag{3.2-10}$$

D 阶段的反应速率为：

$$\frac{\mathrm{d}\alpha}{\mathrm{d}t}=F_3(\alpha)=K_D\times n(t-\alpha)^{\frac{n-1}{n}}\times[2-2l(1-\alpha)^{\frac{1}{n}}] \tag{3.2-11}$$

式中：n——反应级数，一般情况下 $n=1$、2 或 3；

K_{NG}、K_I、K_D——NG、I、D 阶段的反应速率常数。

据反应曲线的复杂程度，反应级数往往偏高，取 $n=3$。

（3）Cahn 模型

由于地质聚合物的产物多样性，此模型常用来描述不同物质水化成核的交互叠加关系，很多学者在该基础上对水泥水化初期的加速与变速阶段进行拟合。本书以某一段时间内的总反应热为基础，考虑某初期时段的反应程度与时间关系，根据 Cahn 模型，反应程度 X 与时间 t 有如下关系：

$$X=1-\exp\left\{-S\int_{0}^{Gt}\left\{1-\exp\left[\frac{-\pi N}{3}G^{2}t^{3}\left(1-\frac{3y^{2}}{G^{2}t^{2}}+\frac{2y^{3}}{G^{3}t^{3}}\right)\right]\right\}\mathrm{d}y\right\} \tag{3.2-12}$$

式中：S——单位固体的表面积；

G 与 N——核生长与形成速率；

y——虚拟变量，令 $y=u\cdot G\cdot t$，则可将积分归一化，得到：

$$X=1-\exp\{-2pSGt\int_{0}^{1}[1-\exp(\frac{-\pi N}{3}gG^{2}t^{3}(1-u)^{2}(1+2u))]\mathrm{d}u\};\ u\leqslant 1 \tag{3.2-13}$$

通过：

$$k_{G}=pSG;\ k_{N}=\frac{\pi gG^{2}N}{3} \tag{3.2-14}$$

转化为：

$$X=1-\exp\{-2k_{G}t\int_{0}^{1}\{1-\exp[-k_{N}t^{3}(1-u)^{2}(1+2u)]\}\mathrm{d}u\};\ u\leqslant 1 \tag{3.2-15}$$

（4）扩散生长模型分析

由于已经形成大部分固相的地质聚合物仍然在生长，液相中存在的 SiO_4 与 AlO_4 四面体会在固/液相界面上进行物质传递，从而造成地质聚合物本体的扩张生长；这种生长的模型需要经过聚合模型模拟，Si 聚合可互相代替 Al 聚合，反之不一定成立。所以，引入硅酮球聚模型描述地质聚合物的生长阶段。

3.2.1.2 气化粉煤灰—钢渣基地质聚合物的组成与微观结构

（1）地质聚合物矿物组成

成型后的地质聚合物 LS 与 ES 在 3d、7d、14d、28d 以及 60d 的 XRD 矿物分析见图 3.2-1。

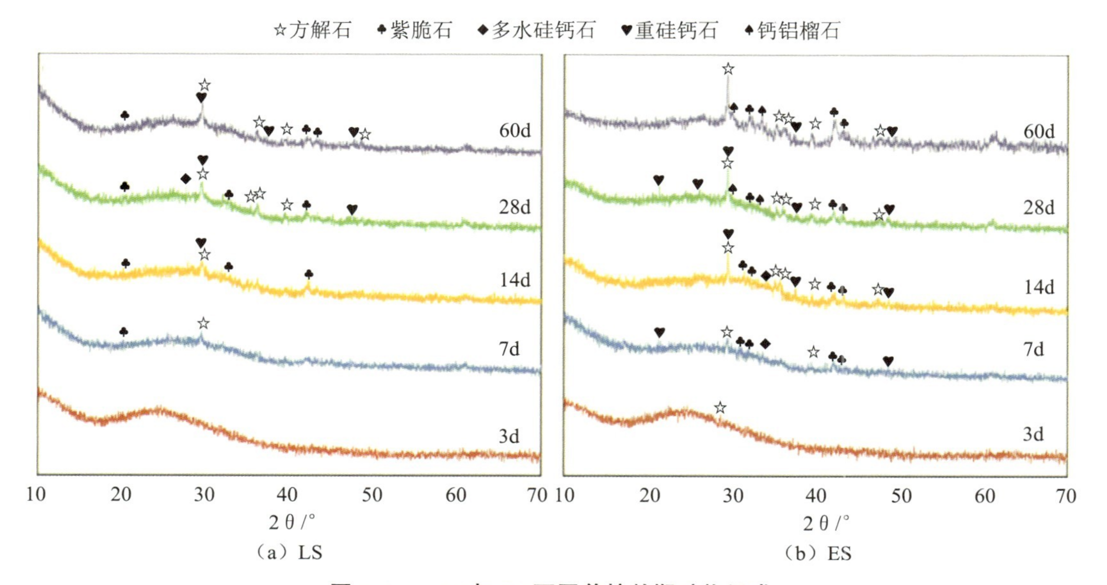

图 3.2-1　LS 与 ES 不同养护龄期矿物组成

LS与ES在3d养护龄期内所含矿物几乎相同，均没有很明显的结晶矿物相，体系中含有少量不稳定矿物相——紫脆石。由于多数原料所含矿物溶解在强碱溶液中时新晶体矿物还未开始形成，所以两种地质聚合物在3d的无定形态“包峰”并无差异。与原材料相比，两者暴露出的非结晶态“包峰”衍射峰值角度从$2\theta=20°$附近偏移至25°，说明了地质聚合反应的发生。3d的矿物相中并没有出现常见的碱激发产物如钠长石、黄长石，这是由于常温下长石结构仅在Si元素过量条件下形成，但是，本书构建的碱激发体系中$Si/Al \leqslant 10$。

由于体系水分的耗散，聚合物LS在7d开始出现一些小结晶峰，其中最明显的是水钙硅石。体系中OH^-过量，因此阳离子容易与碱盐发生反应生成钙水碱与堇青石，但是鉴于其衍射峰强度较弱，证明含量极少。由于结晶矿物的形成，LS在7d无定形态包峰覆盖角度变广、峰强变弱，其间伴随紫脆石的生成。值得注意的是，ES在3d时无定形态的“包峰”在7d时峰强减弱，衍射谱线渐向平直趋势发展。同时对比LS，ES的结晶峰更加尖锐。这说明在3～7d的养护龄期里，ES消耗了大量无定形态物质，其他生成的矿物取而代之。

LS在14～28d内的矿物成分变化不大，无定形态峰强在此时也开始减弱，但2θ位置与7d保持不变。ES在14d一部分“包峰”重新显现，此包峰与3d无定形态峰的位置却相差很大，2θ横跨27°到40°，峰中心由原来的$2\theta=25°$偏移至30°左右。这说明ES中的无定形态物质在14d后重新生成，生成的矿物较原料以及3d均不同。ES在28d养护后出现钙铝榴石等典型的中后期水化产物，这些含水结晶矿物是普通硅酸盐水泥的重要后期水化产物。如此即可证明ES在碱激发条件下的聚合反应类似于C—S—H的水化反应。

水化现象在聚合物ES中后期体现更加明显，60d的衍射峰中结晶态物质明显增多，峰强增大。钙铝榴石、水钙硅石衍射峰交替出现，紫脆石一类初期矿物衍射峰逐渐减弱，证明随着养护龄期的进行，前期不稳定矿物在地质聚合物体系中存在时间短暂，他们会被逐渐消耗然后被稳定的大分子矿物相取代。LS与ES在60d以后无定形态包峰依然稳定存在，但不同的是LS在60d的无定形态主峰位置回归到$2\theta=25°$处且峰强度相比前期有所加强，这是无定形态矿物生成，小分子重新排布的结果。除了聚合反应生成物以外，碳酸钙或水钙硅石成为无定形态凝胶中主要的晶体杂质。

（2）无定形态定量计算

通过MAUD软件对地质聚合物中无定形态量进行XRD Rietveld精修计算，见图3.2-2。由图3.2-2可知，LS中的主要矿物相分子式为多水硅钙石（$Ca_3Si_3O_8(OH)_2$），紫脆石（$Na_2 \cdot K[AlSi_3O_8(OH)]$）；ES中的主要矿物为重硅钙石（$Ca_5[SiO_4]_n(OH)_2 \cdot X$），紫脆石，钙铝榴石（$Al_2Ca_3(SiO_4)_3 \cdot 6H_2O$）。多水硅钙石、重硅钙石属于钙硅石（dellaite）类，无定形态不稳峰经过去除背景值扣除，矿物相对含量计算仅由结晶峰体现。经过软件模拟计算，矿物成分相对百分含量以及模拟效果见表3.2-1。

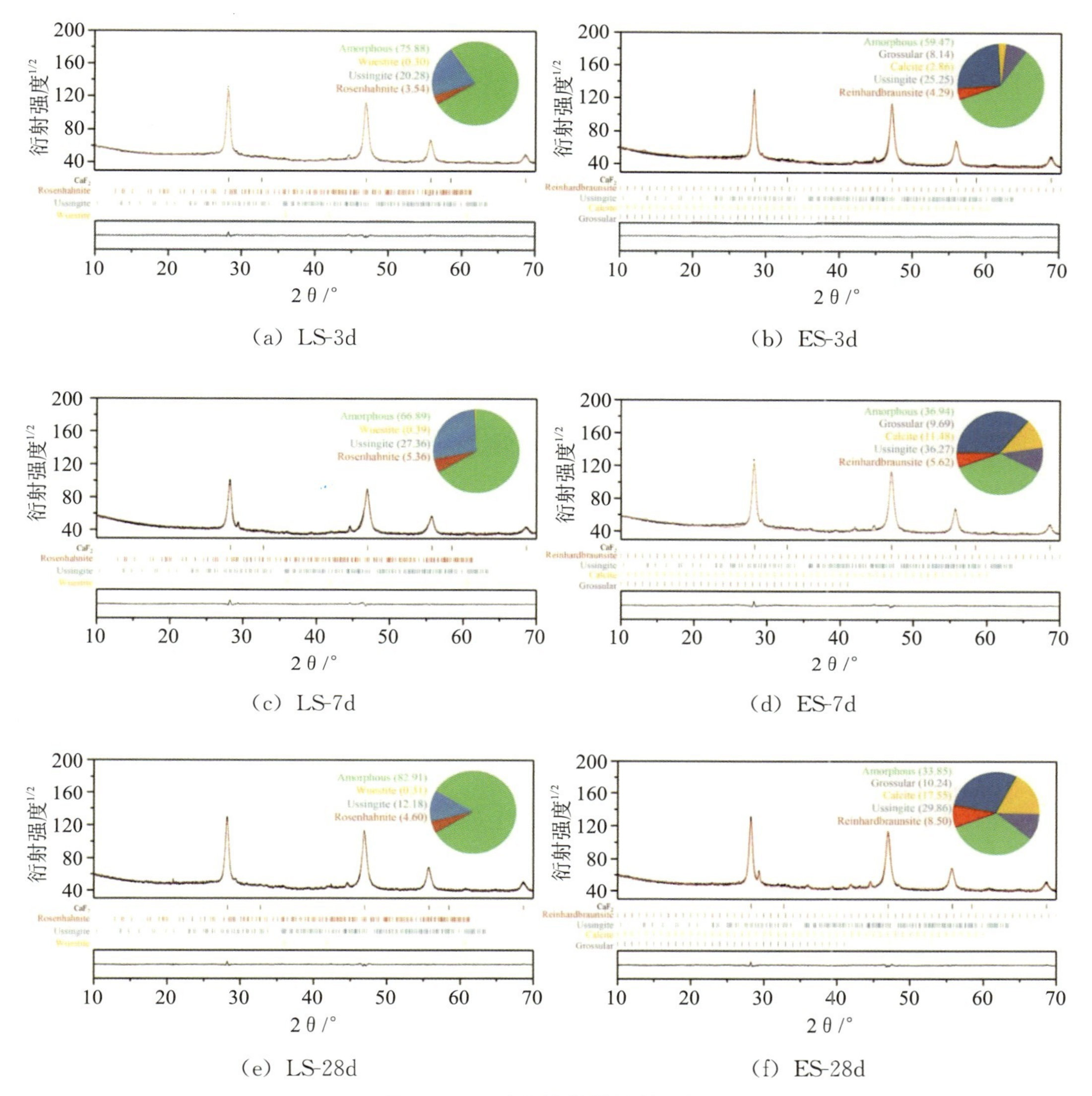

(a) LS-3d　(b) ES-3d

(c) LS-7d　(d) ES-7d

(e) LS-28d　(f) ES-28d

图 3. 2-2　矿物精修模拟效果图

表 3. 2-1　LS 和 ES 的 XRD 半定量精修结果

样品	矿物相/%	多水硅钙石	方铁矿	紫脆石	重硅钙石	方解石	钙铝榴石
LS	3d	3. 54	0. 30	20. 28	—	—	—
	7d	5. 36	0. 39	27. 36	—	—	—
	28d	4. 60	0. 31	12. 18	—	—	—
ES	3d	—	—	25. 25	4. 29	2. 86	8. 14
	7d	—	—	36. 27	5. 62	11. 48	9. 69
	28d	—	—	29. 86	8. 50	17. 55	10. 24

定量模拟 Significant（SIG）值都接近 1.5，证明 Maud 模拟结果显著有效；所有的重均因子（Rwp）值都在 10 以下，说明模拟精修结果可信。通过 XRD 精修结果可知，LS 中矿物紫脆石占比量最大，达 22.31%。这种矿物普遍存在于地质聚合物的前驱体中，结构类似于 K、钠方沸石或长石。据研究表明，Na、K 基地质聚合物的前驱体中含有大量的黄长石结构，黄长石矿物组成成分虽然类似紫脆石，但是由于长石中 Si/Al 值过大，在强碱性体系中不能稳定存在，两种试样中并没有发现明显的长石结构。LS 的无定形态从 3d 的 72.59%降低到 7d 的 64.09%最后回升至 28d 的 88.34%。所有龄期下地质聚合反应的主要产物仍然是无定形态物质，在聚合过程中，低碱度矿物以及强度较弱的脆石、长石并会被消耗转化为无定形态矿物重新凝结。

ES 中主要的矿物含量与 LS 类似，但是含量差异较大。紫脆石所占量在 30%以上，其他的所有矿物相对含量都随着养护龄期的增长而增加。无定形态物质从 3d 的 53.22%一直减少到 28d 的 31.17%。这证明在 ES 中，无定形态与紫脆石的消耗为结晶矿物生长提供了元素基础；聚合反应使无定形态矿物向含多结晶水矿物转变。

观察长期养护的 LS 与 ES 中无定形态矿物量与时间关系变化（图 3.2-3），两种地质聚合物的无定形态变化规律相差较大，通过非线性拟合，对无定形态长期性变化预测结果见表 3.2-2。

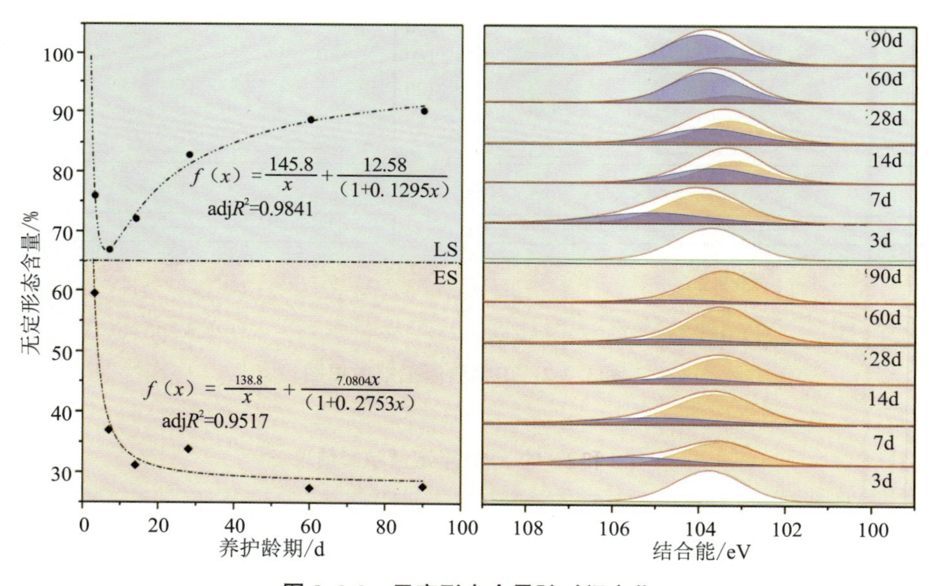

图 3.2-3 无定形态含量随时间变化

无定形态在 LS 与 ES 中随着时间增加通过多项式函数拟合，两个函数表达式分别为：

LS：

$$f(x)=\frac{A_1}{x}+k_1\frac{x}{(1+C_1x)} \tag{3.2-16}$$

ES：

$$f(x)=\frac{A_2}{x}+k_2\frac{x}{(1+C_2x)} \quad (3.2\text{-}17)$$

式中：A_1、A_2、k_1、k_2、C_1、C_2——常数，模拟效果参考图中各评价因子 SSE、RMSE、R^2 与 adjusted-R^2 值，方程参数结果见表 3.2-2。

表 3.2-2　无定形态拟合结果

A_1	A_2	k_1	k_2	C_1	C_2
145.8±3.4	138.8±4.2	12.58±1.24	7.804±0.81	0.1295±0.010	0.2753±0.107

LS 拟合效果参数 R^2 与 adjusted-R^2 值分别为 0.9954 与 0.9924，ES 的 R^2 与 adjusted-R^2 值分别是 0.9956 与 0.9927。R^2 值与 1 十分接近，说明拟合效果均非常好。二者拟合 RMSE 值都足够小（≤1.00）说明拟合方程曲线趋势可以代表实验真实值的走向规律。LS 中无定形态物质增长随着时间先减小后增大，晶态矿物含量在 9～10d 内出现最高值，当时间 x 趋近无穷大时候，无定形态物质含量无限接近定值 $m_1=k_1/C_1=97.50\%$。ES 中无定形态含量随着时间持续减小，根据模型预测最终无定形态含量平衡于 $m_2=k_2/C_2=27.69\%$。回归方程的物理意义，无定形态含量与时间的倒数有直接关系，方程分为两部分，第一部分代表无定形态物质随时间增加而消耗，第二部分随着时间增加而生成。由于物质量守恒，无定形态的消耗必然伴随晶态量增长，所以二者是共存竞争关系。LS 中初期无定形态物质消耗速率高于生成速率，其物质量出现负增长；3d 内无定形态增长速率逐渐超过消耗速率，其含量开始增加。ES 中无定形态消耗速率一直大于生成速率，直到最终消耗与生成速率平衡。

(3) 地质聚合物微观形貌

SMS 的微观形貌通过扫描电子显微镜（图 3.2-4）观察，养护不同龄期 3d、7d、14d 与 28d 的内部结构变化由试块断层的扫面展示。

LS 与 ES 的原材料在组成前驱物浆体（1h）中出现很多不规则碎片状物质，LS 的碎片当量直径大多都小于 1μm，ES 的碎片在 2μm 左右。证明在 LS 中，很多直径较小的玻璃微珠初期未能溶解于激发剂的液相而是分开散落在体系中；ES 中很多不规则矿物碎片已经黏附在直径较大的玻璃微珠表面。

3d 养护龄期的 LS 骨架已经基本建立完毕，图 3.2-4（b）中可以看出在此时刻，物块的骨架间隙中含有大量的圆形“孔状结构”，这些孔的直径在 1μm 左右。原料碎片中含有的直径较大的玻璃微珠（主要来源于气化粉煤灰）已经基本消失，直径较小的玻璃微珠充斥在孔洞中。由于整个骨架疏松，聚合物在该时期的物理强度相应较低，与 3d 的 UCS 变化规律吻合。3dES 的结构已经趋于完整，黏附在玻璃微珠上的不规则碎片已经开始连接成完整片层，玻璃微珠渐被遮蔽覆盖。

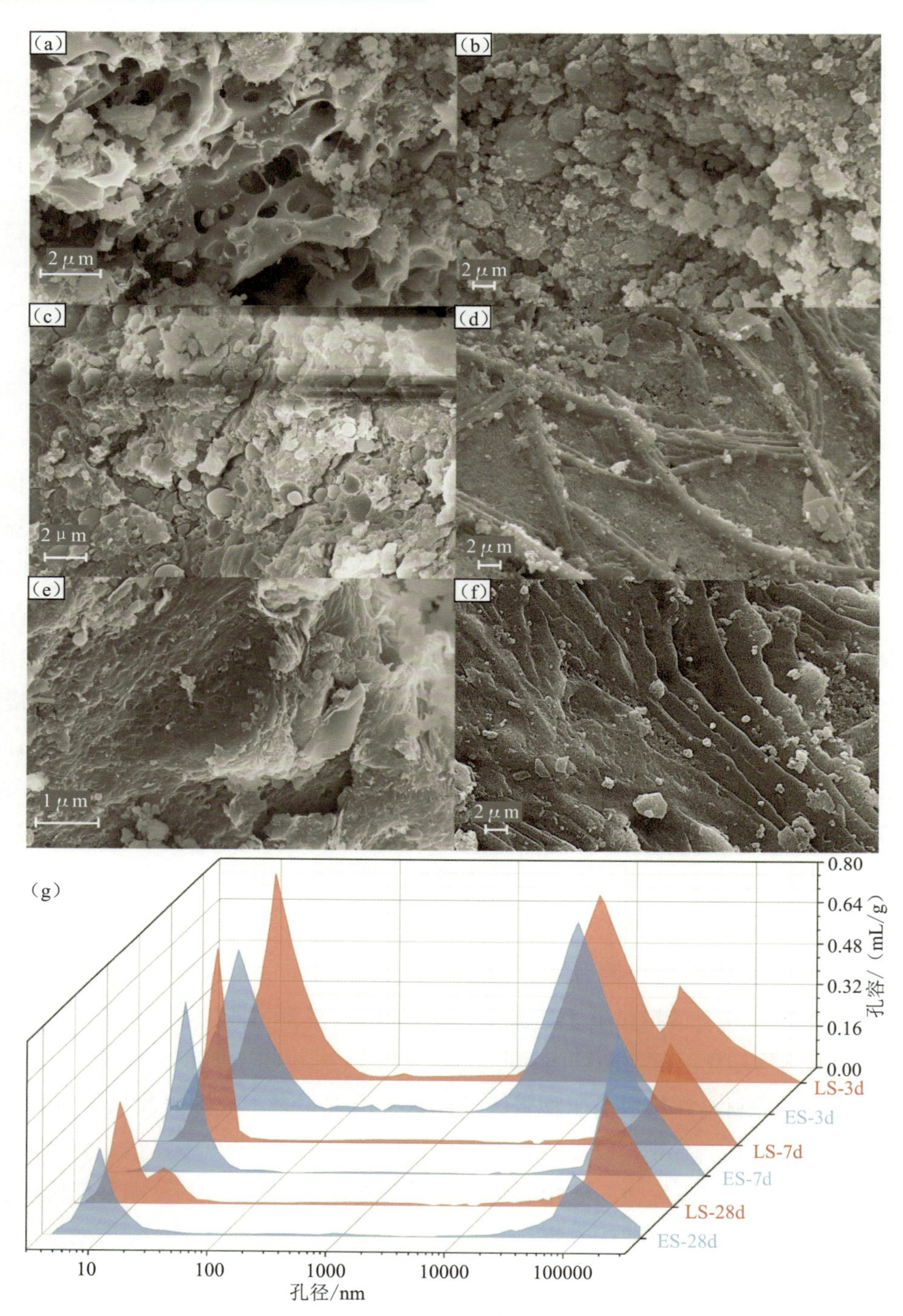

图 3.2-4　地质聚合物混合料微观形貌及粒径分布

LS 经过 7d 养护，孔隙结构消失，层状结构密布。在层间，似乎有大量的玻璃微珠镶嵌，很多微珠都表现出残缺的状态。这极有可能是由于聚合物的层状骨架在生长过程中超过了当量直径玻璃微珠所能承受的抗压强度，玻璃微珠受到挤压而破裂。聚合物的层状结构在 7d 已经完全致密，厚度为 100～200nm。7d 的 ES 结构已经完全密实，几乎观察不到间隙存在，光滑层表面水化产物层与层之间被黏结与压实；此时 ES 中的玻璃微珠完全消失，这似乎是聚合反应初步完成的标志。

28d 的 LS 层状结构已经趋于光滑，类似于岩石层片状且结合紧密。层间厚度较 7d 大，周围的大直径碎片已经反应完成，微观结构中玻璃微珠等球状结构在此时完全消失。试块的断面层次清晰，证明在此龄期后聚合物分子排布基本均匀。由于 28d 抗压强度超过 65MPa，这种层状结构的生长必然不是单一维度向，而是从内到外三维均匀生长（相界面生长）。ES 在 28d 也显示出层状的结构，但是与 LS 相比，其层状结构每层间隙在 1μm 左右，远不如 LS 紧密，如此便解释了 ES 后期强度不足的原因。

此结果充分说明了早强高的 ES 聚合反应发生的初期是从玻璃微珠表面开始，发展方向是向外部生长；LS 聚合反应初期的物质基础是新形成的小分子无定形态聚合体，此聚合体在三维向生长过程中利用物理强度挤压破坏原料中未反应物质致其溶解。

（4）孔隙分布与比表面积

地质聚合物的孔隙结构是反应材料地质聚合反应的性质的重要指标。在微观形貌上已经观察到：3d 养护期的 LS 中存在大量的孔状结构，而后期又消失；随着养护龄期进行，ES 粗糙的表面变平整光滑。这些现象与材料成型期的孔隙结构、比表面积变化密切相关，这两种表征直接反映了材料的微观结构与宏观性质之间的联系。图 3.2-4（g）表示不同龄期地质聚合物的孔隙结构分布。

LS 在 3d 时确实出现大量直径为 1μm 的孔隙，这种孔结构体积占总孔容积的 60%以上，在 20～100μm 存在一类新的大孔结构，10nm 级的微孔大约占 40%。到 7d 时，微孔结构占总孔容的比例略微减小，微孔分布朝直径更小的孔洞趋势增长；此时介孔结构即直径在 2～50μm 的孔结构基本消失，大孔结构仍然存在而且比例未变。28d 养护的 LS 中孔隙结构大幅度减少，直径为 10nm 左右的孔隙结构在此时分化为两类，其中一类孔径为 10～20nm，但是所占比例较小。

ES 相对 LS 孔结构要简单得多，在 3d 时，除了存在直径 10nm 左右的微孔结构以外，也有 10～20μm 的孔隙，然而从孔容积（峰面积）来看，所占比例较少。7d ES 的孔结构相比 28d 变化微弱，微孔结构比 28d 的 LS 更少。

孔隙分布微观结构说明了 3d 的 LS 在初期存在大量明显的介孔结构，微纳米级的孔洞是原材料堆积导致。任何时期的 LS 与 ES 中都存在大孔，所以大孔结构极有可能是聚合反应不足分子团间距过大造成。后期，由于聚合物在已经形成的固相界面上进一步聚合，10～20nm 的不规则孔洞是符合该直径大小的玻璃微珠破裂形成的。由于钢渣自身就是一种多孔材料，所以 ES 中的介孔结构主要来自钢渣，ES 经过不断的聚合以及水化，介孔结构被晶体矿物或者水化产物填充而消失。因此，ES 在 7d 后基本呈光滑无孔的完整结构。

见表 3.2-3，LS 比表面积随着养护龄期的增加大幅度减小，在 7d 时，比表面积已降低超过 60%。孔隙率由 52.57%下降到 20%，28d 后孔隙率持续减小。ES 的孔隙率比 LS 略低，3d 的比表面积远不如 LS 且孔隙率相差近 10%。

表 3.2-3　　孔隙率与比表面积

养护期	LS		ES	
	比表面积/（m^2/g）	孔隙率/%	比表面积/（m^2/g）	孔隙率/%
3d	230	52.57	98	43.45
7d	72	20.10	61	18.82
28d	23	16.18	26	8.86

这说明 LS 在聚合过程中，孔隙结构的减少或消失导致了比表面积的减小，ES 孔隙结构的比表面积并不高，但是最终的孔隙率急剧下降，说明 ES 化学反应的进行程度更高。

3.2.1.3　地质聚合反应热力学

（1）聚合反应热

根据热力学基本规律，大多数地质聚合反应为放热反应。在硅酸盐、铝酸盐等的聚合过程中，应涉及大量的能量变化。反应热可以反映聚合过程中熵 S、焓 H、吉布斯自由能 G 等热力学参数的变化，用以描述反应自发性、可能性。由于聚合反应的参数与温度密切相关，所以小范围内温度变化对反应聚合所释放的热量大小有显著影响，地质聚合反应微量热变见图 3.2-5。

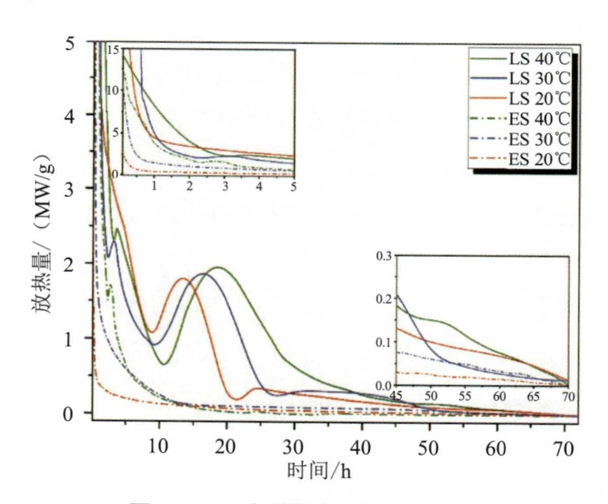

图 3.2-5　地质聚合反应微量热变

温度对 LS 的反应放热变化影响主要在 30h 以前。当反应时间少于 1h 时，三曲线的最高热流均达到 MW 以上。20℃下的反应放热在 1.8h 后略微减弱；6.2h 后放热量加剧减小；30℃、40℃下 LS 分别在 2.1h、2.9h 后出现较小放热峰。三曲线分别在 9.1h、9.6h 与 10.5h 时出现第三放热峰，放热峰峰宽和峰高随温度的升高增加，放热持续时间变长。

通常状况下所有温度的放热曲线应当与其他温度放热曲线表现形式一致，而 LS 在 20℃时的第二放热峰未完全显现，形似与第一放热峰融合，这是由于低温情况下此放热阶段分界不明显，而且持续时间较短。各反应放热峰界限分明、独立突出，升高温度有利于放热阶段数的增加。

反应温度对 ES 的化学放热量影响极其明显。20℃下的反应热流值随着时间一直减小，1.2h 后减小幅度缓和；30℃下放热曲线表现形式与 20℃类似，但是累积放热量远高于后者。温度升至 40℃时，在 2.4h 后出现了微小的第二放热峰，热值累积比 30℃的更大。曲线中曲率最大点出现的时刻随着温度升高而滞后出现，说明升温不仅可以大幅促进 ES 的反应放热，使放热阶段化，也可以增加热反应的持续时间。

综合放热曲线变化，在温度升高的情况下，两种地质聚合物的放热峰个数均会增加，温度越高，第一放热峰的峰强度越强。ES 无其他明显的放热峰，所有组分在 72h 后仍然有正值出现，所以可推断在后阶段会有第三、第四放热峰的出现。不同阶段放热量累积值见表 3.2-4。

表 3.2-4　　不同阶段放热量累积值

阶段 温度/℃	LS			ES		
	20℃	30℃	40℃	20℃	30℃	40℃
第一阶段/（J/g）	81.33	89.98	99.92	38.86	69.34	76.21
72h 总放热/（J/g）	361.19	372.45	388.58	38.86	69.34	143.85

ES 在 20℃与 30℃情况下的第一阶段放热量即为 72h 总放热，在 40℃下第一阶段放热量占总放热的 50%以上。说明在低温情况下，ES 发生的化学反应主要以第一阶段为主；LS 的化学反应主要在后阶段进行。地质聚合反应起始于原料矿物溶解，第一阶段存在于所有不同温度的聚合物试样中，故推断第一阶段放热主要来自矿物溶解。为了验证，需要计算原料中的矿物溶解放热量并将其与第一阶段放热量比较。

（2）溶解热

由于地质聚合物的聚合反应建立在溶解反应的基础上，SiO_2、Al_2O_3、CaO 的溶解导致地质聚合物初期反应热激增，其他物质含量较少，所以主要考虑强碱性溶液中离子强度 I（以可溶态 Si、Al、Ca 计）占比≥90%的部分，则溶解反应可以表示为：

$$SiO_2+2OH^- = H_2SiO_4^{2-}$$

$$Al_2O_3+3H_2O+2OH^- = 2Al(OH)_4^-$$

$$CaO+H_2O = Ca^{2+}+2OH^-$$

在 SiO_2、Al_2O_3 的溶解平衡体系中，由于溶液中碱性过高，溶液中的离子浓度不能直接与 K_{SP} 建立关系，需用液相中的活度 α 表示；由于纯水在 20℃时黏度为 1.01×10^{-3} Pa·s，

8mol/L 的 NaOH 溶液黏度大约为 7.5×10^{-3} Pa·s，黏度过高，此体系为非理想溶液体系，故需要在活度前加修正因子 γ，存在 $\gamma=0.133$。由溶液中活度平衡关系可知：

$$K_{SP1}=\frac{\alpha[H_2SiO_4^{2-}]}{\alpha[OH^-]^2} \tag{3.2-18}$$

$$K_{SP2}=\frac{\alpha[Al(OH)_4^-]^2}{\alpha[OH^-]^2} \tag{3.2-19}$$

$$K_{SP3}=\alpha[Ca^{2+}]\times\alpha[OH^-]^2 \tag{3.2-20}$$

$$\alpha_{[M]}=\gamma\times[M^{n\pm}] \tag{3.2-21}$$

其中，$[M^{n\pm}]$ 为此离子在液相中的离子浓度，从而根据修正的“迪拜-休克尔”公式热力学参数关系有：

$$\Delta G^{\theta}=-RT\ln K_{SP}\approx\Delta H^{\theta}-T\Delta S^{\theta} \tag{3.2-22}$$

$$\ln K_{SP}=\frac{\Delta S^{\theta}}{R}-\frac{\Delta H^{\theta}}{RT} \tag{3.2-23}$$

式中：K_{SP}——温度 T 下的该物质活度积；

R——标准热力学平衡常数；

ΔS^{θ}、ΔH^{θ}、ΔG^{θ}——溶解反应中的熵、溶解热、吉布斯自由能变化。

溶解反应发生时，固体溶质远超过液相能容纳范围（S/W>1），所以 $[H_2SiO_4^{2-}]$ 与 $[Al(OH)_4^-]$ 在 8mol/L 的 NaOH 溶液中的溶解能力最大，碱性溶液中离子趋近饱和。通过活度计算 K_{SP}，绘制 $\ln K_{SP}$ 与 $1/T$ 图像并通过线性拟合（图 3.2-6），得到 ΔS、ΔH、ΔG，见表 3.2-5。

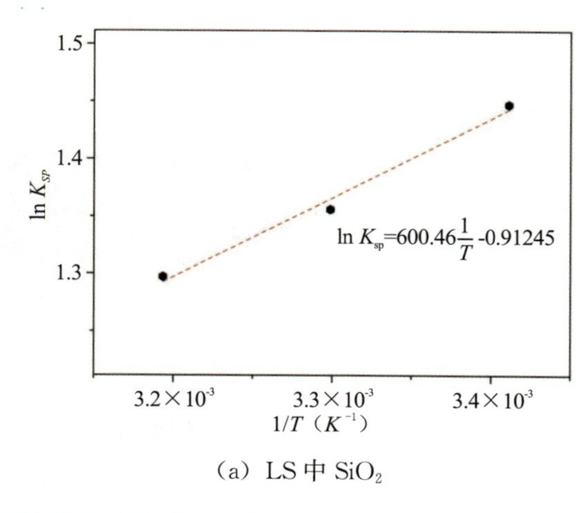

（a）LS 中 SiO_2

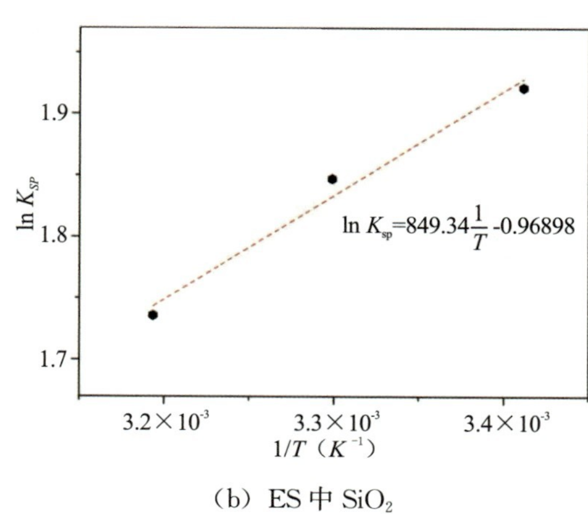

（b）ES 中 SiO_2

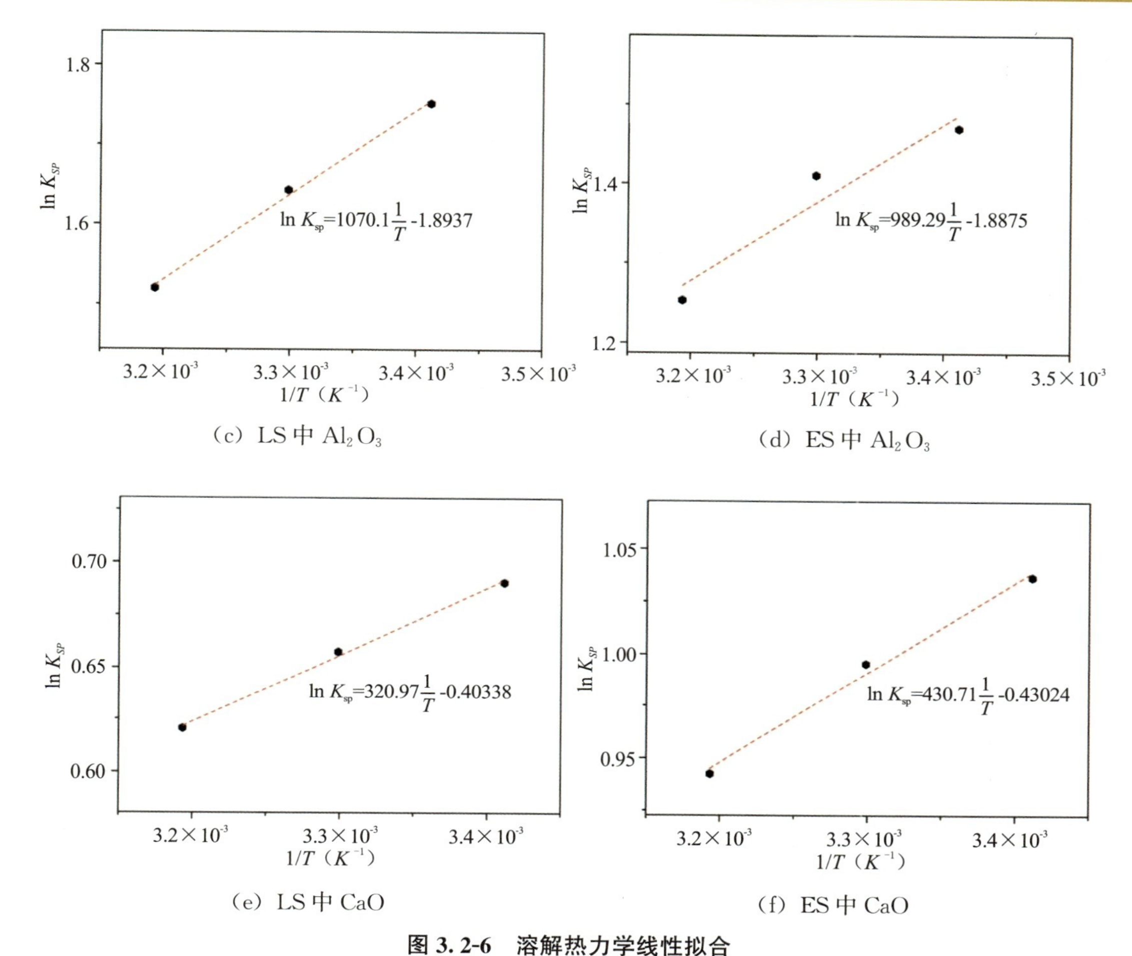

（c）LS 中 Al_2O_3

（d）ES 中 Al_2O_3

（e）LS 中 CaO

（f）ES 中 CaO

图 3.2-6　溶解热力学线性拟合

表 3.2-5　　前驱体无定形态 SiO_2、Al_2O_3、CaO 在液相中溶解热力学参数

样品		ΔH/（Jg^{-1}）	ΔS/（$J g^{-1}K^{-1}$）	ΔG/（$J g^{-1}$）		
				20℃	30℃	40℃
Si	LS	−95.5413	−0.1263	−58.5286	−57.2661	−56.0035
	ES	−117.5252	−0.1341	−78.2194	−76.8786	−75.5378
Al	LS	−87.2576	−0.1544	−41.9900	−40.4458	−38.9016
	ES	−80.6686	−0.1539	−35.5503	−34.0113	−32.4722
Ca	LS	−47.5869	−0.0598	−30.0550	−29.4569	−28.8589
	ES	−63.8574	−0.0638	−45.1581	−44.5202	−43.8823

通过直线方程线性拟合，以上 R^2 均≥0.98。说明拟合效果好，结果可信度高。$\Delta H^{\theta}\leqslant 0$ 说明所有无定形态在高浓度碱溶液中溶解反应均是放热反应。其中放热量为 Si>Al>Ca，与溶解难易程度规律一致。所有的 ΔS 值较小且 ΔS<0，说明原料中 SiO_2、

Al_2O_3 溶于 NaOH 溶液而形成的过饱和浆体的过程略微减小了分子的无序度：原始结构网络被破坏，Si、Al、Ca 元素溶于液相后排布规律性增加。通过 ΔG^{θ} 在不同温度下的变化，说明溶解过程均是自发进行的，但是温度越高越不利于 Ca、Si、Al 在强碱溶液中的溶解；相反，温度越高溶质析出越容易，有利于固相物质生成。20℃聚合物浆体溶解放热结果见表 3.2-6。

表 3.2-6　　20℃聚合物浆体溶解放热结果

样品	SiO_2		Al_2O_3		CaO		溶解热 ΣQ/J
	含量/%	Q/J	含量/%	Q/J	含量/%	Q/J	
LS	49.92	47.69	16.82	14.68	13.28	6.32	68.69
ES	21.41	25.16	5.13	4.14	37.61	24.01	53.31

常温下，LS 中的含 Si、Al 矿物与 CaO 的溶解热总计为 68.69J，占第一放热峰放热的 84.45%，ES 理论计算溶解放热甚至超过实际值，证明第一阶段放热主要来源是原料中的可溶矿物在碱溶液中的溶解反应放热。ES 中含有的可溶性矿物较少，非活性的固相残渣物质较多，一方面固体残渣减小了体系的导热；另一方面由于包裹阻挡作用妨碍了部分可溶性矿物的溶解，所以计算值超过理论值。

（3）三元相图分析

水化凝胶相矿物（包括 CSH 与 CASH）不可避免地出现在各种基于工业固体废渣基地质聚合物中。XRD 分析，地质聚合物试样非晶态包峰物质既包括一部分水化凝胶相矿物也包括纯地质聚合物。由于将单纯的聚合物凝胶相分离出来十分困难，为了获得纯聚合物凝胶的热力学参数，必须先计算产物中水化凝胶相矿物的热力学参数。基于水化产物研究的三元相图分析可以通过凝胶物质的成分含量对不同反应阶段的组分进行判断，或者通过预测确定最终地质聚合产物中可能生成的水化凝胶相矿物相对含量。

普通硅酸盐水泥水化产物 CSH/CASH 凝胶相矿物质可概括为图 3.2-7 中的产物，符合该类地质聚合物的原料组成物在 $CaO—SiO_2—Al_2O_3$ 的三元固溶相图里水化产物存在 8 种，分别跨越 5 个物相区域，即为：辉沸石（Si/Al≈3）、水化硅铝酸钙（Si/Al≈1）、$C_{0.7}A_{0.05}SH$、$C_{1.3}A_{0.1}SH$、$C_{1.75}A_{0.05}SH$ 区。

因为钢渣对气化粉煤灰的反应程度达不到 100%，最终产物种类始终有偏差。水化凝胶态物质含量理论值可通过成分图定量计算，结晶形态矿物由分子式确定，则生成焓可通数据库获得。除去水解阶段的放热，试样中纯净聚合物凝胶的放热值就是除去水化产物凝胶态相 CSH 与 CASH 生成总放热后的绝对值。结合反应放热积分曲线，LS 与 ES 中的凝胶态 CSH/CASH 的含量由 Herfort 与 Lothenbach 在 2016 年发现的算法相图计算，经过足够长的反应时间后，凝胶态 C—S—H/C—A—S—H 总量见图 3.2-8。

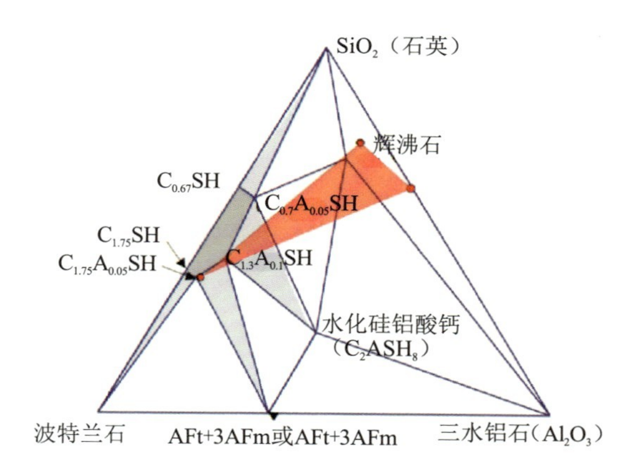

图 3.2-7　CaO—SiO_2—Al_2O_3 三元固溶体组分图（wt%）

g/100g 原材料含量			
输出：水化产物	SMS-1	输出：水化产物	SMS-2
结晶水	29.23	结晶水	51.78
水化硅铝酸钙	3.28	水化硅铝酸钙	3.09
钙辉沸石	53.59	钙辉沸石	19.20
$C_{0.67}A_{0.05}SH_{1.8}$	5.33	$C_{0.67}A_{0.05}SH_{1.8}$	18.12
二水石膏	0.24	二水石膏	0.12
碳酸钙	0.00	碳酸钙	0.00
水铁矿	4.93	水铁矿	5.61
铝碳酸镁	3.40	铝碳酸镁	2.07
g/100g 总量			
C—A—S—H总量	5. 30	C—A—S—H总量	18.10
Ca/Si	0. 67	Ca/Si	0.67
Al/Si	0. 05	Al/Si	0.05

图 3. 2-8　凝胶态 C—S—H/C—A—S—H 总量

预测两种地质聚合物中最终的水化凝胶态 CSH/CASH 总量占比分别为 5.3%与 18.1%。两种地质聚合物中无定形态结晶水合物种类相同但是含量有明显差异；LS 中的凝胶矿物质会被当作钙沸石前驱体矿物钙辉沸石与结晶水形成的结合体，实际上是地质聚合物无定形态。而 ES 最终的无定形态含量少，所形成的 CASH 种类与 LS 相同。两者 Fe 元素最终形成水铁矿单晶矿物，此矿物在溶解阶段产生，未参与聚合反应。在硅铝酸盐水化过程中，液相的 Al、Si、Ca、Na 等元素存在形式与标准热力学参数出自基于 Matschei 提供的热力学数据（表 3. 2-7），GEMS—PSI 软件可模拟计算出以上相应物质的标准生成焓 ΔH_m^0、熵变 ΔS_m^0 以及标准吉布斯自由能变 ΔG_m^0。

在化学反应中，存在生成焓值 $\Delta_r H_m$：

$$\Delta_r H_m = \sum \Delta_f H_m^\theta(\text{生成物}) - \sum \Delta_f H_m^\theta(\text{反应物}) \tag{3.2-24}$$

中间生成物会被消耗，忽略绝对含量≤1%的矿物与不参与水化/缩聚反应的惰性物质后，GEMS 计算库的各离子在 25℃下液相标准热力学参数见表 3.2-8。

表 3.2-7　GEMS 计算库的各离子在 25℃下液相标准热力学参数

种类	$\Delta_r G^0$/（kJ/mol）	$\Delta_r H^0$/（kJ/mol）	S^0/（J/K/mol）
Al^{3+}	−483.71	−530.63	−325.10
AlO^+/$Al(OH)_2^+$	−660.42	−713.64	−112.97
AlO_2^-/$Al(OH)_4^-$	−827.48	−925.57	−30.21
AlO_2H（aq）	−864.28	−947.13	20.92
$AlOH^{2+}$	−692.60	−767.27	−184.93
Ca^{2+}	−552.79	−543.07	−56.48
$CaOH^+$	−717.02	−751.65	28.03
$CaHSiO_3^+$/$CaSiO(OH)_3^+$	−1574.24	−1686.48	−8.33
Na^+	−261.88	−240.28	58.41
NaOH（aq）	−418.12	−470.14	44.77
$HSiO_3^-$	−1014.60	−1144.68	20.92
SiO_2（aq）	−833.41	−887.86	41.34
$AlSiO_4^-$	−1681.44	−1833.98	11.13
$AlHSiO_3^{2+}$	−1540.55	−1717.55	−304.18
$CaSiO_3$（aq）	−1517.56	−1668.06	−136.68
SiO_3^{2-}	−938.51	−1098.74	−80.20

表 3.2-8　最终测结晶矿物产物预热力学参数

矿物	$\Delta_f H^0$/（kJ/mol）	$\Delta_f G^0$/（kJ/mol）
钙辉沸石	−10828.60	−9962.21
水化硅铝酸钙	−6258.93	−5281.02
二水石膏	−2013.33	−1797.89
水铁矿	−830.31	−709.23
铝钙酸镁	−7293.15	−6394.56

根据相对含量，因为钙辉沸石与水化硅铝酸钙聚合度不同，分子式不确定，LS 最终结晶态矿物生成时的总放热量为 194.39J/g；ES 为 315.06J/g。常温下聚合反应热曲线除去溶解放热后的累积焓为 279.86J/g，说明地质聚合反应放热量极低，体系中大部分反应热来自水化矿物的形成，地质聚合物反应与水化反应在能量方面是互相竞争关系。造成这种关系的因素可能有多种：①无定形态物质溶解放热量过大，阻碍固相形成的晶体矿物放热，导致结晶平衡重新向溶解过程转化，有部分水化反应程度减小甚至消失；②原材料中提供的硅氧四面体与铝氧四面体有限，用于水化反应的 Si、Al 元素在液相中饱和度一定，

两种反应参与原料竞争。

通过对比溶解反应的吉布斯自由能变 ΔG^{θ} 与含 Ca 矿物生成的总吉布斯自由能变 $\Delta_r G^0$，前后者之差明显为负，说明矿物会重新被解聚而溶解。因为最终产物的无定形态量相比原料增加，可以推测，地质聚合物的最终稳定状态是非晶态凝胶而不是结晶矿物，他们在普通环境下与吸收的毛细水组成溶液达到“溶解—结晶”的动态热力学平衡。

3.2.1.4 聚合反应动力学

（1）Krstulovic-Dabic 模型研究

将反应热与聚合反应进程建立联系，得到地质聚合物动力学曲线。为了计算 Q_{max}，需经过 Knudsen 方程预测，两种地质聚合物的预测参数见表 3.2-9。

表 3.2-9 地质聚合物 Knudsen 方程各参数

样品	Q_{max}/（J/g）	t_{50}/h	Knudsen 方程
LS	236.64	12.13	$10000/Q_t=42.26+525.9/(t-t_0)$
ES	278.33	8.15	$10000/Q_t=35.93+292.8/(t-t_0)$

方程经过直线拟合得出 LS 的 Q_{max} 与样品在 20℃下 72h 的总放热量（256.61J/g）相近，但是后者更小；t_{50} 表明，在经过 12.13h 就已经完成了聚合反应的 1/2 进程。见图 3.2-9，自溶解阶段产生后，地质聚合物在 170h 内的聚合微量热变化在经过 100h 后开始重新出现放热峰，所以反应半衰期时间 t_{50} 并不能表示反应进程的 1/2 时刻。7d 反应热积分与热力学中计算出 72h 总放热量相对应，证明聚合反应即使在 160h 后仍然未到达稳定的平衡状态。因此单纯的“成核→生长→扩散”的描述并不完全适用 LS 的地质聚合物聚合动力学过程。

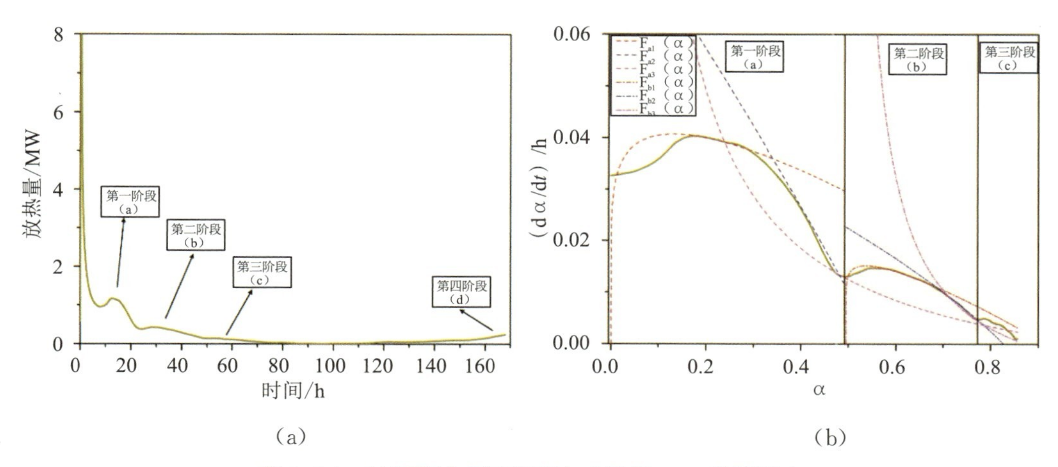

图 3.2-9 地质聚合反应进程与分阶段 K-D 模型拟合

图 3.2-9（a）曲线显示常温下该样品全部放热峰至少为 4 个，由于第四个峰与前几个

间隔时间较长而且不完整，无法描述过程。累积聚合反应进程曲线显示，a、b、c 三峰面积比为 $a:b:c\approx5:1:0.1$，独立性较明显，故可将每个放热峰当作相对独立的聚合过程。对三个峰分别用 Knudsen 方程拟合，结果见表 3.2-10。

线性拟合 R^2 与 1 接近，证明 Q_{max} 预计值与真实值接近。对第 1、2、3 部分的 a、b、c 三个聚合反应过程进行改进型的动力学方程拟合，通过反应程度速率的拐点分界，每个部分均自然连接整体反应进度：a 区间为 $\alpha\in$（0.00，0.49），b 为 $\alpha\in$（0.49，0.74），c 为 $\alpha\in$（0.74，0.91）。

图 3.2-9（b）表示 a、b 部分单独的反应程度 α 与反应速率 $d\alpha/dt$ 的关系分别受三个阶段 F_1、F_2、F_3 控制，这三个函数分别对应 K-D 模型的 NG、I、D 阶段。a、b、c 三个部分的反应级数 n 受各自独立的 NG 阶段控制，分别为 1.16、1.12 与 1.04，由此，推断出整个聚合反应即使在 170h 后出现的峰的反应级数也会随着峰强的减弱而渐减，并且反应级数无限接近 1；一级反应的反应速率与反应程度关系为近似线性关系，故地质聚合反应为假一级动力学反应。

表 3.2-10　　LS 分阶段性 Knudsen 方程参数

放热阶段	Q_{max}/（J/g）	t_{50}/h	Knudsen 方程	Adj－R^2
a	207.88	11.68	$10000/Q_t=48.10+561.8/(t-t_0)$	0.9862
b	86.96	8.78	$10000/Q_t=115.00+1009.8/(t-t_0)$	0.9987
c	23.95	12.69	$10000/Q_t=417.55+5297.4/(t-t_0)$	0.9944

a 聚合过程经过 NG、I 阶段的校验拟合，与直线的拟合度达到 0.99 以上，并且拟合曲线 F_1（α）与 F_2（α）分别在反应进程 $\alpha=0.24$ 与 $\alpha=0.41$ 附近一段内存在与原聚合程度曲线相切并重合；在 $\alpha=0.3382$ 时存在 $\left[\frac{\partial_\alpha}{\partial_t}\right]_{NG}=\left[\frac{\partial_\alpha}{\partial_t}\right]_I$。这证明在此交汇点时间段后，$a$ 阶段的反应速率控制由成核作用转向相界面生长作用。而 D 阶段从拟合度来看，远不及 NG 与 I。本应该重合扩散阶段的曲线在 $\alpha=0.4938$ 处再次出现新聚合反应进程的引峰。这是导致 D 阶段拟合失真的主要原因，说明在整个 $\alpha\leqslant0.5$ 的 a 段聚合过程中，扩散现象基本不存在。

b 过程情况与 a 过程有极大相似，F_1（α）、F_2（α）与进程曲线的切点分别在 $\alpha=0.38$ 与 $\alpha=0.56$ 附近。由于 c 过程的出现，扩散阶段 D 拟合效果仍然较差，然而相比 a 过程有所提升。F_1（α）与 F_2（α）、F_2（α）与 F_3（α）的交点在 $\alpha=0.5$ 附近处相互靠近，存在 $\left[\frac{\partial_\alpha}{\partial_t}\right]_{NG}\approx\left[\frac{\partial_\alpha}{\partial_t}\right]_I\approx\left[\frac{\partial_\alpha}{\partial_t}\right]_D$。NG、I 阶段覆盖的过程要比前一阶段长，而速率控制由每个阶段的聚合反应速率常数 K 决定。

见表 3.2-11，a、b、c 三个过程的 K_{NG} 相差不大，且呈递减趋势，这说明随着反应进程，成核过程速率降低，而造成速率降低的原因必然是液相中离子的过饱和度减小，晶核成长速度变慢。K_D 在三个过程中最小，与曲线分割阶段对应，再次说明扩散阶段在地质聚合物聚合反应中缺失。相应地，地质聚合物反应速率先由成核阶段控制后由相界面生长阶段控制，然后重新形成的晶核进行下一轮界面生长。所以，地质聚合物反应机理应该为“结晶成核→晶体固液相界面生长→新核形成→晶体固液相界面生长→……”的循环过程；相比水化反应，聚合是一个相当漫长的过程，其反应达到最终平衡时，扩散阶段将出现伴随结晶，直到成核阶段完全消失，同时，扩散阶段反应完全符合假一级动力学。

表 3.2-11　分段 K-D 模型动力学参数

阶段	n	K_{NG}	K_I	K_D
a	1.164	0.0450	0.0841	0.0032
b	1.117	0.0443	0.0277	0.0091
c	1.041	0.0438	0.0572	0.0026

（2）异相成核动力学模型

见图 3.2-10，K-D 模型表示了阶段的聚合过程，而无法解释为何已经进入相界面生长阶段的聚合物重新开始成核。K-D 模型建立的基础默认了硅酸盐水化产物成核主要来源于液相，如此，碱性溶液中的不饱和度增加到产生第一部分聚合物核的过程为均相成核过程。当 a 阶段结束后，一部分能提供不规则表面的固相物质已经形成，重新成核的反应则是异相成核。Cahn 模型认为新成核点在已经形成的固相颗粒表面，矿物的法向生长速率恒定。

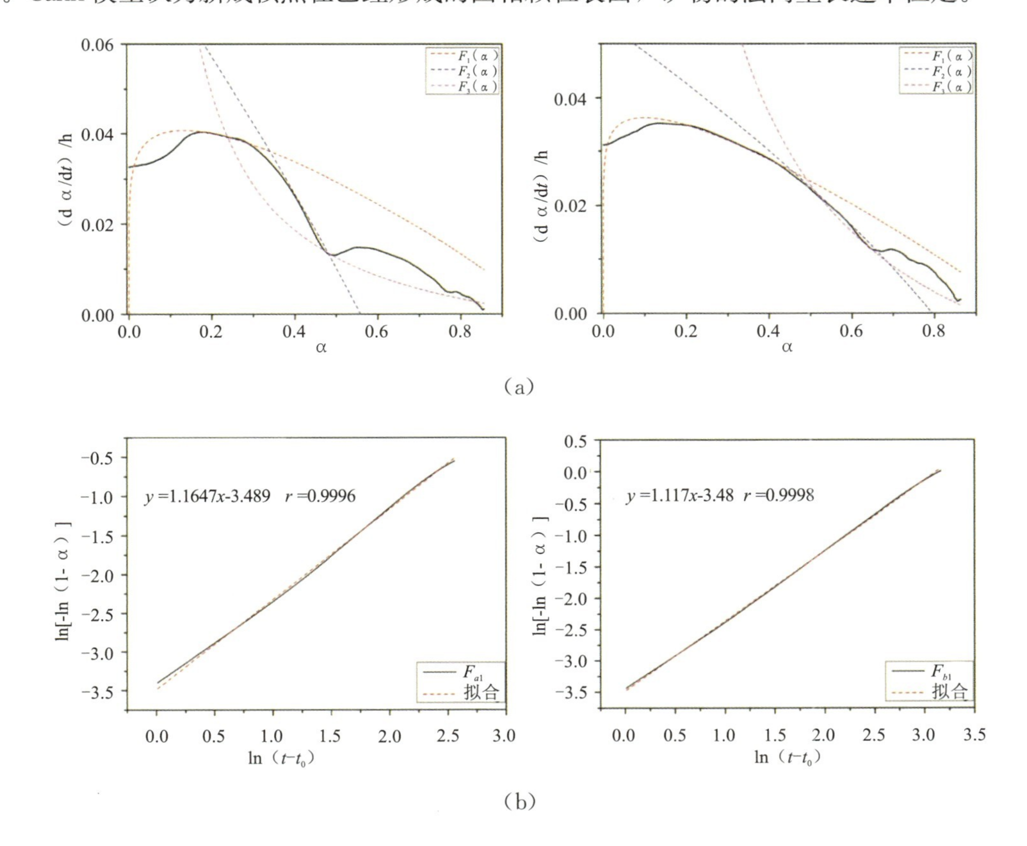

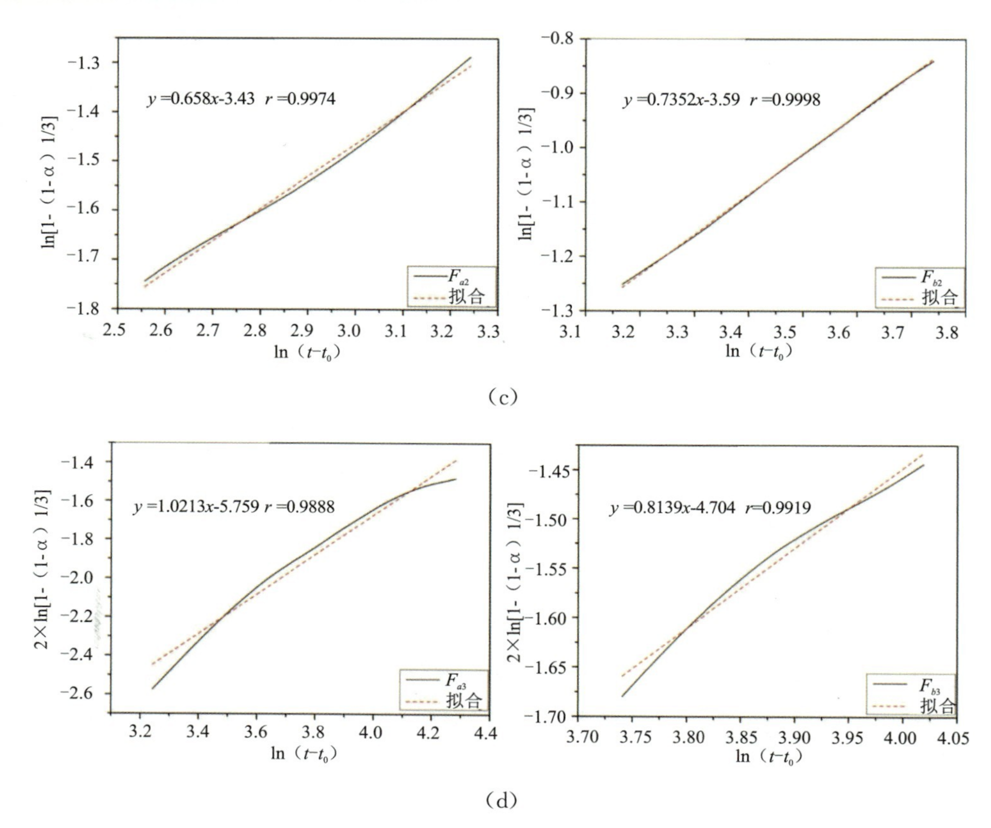

图 3.2-10　*a*、*b* 阶段 K-D 模型拟合效果

通过 Matlab 模拟 Cahn 动力学模型可以看出，反应程度 α、反应速率 $\mathrm{d}\alpha/\mathrm{d}t$ 与时间 t 的关系，见图 3.2-11；Cahn 动力学模型参数见表 3.2-12。

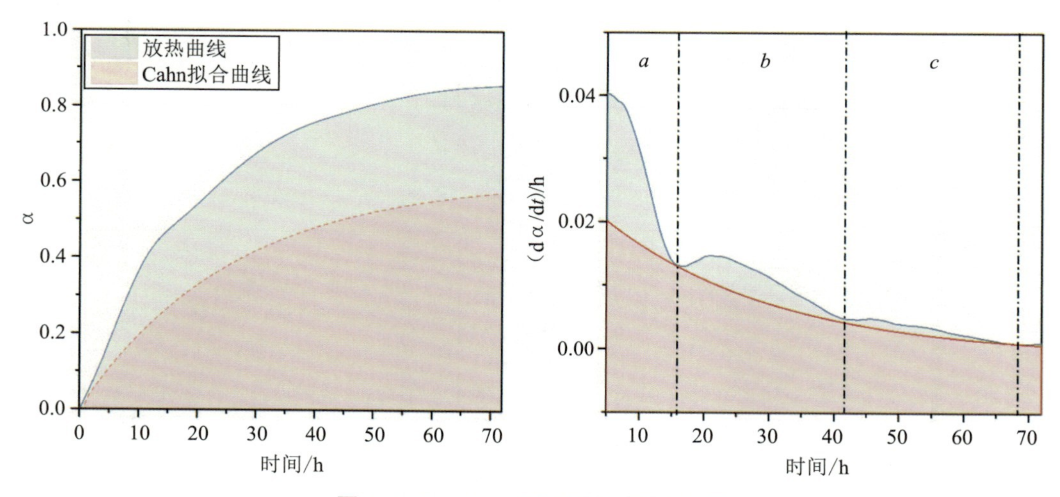

图 3.2-11　Cahn 模型描述的聚合进程

表 3.2-12　　Cahn 动力学模型参数

参数	k_G	k_N	SSE	RMSE	R^2
值	0.02637	0.1419	0.2038	0.02353	0.9917

在成核初期，由于溶解热的释放，诱导时期较长；该过程主要由于溶液中的均相成核，所以反应初期的程度拟合比结果小，预测曲线偏离实际曲线；而总 R^2 达到 0.99、RMSE 值足够小则证明异相成核的稳定期存在时间较长，拟合效果优秀。根据 k_G 与 k_N 的定义，结合 3d 与前聚体的微观形貌，可假设单位固体的异相成核速率一定，固相晶核表面积按照球体模型计算且径向成长速率不变。因此，相应的聚合物 75h 内异相成核速率 N 与生长速率 G 分别为 $1.26\mu m^{-2}/h$ 与 $0.0151\mu m/h$。当均相地质聚合物形成初步层后，在形成层表面的新聚合物以 N 速形成新核，并且以法相 G 速生长 72h。相比水泥等水化产物的异相成核速率，地质聚合物的异相成核速率要慢得多；当聚合物进入晶核生长阶段时，地质聚合物的生长速率逐渐超过水泥相水化产物的生长速率。

Cahn 模型的衰减期贯穿地质聚合的整个过程，聚合反应放热速率随着时间减小而减小，与模型完全契合。证明晶体异相成核速率是控制整个聚合物缩聚反应速率的关键因素。

（3）硅酮球型聚合—扩散模型

根据德国化学家 Alfred Stock 在 20 世纪初分离出硅烷（SiH_4），用 Si 取代 C 原子，聚合物生长扩散便有了理论依据。与有机化学醇类化合物类似，—SiOH 为典型的硅醇官能团，最简单链端的缩聚化学反应可以表示为：

$$—SiOH + OHSi \rightarrow —Si—O—Si— + H_2O$$

而 Al 在溶解前后有化学配位数变化（从 4 配位变为 6 配位），参与的反应基本为链末端网络成型；而且，无论碱度如何，Al—O 键在溶液中的溶解要比 Si—O 困难得多，所以在碱性溶液中因为过饱和度过高而析出的聚合物小分子固相物质必须以 Si—O 作为基础依托，Al 则可以效仿 Si 进行聚合。

根据 Stuart 原子模型，Si 与 O 原子的尺寸关系见图 3.2-12。

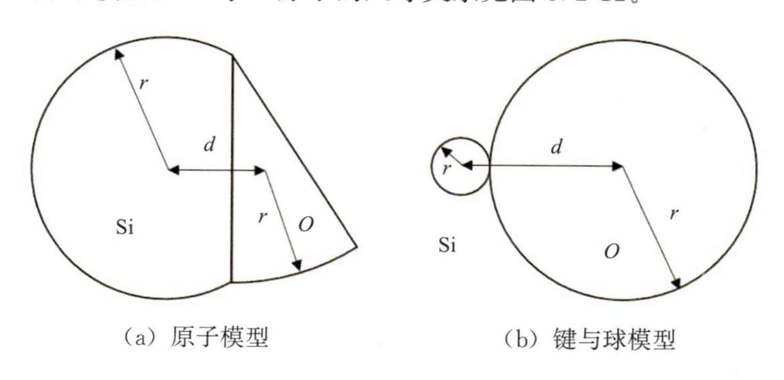

图 3.2-12　Si 与 O 原子的尺寸关系

注：其中，Si 原子半径 $r=0.17$nm，O 原子半径 $r=0.13$nm，原子间距 $d=0.164$nm；Si 原子半径 $r=0.039$nm，O 原子半径 $r=0.132$nm，原子间距 $d=0.17$nm。

图中的数据完全证明地质聚合物中的Si—O键为极性共价键，由O原子提供最外电子层空轨道。对于地质聚合物的前驱体，聚合体分子数量极少，由于Si—O键键长d≤0.2nm，则小分子聚合体必然是纳米级别（0.1～100nm）。因为体系中原子的持续震动导致小分子团聚，在此过程中需要克服两种“阻碍”，第一种是动力学上的阻碍ΔG_D，这表示固液相反应需要克服的活化；另一种是热力学上的阻碍W^*，表示已经形成固相粒子前后的自由能变化。所以，形成固相速度I可以表达如下形式：

$$I = A\exp[\frac{-(W^* + \Delta G_D)}{kT}] \tag{3.2-25}$$

式中：A——常数；

k——波尔兹曼常数；

T——绝对温度，单位K。

进一步地，常数A可以表达为：

$$A = n_v(\frac{kT}{h}) \tag{3.2-26}$$

式中：n_v——在固溶体系中每单位体积内的最小分子团组成单位的数量；

h——普朗克常量。

根据Stokes-Einstein方程，动力学阻碍ΔG_D与扩散系数D的关系表达为以下形式：

$$D = (\frac{kTa_0^2}{h})\exp(\frac{-\Delta G_D}{kT}) = \frac{kT}{3\pi a_0 \eta} \tag{3.2-27}$$

式中：a_0——分子团中平均原子间距；

η——反应粒子的熔融黏度。

所以，粒子在主体颗粒生长至a_0当量直径的时候，该时刻团聚的速率I可以表达为与W^*相关的函数形式，即：

$$I = (\frac{n_v kT}{3\pi a_0^3 \eta})\exp(\frac{-W^*}{kT}) \tag{3.2-28}$$

与团聚速率关系相类似，晶体生长速率U存在关系：

$$U = (\frac{kT}{3a_0^3 \eta})[1 - \exp(\frac{\Delta G_D}{kT})] \tag{3.2-29}$$

式中：ΔG——热力学阻力，即硅酮官能团生成的吉布斯自由能。

根据以上速率方程推断早期地质聚合物前驱体与原料颗粒的聚合度有关，聚合度越高，分子式量越大，则n_v越小，反应速度越慢。然而，此类地质聚合物前驱体的聚合度明显小于水化产物，地质聚合团聚速率应该更高。然而结合前驱体凝结时间变化规律，产物前期强度与水泥相差明显，说明原材料在碱性激发剂存在的条件下与水化反应机理并不相同。无定型凝胶含量丰富的试样在扩散生长时期的反应速率明显慢于水化结晶反应。所以，针对气化粉煤灰—钢渣基地质聚合物，聚合过程在碱性溶液环境中存在，见图3.2-13。

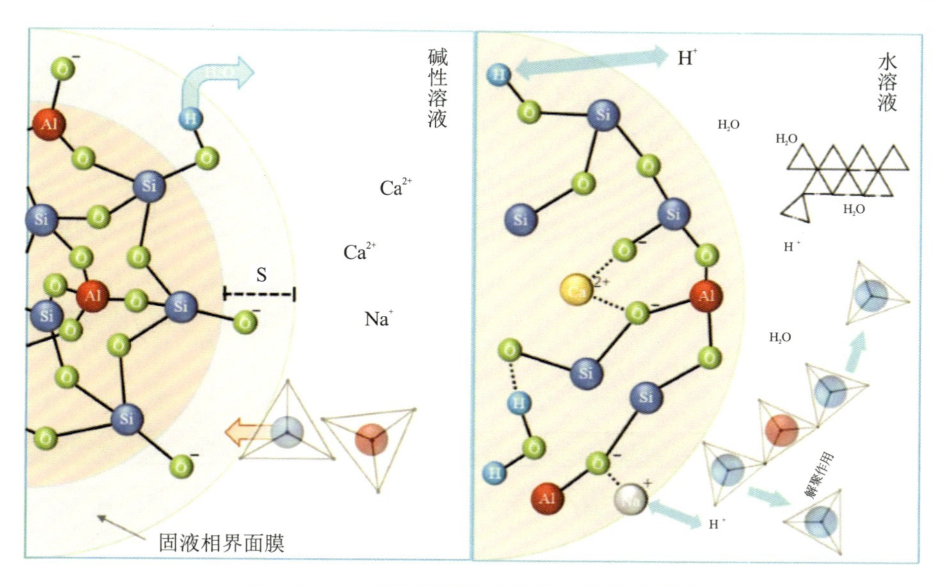

图 3. 2-13　碱性溶液与水溶液中的聚合方式

在 pH 值≥12 时，聚合物表面存在厚度为 S（因为离子扩散）的反应界面膜，[Si (OH)$_3$O]$^-$ 与 [Al (OH)$_4$]$^-$ 进入固液相界面膜并靠近固相分子表面；经过脱水缩聚反应，小分子的地质聚合物表面水脱出，反向进入液相使近膜固体表面的水分子含量大于碱性溶液周围环境，所以，膜中存在明显离子浓度差别，即越靠近固体表面，游离离子团 [Si (OH)$_3$O]$^-$ 与 [Al (OH)$_4$]$^-$ 的浓度越小。此时形成的地质聚合物前驱体中平衡电荷的碱金属/碱土金属阳离子还未进入聚合物分子链层间，阳离子多数分布于溶液，少量存在于界面膜中。S 值与前驱体中 SiO_4 四面体聚合物的非桥氧数量有关，非桥氧数目越多，链端 H^+ 与膜中 OH^- 形成的 H_2O 越多，则 S 越大。当 pH 值≤10 时，离子在水溶液中溶解度均一，不会存在反应界面膜，新化学键形成是由溶液中离子的过饱和度现象产生，越靠近固相分子颗粒表面，离子浓度越大。在此时，阳离子更容易进入固相内部，造成 I (RO，R_2O) /I ([Si (OH)$_3$O]$^-$，[Al (OH)$_4$]$^-$) 比值增加。粒子的异相成核生长速率就是图 3. 2-13 中固液界面膜 S 的扩张速率，所以存在 $dS/dt=U$。

3. 2. 1. 5　气化粉煤灰—钢渣基地质聚合物聚合机理

结合前述动力学模型可知，在地质聚合物生成的过程中伴随两种成核方式，即均相成核与异相成核。由于异相成核在聚合全过程中一直存在，且速率要比均相成核慢得多，所以，地质聚合物在形成过程中的总速率由此控制。而均相成核为阶段性存在，均相反应过程导致更大量地放热，剧烈程度与反应速率要快于异相成核，但是持续时间较短。

由气化粉煤灰的粒径分布可知，玻璃微珠当量直径为 10～100μm 与 0. 5～2μm 之比大约为 5∶1，而 $\varphi\leqslant 2\mu m$ 仅约 5%，均相成核的反应进度峰高之比刚好符合此比例。通过对不同龄期地质聚合物的微观形貌观察，充斥在层中的玻璃微珠被固相增长的地质聚合物壁挤破，造成了未反应矿物中 Si—O、Al—O 化学键的断裂。

（1）硅铝碱融浓度

图 3.2-14 表示气化粉煤灰与钢渣不同的质量配比（1∶9～9∶1）下额外添加偏高岭土的混合料在 1mol/L、5mol/L、10mol/L 的 NaOH 溶液或者 1mol/L、5mol/L、10mol/L 的 KOH 溶液中 Si 的质量浓度浸出情况。在较低浓度的碱（1mol/L）中，混合粉料在 KOH 溶液中浸出的浓度整体要略大于在 NaOH 中的浸出，偏高岭土含量较高（4%～5%）的情况下，高配比的气化粉煤灰—钢渣的混合体系浸出的 Si 浓度明显高于周边情况。这说明偏高岭土显然更适合溶解于 KOH 稀溶液，此观点正好与诸多碱激发高岭土研究者的结论一致，同时也再次证实了偏高岭土是提供活性 Si、Al 源的极佳原料。

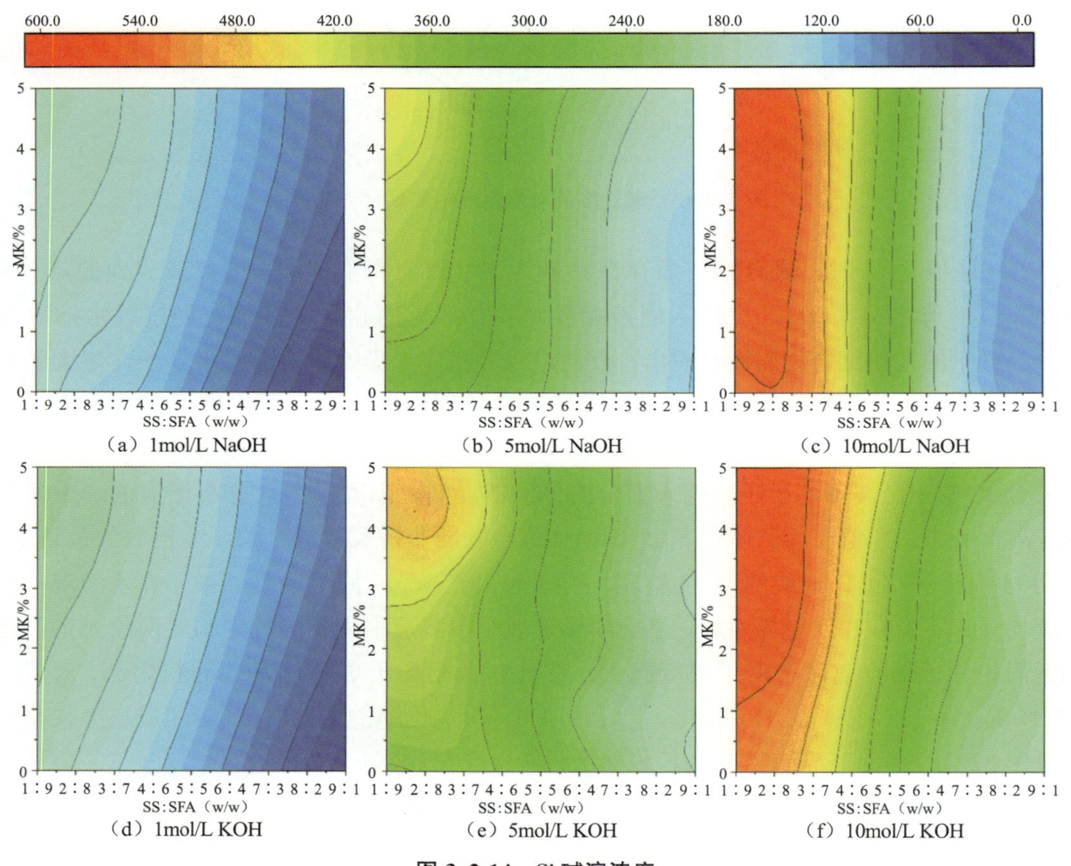

图 3.2-14　Si 碱溶浓度

当碱性溶液浓度升高至 5mol/L 时，偏高岭土高含量组分的 Si 浸出浓度明显更大；当钢渣含量增加时，在同浓度条件下的 KOH 溶液里 Si 浸出浓度要大于 NaOH，即使在纯钢渣的情况下（0∶10），浸出效果也显著高于 NaOH 溶液，最低浸出浓度为 212.65mg/L。这说明此浓度的 KOH 溶液可以溶解钢渣中的大部分非晶态物质，而 NaOH 无法溶解。原料在 10mol/L NaOH 溶液中 Si 的浸出浓度发生了规律性变化，当偏高岭土含量为 3%～4%、气化粉煤灰/钢渣比值在 9∶1～8∶2 时，Si 的浸出浓度达到了 603.23mg/L，为 Si

浸出浓度最大值，此峰值甚至较外掺 5%偏高岭土的混合组更高。所以，在一定碱浓度的范围下，少量钢渣的存在反而促进了气化粉煤灰中含 Si 矿物质的溶解，当 Si 的溶解浓度到达极值后，继续增加钢渣含量，浸出值开始急剧下降。Si 浸出规律在 10mol/L 的 KOH 溶液中与其他浓度无异，最高浸出浓度为 588.59mg/L，说明高浓度碱溶液环境中 Si 在钠、钾碱溶液中解聚效率相差很小，恰当浓度的 NaOH 溶解能力反而更强。

综上，碱的浓度到达一定程度后，气化粉煤灰的比例升高会显著增加 Si 的浸出含量，而在低浓度的碱浸出时，偏高岭土的外掺含量是影响 Si 浸出的主要因素，这可能与原料物质中活性 Al 含量有关，验证了活性 Si/Al 的比值对 Si 的溶解能力影响显著的结论。

进一步应考虑矿物中活性 Al 在碱性溶液中的溶解度，见图 3.2-15。

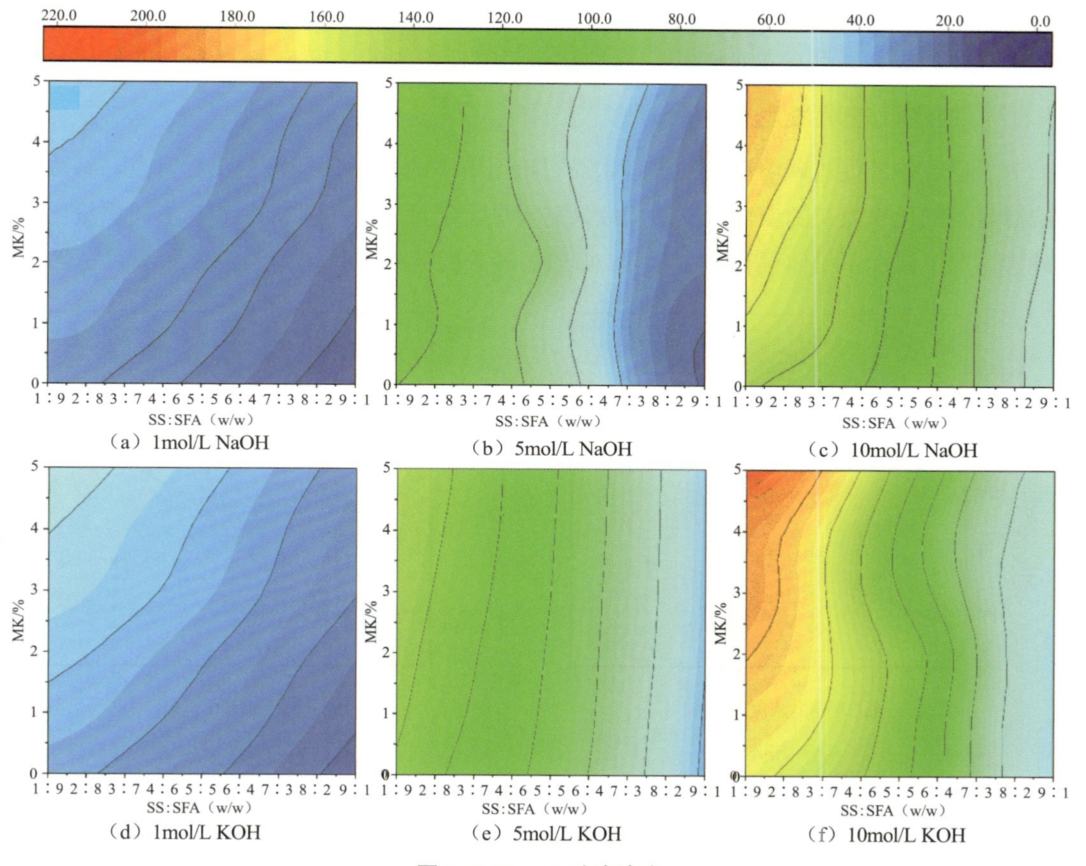

图 3.2-15　Al 碱溶浓度

Al 在不同浓度的碱溶液中浸出值相比 Si 要规律得多。由于本身体系中富 Al 矿物含量相对较少，偏高岭土作为富 Al 质原材料，其含量越高体系的碱浸出 Al 浓度必然越高。在低浓度的碱溶液中，Al 的浸出浓度极小，这是由于本身 Al—O 键相比 Si—O 键更难被溶液中 OH^- 所破坏，体系中的 Al 受到 Si 保护而溶解滞后于 Si。

当碱浓度增高时，5mol/L KOH 溶液浸出的 Al 的浓度要比 NaOH 平均高约

40mol/L，而 NaOH 溶液中也出现了 Al 浸出浓度的异常点峰值，与 Si 浸出类似，峰值出现在高含量气化粉煤灰组分周围，此时偏高岭土含量为 3%～4%。当碱浓度增加到 10mol/L 时，偏高岭土含量为 5%的组分相比≤4%其他组分的 Al 浸出浓度显著增加，经过残渣分析，此浓度的 KOH 溶液溶解了大部分钢渣、偏高岭土中的晶态惰性物质，而这些物质中往往含有较大量铝元素。

含 Al 惰性物质溶解于强碱性溶液所得到的 Al 原子相应配位数低于活性 Al_2O_3 溶解后的配位数，低配位 Al 不利于与其他元素中的氧键发生链接而共轭、共面，而且惰性 Al 在溶液中使离子浓度变大导致溶解平衡逆向移动，阻碍活性 Al_2O_3 溶解。常温下高浓度 NaOH 溶液可使原材料中更多的 Si、Al 矿物溶解，而过高的碱性显然对环境不利。根据原材料溶解特性，不论是 Si 浸出还是 Al 的浸出，少量的钢渣掺入中高浓度的碱溶液中起到促进气化粉煤灰矿物溶解的作用，直接减小了碱性溶剂的浓度、减少 NaOH 使用量。

（2）钢渣促进碱激发溶解机理

为了研究钢渣促进碱溶反应的机理，需讨论上节中的 NaOH 溶液浸出异常点，碱浓度与钢渣掺量对气化粉煤灰的活性激发作用效果需要进行定量分析。图 3.2-16 在不同质量比的钢渣外掺情况下展示了粉体混合物中 Si 与 Al 的溶解浓度随 NaOH 碱溶液浓度的细致变化。

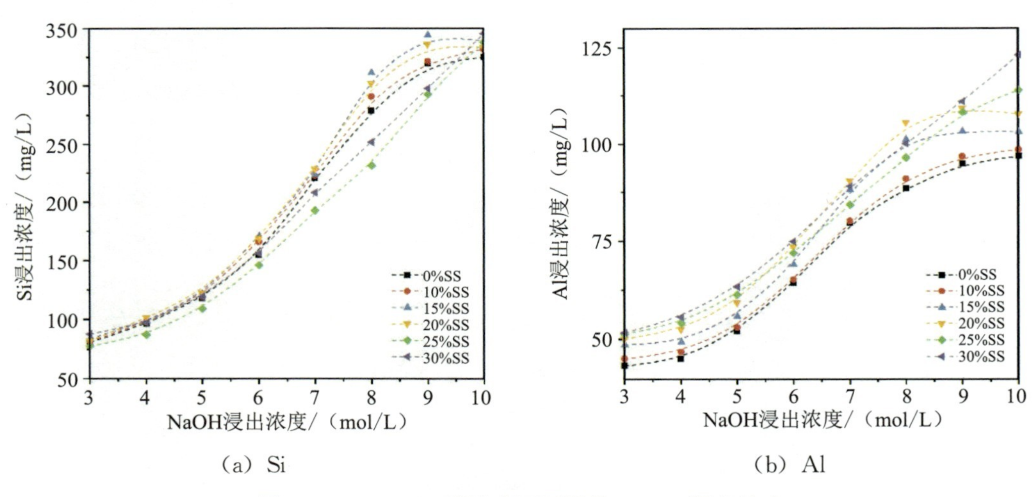

（a）Si　　（b）Al

图 3.2-16　NaOH 溶液中不同粉体 Si、Al 浸出浓度

由于钢渣中本身 Si 相对含量占比不到 12%，它对于整个体系的 Si 含量影响即使是最大外掺比例（30%）也仅仅只有 5.66%，这个比例远小于气化粉煤灰本身的 Si 浸出变化影响。从 Si 的浸出浓度变化中可以看出，在 NaOH 溶液浓度为 3～6mol/L 时，Si 浸出值随着钢渣含量增加而略微增加，且增幅比较平缓；但是当浓度继续升高至 7mol/L 时，钢渣含量 15%与 20%的体系中 Si 浸出浓度明显激增，超过钢渣含量大于 20%的组分。而 NaOH 浓度升至 9mol/L 后 Si 浸出增幅重新变缓，被高掺量的钢渣组分超越，这可能是本身 Si 含量总量有限的原因。在 10mol/L 的 NaOH 中 Si 的浸出浓度随着钢渣的加入比例增加而略微增加。

图中 Al 的浸出异常现象更加明显，15%与 20%钢渣掺量导致整个混合体系浸出的 Al 浓度在 10mol/L 的 NaOH 溶液中反而比 8～9mol/L 中一些组分更低。Al—O 相比 Si—O 更难被破坏，需要更强的碱性物质溶解；这充分说明了少量钢渣（$15\% \leqslant \omega \leqslant 20\%$）的掺入完全可以帮助降低碱性激发剂的碱浓度、碱用量；过量的钢渣含有大量耗水的矿物，增加了溶液中离子浓度，导致溶液过饱和而阻碍了气化粉煤灰中的无定形态 Al 浸出。

综合溶出规律，当钢渣少量存在的时候，NaOH 浓度为 8mol/L 左右时出现 Si、Al 浸出值最大点。钢渣与气化粉煤灰共溶有助于 OH^- 离子对 Si—O 键与 Al—O 键的进攻破坏，根本原因有如下两点：

①钢渣内本身含有丰富的碱性矿物与 *f*-CaO，而碱性氧化物与 *f*-CaO 溶于水溶液导致 OH^- 浓度增加，而且在溶解过程中释放大量热使溶液中离子运动速度加快，促进溶解反应进行。

②钢渣本身结构是多孔的大比表面积结构，混合时吸引、连接球形的气化粉煤灰颗粒，降低气化粉煤灰湿润角（图 3.2-17），使比表面积较小的球体结构整体比表面积变大，促进固—液相溶解反应进行，造成矿物加速溶解。

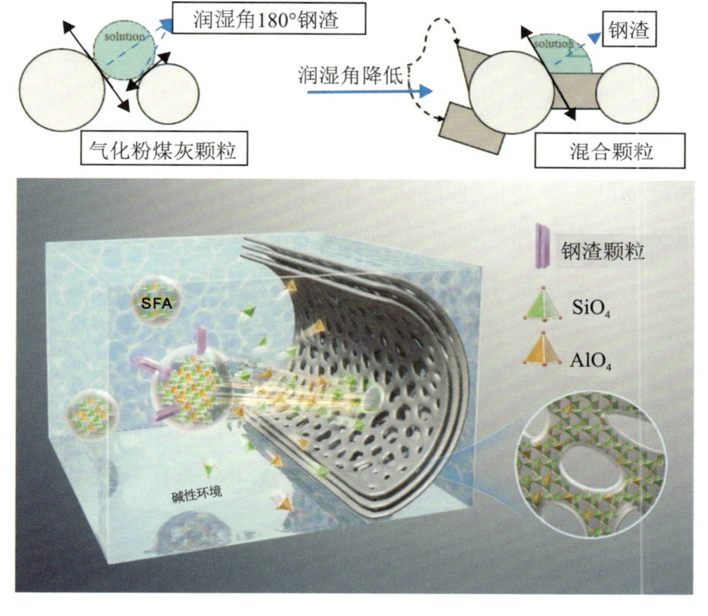

图 3.2-17　钢渣促进气化粉煤灰碱溶机理

（3）聚合—水化机理

聚合物通过细小的毛细孔结构向潮湿的养护空气中吸取水分并保证碱性液相环境始终存在。此后，液相中强碱性环境仍然足以溶解大部分悬浮于毛细孔内的碎片而形成溶解态 SiO_4、AlO_4 四面体，开始新一轮“成核→生长”的反应历程，见图 3.2-18。

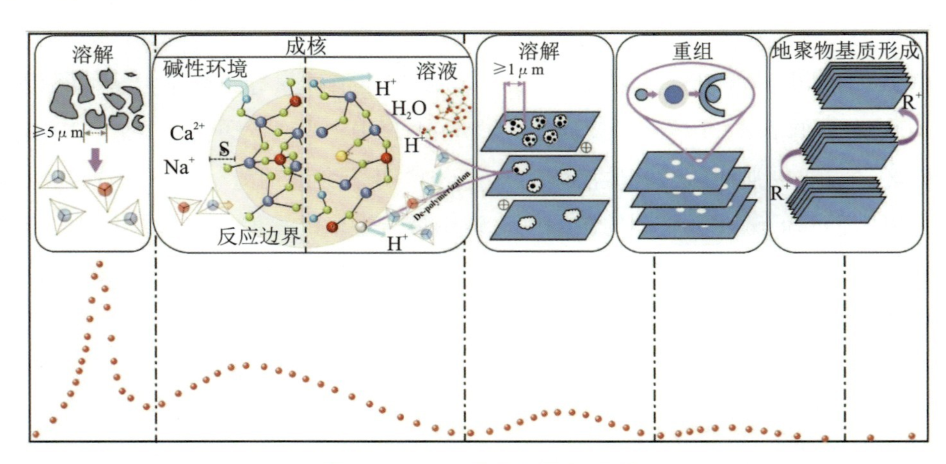

图 3.2-18　地质聚合反应机理

在 72h 后，介孔结构多被填充、生长、合并，在聚合物层中留下大部分微孔结构。完整的地质聚合物层间充斥金属阳离子，层间距非常小，经过电荷力、结晶水合等作用压实，后期地质聚合物将形成完整而密实的结构，地质聚合物凝胶的形成过程类似自然界中岩石的形成过程。

地质聚合物的聚合过程是一个相当复杂的过程，这个过程的结果直接导致了地质聚合物在生成时的性质与结构。地质聚合反应随原料的不同发生改变，生成的物质在各个时期也不尽相同，通过研究地质聚合物的物质组成、微观结构以及模拟其聚合过程，得到如下结论：

①构成地质聚合物的主体物质是无定形态凝胶矿物，这些矿物高度非晶化，他们由原材料中另种结构的无定形态物质在碱性环境解聚下重新聚合形成。地质聚合物的产物呈层状结构且排布紧密，聚合物层间由金属阳离子链接，层端或聚合物表面带有少量的矿物结晶水。完整的产物中聚合度高、孔隙结构少、比表面积小，因此质地坚硬。

②地质聚合反应是一种放热量极少的反应，相比水泥，其几乎不发热膨胀。热力学研究表明，地质聚合反应放热量主要来源于无定形态活性物质的碱性溶解与体系中水化凝胶物质的水化反应。根据自由能显示，体系中绝大多数结晶态矿物最终会被解聚再溶解，为无定形态凝胶的生长提供 SiO_4 与 AlO_4 四面体来源。

③气化粉煤灰与钢渣的地质聚合反应成核分为均相成核与异相成核，均相成核在无定形态物质溶解至一定浓度时开始发生，随着反应进程，均相成核呈阶段性“发生到衰减”，单独每阶段满足 Krstulovic—Dabic 动力学模型；异相成核贯穿整个聚合过程，满足 Cahn 动力学模型。聚合物固相生长阶段符合硅酮球聚模型，在固液相进行物质交换时存在固/液相界面膜，SiO_4 与 AlO_4 四面体和固相主体在此膜上聚合成键。

地质聚合反应时间漫长，缩聚过程可概括为：原料中原始无定形物质在强碱条件下溶解，通过聚合反应形成新的聚合无定形凝胶，且次级凝胶逐渐填充聚合体的空隙结构，介孔结构急剧减少，形成高强的地质聚合物，致密结构在7d内生长完成，此时地质聚合物与外界达到固/液相动态平衡，因此，聚合物在生长完全之前可容纳、吸收重金属离子。

3.2.2 矿渣水泥—飞灰水化机理

水泥基材料作为固化剂固化稳定化有毒有害废物中的重金属已经在国内外得到广泛的应用。作为普通硅酸盐水泥的代替物，高炉矿渣因其节能和改善水化产物性能等特性备受关注。近年来，关于矿渣基低熟料材料体系在固化有毒有害固体废物的研究也日渐增多。矿渣是高炉冶炼生铁时不含铁的副产品，是冶炼生铁矿石所采用的原材料中的杂质以及冶炼燃料焦炭灰分熔融形成的熔融物。如果冷却速度较快，则不会产生结晶物，主要由玻璃态物质构成。在碱性（pH值>12）条件下，其玻璃态物质会溶解，具有潜在的水化活性。矿渣中玻璃态物质的含量主要与降温速度有关，因此矿渣的活性还受热历史的影响。

用矿渣取代水泥之后，其主要水化产物和水化过程都会发生变化。其中主要的水化产物为水化硅铝酸钙［C—（N—）A—S—H凝胶］，钙矾石相和AFm相。水化硅铝酸钙类沸石结构，具有较强的吸附性能，可以吸附废物中的重金属离子；而钙矾石和AFm相因其结构特性，能与阴离子和+2价+3价阳离子发生交换，从而起到固化稳定化固体废物中重金属阳离子和含氧阴离子的作用。

本章以矿渣、硅酸盐水泥和垃圾焚烧飞灰为原料，通过加压成型，研究不同养护龄期，不同原料组成的固化体所产生的水化矿物相结构，分析其强度以及稳定飞灰中重金属的性能，结合吉布斯自由能最小化软件GEMs和扩展的水泥热力学数据库CEMDATA14对体系水化过程进行模拟，研究矿粉—水泥—飞灰三元体系的组成、结构以及力学性能之间的关系。

3.2.2.1 试验原料的基本理化性质

（1）原材料的化学组成

本书所采用的原料为广州李坑垃圾焚烧发电厂的垃圾焚烧飞灰（Municipal Solid Waste Incineration Fly Ash，以下简称“MSWI FA”），武新建材有限公司的粒化高炉矿渣粉（Ground Granulated Blast Furnace Slag，以下简称“GGBFS”），以及尖峰水泥厂生产的水泥熟料（Ordinary Portland Cement P Ⅱ42.5，以下简称“OPC”），以上3种材料在试验前都在103±5℃下烘干至恒重，其化学组成和理化性质见表3.2-13。从表3.2-13中可以看出，MSWI FA中CaO、Al_2O_3、SiO_2的含量之和超过了飞灰总量的40%，属于富Ca、贫Al和Si体系，表明垃圾焚烧飞灰具有潜在的火山灰活性，但是由于其中SO_3（7.13%）和Cl（19.88%）含量过高，会对最终固化体的结构性能造成负面影响。GGBFS和飞灰具有相近的CaO组成，但是Al_2O_3和SiO_2的含量比MWSI FA要高，因此可以作为水化反应的Si源和Al源。

表 3.2-13　　　　原料的理化性质

主要元素	质量分数（wt%）			痕量元素	浓度/（mg/kg）		
	MSWI FA	GGBFS	OPC		MSWI FA	GGBFS	OPC
Na_2O	10.03	0.35	0.34	Cd	231.21	21.67	106.34
MgO	1.72	8.1	1.62	Cr	2793.12	79.34	93.76
Al_2O_3	2.36	16.69	5.37	Cu	689.65	135.46	83.94
SiO_2	7.13	32.18	21.54	Pb	1397.29	80.34	65.13
P_2O_5	1.1	0.06	0.01	Zn	6917.43	17.36	124.65
SO_3	10.37	2.77	0.9				
Cl	19.88	0.08	0.02				
K_2O	6.12	0.56	0.27				
CaO	31.93	37.91	61.54				
Fe_2O_3	1.39	0.29	3.91				

图 3.2-19 是矿粉水泥和飞灰在 CaO—Al_2O_3—SiO_2 三元相图中的位置。从图中可以看出，三个原料的位置分属两个区域，GGBFS 的组成更容易形成水化硅铝酸钙 C—A—S—H；而水泥更容易形成水化硅酸钙 C—S—H 和 AFt、AFm 等相；MSWI FA 的组成更容易形成过量的游离氧化钙，由于 MSWI FA 中大部分 CaO 以 $CaCO_3$ 和 $CaSO_4$ 或 $CaSO_4 \cdot 2H_2O$ 的形式存在，进一步降低了参与水化反应的 Ca 量。三个原材料不同的组成会穿越 4 个不同的相图区域，因此不同的组成会形成不同的水化产物结构。

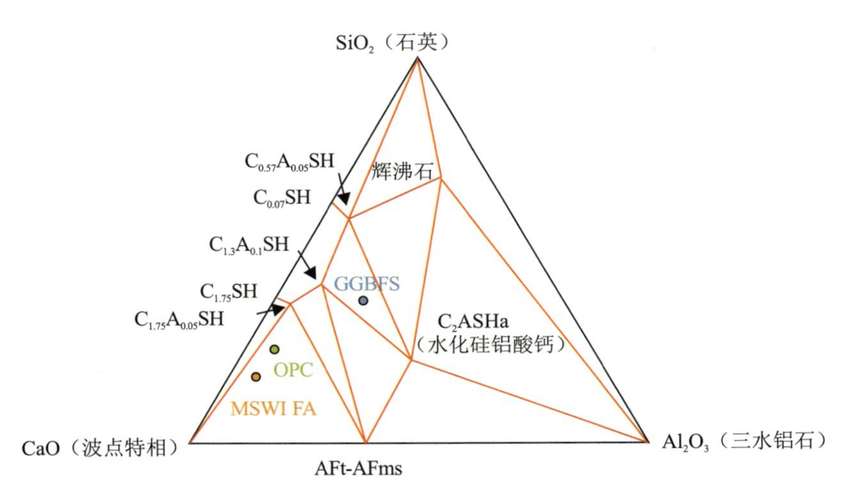

图 3.2-19　矿粉水泥和飞灰在 CaO—Al_2O_3—SiO_2 三元相图中的位置（wt%）

（2）原材料的矿物组成

矿粉水泥和飞灰的 XRD 图谱见 3.2-20。垃圾焚烧飞灰中主要的矿物相为方解石（$CaCO_3$），硬石膏（$CaSO_4$）和石英（SiO_2）。Cl 盐的结晶相主要是氯化钠（NaCl）和氯化钾（KCl）。

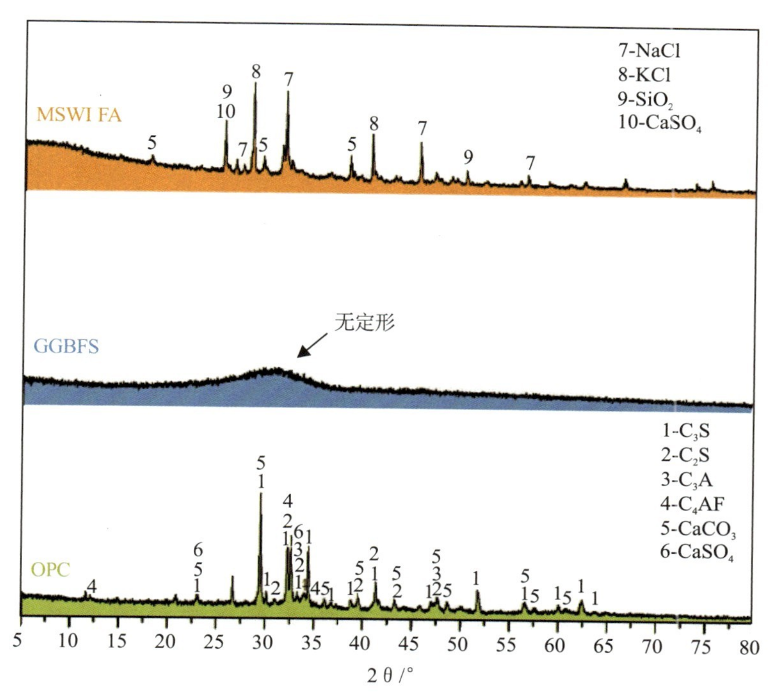

图 3.2-20　矿粉水泥和飞灰的 XRD 图谱

矿粉不存在结晶相，只有无定形态的馒头峰出现，表明矿粉基本由玻璃态物质组成，活性较高。粒化高炉矿渣的活性还可以用质量系数 K 来表示：

$$K=\frac{CaO+MgO+Al_2O_3}{SiO_2+MnO_2+TiO_2} \tag{3.2-30}$$

K 值越大，则活性越高。根据表 3.2-13，本书所用的 GGBFS 样品 K 值为 1.92>1.2，属于活性较高的矿渣粉。水泥中主要矿物组成为硅酸三钙（$3CaO\cdot SiO_2$，简称为 C_3S），硅酸二钙（$2CaO\cdot SiO_2$，简称为 C_2S）和铝铁酸四钙（$4CaO\cdot Al_2O_3\cdot Fe_2O_3$，简称为 C_4AF），还有少量的碳酸钙（$CaCO_3$，简称为 Cc）和无水硫酸钙（$CaSO_4$，简称为 Cs）。

（3）原材料的粒径组成

采用激光粒度分析仪对 MSWI FA、GGBFS 和 OPC 分别进行粒径分析，其分布曲线见图 3.2-21。结果表明，MSWI FA 粒径在 1～1000μm；OPC 粒径为 0.1～100μm；GGBFS 粒径介于两者之间。根据《水泥比表面积测定方法》(GB 8074—97）检测 MSWI FA、GGBFS 和 OPC 的比表面积分别为 204.2m^2/kg；434 m^2/kg 和 360m^2/kg。从图 3.2-21 可以看出，GGBFS 和 MSWI FA 在 1～10μm 发生了团聚，因此虽然 GGBFS 比表面积比 OPC 要大，但是粒径图谱上反应的粒径特征却是 OPC 比矿粉要细。

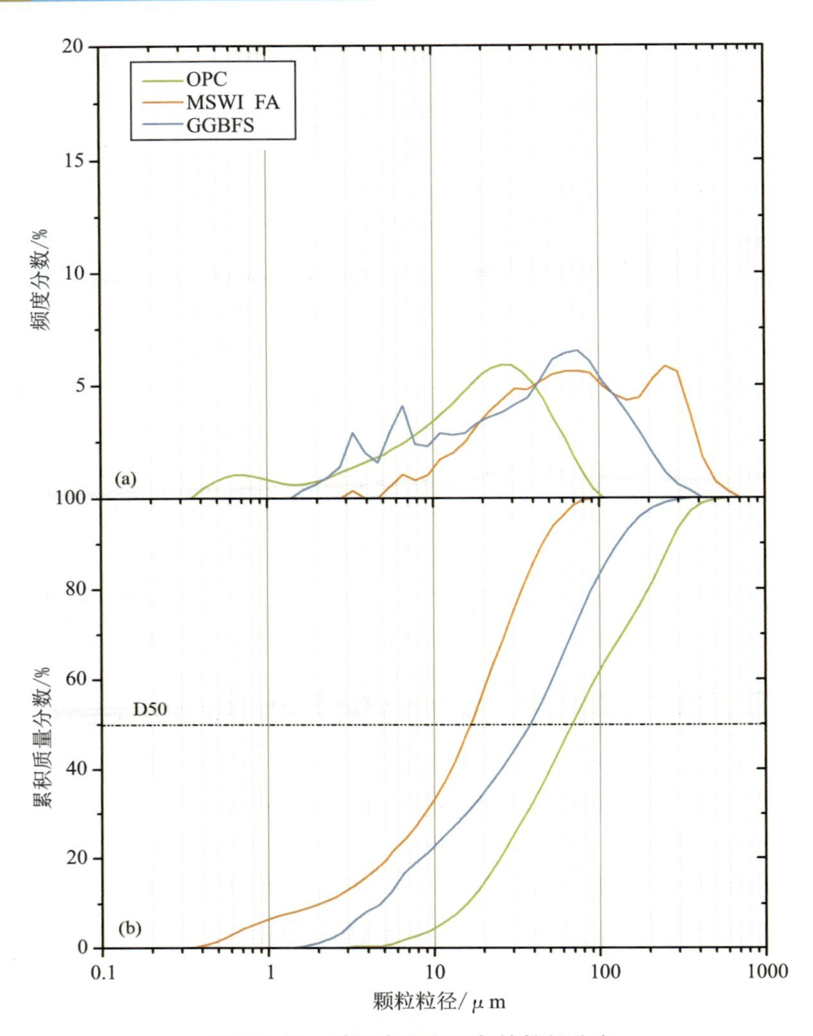

图 3.2-21 矿粉水泥和飞灰的粒径分布

(4) 矿粉—水泥—飞灰三元体系组成设计

当试验所度量的响应只是各原材料配方比例或组成的函数，而与混料总量无关时，即可将试验问题归纳为混料设计问题。本书的响应指标 Y（强度 Y_3，Y_7，Y_{14}，Y_{28}）可以表示成 GGBFS、OPC 和 MSWI FA 的函数：

$$Rc = f(\text{GGBFS, OPC, MSWI FA}) + \varepsilon \tag{3.2-31}$$

式中：ε——随机误差。

GGBFS、OPC 和 MSWI FA 需要满足约束条件：

$$\text{GGBFS} + \text{OPC} + \text{MSWI FA} = 1$$
$$0 \leqslant \text{GGBFS, OPC, MSWI FA} \leqslant 1 \tag{3.2-32}$$

混料设计在诸多胶凝材料研究中都有广泛的应用。Bouzinai 用混料设计评价了不同砂类型组成对自硬混凝土抗压强度和流体力学性能的影响；Mechti 采用混料设计分析了石英砂、水泥和黏土组成对抗压强度的影响。

单纯形设计用来研究混料分量在响应变量上的效应。m 个分量的（m，n）单纯形格点设计由下述坐标值定义点所组成：每个分量的百分率取 0～1 的 $n+1$ 个等距离值。如（3，2）单纯形格点设计的试验点分布：（x_1，x_2，x_3）＝（1，0，0）（0，1，0）（0，0，1）（0.5，0.5，0）（0.5，0，0.5）（0，0.5，0.5）。一般来说，对于（m，n）单纯形格点设计的实验总数为：

$$N=\frac{(m+n-1)!}{n!\ (m-1)!} \tag{3.2-33}$$

在 Minitab 17 试验设计（DOE）混料实验设计选项中，n 值通常称作格度（degree of lattice），格度越大，试验点在三角图中的分布越密集，实验结果的可靠性越好。在建立响应与因子的拟合模型的方法中，通常使用该软件的混料回归选项。混料设计的响应方程拟合的模型包括线性、二次、特殊立方、完全立方、特殊四方、完全四方等。对于三元组分的混料实验设计，通常选用二次、特殊立方和完全立方进行响应的拟合，优选低阶模型以避免过度拟合而失真。

本书选用（3，5）单纯形格点混料实验设计，不对中心点与轴点进行增强设计，以 42.5 水泥（OPC）、粒化高炉矿渣粉（GGBFS）、垃圾焚烧飞灰（MSWI FA）的百分比含量作为分量，分量的约束范围为 0～1，以该三元固结体系的 3d、7d、14d、28d 的抗压强度作为响应指标，使用二次模型对响应进行拟合。实验点在 OPC、GGBFS 和 MSWI FA 三元组分三角图的分布见图 3.2-22。S 组试验点用来单纯性配方试验分析；P 组试验点用来进行重金属浸出试验分析。

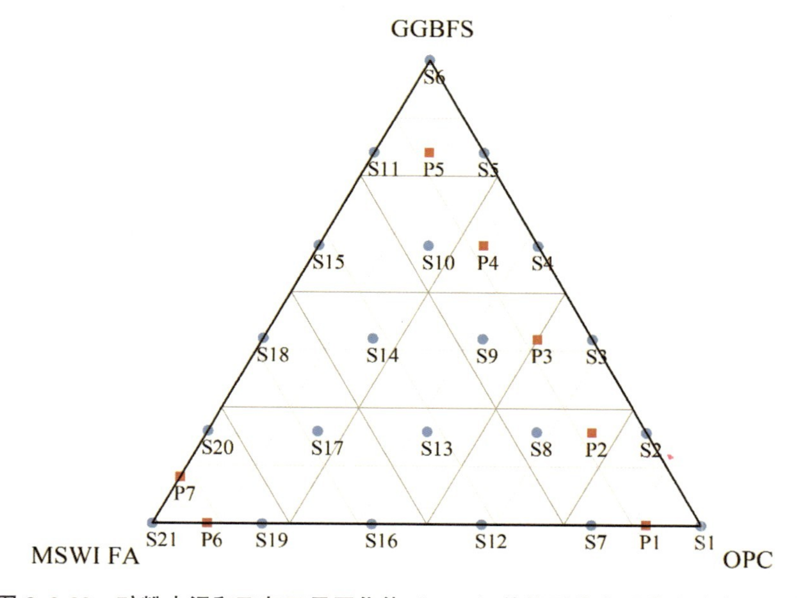

图 3.2-22　矿粉水泥和飞灰三元固化体（3，5）单纯形格点设计实验点位分布

根据单纯型格子点所选取的配比，用 0.01g 感量的电子天平分别称取水泥、飞灰以及矿粉的重量。S1～S21 每个样品总量为 1000g。用球磨机混匀后，向其中加入 200mL 水，用净浆搅拌机搅拌 5min 后注满直径和高为 φ5mm×5mm 的试模（事先涂刷薄层机油，以防止生锈），用 φ10mm×350mm 的钢筋捣棒（其一端呈半球形）均匀插捣 25 次，然后在四侧用油漆刮刀沿试模壁插捣数下，并抬高试模 10cm 后放手，自由落体，重复操作 8 次。将试模放入万能压力机上加压 20kN，保压 10s。后脱模，放入养护室以相对湿度 95%、温度 20±2℃标准养护。每个格子点做 4 个式样，以分析 4 个龄期的样品。分别测试 3d、7d、14d 和 28d 的无侧限抗压强度、含水率和 TCLP 重金属浸出浓度。

3.2.2.2 矿粉—水泥—飞灰三元体水化产物结构

水泥熟料是多种矿物的聚合体，一般来说 C_3S 在水泥的水化反应中占主导作用，水泥和水拌和后即发生溶剂反应，使得泥浆中含有 Ca^{2+}、OH^-、SiO_4^{4-}、$Al(OH)_4^-$、SO_4^{2-}、K^+、Na^+ 等离子，随着水化反应的进行，不同矿物相逐渐发生水化反应，可以表述为：

$$\begin{gathered} C_3S + nH \rightarrow C_x - S - H_y + (3-x)CH \\ C_2S + mH \rightarrow C_x - S - H_y + (3-x)CH \\ 2C_3A + 27H \rightarrow C_4AH_{19} + C_2AH_8 \\ C_3A + 12H + CH \rightarrow C_4AH_{13} \\ C_4AH_{13} + 3CsH_2 + 14H \rightarrow AFt + CH \\ AFt + 2C_4AH_{13} \rightarrow 3AFm + 2CH + 20H \\ C_4AF + 4CH + 22H \rightarrow 2C_4(A,F)H_{13} \end{gathered} \tag{3.2-34}$$

在水化过程中，随着石膏和氢氧化钙含量的变化，各个矿物相之间会相互转化。随着水化的进行，最终会逐渐形成稳定的水化结构。

Voinvitch 等研究矿渣水化反应发现，不同介质激发矿渣发生的水化反应和水化产物各不相同：

$$\begin{gathered} 3C_5S_3A + 36H \rightarrow C_4AH_{13} + 7C—S—H + 2C_2ASH_8 \quad \text{水中} \\ C_5S_3A + 16H + 2C \rightarrow C_4AH_{13} + 3C—S—H \quad Ca(OH)_2\ \text{激发} \\ 3C_5S_3A + 76H + 6Cs \rightarrow 2AFt + 3C—S—H + 2AH \quad Na_2SO_4\ \text{激发} \\ C_5S_3A + 34H + 4Cs + 2NaOH \rightarrow AFt + 3C—S—H + Na_2SO_4CaSO_4\ \text{激发} \end{gathered} \tag{3.2-35}$$

可以看出，当矿渣采用硫酸盐激发的时候，体系中 AFt 相会增多。由于飞灰中含有大量的硫酸盐和氯化物，在水泥和矿渣共存时，Cl^- 离子也会参与水化反应产生 Friedel’s 相，主要水化反应为：

$$3C_3A + CaCl_2 + 10H \rightarrow C_4AClH_{10} \tag{3.2-36}$$

铝酸三钙（C_3A）是结合 Cl^- 产生水化产物的主导矿物。

本小节分析 GGBFS、OPC、MSWI FA 三元系统各自水化，两两组合水化和三元共存下水化不同龄期和不同组成的产物，研究其组成对固结体结构的影响。

（1）单一组分水化产物分析

GGBFS 不同龄期水化产物见图 3.2-23，从图中可以看出，28d 水化主要产生的结晶相为钙铝黄长石（Gehlenite，C_2AS），还有 $CaCO_3$ 的产生，主要是由于浆体中 Ca^{2+} 离子与空气中的 CO_2 发生反应。XRD 图中 4 个龄期都没有水化矿物相的特征峰产生，很可能是因为矿粉在没有碱激发的情况下，其水硬性没有被激发出来，因此并没有发生水化反应。

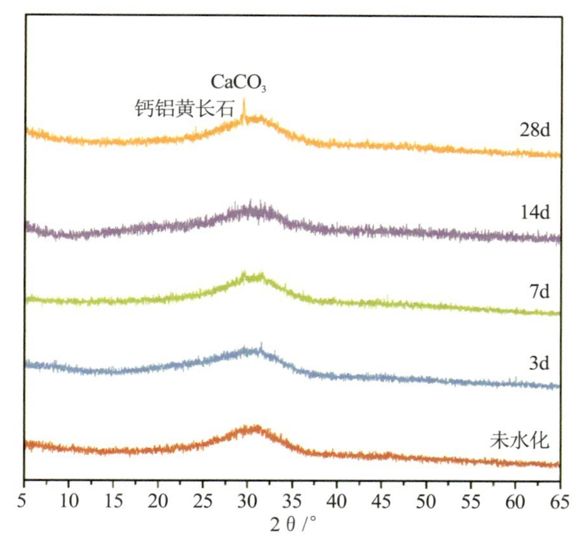

图 3.2-23　GGBFS 不同龄期水化产物

OPC 不同龄期水化产物见图 3.2-24，从图 3.2-24 中可以看出，随着水化的进行，出现了钙矾石（AFt）的特征峰，Ca（OH）$_2$ 的特征峰也随着龄期的正常而增加，模型中预测的 CO_3-AFm 峰并没有出现，很可能是由于加压成型固结体较为致密，空气中的 CO_2 不容易进入固结体内部发生水化反应。从 GEMs 模型模拟可以看出，整个体积的膨胀主要是形成了 CO_3-AFm 造成的，由于固结体中没有形成明显的 CO_3-AFm，固结体的膨胀不是很明显。Lothenbach 模拟 OPC 水化反应，认为 SO_4-AFt（ettringite）不会和 SO_4-AFm（monosulfoaluminate）共存，养护温度小于 50℃时，SO_4-AFt 更稳定，温度大于 50℃时，SO_4-AFm 更稳定。由于本试验在 20±2℃下养护，因此 SO_4 主要进入 SO_4-AFt 相中。

MSWI FA 垃圾焚烧飞灰不同龄期水化产物见图 3.2-25，从图中可以看出，各个龄期都观测到二水石膏（Gypsum）的水化峰的产生，表明受加水的影响，飞灰中部分无水石膏（Anhydrite）逐渐转化为二水石膏。此外，各龄期还出现了极其微弱的类水滑石相（Hydrotalcite—like），说明垃圾焚烧飞灰拥有极其微弱的水化活性。但是整体上 XRD 矿物结构没有随着养护龄期的增长而发生变化，因此认为飞灰自身也不会产生水化反应。

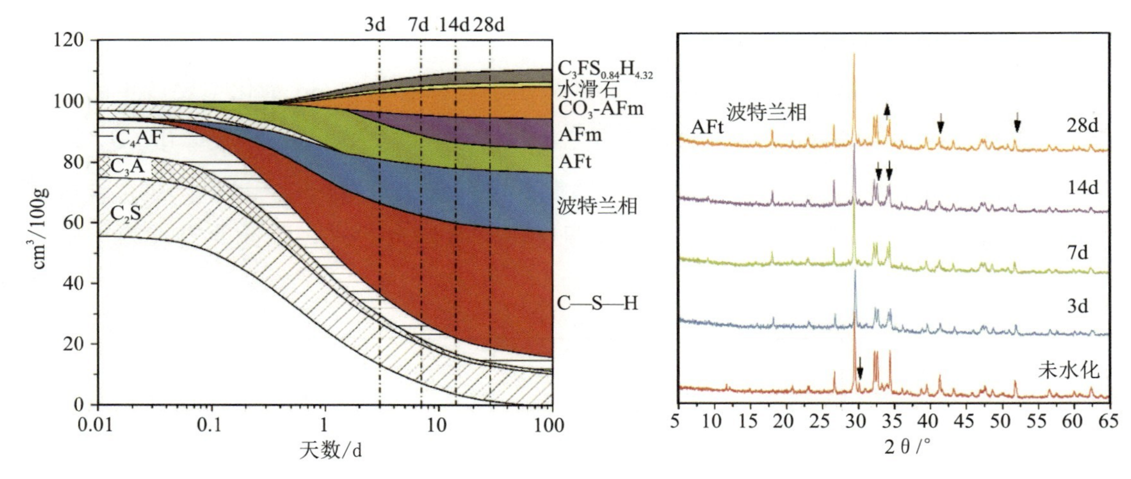

图 3.2-24　OPC 不同龄期水化产物

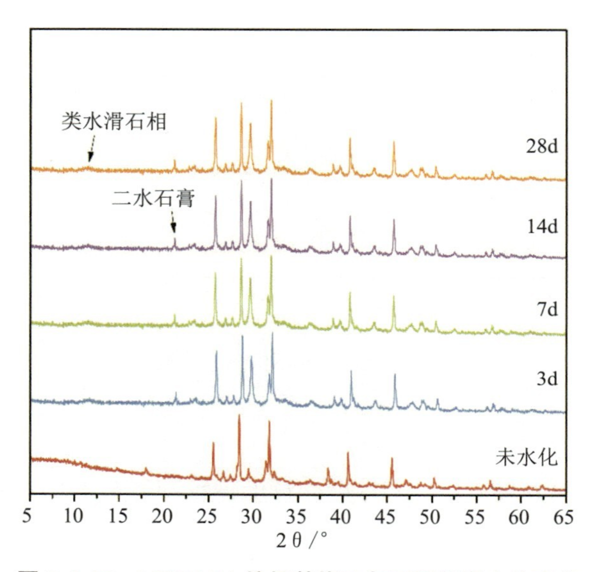

图 3.2-25　MSWI FA 垃圾焚烧飞灰不同龄期水化产物

（2）二元组分水化产物分析

1）矿粉—水泥二元体系

向普通硅酸盐水泥中掺入矿渣不仅可以综合利用各种废渣，还能节省大量的能源。近年来，低熟料矿渣水泥在固化稳定化的应用中日益广泛，矿渣的活性需要在碱性条件下被激发，而水泥水化时的碱性环境可以用来激发矿渣的潜在活性。S1～S6 分别是 GGBFS 掺量为 0%、20%、40%、60%、80%、100%的 GGBFS-OPC 二元体系（图 3.2-22）。从其对应的 CaO—Al_2O_3—SiO_2 三元相图中（图 3.2-26）可以看出，随着 GGBFS 掺量的逐渐增加，体系中的 CaO 含量逐渐降低，而 Al_2O_3 和 SiO_2 含量逐渐升高。也就是说，随着 GGBFS 的添加，体系中的 Ca/Si 比降低，产生的 C—S—H 凝胶 Ca/Si 比也会相应降低。

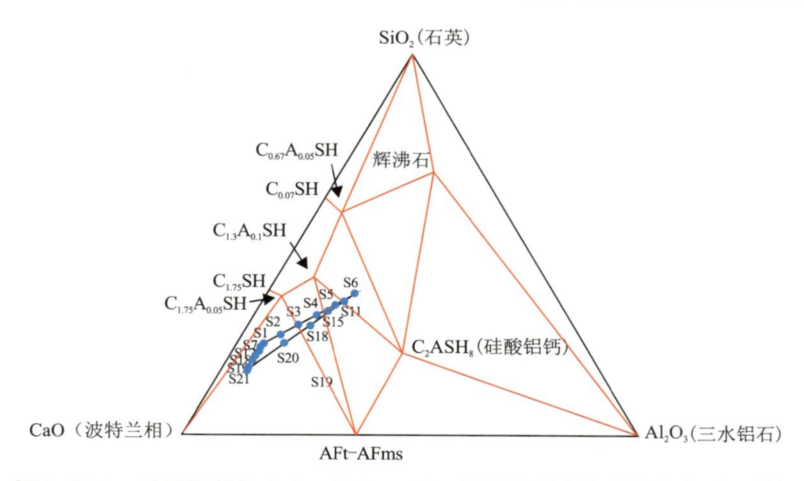

图 3.2-26 三元组成在 $CaO—Al_2O_3—SiO_2$ 三元相图中的边界分布（wt/%）

S1～S6 样品 4 个龄期的 XRD 图见 3.2-27。从图中可以看出，随着 GGBFS 掺量的增加，早期（3d）的水化产物 AFt 和 Ca（OH）$_2$ 的特征峰先升高后降低；而后期 AFt 和 Ca（OH）$_2$ 的特征峰逐渐降低。从 3d 龄期的水化产物来看，掺量为 20%的 GGBFS 促进早期水化反应效果最好；从 28d 龄期的水化产物来看，GGBFS 在掺量为 40%～60%，还能有效地促进整个体系中钙矾石相和 AFm 相的产生。

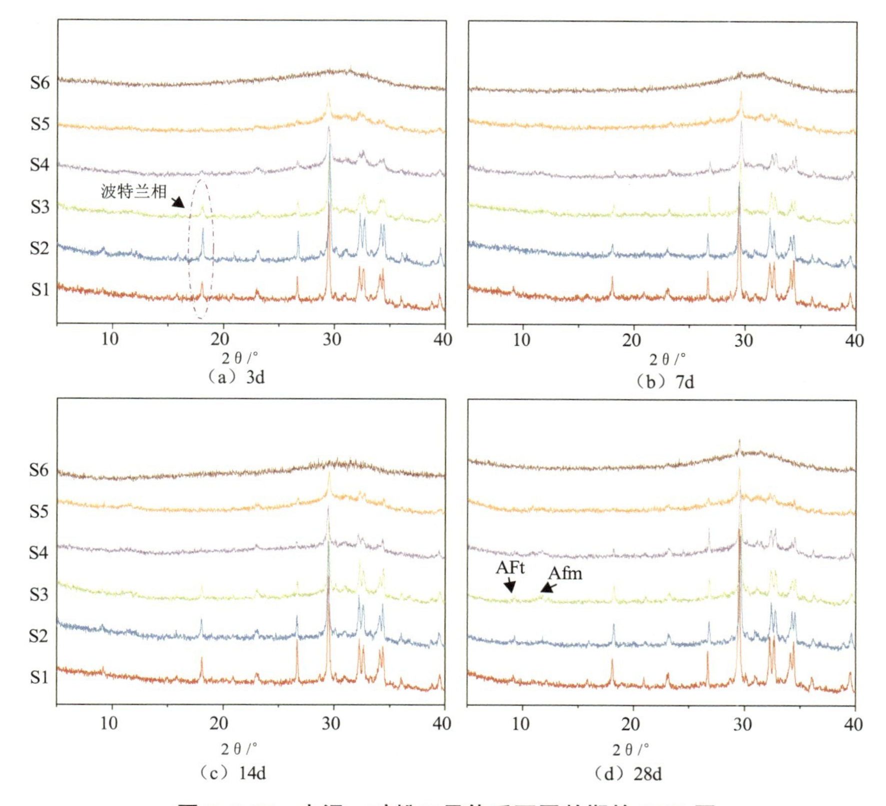

图 3.2-27 水泥—矿粉二元体系不同龄期的 XRD 图

这是因为，一方面由于GGBFS的比表面积高于水泥，低掺量的GGBFS能促进水泥浆体中的水泥颗粒分散，增加反应界面，而且GGBFS还参与水化反应，消耗Ca（OH)$_2$，诱导Ca（OH)$_2$产生，GGBFS含有的硫酸盐也能促进AFt的生成。另一方面，GGBFS的活性依赖系统的碱性，随着GGBFS掺量的继续增加，水泥占比逐渐减小，系统碱性逐渐降低，最终导致GGBFS不能有效水化，减缓系统的水化进度。

2）水泥—飞灰二元体系

水泥是最早用来固化飞灰的材料之一，一般来说，作为固化剂水泥的掺量<20%。由于飞灰的理化性质与高炉矿渣、粉煤灰等其他胶凝材料类似，因此飞灰也可以当作水泥的代替和补充材料加以资源化利用。

从水泥和飞灰二元体系组成对应的CaO—Al_2O_3—SiO_2三元相图中，S1、S7、S12、S16、S19、S21分别是MSWI掺量为0%、20%、40%、60%、80%、100%的OPC-MSWI FA二元体系。从图3.2-26可以看出，OPC-MSWI FA的组合并没有跨越相区，主要水化产物为C—S—H和AFm、Ft相。图3.2-28为水泥和飞灰体系不同龄期的XRD图。由于单一组分飞灰水化产物很少（图3.2-25），S21样品没有放入比较。分析可知，随着飞灰含量的逐渐增加，同一龄期内钙矾石AFt和Friedel盐（Cl-AFm）含量逐渐增加，而随着龄期的增长，水化产物的峰也逐渐增强。相比OPC-GGBFS体系，水泥和飞灰的组合产生了更多的AFt和AFm峰，这是因为飞灰中的硫酸盐、碳酸盐和氯化物含量相对较高，因此在足够的Al的存在下，飞灰中的硫酸钙、碳酸盐和氯化物会参与水化反应，生成相应的AFt或AFm相水化产物。当体系同时存在硫酸盐和碳酸盐时，形成的AFt相是CO_3-AFt和SO_4-AFt形成的固溶体，因此会导致AFt峰偏移。另一方面，随着飞灰含量的增加，各龄期Ca（OH)$_2$的峰逐渐减小，在3d、7d和14d三个龄期，当飞灰掺量超过40%时，几乎检测不到Ca（OH)$_2$的峰，这说明飞灰加入OPC中会降低其水化反应的进行，起到阻碍作用。

采用GEMs软件模拟OPC-MSWI FA二元体系各水化产物随着飞灰掺量的变化。从图3.2-29中可以看出，体系整体的水化产物体积随着飞灰的增加而减少，主要可以分为3类：①C—S—H，波特兰相等矿物相随着飞灰增而减少；②AFt和AFm等矿物相在飞灰掺量达到某一值时有最大值，当飞灰掺量<10%时候才会产生SO_4-AFm盐，因此在图3.2-28的28d水化产物XRD图中并没有发现SO_4-AFm的峰，Cl-AFm相是OPC-MSWI FA主要AFm相；③OPC-MSWI FA二元体系中过量的$CaCO_3$随着飞灰掺量的增加而逐渐增多。

由于模拟组成变化时，GEMs得到的水化产物都是体系达到平衡状态时的结果，而且假定平衡时，所有材料是完全参与水化的。在实际达到28d时，体系尚未达到平衡状态，导致单一组分飞灰的水化产物模拟值比实际值高。

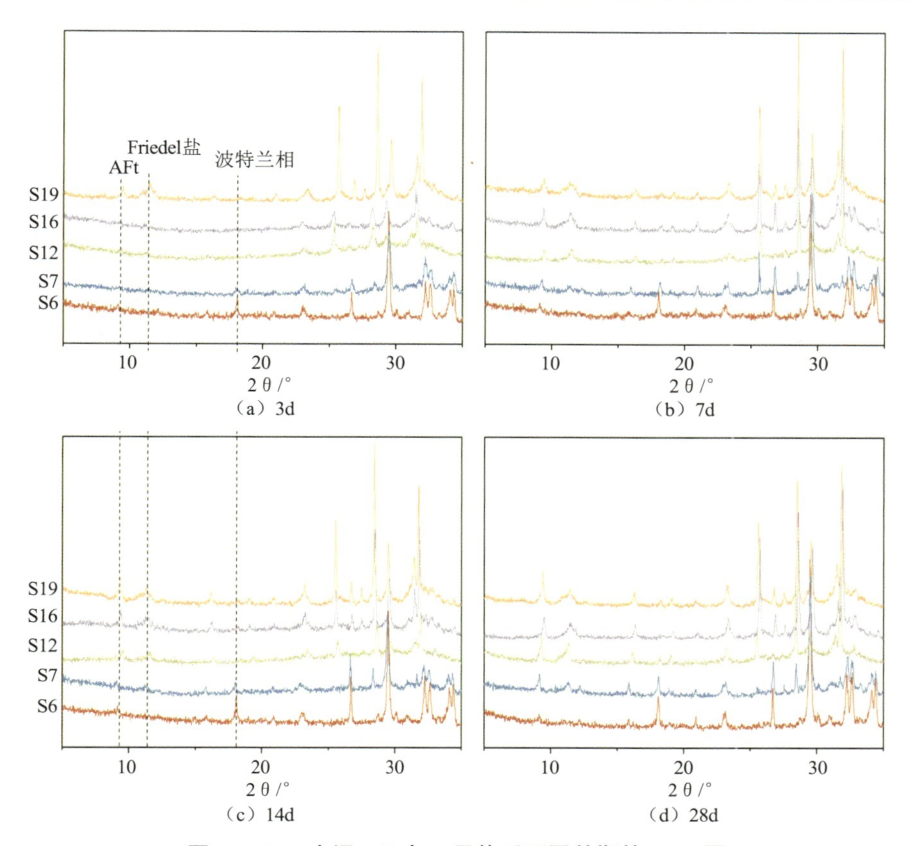

（a）3d （b）7d （c）14d （d）28d

图 3. 2-28　水泥—飞灰二元体系不同龄期的 XRD 图

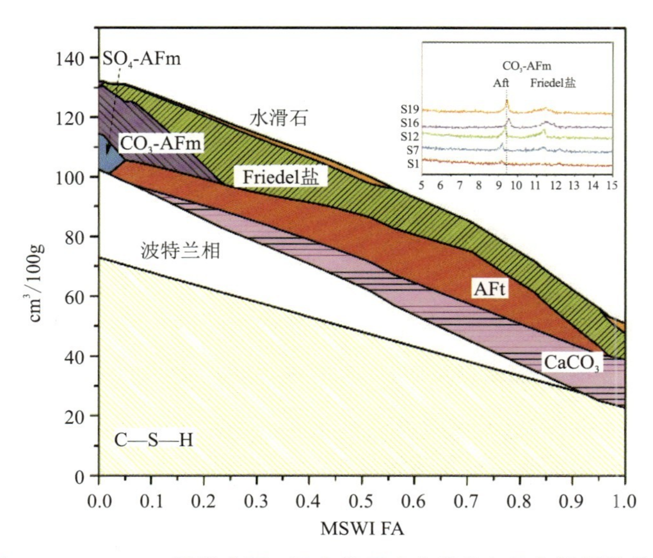

图　32-29　GEMs 模拟水泥—飞灰体系水化产物与飞灰掺量的关系

一方面，作为资源化利用，当飞灰掺量＜10％时，对 OPC 水化产物不会造成明显的变化，随着飞灰掺量的添加，就需要考虑钙矾石和 Cl-AFm 的产生最终产品对体积膨胀造成的负面影响。另一方面，作为固化剂，当水泥掺量<10时，体系中就没有 Ca（OH)$_2$，产生的水化产物，如 C—S—H 和钙矾石相都很少，体系中碳酸钙越来越多，因此产生的水化产物可能不足以固化飞灰产生足够强度和重金属捕集性能的固结体。

此外，从图 3.2-29 中可以看出，当飞灰掺量为 20%（S7）时候，会出现 CO_3-AFm，而从 XRD 图中也可以看出 S7 号样品在 28d 水化时出现了微弱的 CO_3-AFm 特征峰。这表明 GEMs 模型对本试验的三元体系水化产物预测准确度较高。

3）矿粉—飞灰二元体系

由于飞灰也属于碱性体系，本试验采用加压成型，水灰比较小（20%），初始溶液中碱度较高，可以激发 GGBFS 的活性，产生水化反应。根据水化反应方程式（3.2-34），硫酸盐也能激发矿粉产生水化产物。水泥是通过 Ca（OH)$_2$ 激发矿粉，产生的主要是 C—S—H 相。从式（3.2-39）也可以看出，水泥激发矿粉产生了大量的 Ca（OH)$_2$ 相（S2 和 S3）。而飞灰主要通过硫酸盐和氯离子激发矿粉产生水化产物，根据方程式（3.2-24），硫酸盐激发矿粉产生水化产物是 AFt 相。

GEMs 模拟的矿粉—飞灰体系水化产物结构见图 3.2-30。从图 3.2-30 可以看出，随着飞灰的加入，属于 AFt 和 Cl-AFm 的特征峰逐渐增强，表明水化反应逐渐增强，相比 OPC-MSWI FA 体系，飞灰—矿粉体系并没有产生明显的 Ca（OH)$_2$ 的衍射峰。$CaCO_3$ 的特征峰和 Cl-AFm 的特征峰随着飞灰含量的增加而增强。结合 GEMs 模拟计算，GGBFS-MSWI FA 体系中不会产生 Ca（OH)$_2$，表明飞灰—矿粉体系不会产生 Ca（OH)$_2$ 来激发矿粉的水壶活性，然而模型对 GGBFS 和 MSWI FA 水化产物的模拟都有所偏高。由于体系中没有加入强碱激发，GGBFA 的活性实际上并没有得到完全激发，因此高含量 GGBFS 样品（S6—100% GGBFS，S11—80% GGBFS）的水化产物并不明显。GEMs 模拟计算在飞灰含量超过 55%时，除了 Cl-AFm 几乎稳定不变以外，其他的水化产物都开始快速下降。表明在 GGBFS-MSWI FA 体系中，Cl^- 离子较容易进入 AFm 相，形成 Cl-AFm，见图 3.2-31。

（3）三元组分水化产物分析

控制一个组分组成不变，改变另外两个组分的比例，见图 3.2-32。根据水化 28d 的 XRD 图和 GEMs 模拟计算（图 3.2-33），可以得出：

当水泥掺量为 0.2 时，随着 MSWI FA 掺量增加，水化产物逐渐减少，与 GGBFS-OPC 体系类似。但在高 MSWI FA 掺量时，会产生 Ca（OH)$_2$ 的特征峰。

当 GGBFS 掺量为 0.2 时，三元体系比 OPC-MSWI FA 二元体系（图 3.2-29）产生更多的 AFt 相，水化硅铝酸钙相的产物也增多。而且在飞灰掺量<0.3 时，三元体系中的 C—S—H 含量变化很小，而 OPC-MSWI FA 二元体系中 C—S—H 含量逐渐下降。

当飞灰掺量为 0.2 时，与 OPC-GGBFS 二元体系（图 3.2-27）相比，三元体系会明显产生 AFt 和 Cl-AFm 的水化峰，表明飞灰的加入会促进 AFt 和 Cl-AFm 的产生。GGBFS 掺量的增加会消耗体系的 Ca（OH)$_2$，因此 28d 的 XRD 图中（图 3.2-33），S8 能检测到的 Ca（OH）$_2$ 峰，而 S9、S10 则逐渐消失。

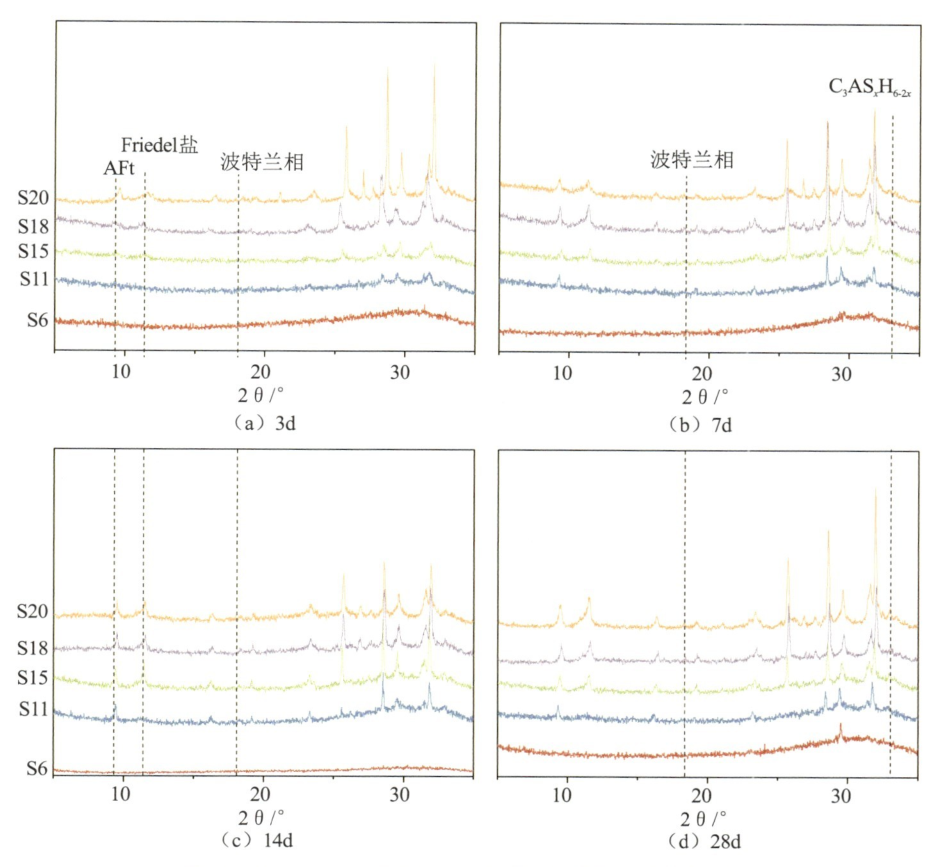

图 3. 2-30　GEMs 模拟的矿粉—飞灰体系水化产物结构

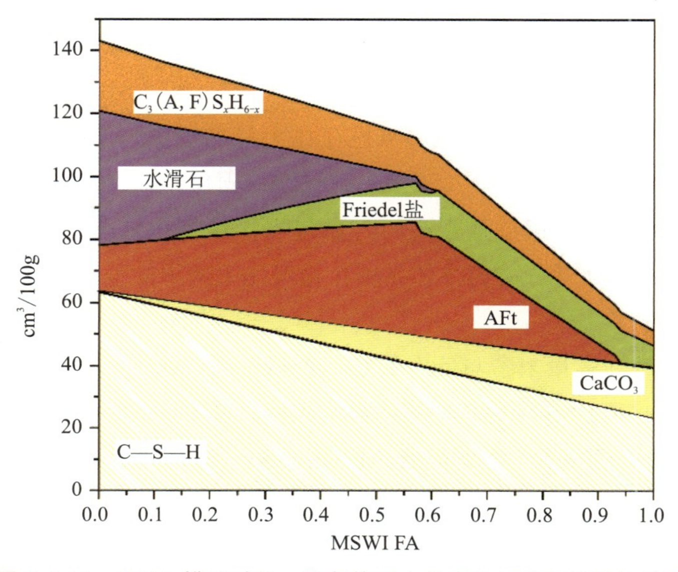

图 3. 2-31　GEMs 模拟矿粉—飞灰体系水化产物与飞灰掺量的关系

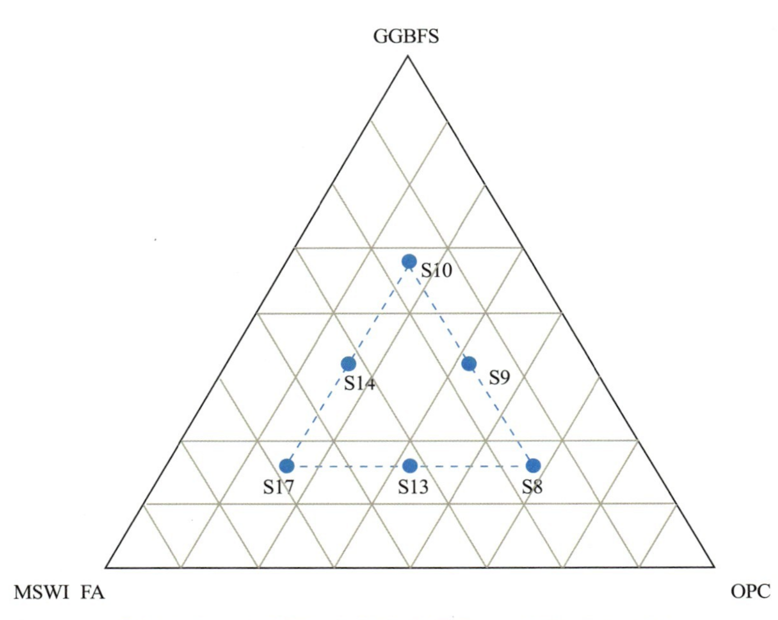

图 3.2-32　水泥矿粉与飞灰三元固化体实验点位分布

在三元体系中，矿粉存在双激发作用，如 S8，既有水泥中的 Ca（OH)$_2$ 的激发产生 C—S—H，也有飞灰中的硫酸盐和氯离子激发产生 AFt 和 Cl-AFm。当飞灰掺量小于 60%时，见图 3.2-33（a）和图 3.2-33（b），随着飞灰的掺入，体系中的水化产物总量降低速度较慢，而且 AFt 和 Cl-AFm 还出现逐渐增加的趋势；当体系飞灰掺量大于 60%时，体系的水化产物总量随着飞灰掺量的增加而快速下降，而且 AFt 和 Cl-AFm 也开始下降。表明飞灰掺量大于 60%后，对三元体系水化反应的负面效应大于正面效应。

通过扫描电子显微镜对上述 28d 龄期的水化产物形貌特征进行测试分析，见图 3.2-34，随着飞灰掺量的逐渐增加（[S8，S13，S17] 和 [S10，S14，S17] 序列），固化体越来越疏松，S17（飞灰掺量 0.6）明显存在大量的空隙，水化产物多富集在未反应基体表面；当飞灰掺量为 0.2 的时（S8、S9、S10），固化体结构密实，包裹重金属的能力也就越强。也就是说，当飞灰掺量很高时，靠包裹作用抵抗重金属的浸出效果会大大降低，因此在低掺量的 OPC 和 GGBFS 体系固化稳定化飞灰中的重金属主要还是依靠各水化产物的吸附和沉淀作用。

S8 和 S13 中还存在大量未参与反应的 Ca（OH)$_2$，与图 3.2-33（b）中 GEMs 模拟计算结果吻合，S10 的 GGBFS 掺量高，结构最为致密，在 GGBFS 掺量一定时，掺入更多的飞灰（S14）比水泥（S9）能产生更多的 AFt 相。AFt 相呈针状结构，其通道中的阴离子 SO_4^{2-} 和 CO_3^{2-} 能够被其他离子所替代，从而对阴离子具有一定的捕集作用。而 S9 中有大量的水化硅铝酸钙，呈现二维网络结构，具有较大的比表面积，有很强的阳离子交换作用，因此可能对中阳离子重金属固化稳定化有一定效果。

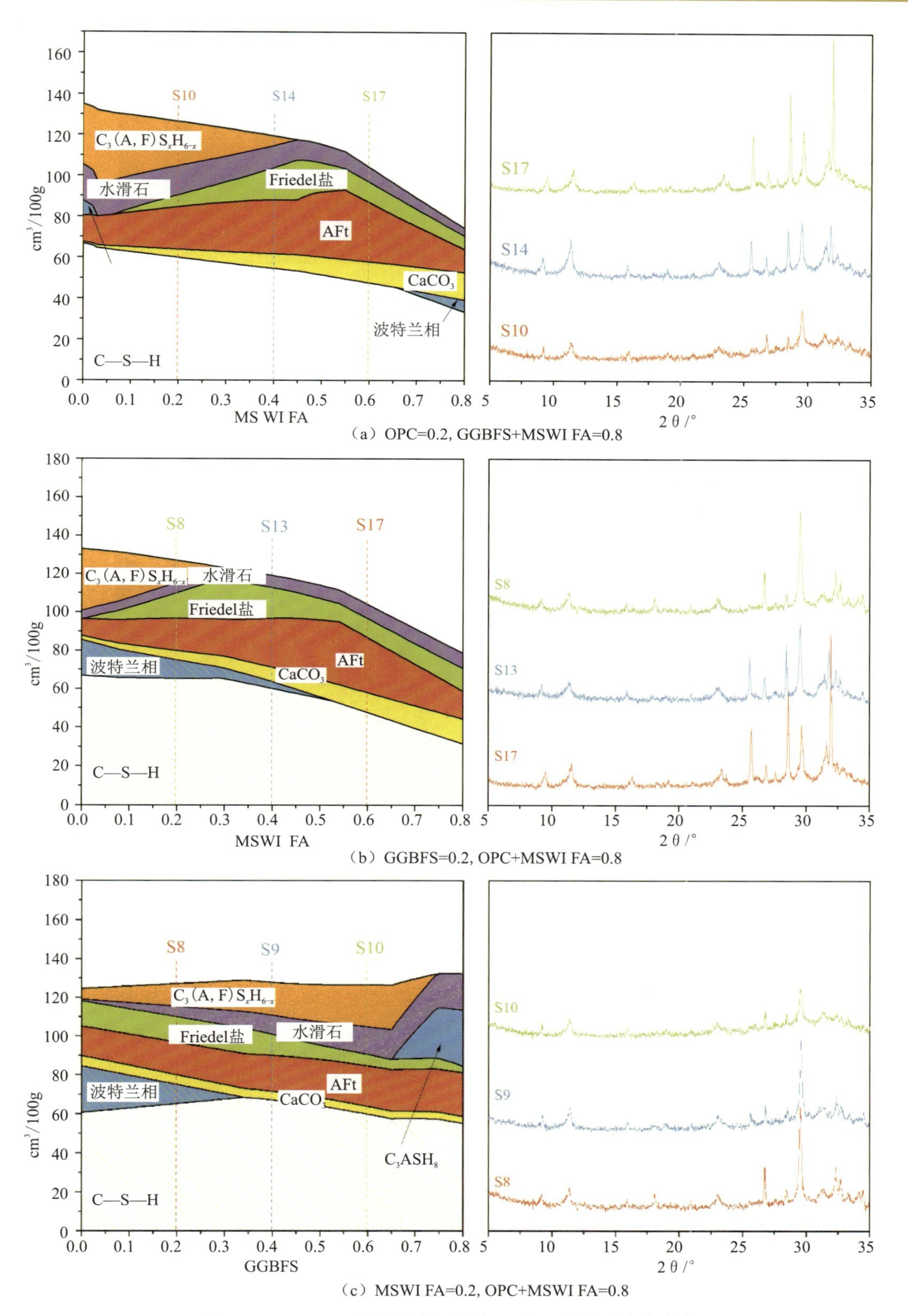

（a）OPC=0.2, GGBFS+MSWI FA=0.8

（b）GGBFS=0.2, OPC+MSWI FA=0.8

（c）MSWI FA=0.2, OPC+MSWI FA=0.8

图 3. 2-33 GEMs 模拟水泥矿粉与飞灰三元体系水化产物

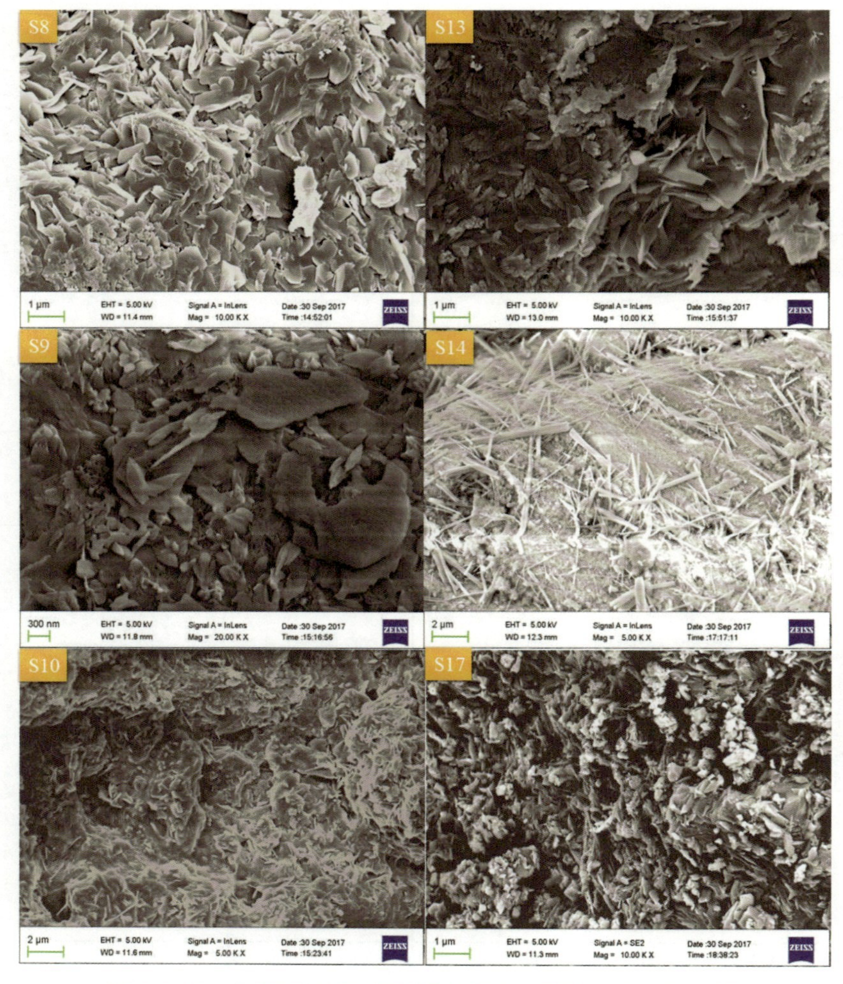

图 3.2-34　水泥矿粉与飞灰三元体系水化产物 28d 的 SEM 图

3.2.2.3　矿粉—水泥—飞灰三元体系固结强度分析

按照配方试验设计的 S 组实验的配比及养护 4 个龄期（3d、7d、14d 和 28d）的抗压强度见表 3.2-14，除了 S21 样品（单一组分垃圾焚烧飞灰）以外，其他各样品的强度都随着养护龄期增长而增强。而 S6 号样品（单一组分矿粉）强度增长较慢，28d 抗压强度为 1.37MPa，这也表明飞灰和矿粉都没有发生明显的水化反应。

表 3.2-14　　　　　　　　试验 S 组固化体不同龄期抗压强度

样品	混合物			抗压强度/MPa			
	OPC	GGBFS	MSWI FA	*Rc*3	*Rc*7	*Rc*14	*Rc*28
S1	1.0	0.0	0.0	23.87	46.47	54.48	61.23
S2	0.8	0.2	0.0	43.75	52.42	58.98	65.52

续表

样品	混合物			抗压强度/MPa			
	OPC	GGBFS	MSWI FA	$Rc3$	$Rc7$	$Rc14$	$Rc28$
S3	0.6	0.4	0.0	28.10	41.63	43.35	45.81
S4	0.4	0.6	0.0	23.64	24.26	31.20	33.89
S5	0.2	0.8	0.0	11.24	14.04	22.03	24.64
S6	0.0	1.0	0.0	0.28	0.38	1.13	1.37
S7	0.8	0.0	0.2	28.50	36.62	46.74	55.66
S8	0.6	0.2	0.2	29.11	38.71	46.19	51.84
S9	0.4	0.4	0.2	37.19	39.96	40.40	43.22
S10	0.2	0.6	0.2	19.35	25.05	25.66	24.64
S11	0.0	0.8	0.2	8.27	9.68	10.31	10.38
S12	0.6	0.0	0.4	9.90	14.73	14.91	19.65
S13	0.4	0.2	0.4	18.26	26.26	27.38	31.59
S14	0.2	0.4	0.4	19.11	27.24	28.95	29.51
S15	0.0	0.6	0.4	9.27	11.11	14.19	14.62
S16	0.4	0.0	0.6	8.00	10.73	10.58	14.53
S17	0.2	0.2	0.6	11.65	19.31	21.53	24.31
S18	0.0	0.4	0.6	8.60	12.72	14.4	18.63
S19	0.2	0.0	0.8	5.60	6.16	7.06	8.74
S20	0.0	0.2	0.8	1.59	2.71	3.96	4.60
S21	0.0	0.0	1.0	0.18	0.24	0.22	0.18

(1) 回归模型建立

建立分量与响应指标的拟合模型，通过模型的等高线图可以让数据所体现的规律更为直观，同时可以通过使用拟合方程对新的分量进行预测。通过利用 Minitab 分析混料实验设计功能可以极大地简化拟合模型的建立、统计参数的计算和数据的及时可视化。

根据表 3.2-14 中的实测抗压强度数据，建立固结体 4 个龄期的抗压强度与 OPC、GGBFS 和 MSWI FA 三个分量之间的拟合模型，选用二次模型对其进行拟合，模型方程如下：

$$Rc = b_1 \times \text{OPC} + b_2 \times \text{GGBFS} + b_3 \times \text{MSWI FA} + b_{12} \times (\text{OPC} \times \text{GGBFS}) + b_{13} \times (\text{OPC} \times \text{MSWI FA}) + b_{23} \times (\text{GGBFS} \times \text{MSWI FA}) \quad (3.2\text{-}37)$$

模型项系数 b_i 及 b_{ij} 的正负以数值大小表示该项对响应的正负影响及影响程度的大

小。通过对模型的 R^2 的考察及每个项的 P 值检验来剔除不显著项，最后完成拟合模型的建立，见表 3.2-15。

表 3.2-15　　固结体各龄期抗压强度拟合方程的结果

龄期	R^2		b_1	b_2	b_3	b_{12}	b_{13}	b_{23}
$Rc3$	0.85	系数	29.43	−2.23	−3.13	73.26	—	53.15
		P 值	<0.0001	<0.0001	<0.0001	0.0006	—	0.0073
$Rc7$	0.92	系数	45.35	−3.27	−5.58	68.98	—	77.36
		P 值	<0.0001	<0.0001	<0.0001	0.0007	—	0.0002
$Rc14$	0.92	系数	52.90	−0.64	−6.7	67.25	—	78.99
		P 值	<0.0001	<0.0001	<0.0001	0.0021	—	0.0006
$Rc28$	0.93	系数	61.40	−0.52	−6.09	61.30	—	82.28
		P 值	<0.0001	<0.0001	<0.0001	0.0069	—	0.0007

4 个拟合方程的判决系数 R^2 分别为 0.85、0.92、0.92、0.93，表明回归方程拟合程度较好。优化后拟合模型的各项系数的 P 值均小于 0.01，极其显著，表明方程中参数对响应值影响显著。将各项系数代入式（3.2-37）对应的模型方程，如下所示：

$$Rc3 = 29.34 \times \mathrm{OPC} - 2.23 \times \mathrm{GGBFS} - 3.13 \times \mathrm{MSWI\ FA} + 73.26 \times (\mathrm{OPC} \times \mathrm{GGBFS}) + 53.15 \times (\mathrm{GGBFS} \times \mathrm{MSWI\ FA}) \tag{3.2-38}$$

$$Rc7 = 43.25 \times \mathrm{OPC} - 3.27 \times \mathrm{GGBFS} - 5.58 \times \mathrm{MSWI\ FA} + 68.98 \times (\mathrm{OPC} \times \mathrm{GGBFS}) + 77.36 \times (\mathrm{GGBFS} \times \mathrm{MSWI\ FA}) \tag{3.2-39}$$

$$Rc14 = 52.90 \times \mathrm{OPC} - 0.64 \times \mathrm{GGBFS} - 6.7 \times \mathrm{MSWI\ FA} + 67.25 \times (\mathrm{OPC} \times \mathrm{GGBFS}) + 78.99 \times (\mathrm{GGBFS} \times \mathrm{MSWI\ FA}) \tag{3.2-40}$$

$$Rc28 = 61.40 \times \mathrm{OPC} - 0.52 \times \mathrm{GGBFS} - 6.09 \times \mathrm{MSWI\ FA} + 61.30 \times (\mathrm{OPC} \times \mathrm{GGBFS}) + 82.28 \times (\mathrm{GGBFS} \times \mathrm{MSWI\ FA}) \tag{3.2-41}$$

（2）回归模型诊断

通过对 4 个模型的残差进行分析得到正态概率分布图、模型拟合值残差，见图 3.2-35。从数理统计角度来讲，残差需要呈正态分布才能表明模型拟合没有偏差。从图 3.2-35 可以看出，回归模型建立的 4 个龄期的强度预测残差正态概率图要求分布大致呈一条直线，残差正态分布表明该回归模型方程适合用来描述 OPC、GGBFS 和 MSWI FA 三元体系水化过程固结体的强度特征。根据表 3.2-15 各项系数的 P 值，表明 4 个龄期的回归模型中各项参数都通过了显著性检验。

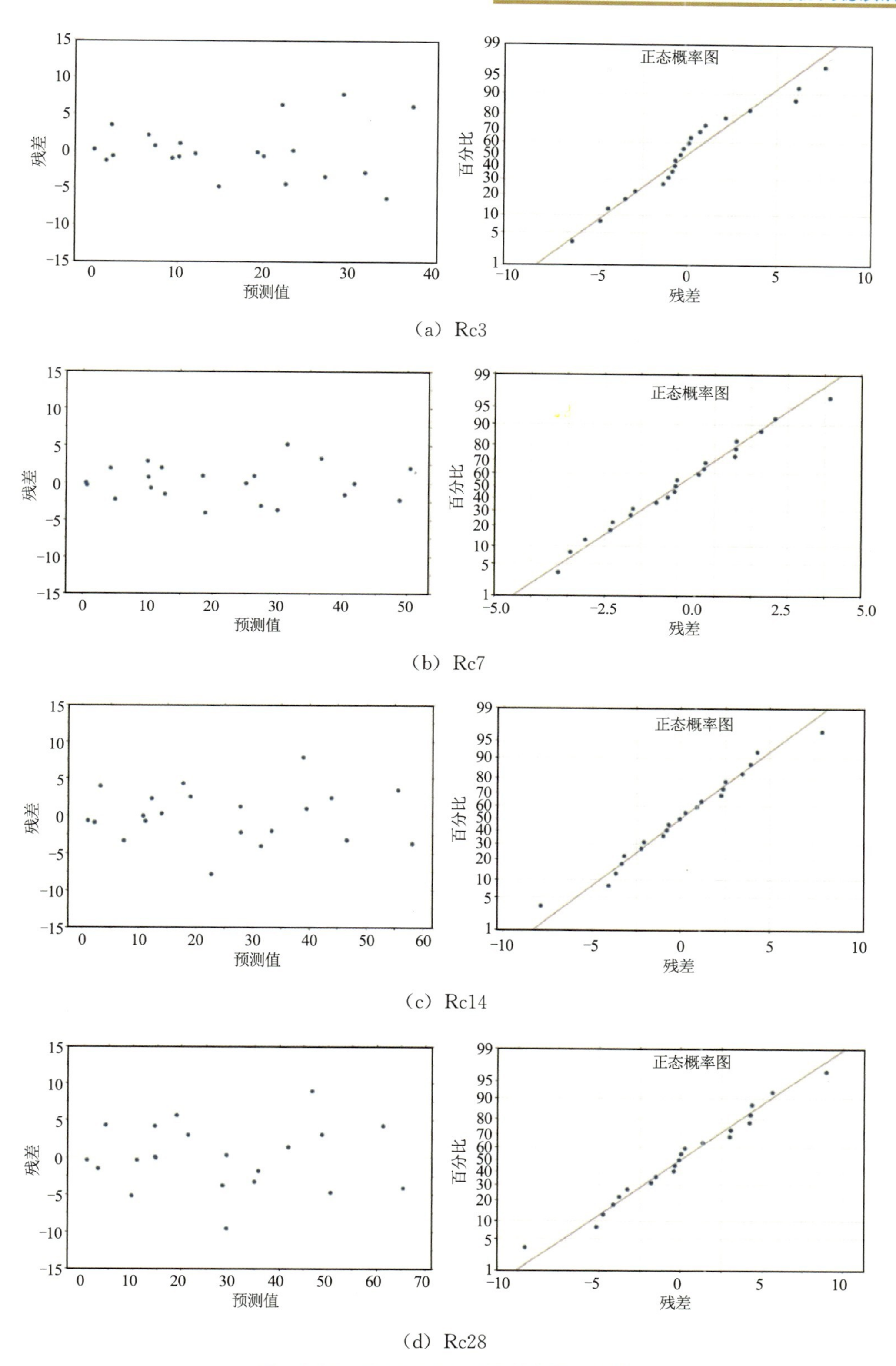

图 3.2-35　固结体 4 个龄期模型残差分析

(3) 模型应用分析

由于组分 OPC、GGBFS，MSWI FA 经过归一化，模型参数能反映客观的信息。根据建立的回归模型，可以得到以下结论：

4 个龄期的强度主要来源于 OPC（$b_1>0$），而 GGBFS 和飞灰的加入对强度都起到负面作用（b_2、$b_3<0$）。但是由于组分之间存在交互作用，少量添加 GGBFS 可能会对强度发展起到促进作用。以 3d 强度为例，只要（73.26×OPC+53.15×MSWI FA）≥2.23，GGBFS 加入水泥中就会对 3d 强度发展起到促进作用，因此图 3.2-36 中 3d 强度等高线最高区域位于 GGBFS 低掺量（<50%）区域。结合图 3.2-27 OPC-GGBFS 二元体系 XRD 分析，S2 样品 3d 水化产物的 $Ca(OH)_2$ 最高，表明 GGBFS 能促进水泥的早强性，随着 GGBFS 掺量继续增高，对体系的强度增长就会起到负面作用。

从等值线图来看，飞灰掺入 OPC 会对强度发展起到负面作用，而掺入 GGBFS 中，是先促进后阻碍。三元体系在相同的强度下，根据等值线，可以在某些位置比二元体系容纳更多的飞灰，这种混合促进作用在早期（3d、7d）表现得更为明显。

结合 GEMs 分析，飞灰和 GGBFS 加入会产生更多的 AFt 相和 Cl-AFm 相，但是强度却下降，表明体系强度的贡献主要因子还是 C—S—H 凝胶。为了进一步研究水化产物和强度之间的关系，将模型模拟的各样品平衡时水化产物和 28d 强度进行线性相关性分析，结果见表 3.2-16。从表中可以看出，强度主要由 C—S—H 凝胶和 AFm 相贡献。碳酸钙和沸石相的水化硅铝酸钙对强度起到副作用，但是都不显著；氢氧化钙和钙矾石的强度贡献也没有通过线性检验。

表 3.2-16　固结体各水化产物与 28d 抗压强度线性相关系数

	C—S—H	CH	Cc	AFt	AFm	CASH
相关系数	0.718	0.469	−0.471	0.139	0.663	−0.268
P 值	0.001***	0.057	0.056	0.596	0.004**	0.298

本小节通过单纯型格子混料试验设计，研究了不同掺和比的水泥，矿渣粉和垃圾焚烧飞灰的压实成型试验不同龄期的强度。在 XRD、SEM 等形貌表征和 GEMs 热力学模拟的方法基础上，得出了以下结论：

单一组分试验表明，GGBFS 主要为玻璃态物质，在没有经过激发的情况下难以水化，飞灰为贫 Al 体系，其中的 Ca 主要存在于碳酸钙和无水硫酸钙相中，自身基本不会发生水化反应，水泥的主要水化产物为 C—S—H。

二元组分试验表明，飞灰和水泥都能激发矿粉的活性。在飞灰—水泥体系中，飞灰的掺入会阻碍水化反应的进行，但是一定程度的飞灰能够促进 AFt、Cl-AFm 的产生；在水泥—矿粉体系中，水泥通过浆体中的 $Ca(OH)_2$ 来激发矿粉产生 C—S—H 等水化产物，低熟料的矿粉水化会产生更多的 AFt 和水化硅铝酸钙；而低掺量矿粉的熟料水化早强性提高。在水泥—飞灰体系中，飞灰中的硫酸盐和氯离子能激发飞灰产生水化反应，虽然飞灰和矿粉自身都不能发生水化反应，但是二者结合时，能产生大量的 AFt 和 AFm 相，这也是矿粉—飞灰体系能用来固化飞灰中重金属的重要性质之一。

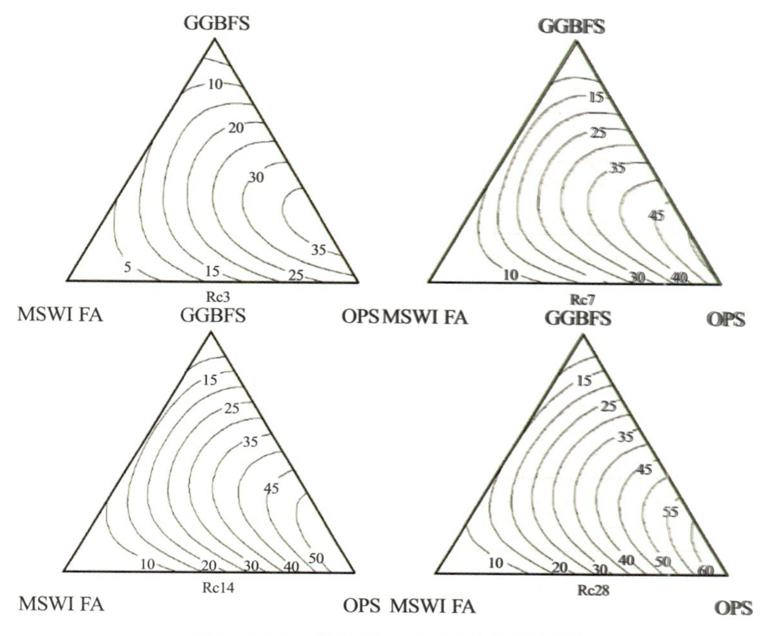

图 3.2-36 固结体 4 个龄期强度预测

从 GEMs 模拟来看，三元组分中，飞灰主要是促进 AFt、Cl-AFm 相的产生；水泥主要是产生 C—S—H 相，矿渣粉主要产生水化硅铝酸钙相。根据不同的配比，可以得到不同性能的固化体。高掺量的飞灰固化体密实度较差；高掺量的水泥中还有大量的 $Ca(OH)_2$ 相可以继续反应；高掺量的矿渣粉密实程度最好。总体而言，GGBFS 的掺入能够提高水泥 Cl 离子的结合能力，MSWI FA 的掺入能够促进 AFt 和 AFm 的产生。

混料试验设计的组成—强度回归模型表明，除了单一飞灰组分没有水化反应以外，其他试样的强度随着龄期增长而增长，低掺量矿渣粉的 GGBFS-OPC 体系强度最高。结合 GEMs 模拟的试样水化产物和 28d 强度相关性表明，强度主要由 C—S—H 凝胶和 AFm 相贡献，并且线性相关十分显著。飞灰中未参与水化的碳酸钙和矿渣粉的水化产物沸石相的水化硅铝酸钙对强度起到副作用，AFt 与强度发展呈正相关，这些水化产物的含量与强度的发展都不显著。

3.3 多源固废胶凝性能调控技术

近几年，在水泥行业内，关于材料的粗细程度及粒径分布状态对其强度影响的研究越来越多，很多研究结果、生产实践都显示：通过调整材料粉体的粒径分布状态确实可以提高其硬化体的机械强度及密实性。可是，如何确定粉体最佳理想条件下的粒径分布状态，粉体的粒径分布具体该如何调整，这些目前都没有确切答案。

材料浆体最终所形成硬化体的强度与它的初始结构有关，在浆体硬化过程中，粉体颗粒的初始位置是确定的，颗粒之间只可以相对运动却不可以互换位置，表明由粉体颗粒相互作用所形成的空间结构是不可改变的。随着材料中活性组分水化反应的进行，各颗粒之间相互靠近，一些水化产物附着在颗粒表面，使其逐步变大，进而相互接触并挤压，还有一些则填补至颗粒间的孔隙中，这些都促使硬化石块中的孔隙减少，增加其密实性，提高其强度。所以材料粉体颗粒的初始分布状态和硬化石块的强度有着紧密的联系。从这个角度来看，材料的最佳粒径分布状态应该是使浆体中粉体颗粒达到最紧密堆积时的颗粒分布。

粒径分布不仅关系材料粉体的原始堆积状态，还会影响材料的水化速率。在一定范围内，较宽的粒径可以使粉体的堆积密度增大，而同时粒径分布的均匀程度、小颗粒含量和粉体细度均对材料的水化反应有着较大的影响。提高材料的机械强度，调整其粒径分布状态时，应该充分考虑两方面因素，当水化反应刚刚开始时，堆积密度的大小在较大程度上决定着强度的大小；当水化反应进行到一定程度时，两种作用都不可忽视。结合两者的作用，材料颗粒具有一个最佳粒径分布状态。

3.3.1 尾矿胶凝性能调控

细尾砂作为胶凝材料掺料，受其活性限制，它的掺量对材料的机械性能也有较大的影响。本节通过对材料中细尾砂颗粒群的粒度分布进行简单评价，确定有助于细尾砂掺料活性发挥的粒径分布范围；同时在最佳粒径分布状态条件下减少细尾砂掺料的掺量，观察不同掺量条件下所制备的胶凝材料各相应龄期的机械强度。实验中通过控制细尾砂的粉磨时间，制备粒径分布不同的细尾砂粉末，4 种细尾砂掺料的粒径分布见图 3.3-1。

H_1 与 H_4 中细尾砂掺料的粒径分布在总体上相似，H_2 和 H_3 中细尾砂掺料的粒径分布向左偏移，从总体来看：H_2 中细尾砂颗粒群最细，其次是 H_3。H_1、H_4 中 60～80μm 的粒径含量较高，而 H_2 和 H_3 中低于 20μm 的粒径含量较高。H_3 中粒径小于 10μm 颗粒含量高于 H_2，H_4 中粒径小于 10μm 颗粒含量又低于 H_2；这表明小粒径含量在一定范围内随着粉磨时间的增长而增多，粉磨时间过长，则会造成其含量的下降。材料在粉磨过程中存在最佳粉磨时间，粉磨时间过短，会造成材料中大粒径含量偏高，影响材料后期水化速度；粉磨时间过长，小粒径含量偏高，掺料比表面积过大，导致表面张力过大，小粒径重新抱团形成大颗粒，进而影响粉磨效率，造成能量浪费，同时小粒径含量偏高会导致后期材料浆体标准稠度需水量增大，给材料实际应用过程及后期强度带来不利的影响。

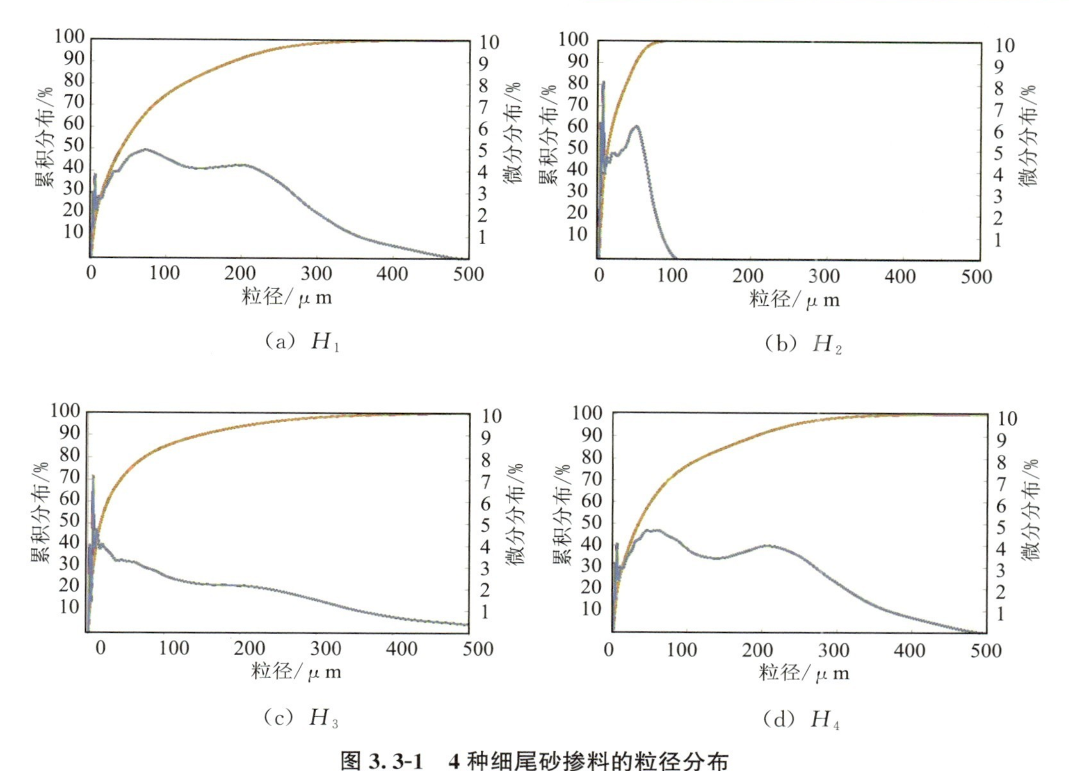

图 3.3-1　4 种细尾砂掺料的粒径分布

3.3.1.1　紧密堆积理论

为了分析制备的胶凝材料中细尾砂掺料的粒径分布对材料成型后强度的影响，本节从紧密堆积角度出发，对 4 种材料中细尾砂粉末的粒径分布进行对比分析，见表 3.3-1 。

表 3.3-1　　材料中部分特殊粒径通过率与 Fuller 理想曲线下通过率对比　　(单位:%)

粒径/μm	Fuller 理想曲线	H_1 (30min)		H_2 (45min)		H_3 (50min)		H_4 (60min)	
		通过	偏差	通过	偏差	通过	偏差	通过	偏差
1.63	9.04	0.82	8.22	1.07	7.97	2.54	6.5	0.84	8.20
3.27	12.78	7.33	5.45	11.90	0.88	11.34	1.44	7.64	5.14
11.00	23.45	24.52	−1.07	46.77	−23.32	48.44	−28.99	26.04	−2.59
20.00	31.62	34.53	−2.91	62.71	−31.09	54.47	−22.85	36.90	−5.28
30.00	38.73	43.14	−4.41	74.01	−35.28	63.16	−24.43	45.95	−7.22
44.00	46.90	52.29	−5.39	86.12	−39.22	70.52	−23.62	55.83	−8.93
62.23	55.78	61.80	−6.02	96.78	−41.00	77.01	−21.23	65.20	−9.42
88.00	66.33	71.53	−5.20	100.00	−33.67	82.87	−16.54	73.88	−7.55
104.70	72.35	76.03	−3.68	100.00	−27.65	89.43	−17.08	77.61	−5.26

对于如何确定粉体颗粒在最佳紧密堆积状态下的粒径分布，很多学者主张使用 20 世纪 90 年代初 Fuller 和 Thompson 提出的理想筛析曲线，简称 Fuller 曲线。参照 Fuller 曲线公式将 4 种材料中细尾砂的粒径分布进行优化拟合分析（由前文中的数据可以看出 4 种材料中，H_2 的细尾砂的粒度分布均在 100μm 以下，H_1、H_3、H_4 的细尾砂粒度分布 92%以上，200μm 以下，所以 Fuller 公式中 D 取值 200）。实际部分特殊粒径通过率与 Fuller 理想曲线通过率对比结果见表 3.3-1，各组材料中细尾砂颗粒群累计分布曲线与 Fuller 理想曲线对比分析结果见图 3.3-2，细尾砂掺料粉体的实测堆积密度测定结果见表 3.3-2。Fuller 数学公式为：

$$R=100\left(\frac{d}{D}\right)^{n} \tag{3.3-1}$$

式中：R——筛析通过率，%；

D——粉体中最大颗粒粒径，μm；

d——各分级粒径，μm；

n——指数（n 取值 0.5）。

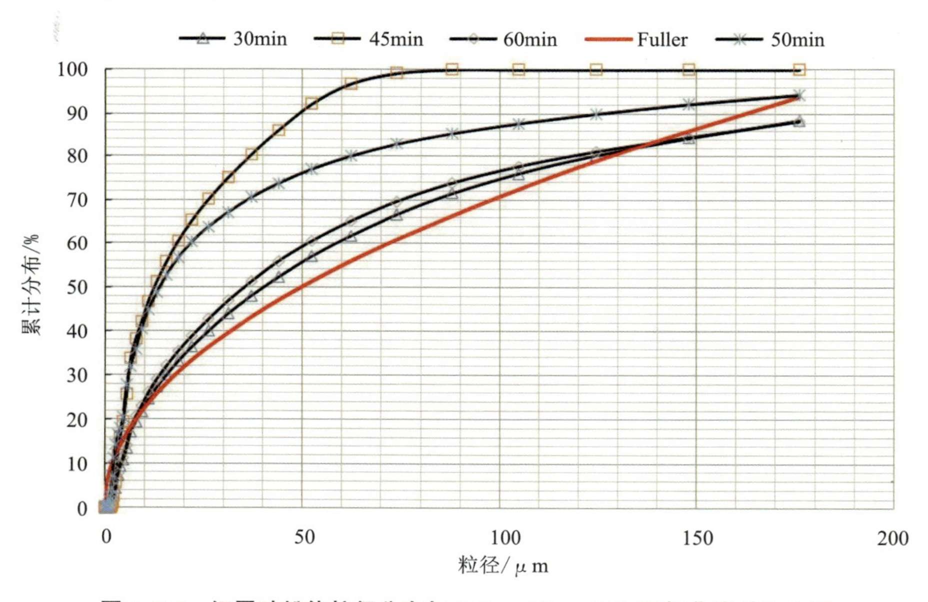

图 3.3-2　细尾砂粉体粒径分布与 Fuller（D=200）理想曲线对比分析

表 3.3-2　各组材料中细尾砂掺料粉体的堆积密度　（单位：g/m³）

编号	H_1（30min）	H_2（45min）	H_3（50min）	H_4（60min）
堆积密度	0.8296×10^6	0.8169×10^6	0.8174×10^6	0.8255×10^6

由上述数据结果可以看出，H_2 的粒度分布曲线与 Fuller 理想曲线相差较大，H_1 和 H_4 的粒径分布曲线与 Fuller 理想曲线较为接近，4 组材料中 H_1 的堆积密度最大，其次

是 H_4，H_2 和 H_3 的堆积密度较小，且两者的堆积密度十分接近，几乎没有差别。在 3μm 以下区间，细尾砂的粒度累计分布均要低于 Fuller 理想曲线，可能是本书所用球磨机型号、功率、球段的级配等自身原因，造成粉末磨颗粒群粒径难以达到 3μm 以下。在 3～100μm，4 组材料中各粒径区间内颗粒通过率均要大于 Fuller 理想曲线，这表明材料中细尾砂整体颗粒群相比 Fuller 理想曲线较细。

H_2 中细尾砂掺料粉末堆积密度比 H_1 和 H_4 小，但是从材料机械强度分析，H_2 在相同龄期抗压和抗折强度均要强于 H_1 和 H_4，一是因为 H_1 和 H_4 在 88μm 处通过率为 70%～75%；在 62μm 处通过率为 60%～65%，粒径大于 60μm 的颗粒一般认为只能发生表面水化作用，更多的是起到微集料的作用（当胶凝材料掺料本体粒子通过发生一定程度的水化作用后与石块中其他组分形成良好的黏结，且掺料本体粒子具有一定强度时，对石块具有明显的增强作用）。也就是说，虽然 H_1 和 H_4 在粒径的整体分布上很接近 Fuller 理想曲线，颗粒分布范围较宽。但是大粒径颗粒含量较高，相比 H_2 材料中细尾砂粉末水化难度大，材料机械强度较差。二是由于 H_2 中细尾砂掺料总体颗粒群远比 H_1 和 H_4 中颗粒群细，H_2 中细尾砂颗粒群在粒径为 80μm 时通过率已经达到 100%，所以在拟合 Fuller 理想曲线时，将 D 值取为 200μm，造成 H_2 中细尾砂粉末粒径分布与 Fuller 理想曲线相差较大，拟合 H_2 中细尾砂粉体颗粒群的紧密堆积曲线时将 D 取值 90μm，所得曲线对比分析见图 3.3-3。

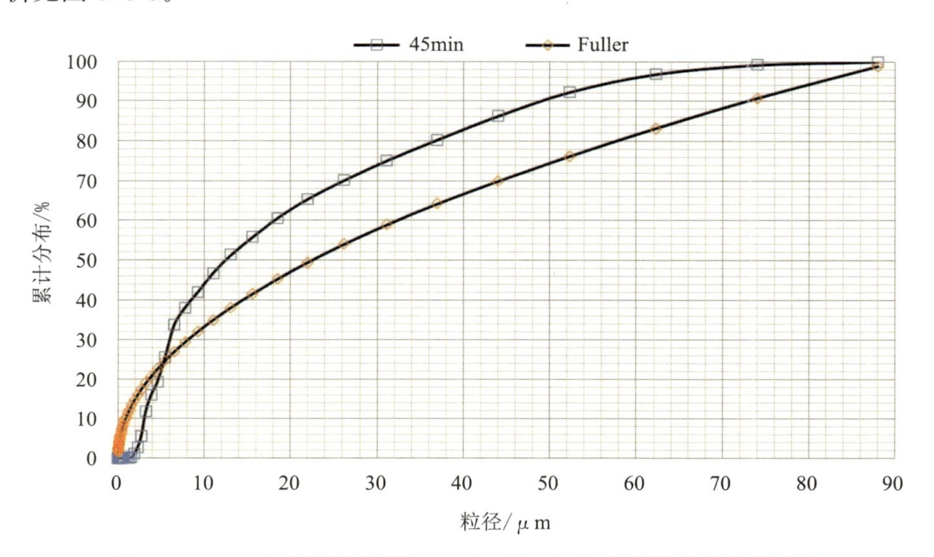

图 3.3-3 H_2 中细尾砂粉体和 Fuller（D=90）理想曲线的粒径分布

对比 H_2 和 H_3 两组材料中细尾砂粉体的粒径分布，发现 H_3 在 62μm 和 88μm 处通过率比 H_2 要略低一些，比 H_1 和 H_4 要高很多。H_3 中颗粒群的总体分布宽度大于 H_2，在材料颗粒水化程度相同的时候，粉体粒径分布的范围越窄，浆体的紧密堆积效果就越差，硬化石块中的孔隙就越多，导致材料最终机械强度显著下降。H_3 中细尾砂掺料颗粒群在保证小粒径颗粒具有一定含量小粒径颗粒的同时，总体粒度分布较宽，使其与 Fuller 理想曲线较为接近。所以 H_3 的 3d 和 7d 龄期的抗折及抗压强度大于 H_2，两者在 28d 龄期的强度相差很小。

3.3.1.2 快速水化速率理论

前文提及，细尾砂掺料粉体的粒径分布对材料机械强度的影响不仅体现在其原始堆积密度上，同时体现在其对水化速率和水化程度的影响上。S. Tsivilis 等在研究材料粉体粒径分布状态对其水化难易程度的影响时发现：材料粉体中粒径在 3μm 以下的颗粒不可超过 10%，粒径在 3～30um 的颗粒不可低于 65%，60μm 以上和 1μm 以下的颗粒应该尽可能地减少。参照最佳性能 RRSB 方程，将材料粉体 3μm 处的通过率取为 10%，60μm 处的筛余取为 0.5%

代入 RRSB 方程，则可以得到一个最有利于颗粒水化反应的粒径分布曲线，所求得方程中参数 n=1.31、D_e=16.77μm。RRSB 方程数学公式为：

$$R=\{1-e^{-\left(\frac{d}{D_e}\right)^n}\}\times 100 \tag{3.3-2}$$

式中：R——筛析通过率；

d——各分级粒径，μm；

D_e——特征粒径，D_e=63.2，D_e 表征粉体的粗细程度，D_e 越小，颗粒群越细；

n——粉体颗粒均匀性程度指数，用以表征粒径分布的宽窄，n 值越小，粒径分布越宽，均匀程度越差；n 值越大，粒径分布越窄，均匀程度越好。

用 T 表示 d 粒径颗粒的筛上累计分布即筛余。$T=100-R$。则上式可以转换成

$$\ln\left[\ln\left(\frac{100}{T}\right)\right]=n\ln d+b \tag{3.3-3}$$

本节从细尾砂掺料粉末粒径分布对水化速率及水化程度的影响角度出发，分析各组材料的机械性能的变化情况。根据 4 种材料中细尾砂的实测粒径分布，以 ln$d$ 为横坐标，ln［ln（100/T）］为纵坐标，利用相关软件，对 4 种材料中细尾砂粉体颗粒进行 RRSB 拟合，分别计算其粒径分布的特征参数。

因为激光粒度测定仪在测定较大颗粒和粒径小于 1μm 的小颗粒时偏差较大，实验中只对 1～200μm 的粉体颗粒拟合。细尾砂粉体 RRSB 拟合曲线见图 3.3-4，细尾砂掺料 RRSB 方程计算特征参数结果见表 3.3-3。

现阶段所有关于水化难易程度的理论研究都是在假设粉体颗粒是球状的前提下，并且认为水分子是以匀速状态由粉体颗粒外部进入内部，其运动速率不会因颗粒大小的不同而发生变化，即在水化各阶段期间，颗粒的水化反应是由外到内均匀进行的。

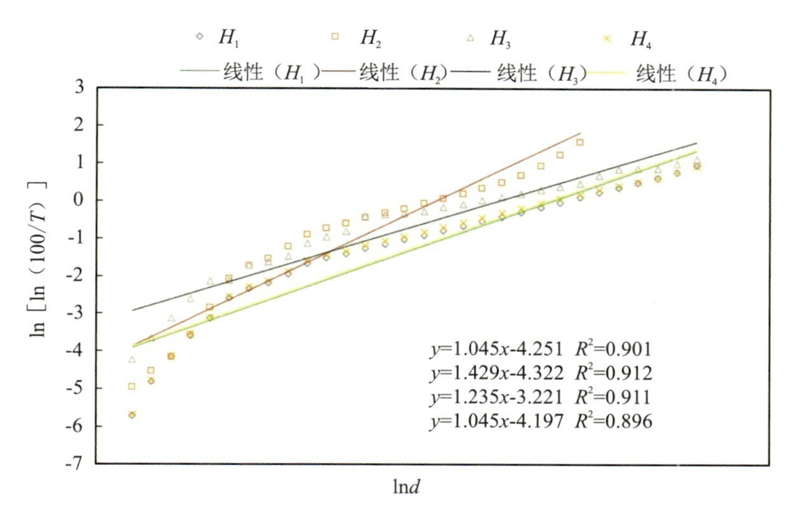

图 3.3-4　细尾砂粉体 RRSB 拟合曲线

表 3.3-3　细尾砂掺料 RRSB 方程计算特征参数结果

编号	拟合 RRSB 方程所得特征参数				
	n	D_e/μm	$n \times D_e$	实测 D_e	R^2
H_1	1.045	58.44	61.07	62.23～74.00	0.901
H_2	1.429	20.58	29.41	18.50～22.00	0.912
H_3	1.235	36.27	32.53	26.16～31.11	0.911
H_4	1.045	55.49	57.99	55.33～62.23	0.896
理想状态	1.31	16.77	21.97	—	—

曾燕伟从 RRSB 分布方程出发，理论上推导出了任意瞬间水化速率的数学表达式，并据此推导出了累积水化体积速率，建立了材料水化体积速率与 n 值之间的关系。在水化过程中的任意时刻，n 值越大，体系的累积水化速率越大，同时他发现：一个具体的材料体系中，颗粒的分布状态取决于其均匀指数 n 值和特征粒径 D_e。

许多研究者一般采用将某种粉体配制成特征粒径 D_e 不变，均匀性系数 n 在一定范围变化；或者 n 保持不变，D_e 在一定范围内变化，探讨他们与粉体宏观机械强度之间的相互关系。研究表明 D_e、n 与粉体的活性都有一定的相关性。

从理论上而言，要想优化材料的粒径分布，既要满足最佳性能曲线，又要接近最紧密堆积状态，然而现实情况中两者之间具有一定的矛盾，综合考虑两方面因素，优化胶凝材料的粒度分布时要寻找介于两者之间的平衡点。

王爱勤等人通过建立二元颗粒系统模型，并借助 RRSB 分布方程，分析了颗粒级配与堆积密度和水化速率的关系。在对大量的试验数据进行分析时发现：分布较宽的颗粒群更为接近最紧密堆积，分布均匀程度较好的颗粒群水化速率更快；在最紧密堆积和最快水化速率两者之间一定存在一个最佳状态，同时他认为均匀指数为 1 时有最佳分布，并且堆积密度较大，水化速率也较快。从表中数据可以看出：4 组材料细尾砂粉体经过 RRSB 拟合后，H_2 与 H_3 的线性最好，R^2 值十分接近，而 H_1 和 H_4 的线性较差，这表示 H_2 与 H_3 中细尾砂掺料粉体的粒径分布状态与 RRSB 分布更加接近。随着粉磨时间的增长，粉体的 $n\times D_e$ 值先减小后增大，粉体的特征粒径 D_e 是先减小后增大，4 组材料中，H_2 的 D_e 最小、n 最大、$n\times D_e$ 值最小；与理想状态下的 D_e 和 n 最为接近，这意味着 H_2 中细尾砂掺料颗粒粉末有最大比表面积，水化速率最快，粒度分布最窄，颗粒分布最集中，颗粒最均匀，结合后文中细尾砂粉体的比表面积数据来看，与曾燕伟、肖忠民等人的研究一致。

实验中，4 组细尾砂粉体的 n 值最接近 1 的是 H_1 和 H_4，但是材料实际胶砂实验强度最高的是 H_3，这与王爱勤等人的研究结果并不一致。在保持较快的水化速率的同时，H_3 中的细尾砂掺料粉体相比 H_2 拥有稍大的堆积密度，所以材料 H_3 的胶砂实验机械强度要好于 H_2，其粒径分布状态最接近最佳状态。

各组材料部分粒径与 RRSB 方程通过率对比见表 3.3-4，4 种细尾砂掺料实测与 RRSB 方程对比分析见图 3.3-5。4 种材料中细尾砂掺料颗粒的粒径分布在 10μm 以下的含量均大于其对应的 RRSB 方程中的含量。H_1 中粒径在 100μm 以下的颗粒只占总量的 76%左右，且在 30～100μm 的颗粒含量远低于 RRSB 曲线，导致 H_1 的胶砂试验强度较低；H_2 中细尾砂掺料颗粒在 0～10μm 高于其 RRSB 曲线，在 10～40μm 低于 RRSB 曲线，在 40～100μm 高于 RRSB 曲线，且 H_2 细尾砂掺料粉体颗粒粒径大小均在 100μm 以下，总体而言，颗粒水化难度较其他组别较小，所以 H_2 胶砂强度较 H_1 和 H_4 较高；H_4 与 H_1 类似，100μm 以下颗粒含量只占 77%，在 10μm 以下区间颗粒含量较高，在 20～100μm 颗粒含量相比 RRSB 曲线较低，导致颗粒总体水化难度相比 H_2 和 H_3 较大，材料胶砂实验强度低；H_3 从图 3.3-5（c）中可以看出，100μm 区间以内的颗粒通过率波动较大，这表示 H_3 中细尾砂掺料颗粒分布不够均匀，D_e 的取值比 H_1 和 H_4 小，比 H_2 大，也就是说，在 50min 粉磨时间条件下，H_3 中细尾砂掺料颗粒的粒径总体细度比 H_1 和 H_4 细，但是比 H_2 粗，颗粒的水化难度比 H_2 稍大，但是 H_3 细尾砂掺料的粒径在 100μm 以下的颗粒含量达到 90%，综合最紧密堆积和最大水化速率因素，H_3 与 H_2 的 R^2 十分接近，颗粒分布宽度较大，所以其胶砂试验强度最高。

表 3.3-4　各组材料部分粒径与 RRSB 方程通过率对比　（单位：%）

粒径/μm	H_1			H_2		
	实测	RRSB	偏差	实测	RRSB	偏差
1.63	0.82	2.35	−1.53	0.37	2.64	−2.27
3.27	7.33	4.80	2.53	11.90	6.96	4.94
11.00	24.52	16.02	8.50	35.43	33.54	1.89
20.00	34.53	27.82	6.71	62.71	61.71	1.00
30.00	43.14	39.23	3.91	74.01	81.97	−7.96
44.00	52.29	52.44	−0.15	86.23	94.83	−8.6
62.23	61.80	65.62	−3.82	96.78	99.23	−2.45

续表

粒径 /μm	H_3			H_4		
	实测	RRSB	偏差	实测	RRSB	偏差
88.00	71.53	78.43	−6.90	100.00	99.97	0.03
1.63	2.54	6.01	−3.47	0.84	2.48	−1.64
3.27	14.34	10.91	3.43	7.64	5.06	2.58
11.00	48.44	29.03	19.41	26.04	16.83	9.21
20.00	54.47	44.36	10.11	36.90	29.12	7.78
30.00	63.16	56.97	6.19	45.95	40.89	5.06
44.00	70.52	69.55	0.97	55.83	54.37	1.46
62.23	77.01	80.26	−3.25	65.20	67.60	−2.40
88.00	82.87	89.08	−6.21	73.88	80.19	−6.31

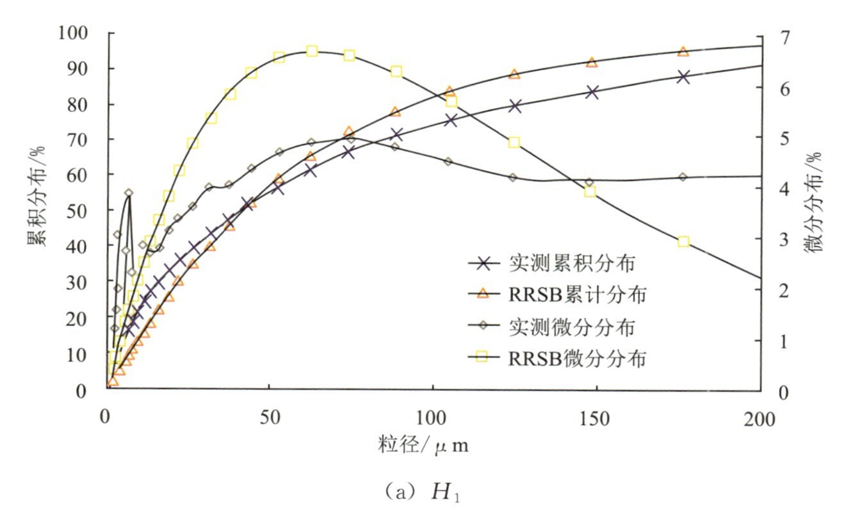

(a) H_1

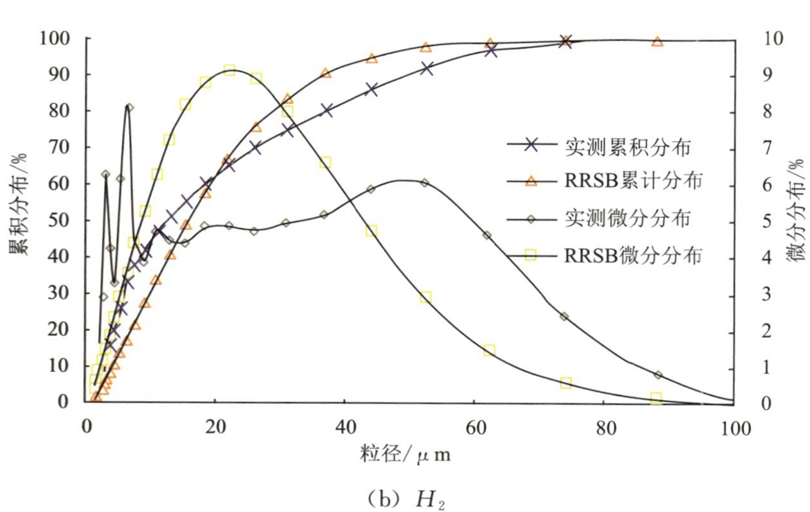

(b) H_2

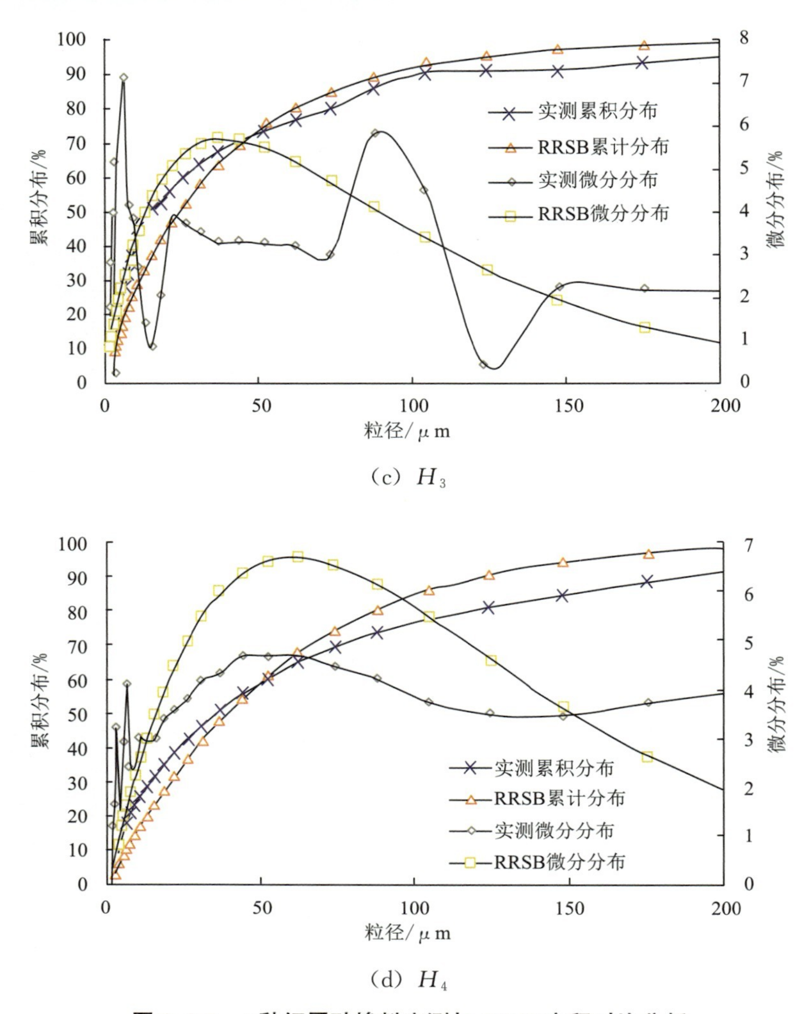

(c) H_3

(d) H_4

图 3.3-5　4 种细尾砂掺料实测与 RRSB 方程对比分析

观察对比 H_3 中细尾砂掺料的实测粒径通过率与 RRSB 方程所对应的通过率，图 3.3-5（c）的微分分布显示，H_3 中细尾砂掺料粉体颗粒中应该减少粒径在 10μm 以下的颗粒含量，增加粒径在 30～100μm 的颗粒含量，同时控制粒径大于 100μm 的颗粒含量。建议通过适当地增加粉磨时间，提高小粒径颗粒的含量，适当促进其抱团作用，同时将 100μm 以上颗粒粉磨得更小，使其更加接近 RRSB 方程曲线。

3.3.1.3　细尾砂掺料颗粒分布的总体评价

（1）细尾砂掺料颗粒群总体粗细程度

对于材料中掺料粉体的粗细程度的表征参数有很多，本书主要用 80μm 筛余，即 R_{80} 和比表面积作为 4 种材料中细尾砂掺料颗粒群粗细程度的表征参数，各组材料中细尾砂掺料颗粒群 80μm 筛余量和比表面积测定结果见表 3.3-5，细尾砂颗粒群的 R_{80}、比表面积与粉磨时间的关系见图 3.3-6。

由上述数据可以看出：粉磨时间小于 45min 时，粉体的比表面积随着时间的增大而增大，当粉磨时间大于 45min 时，粉体的比表面积随着时间的增大而减小，造成球磨机的能力浪费。4 种材料的中细尾砂掺料颗粒群 80μm 筛余量均小于 30%，假设混料 80μm 筛余量为 0，则 4 种材料的 80μm 筛余量均可低于 10%，一般水泥细度要求硅酸盐水泥 80μm 筛余量不大于 10%。综合 R_{80} 和比表面积来看，H_2 中细尾砂掺料的颗粒群最细，其比表面积最大，H_3 次之。

表 3.3-5　各组材料中细尾砂掺料颗粒群 80μm 筛余量和比表面积测定结果

编号	H_1	H_2	H_3	H_4
R_{80}/%	29.45	0.21	14.68	28.46
比表面积/（m^2/kg）	346	413	401	389

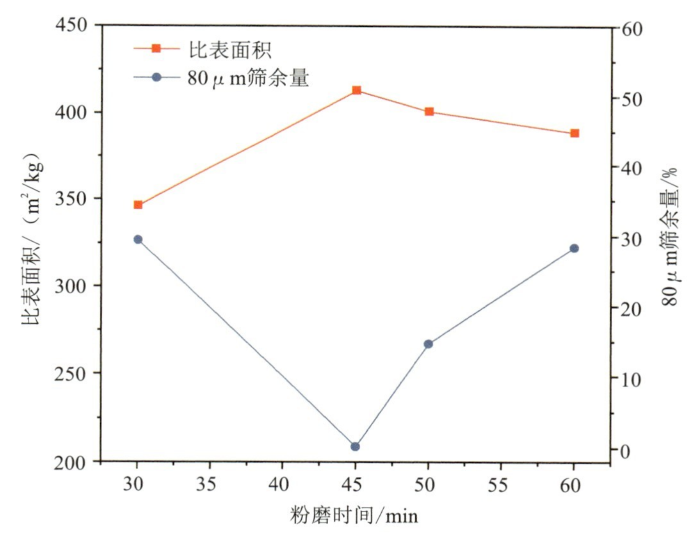

图 3.3-6　细尾砂颗粒群的 R_{80}、比表面积与粉磨时间的关系

（2）细尾砂掺料颗粒群总体宽度

对细尾砂颗粒粒度分布的原始数据进行处理和分析，可得出一些具有代表性的颗粒的粒径来表征整个颗粒群的总体宽度，这些粒径又被称为特征粒径。如用对颗粒进行加权平均得到的平均粒径（d_{10}、d_{90}、d_{50}）。各组材料中细尾砂颗粒群的特征粒径见表 3.3-6。

表 3.3-6　各组材料中细尾砂颗粒群的特征粒径　（单位：μm）

特征粒径	H_1	H_2	H_3	H_4
d_{10}	4.27	3.10	2.62	4.03
d_{50}	40.23	12.47	16.49	35.34
d_{90}	180.23	49.09	117.5	170.42

颗粒学家 T. Allen 在他的书中曾经介绍了用间距表征粉体颗粒分布的分散程度，即均匀度的方法。经过发展，现在很多学者用上、下边界粒径之差来表征其分布宽度。用 d_{90}（筛析通过率为 90%时的粒径大小）表示上边界，d_{10}（通过率为 10%时的粒径大小）表示下边界，故可以用 d_{90} 和 d_{10} 之差来表示粒径分布宽度，分布宽度系数 K 的计算公式为：

$$K=\frac{(d_{90}-d_{10})}{d_{50}} \tag{3.3-4}$$

K 值越大，细尾砂掺料粉体颗粒分布得越宽，反之则越小。由表 3.3-5 计算可得 K 值，见表 3.3-7。宽度比系数用上、下边界粒径之比来表示，即

$$B=\frac{d_{90}}{d_{10}} \tag{3.3-5}$$

B 值越大，细尾砂掺料粉体颗粒的分布越宽，反之则越小。由表 3.3-6 可得出 B 值，见表 3.3-7，细尾砂颗粒群的分布宽度与粉磨时间的关系见图 3.3-7。尽管在上、下边界粒径之间，粒径分布情况的变化依旧会影响到其均匀程度，也就是说，该方法不可以表征上、下边界粒径之间因分布情况变化所引起的均匀程度的改变，但是可以在一定程度上反映粒径的分布状态。

表 3.3-7　　各组材料中细尾砂颗粒群的分布宽度及宽度比

参数	H_1	H_2	H_3	H_4
宽度系数 K	4.38	3.69	6.97	4.71
宽度比 B	42.21	15.84	44.85	42.29

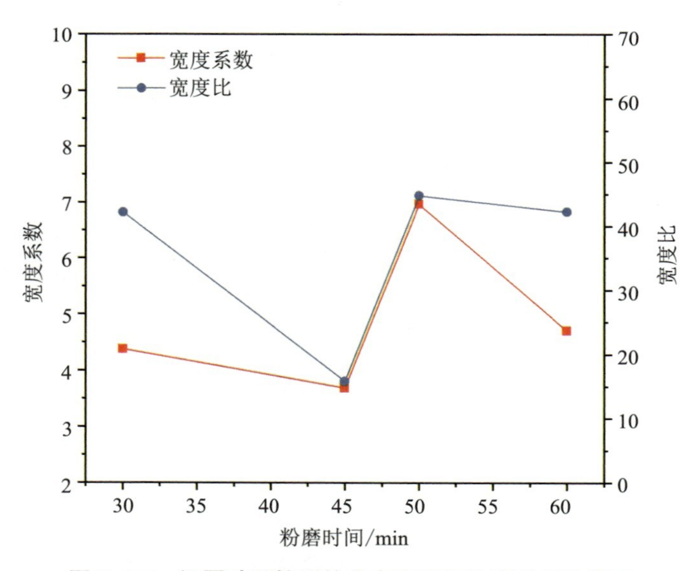

图 3.3-7　细尾砂颗粒群的分布宽度与粉磨时间的关系

从上述数据可以看出，细尾砂颗粒分布的宽度系数和宽度比随粉磨时间的延长而发生变化。H_3 中细尾砂掺料颗粒的宽度系数及宽度比均最大，H_2 中细尾砂掺料颗粒的粒度分布最窄，H_1 和 H_4 居中；H_1、H_3、H_4 的宽度比差别较小，而宽度系数相差较大；H_3 的宽度系数最大，H_4 次之，H_2 最小，这是因为 H_3 中细尾砂掺料颗粒群的粒径分布相比 H_1 和 H_4 向左偏移较大，也就是说 H_3 中小粒径含量较高，导致 d_{50} 较小，一样的宽度比条件下，H_3 的宽度系数较大。较宽的粒度分布在一定程度上可以提高颗粒群的堆积密度，有助于材料硬化浆体石块强度的增长，但是材料的性能及机械强度与多种因素有关，其只能作为分析影响材料性能的一个参数。

由于 4 组材料中细尾砂掺料颗粒的粒度分布特征参数（比表面积、特征粒径 D_e、均匀指数 n、80μm 筛余 R_{80}、颗粒分布宽度等）表征了其粒度分布情况，因此可以通过特征参数研究粒径分布状态对材料机械强度的影响。细尾砂掺料颗粒的比表面积越大，颗粒群越细，水化速率越快；特征粒径减小时，细尾砂掺料中细颗粒部分逐渐增多，水化速率也逐渐增加；然而在优化细尾砂粉体粒径分布状态时，既要保证较快的水化速率，又需要接近最紧密堆积状态，所以实验中所制备的比表面积最大、特征粒径最小的 H_2 并不是机械强度最高的。在考虑颗粒的紧密堆积效应时，要综合考虑颗粒分布的宽度和均匀指数，在比表面积大小很接近时，颗粒分布的均匀系数的增加也会造成水化速率的增大，此外，粒径分布的特征参数的改变也会造成堆积密度的变化，致使硬化石块中孔隙分布发生变化，最终导致材料性能的改变。总而言之，通过改变特征参数来获得具有较高机械强度的材料时，每个特征参数的改变都要在合理范围内，也就是说，要想得到理想状态下的粒径分布需要兼顾各方面的因素。

综合几方面因素，H_3 中细尾砂粉体的粒径分布状态在维持较快并且持续的水化速率的同时，其粒径分布的宽度是 4 组材料中最接近最佳分布状态的，所以 4 组材料中，H_3 是机械强度最高的一组。

3.3.1.4 细尾砂的掺量对胶凝材料机械性能的影响

由于细尾砂的活性低，本书确定细尾砂作为胶凝材料掺料时的最大掺量为 30%，通过控制粉磨时间制备不同的细尾砂粉体，观察其对胶凝材料机械性能的影响。为方便表述，下文将按设计配比称量并粉磨完成的熟料、硬石膏、激发剂、Na_2CO_3 和矿粉混合均匀后统称为混料（混料的制备：将各种经过预处理的原材料按设计配比称量混匀并放入球磨机粉磨，比表面积控制在 400～450m^2/kg)。在验证细尾砂具有作为胶凝材料掺料的潜在活性时，采用水泥胶砂试验中的标准砂作为取代细尾砂的掺料。胶凝材料组分含量与制备方法见表 3.3-8。

前文已经分析到，细尾砂具有一定的潜在水硬活性，故而可以用来取代部分活性掺料。但是其水化活性有限，作为胶凝材料掺料时，掺量有限。当细尾砂的掺量为 30%时，可以通过控制其粒径分布制备机械强度好于矿渣硅酸盐 42.5R 水泥相应龄期要求机械强度的胶凝材料，但是仍达不到以矿粉为主要掺料的胶凝材料的水平。50min 粉磨条件下，当细尾砂掺料的掺量从 30% 减少到 20% 时，各组材料胶砂实验机械强度测定结果见图 3.3-8。

表 3.3-8　各类原材料含量　（单位：wt%）

编号	细尾砂	标准砂	矿粉	熟料	硬石膏	激发剂	Na_2CO_3	细尾砂处理方法
H_1	30	0	36	11	20	2.5	0.5	球磨 30min
H_2	30	0	36	11	20	2.5	0.5	球磨 45min
H_3	30	0	36	11	20	2.5	0.5	球磨 50min
H_4	30	0	36	11	20	2.5	0.5	球磨 60min
H_5	0	0	66	11	20	2.5	0.5	—
H_6	0	30	36	11	20	2.5	0.5	标准砂球磨 60min
H_7	25	0	41	11	20	2.5	0.5	细尾砂球磨 50min
H_8	20	0	46	11	20	2.5	0.5	细尾砂球磨 50min

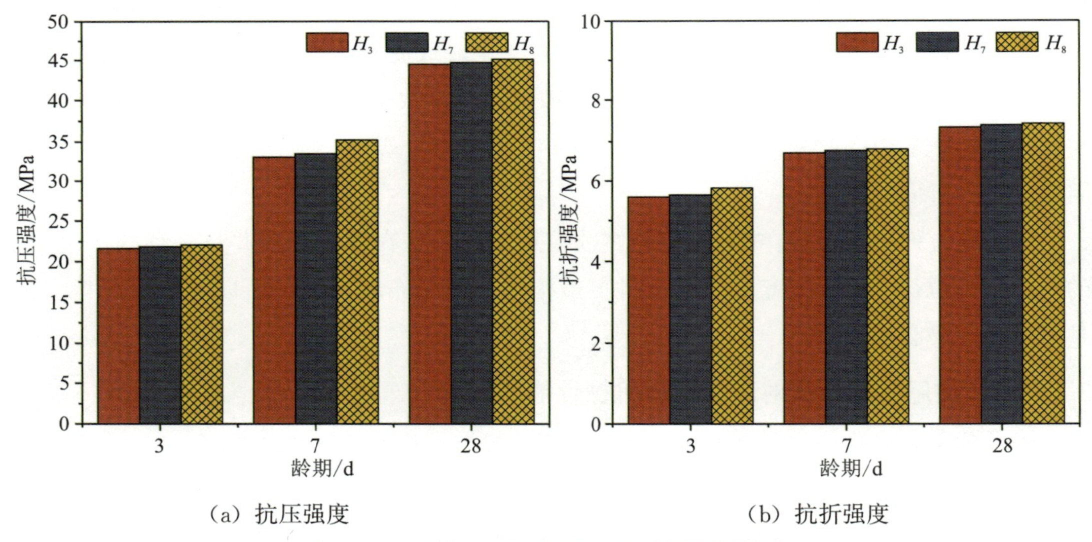

（a）抗压强度　　（b）抗折强度

图 3.3-8　各组材料胶砂实验机械强度测定结果

从图 3.3-8 可以看出：每组材料各龄期相应的抗压及抗折强度均随着时间增长而增大，无论抗压还是抗折强度均是 H_8 最好，H_8 在 3d 龄期抗压强度为 22.09MPa，抗折强度为 5.82MPa；28d 龄期抗压强度为 45.16MPa，抗折强度为 7.42MPa。

各组材料机械强度与细尾砂掺量的关系见图 3.3-9。

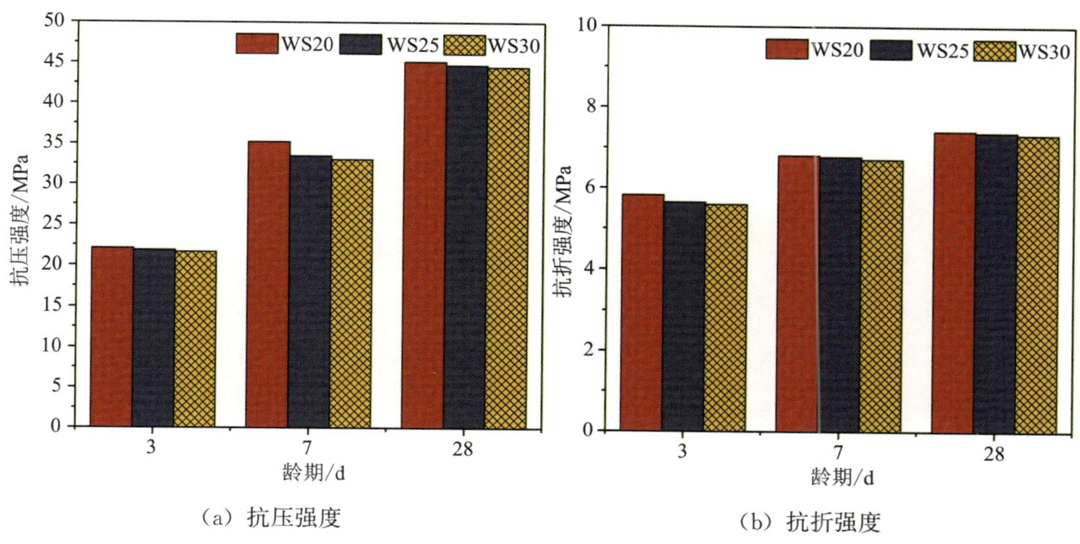

(a) 抗压强度　　(b) 抗折强度

图 3.3-9　各组材料机械强度与细尾砂掺量的关系

在细尾砂粉磨时间相同的条件下，随着细尾砂粉体掺量降低，各组材料的机械性能逐渐变好，但是增长幅度不大。当细尾砂掺量为 20%时，所对应的材料的机械性能最好，各龄期的抗压和抗折强度大小与以矿渣为主要掺料的 H_5 相应龄期的抗压和抗折强度十分接近，部分龄期甚至会超过以矿渣为主要掺料的 H_5。建议在实际应用过程中根据尾砂胶结充填体的具体强度要求确定材料中细尾砂的掺量。

(1) 细尾砂胶凝材料用水量

标准稠度是表示材料砂浆稀稠程度的指标，即为材料浆体中水量与材料质量用量的百分比。制定材料净浆标准稠度的目的是让材料的凝结时间、安定性等其他指标拥有准确的可比性。在规定的实验操作条件和方法下，材料浆体达到限定的稠度时所需用水量即为标准稠度用水量。几种材料的标准稠度用水量测定结果见表 3.3-9。本书中材料的标准稠度 L 以材料的质量百分数计：$L=$（标准稠度下拌合用水量/材料质量）×100%。

表 3.3-9　各组材料标准稠度用水量测定结果

编号	用水量/g	P/%
H_1	123.1	24.6
H_2	143.2	28.7
H_3	137.4	27.5
H_4	131.8	26.3
H_7	139.6	27.9
H_8	141.2	28.2
42.5R 水泥	123.9	24.7

胶凝材料的标准稠度用水量由以下三部分组成：

①水化早期参与水化反应，成为水化产物的内部结晶水，该部分不足10%。

②湿润新生成水化物表面和填充其空隙的水。

③填充材料颗粒间的空隙和在颗粒表面形成一定厚度的水膜，从而使浆体达到标准稠度的用水量。

三部分用水中，填充颗粒孔隙和形成水膜所用水量最大，而该部分用水量的大小关键取决于材料浆体的堆积密实度、水膜的厚度和粉体颗粒比表面积的大小。考虑到胶凝材料标准稠度用水量对浆体的流动度、混合材料的坍落度以及后期材料的力学性能和耐久性能均有一定影响，在维持一定水平材料颗粒的比表面积条件下，标准稠度应为24%～26%，最高不应超过30%。

由于水泥标号不相同，相同标号条件下，不同厂家的水泥产品的标准稠度用水量均有差别，本节试验选用市场销售的42.5R水泥作为参考标准。从上述结果可以看出：除了H_1的标准稠度用水量与42.5R水泥相接近以外，本实验所制备的胶凝材料的标准稠度用水量均要大于42.5R水泥。H_2的标准稠度用水量最大，细尾砂相同掺量条件下，随着粉磨时间的延长，需水量先增长后减小，在相同的球磨时间条件下，随着细尾砂掺量的下降，标准稠度需水量有缓慢的增长。由于本实验所制备的胶凝材料原料主要为矿粉和石膏，而水泥中主要化学组分是熟料，所制备的细尾砂基胶凝材料的标准稠度用水量均大于水泥，但是均可以控制在30%以下。

（2）细尾砂胶凝材料净浆凝结时间

凝结时间指胶凝材料从加水到开始失去流动性所消耗的时间，凝结时间的快慢可以直接影响材料成型的速度以及实际应用过程中的施工进度，通过胶凝材料的初凝和终凝时间可以判断其在实际应用中的实用性。

各组材料在各自相应的标准稠度条件下测定其相应初凝和终凝时间，测定结果见图3.3-10。

影响材料凝结时间长短的因素有很多，材料中矿物相的组成和游离氧化钙的含量、标准稠度用水量等因素对材料的凝结时间都有一定的影响，相关标准要求：矿渣硅酸盐水泥的初凝时间不可小于45min，终凝时间不得迟于600min，由上述数据可以得出：各组材料的初凝时间均大于45min，终凝时间均在600min以内。H_2达到初凝和终凝所需时间较短。在细尾砂掺量相同条件下，随着粉磨时间的延长，材料凝结所需时间均先减小后增大；相同粉磨时间条件下，随着细尾砂掺和料的减少，材料凝结时间逐渐减小。

（3）细尾砂胶凝材料烧失量

从材料行业角度来说，烧失量是判断材料中非活性混合材掺加量的一个重要参数，同时为了进行配料的计算和物料平衡计算，也要将原料的化学成分分析折算成灼烧基，因而烧失量是衡量胶凝材料性能的一个重要指标。

各组材料烧失量的测定结果见表 3.3-10。

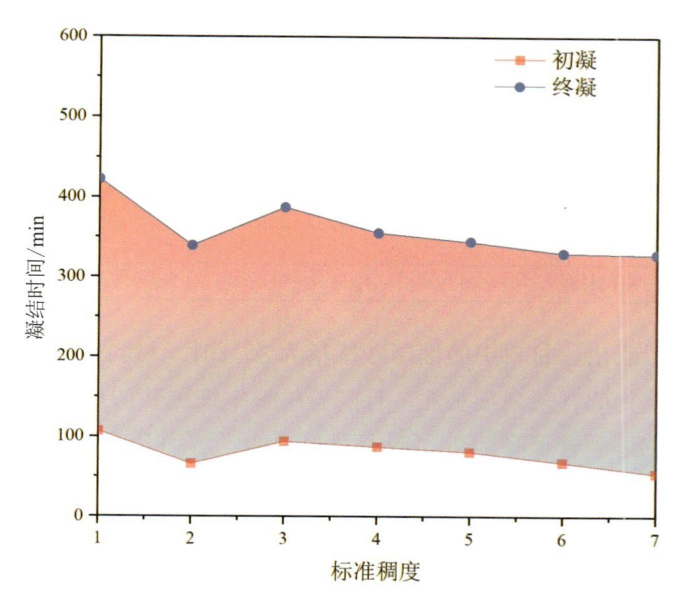

图 3.3-10　各组材料初凝和终凝时间测定结果

表 3.3-10　各组材料烧失量的测定结果

编号	烧失量/%
H_1	3.01
H_2	2.83
H_3	2.87
H_4	2.96
H_7	2.52
H_8	2.37
PO42.5 水泥	2.78

从上述结果可以得出：H_1、H_2、H_3 和 H_4 的烧失量维持在同一水平，略高于华新水泥。即当材料中的细尾砂掺量为 30%时，材料的烧失量测定结果不相上下，且随着材料中细尾砂掺量的降低，烧失量也随之降低，因此可以大致判断：材料中烧失物主要来自细尾砂，各组材料烧失量均可以控制在 3%以下。

（4）细尾砂胶凝材料中不溶物

胶凝材料的凝结和硬化是一个复杂的物理化学过程，各种水化产物由物理—化学作用联结在一起，形成具有强度的硬化石块。材料中的不溶物含量直接影响材料机械强度。

本书中各组材料烧失量的测定结果见表 3.3-11。

表 3.3-11 各组材料中烧失量的测定结果

编号	不溶物含量/%
H_1	1.32
H_2	1.29
H_3	1.33
H_4	1.24
H_7	1.22
H_8	0.97
42.5R 水泥	0.78

从上述结果可以看出，材料中的细尾砂掺量为30%时，材料中不溶物含量测定结果相差不大，材料中不溶物的含量高于水泥，且随着材料中细尾砂掺量的降低，不溶物含量也随之降低，但是当细尾砂含量降到20%时，材料中的不溶物含量仍高于华新水泥，因此可以判断，材料中的不溶物主要来自细尾砂掺料，同时材料整体中不溶物含量略高于水泥，各组材料中不溶物含量可以控制在1.50%以下，满足水泥行业相应标准。

3.3.2 低活性石粉胶凝性能调控

石粉主要指由各种岩性的岩石（包括石灰岩、花岗岩、玄武岩、砂板岩等）经机械加工筛分后小于0.16mm的微细颗粒。在水工混凝土中，对石粉的使用主要体现在两个方面：①用石粉部分取代细骨料，即石粉代砂；②将石粉作为混凝土掺和料使用，即石粉替代水泥。针对前一个方面所做的工程应用研究较多，在普定、岩滩、江垭、汾河二库、白石、黄丹等水电工程中均采用了石粉取代部分细骨料，取得了良好的效果。有关后者也有较多的研究，在龙滩、漫湾、大朝山、小湾等水电工程，均将石粉作为掺和料取代部分胶凝材料，也取得了良好的效果。

3.3.2.1 低活性石粉性质

（1）*石粉的品质*

依据《水工混凝土掺用石灰石粉技术规范》(DL/T 5304—2013）对温江某试验基地提供的砂板岩石粉、花岗岩石粉、灰岩石粉和玄武岩石粉共4种石粉进行了品质检测，石粉化学分析试验结果见表3.3-12，石粉品质检验结果见表3.3-13。采用扫描电子显微镜观测了4种石粉的形貌，见图3.3-11。

表 3.3-12 石粉化学分析试验结果

石粉品种	CaO	SiO_2	Al_2O_3	Fe_2O_3	MgO	SO_3	R_2O	Loss
砂板岩石粉	2.2	64.2	14.5	5.7	4.5	0.2	3.1	3.0
花岗岩石粉	4.2	51.6	14.5	3.9	3.6	0.2	4.2	1.9
灰岩石粉	54.2	1.6	0.2	0.2	5.0	0.2	0.1	40.7
玄武岩石粉	17.3	43.8	12.8	9.5	5.4	0.2	2.4	6.8

表 3.3-13　　　　石粉品质检验结果

石粉品种	细度 * /%	比表面积 / (m^2/kg)	需水量比 /%	密度 / (kg/m^3)	亚甲基蓝吸附量 / (g/kg)	抗压强度比 /%
砂板岩石粉	0.4	645	102	2730	0.2	57
花岗岩石粉	0.4	488	103	2720	0.2	56
灰岩石粉	1.2	648	102	2680	0.2	64
玄武岩石粉	0.4	572	104	2890	0.5	58

注：* 80μm 方孔筛筛余。

(a) 砂板岩石粉

(b) 灰岩石粉

(c) 花岗岩石粉

(d) 玄武岩石粉

图 3.3-11　石粉形貌 SEM (×3000)

从表 3.3-13 可知，4 种石粉的 80μm 筛筛余介于 0.4%～1.2%，远小于水泥的 80μm 筛筛余值（5.1%），且 4 种石粉的比表面积值均大于水泥（288m^2/kg）和粉煤灰（357m^2/kg），说明提供的 4 种石粉均比水泥和粉煤灰更细。

比较几种石粉的需水量比可知，玄武岩石粉的需水量比最高，其次为花岗岩石粉，砂板岩和灰岩石粉的需水量比最低。

比较抗压强度比可知，灰岩石粉的活性最高，其他 3 种石粉的活性相差不大，这可能与灰岩石粉更细有关。

图 3.3-11 扫描电子显微镜照片显示，灰岩石粉颗粒最细，其次为砂板岩石粉和玄武岩石粉，花岗岩石粉颗粒相对较粗。这一观测结果也与比表面积试验结果一致。

（2）*石粉加工特性*

基于石粉的初步品质检验，发现 4 种石粉比水泥更细。为了增加石粉细度，采用 80μm 方孔筛对这 4 种石粉分别进行筛分，获得过筛和筛余的 2 种细度，这两种石粉的部分品质检验结果见表 3.3-14。从表 3.3-14 试验结果可以看出，经过 80μm 方孔筛筛分后，筛余与过筛这两种细度差别不显著，除灰岩石粉的两种细度（比表面积）之差为 155m^2/kg 外，其他 3 种石粉的比表面积之差均小于 100m^2/kg，砂板岩石粉、花岗岩石粉和玄武岩石粉的 2 种细度之差分别为 80m^2/kg、62m^2/kg、96m^2/kg。

表 3.3-14　　80μm 方孔筛筛分后石粉的品质检验结果

石粉品种	粒径范围	细度＊/%	密度/（kg/m^3）	比表面积/（m^2/kg）
砂板岩石粉	筛余（>80μm）	1.5	2740	589
	过筛（≤80μm）	0.3	2760	669
花岗岩石粉	筛余（>80μm）	7.3	2720	440
	过筛（≤80μm）	0.1	2700	502
灰岩石粉	筛余（>80μm）	1.5	2720	704
	过筛（≤80μm）	0.1	2730	549
玄武岩石粉	筛余（>80μm）	1.4	2900	524
	过筛（≤80μm）	0	2890	620

注：＊45μm 方孔筛筛余。

鉴于石粉偏细、筛分效率低、筛分细度差别小，改用球磨机将 4 种石粉继续粉磨至不同细度，获得石粉的细度与粉磨时间的对应关系列于表 3.3-15 和图 3.3-12。其中，砂板岩石粉由砂板岩人工砂中粒径（≤0.16mm）颗粒加工粉磨得到，也获得了砂板岩人工石粉 80μm 方孔筛筛余与粉磨时间的对应关系。

此外，粉磨过程中还发现，灰岩石粉与玄武岩石粉的粉磨时间达到 20～30min 时，就会出现严重的颗粒团聚现象且紧紧包裹粉磨球，石粉的含水量明显增加，继续粉磨十分困难。分析认为，原状玄武岩和灰岩石粉的比表面积已经比较大，颗粒太细容易团聚吸附，而且玄武岩石粉自身含有一定的结晶水和孔隙水，粉磨过程中发生高温脱水，团聚在一起黏附在粉磨球的表面，从而发生严重团聚。试验时每次粉磨 30min，将石粉倒出并置于烘箱内烘干，冷却后再放入球磨机内粉磨 30min，烘干后装袋。

表 3.3-15　　石粉细度与粉磨时间的对应关系

石粉品种	比表面积/（m^2/kg）						
	0	30min	40min	50min	60min	70min	90min
砂板岩石粉 *	356	492（18.0）	648（4.7）	662（3.9）	752（2.5）	807（1.6）	>900（1.3）
花岗岩石粉	488	543	582	596	654	712	787
灰岩石粉	648	>900	—	—	>900	—	—
玄武岩石粉	542	—	—	—	693	—	—

注：* 比表面积括号里面的数字对应的是 80μm 筛余（%）。

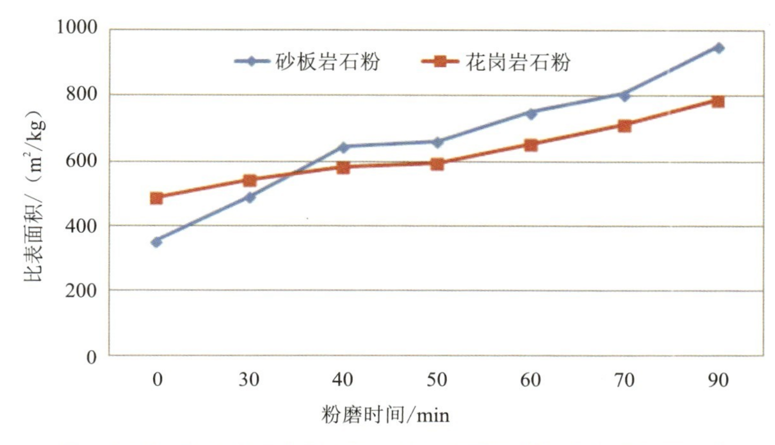

图 3.3-12　砂板岩和花岗岩石粉的比表面积与粉磨时间对应关系

经过加工后，获得砂板岩石粉原状、50min、90min 共 3 个细度，花岗岩石粉原状、50min、90min 共 3 个细度，灰岩原状、60min 共 2 个细度，以及玄武岩石粉原状、60min 共 2 个细度，供骨料碱活性和混凝土性能试验。

（3）石粉颗粒激光粒度分析

采用激光粒度分析（干法）分析了砂板岩石粉（原状、粉磨 50min、粉磨 90min）、花岗岩石粉（原状、粉磨 50min、粉磨 90min）、灰岩石粉（原状、粉磨 60min）与玄武岩石粉（原状、粉磨 60min）共 4 种石粉的颗粒级配及分布，试验结果见表 3.3-16 和图 3.3-13。从试验结果可以看出：

各种石粉中粒径小于 80μm 颗粒所占体积比均超过 90%，这一试验结果与前述 80μm 方孔筛筛余试验结果一致。

各种石粉颗粒粒径集中分布在不大于 16μm 的范围内，占比为 50.6%～86.7%，可有效填充水泥颗粒之间的空隙；粒径范围在不大于 5μm 的范围内体积占比从高到低依次为：灰岩石粉 46.7%>砂板岩石粉 38.1%>玄武岩石粉 35.8%>花岗岩石粉（23.4%）。

表 3.3-16　　石粉的激光粒度分析试验结果

石粉品种	粉磨时间/min	比表面积**/(m^2/kg)	D（4，3）/μm	累积分布（以体积百分比计算，μm）/%											特征参数（以体积计算，μm）		
				<1	<3	<5	<8	<16	<24	<32	<45	<63	<80	<100	D_{10}	D_{50}	D_{90}
砂板岩石粉	0	493	22.34	8.3	25.5	38.1	51.6	67.2	72.8	77.5	82.8	88.3	92.3	95.5	1.13	7.57	69.52
	50*	485	25.20	8.6	24.8	36.6	49.2	64.0	69.4	74.3	80.0	86.0	90.4	94.0	1.11	8.26	77.99
	90*	637	11.38	11.7	33.8	48.6	63.7	80.0	85.5	90.0	94.5	97.6	99.1	99.9	0.91	5.22	31.93
花岗岩石粉	0	343	25.23	5.7	16.0	23.4	33.2	50.6	61.5	70.8	82.3	91.5	95.3	97.3	1.62	15.60	59.03
	50	631	13.44	12.3	33.7	46.1	58.1	73.0	80.1	86.2	93.0	97.3	99.0	99.9	0.89	5.80	38.33
	90	700	12.18	15.0	36.2	47.8	59.9	75.7	83.0	89.0	94.5	97.6	99.1	99.9	0.80	5.45	33.67
玄武岩石粉	0	544	18.67	9.9	25.9	35.8	46.9	62.8	70.9	77.9	87.1	95.2	98.1	99.0	1.01	9.09	50.14
	60	734	14.60	15.1	35.9	46.9	58.0	72.1	78.7	84.1	90.7	95.9	98.1	99.5	0.80	5.70	43.27
灰岩石粉	0	688	13.10	15.5	34.3	46.7	60.9	77.3	82.9	87.2	91.7	95.8	98.5	99.8	0.78	5.59	39.39
	60	893	8.18	22.3	44.2	57.7	71.9	86.7	90.8	93.9	96.5	99.5	100.0	100.0	0.37	3.84	22.31

注：*表明采用砂板岩砂中粒径小于0.16mm细颗粒粉磨获得；**表明根据体积比表面积换算得到。D_{10}表示在累计粒度分布曲线中，10%体积的颗粒直径小于该值，μm；D_{50}、D_{90}与此类似。D（4，3）表示体积平均粒径，μm。

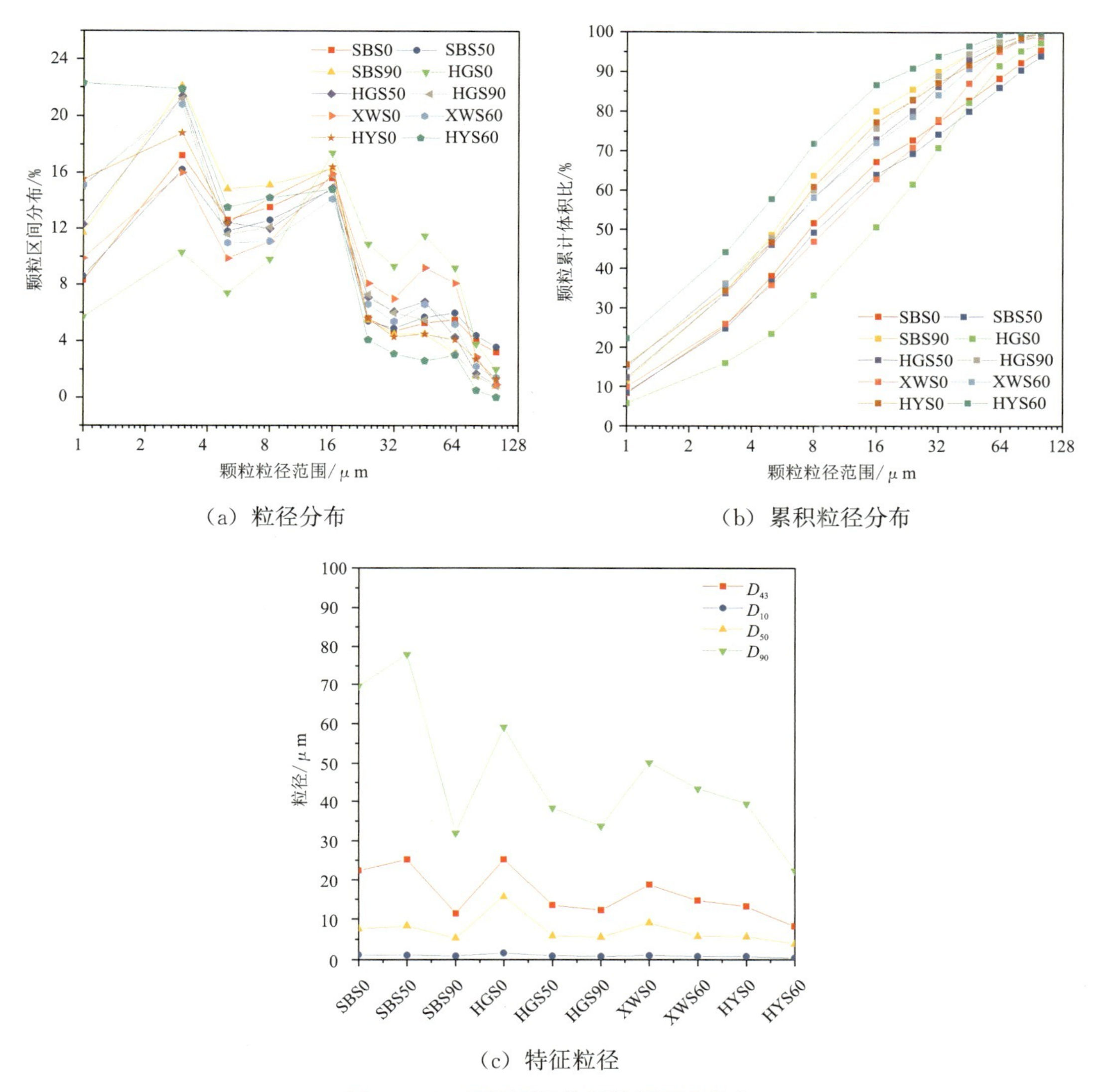

（a）粒径分布

（b）累积粒径分布

（c）特征粒径

图 3.3-13　不同石粉体颗粒级配及分布

根据体积比表面积换算得到的质量比表面积与前述勃式比表面积仪试验结果存在一定差异，但各种石粉的细度变化趋势一致；以原状石粉为例，粉磨细度从大到小依次为：灰岩石粉＞玄武岩石粉＞砂板岩石粉＞花岗岩石粉。砂板岩石粉中不大于 5μm 的细颗粒含量高于玄武岩石粉，但比表面积值略低。

体积平均粒径 D（4，3）与 D_{50}、D_{90} 存在良好的对应关系，可以采用此特征参数表征磨细石粉的颗粒细度。

3.3.2.2　石粉对胶砂流动度和强度的影响

根据《水泥胶砂流动度测定方法》(GB/T 2419—2005) 和《水泥胶砂强度检验方法 (ISO 法)》(GB/T 17671—1999)，开展粉煤灰—水泥和石粉—水泥胶砂的流动度和强度试验。石粉掺量分别为 0、15%、25%、35%、45%、55%，具体试验结果见表 3.3-17 至

表 3.3-21 和图 3.3-14。结合表 3.3-17 和图 3.3-14 可知：

①适当提高粉煤灰掺量可以增大水泥胶砂的流动度，即粉煤灰掺量超过 35%时胶凝体系颗粒级配和分布改善，减水效果明显。

②砂板岩、玄武岩、灰岩和花岗岩 4 种石粉均会减小水泥胶砂的流动度，掺量越高、流动度降幅越大。即 4 种石粉部分取代水泥均会增大单位用水量。

③随着掺量增加，灰岩石粉掺量对水泥胶砂流动度的影响最小；砂板岩石粉掺量增加，胶砂流动度小幅降低；花岗岩和玄武岩石粉掺量增加，胶砂流动度降幅明显。即灰岩石粉的掺量对用水量影响最小，砂板岩石粉掺量增加、用水量小幅增加，花岗岩和玄武岩石粉掺量增加、用水量明显增大。

④品种和掺量的影响。比较了石粉品种和掺量（15%～55%）对水泥胶砂强度的影响，试验结果见表 3.3-17 和图 3.3-15 至图 3.3-18。由试验结果可知：a. 随龄期增长，掺石粉水泥胶砂强度增加，但均低于纯水泥和掺粉煤灰水泥胶砂强度。b. 石粉掺量增加，水泥胶砂强度降低；掺量越高，降幅越大。但从强度发展趋势看，3～28d 掺石粉水泥胶砂强度增长明显，90～180d 强度增长缓慢。c. 掺粉煤灰的水泥胶砂的后期强度增长率明显高于其他几种石粉水泥胶砂。28d 龄期时掺粉煤灰水泥胶砂强度与掺石粉水泥胶砂强度基本相当，但 90d 龄期时前者明显高于后者，且掺量越高、差异越显著。与 28d 龄期相比，90d 龄期时掺粉煤灰与掺石粉的水泥胶砂抗压强度平均增长率分别为 172%和 125%。d. 掺砂板岩石粉和灰岩石粉的水泥胶砂强度略高于掺玄武岩石粉和花岗岩石粉的水泥胶砂；固定同一掺量时，几种石粉 90d 龄期水泥胶砂强度之差的平均值仅为 3.2MPa。

⑤粉磨细度的影响比较了原状、粉磨 50min、粉磨 90min 砂板岩石粉—水泥胶砂的强度，试验结果见表 3.3-18、表 3.3-19 和图 3.3-15、图 3.3-16。从试验结果可以看出：a. 当石粉掺量不高于 15%时，粉磨细度对水泥胶砂强度的影响较小；当掺量达到 35%时，随着粉磨时间延长，28d 龄期以前水泥胶砂强度小幅增加。b. 随着龄期的增长，石粉粉磨细度对胶砂强度的影响小于掺量的影响。

表 3.3-17　　掺粉煤灰、石粉的水泥胶砂流动度与强度

编号	石粉品种	掺和料掺量/%	流动度/mm	抗折强度/MPa					抗压强度/MPa				
				3d	7d	28d	90d	180d	3d	7d	28d	90d	180d
1	—	—	203	3.8	5.2	8.5	9.7	10.6	15.5	24.6	47.7	57.0	65.8
2	粉煤灰	15	198	2.8	3.7	7.6	9.9	10.0	11.8	22.1	44.3	49.6	60.4
3	玄武岩		200	2.7	4.7	6.6	8.4	8.8	11.2	20.9	42.3	43.0	51.5
4	砂板岩		190	3.5	4.7	7.3	9.4	9.2	12.4	18.6	43.3	44.7	51.6
5	灰岩		200	3.5	4.6	7.5	9.5	9.5	12.6	18.9	43.8	44.2	52.5
6	花岗岩		202	3.2	4.6	7.3	8.5	9.4	10.8	17.4	40.5	44.9	51.7

续表

编号	石粉品种	掺和料掺量/%	流动度/mm	抗折强度/MPa					抗压强度/MPa				
				3d	7d	28d	90d	180d	3d	7d	28d	90d	180d
7	粉煤灰	25	201	3.4	4.7	7.4	9.6	11.0	9.1	15.6	32.9	47.7	66.0
8	玄武岩		189	3.3	4.5	6.9	8.6	8.6	9.2	18.3	32.5	39.4	48.3
9	砂板岩		186	3.0	4.2	7.0	8.6	8.8	9.8	16.9	31.9	36.2	42.9
10	灰岩		196	3.2	4.7	7.2	8.2	8.4	10.4	17.1	32.1	38.6	42.3
11	花岗岩		190	3.0	4.4	6.6	8.7	8.9	10.0	16.1	31.0	35.0	44.2
12	粉煤灰	35	208	2.3	3.4	6.1	9.5	11.3	8.7	14.0	25.4	45.2	60.5
13	玄武岩		182	2.1	3.3	5.6	7.3	7.4	8.8	13.4	24.1	28.7	36.4
14	砂板岩		181	2.4	3.9	6.5	7.7	7.8	9.3	12.6	25.6	29.7	35.7
15	灰岩		196	2.7	3.8	6.1	7.2	7.9	9.3	15.6	25.5	32.4	36.8
16	花岗岩		186	2.3	3.9	6.0	7.2	7.7	9.2	14.3	23.1	31.5	36.4
17	粉煤灰	45	214	2.2	3.6	5.2	8.9	9.2	6.1	13.2	20.0	40.9	50.6
18	玄武岩		164	1.8	2.9	4.5	6.7	6.8	7.8	12.7	17.1	24.7	28.1
19	砂板岩		178	1.8	2.5	4.6	6.4	6.6	6.2	12.2	16.8	21.3	27.3
20	灰岩		192	2.1	3.4	5.5	6.4	7.1	8.0	14.3	18.9	32.3	36.1
21	花岗岩		160	1.7	2.7	5.0	6.4	6.8	7.5	13.4	16.4	22.8	30.0
22	粉煤灰	55	219	1.6	2.4	5.4	8.4	9.3	4.8	11.5	17.1	37.5	45.5
23	玄武岩		164	1.5	2.2	4.0	5.2	5.6	5.3	11.5	13.0	19.8	23.0
24	砂板岩		170	1.2	2.1	4.2	5.4	5.6	4.5	11.1	13.9	20.8	22.4
25	灰岩		184	1.4	3.0	4.4	5.1	5.4	4.6	11.5	15.9	21.3	23.3
26	花岗岩		158	1.9	2.7	4.1	5.2	5.5	6.3	11.8	14.9	18.1	21.0

表 3.3-18　　掺不同粉磨细度砂板岩水泥胶砂强度

编号	粉磨时间/min	掺量/%	抗折强度/MPa					抗压强度/MPa				
			3d	7d	28d	90d	180d	3d	7d	28d	90d	180d
1	50	15	3.1	4.7	6.9	8.8	9.0	12.5	19.1	40.6	43.0	46.6
2		25	3.0	4.5	7.2	7.7	8.0	10.8	17.5	33.6	37.0	40.5
3		35	2.6	4.1	6.8	7.7	7.7	10.2	13.4	27.1	30.6	33.7
4		45	2.0	2.8	5.4	6.0	6.2	7.2	13.1	18.9	21.3	24.6
5		55	1.4	2.5	3.9	4.5	4.9	5.5	12.8	13.3	15.1	17.1
6	90	15	3.6	4.9	7.5	9.0	9.2	13.3	20.3	44.2	45.1	49.2
7		25	3.0	4.2	7.5	8.4	8.4	10.9	19.1	37.5	39.1	44.5
8		35	2.8	4.0	7.0	7.5	7.7	10.4	16.2	30.4	32.5	36.1
9		45	2.3	3.5	5.6	6.1	6.5	7.4	15.4	21.5	23.7	26.9
10		55	1.5	2.9	4.5	4.7	5.3	5.6	14.1	15.9	17.2	19.4

表 3.3-19　　掺不同粉磨细度灰岩和花岗岩水泥胶砂强度

编号	石粉品种	粉磨时间/min	掺量/%	抗折强度/MPa				抗压强度/MPa			
				7d	28d	90d	180d	7d	28d	90d	180d
1	灰岩	60	15	5.6	7.4	9.4	9.5	23.2	32.7	48.7	56.2
2			25	4.9	7.0	7.8	8.7	21.3	30.5	41.5	45.7
3			35	4.5	6.3	7.1	7.3	18.6	26.5	32.8	38.5
4			45	3.2	5.4	6.4	6.5	16.4	21.7	27.9	31.4
5			55	4.1	4.1	5.1	5.4	14.8	16.6	20.5	22.9
6	玄武岩	60	15	4.6	8.1	9.0	9.3	17.6	37.2	48.3	52.9
7			25	4.7	6.8	8.0	8.4	15.0	28.7	38.7	45.3
8			35	3.2	5.2	6.7	6.8	10.4	21.2	28.9	31.6
9			45	2.9	4.6	6.1	6.1	9.3	16.6	23.3	24.2
10			55	2.3	3.9	5.3	5.8	7.6	13.7	20.9	23.9
11	花岗岩	90	15	4.7	7.7	9.0	9.5	17.8	37.4	50.6	50.8
12			25	4.7	7.3	8.4	8.4	16.5	35.5	44.0	44.4
13			35	4.4	6.2	7.6	8.1	14.7	26.5	35.3	39.2
14			45	4.2	5.7	7.4	7.5	14.4	20.6	27.7	30.1
15			55	2.9	4.4	6.1	6.2	9.1	16.6	21.8	25.3

⑥复掺组合的影响。比较了复掺砂板岩石粉与粉煤以及砂板岩石粉与硅粉两种组合对水泥胶砂强度的影响，试验结果见表 3.3-20、表 3.3-21、表 3.3-22 和图 3.3-17 至图 3.3-21。复掺砂板岩石粉与粉煤灰的水泥胶砂强度介于单掺粉煤灰与单掺砂板岩石粉的水泥胶砂强度之间，其中砂板岩石粉、灰岩石粉分别与粉煤灰复掺时的水泥胶砂强度略高于花岗岩和玄武岩石粉。复掺砂板岩石粉与硅粉的水泥胶砂强度明显增加，其中掺入5%～8%硅粉、15%～20%砂板岩石粉的水泥胶砂强度最高。

表 3.3-20　　复掺粉煤灰和石粉的水泥胶砂强度

编号	石粉品种	抗折强度/MPa					抗压强度/MPa				
		3d	7d	28d	90d	180d	3d	7d	28d	90d	180d
1	10%粉煤灰+15%砂板岩	3.2	4.3	6.7	8.2	9.5	9.0	14.6	29.1	41.4	47.0
2	10%粉煤灰+15%玄武岩	3.4	4.1	6.2	9.0	9.6	9.0	14.2	28.0	42.6	48.0
3	10%粉煤灰+15%灰岩	3.5	4.5	6.9	8.7	10.2	10.0	16.1	33.0	42.4	52.6
4	10%粉煤灰+15%花岗岩	3.0	3.8	6.5	8.2	9.8	9.2	13.9	32.0	39.2	49.5
5	10%粉煤灰+15%砂板岩（50min）	3.0	4.5	6.2	9.1	9.5	9.6	17.1	31.2	42.6	47.1
6	10%粉煤灰+15%砂板岩（90min）	3.4	5.4	6.3	9.2	9.5	11.3	18.5	33.8	43.1	47.7

表 3.3-21　　复掺砂板岩石粉与粉煤灰的水泥胶砂强度

编号	掺和料组合	抗折强度/MPa			抗压强度/MPa		
		7d	28d	90d	7d	28d	90d
1	10%粉煤灰+10%砂板岩	4.2	6.9	9.5	16.1	26.8	45.4
2	15%粉煤灰+10%砂板岩	4.2	7.2	9.4	16.1	30.2	41.1
3	20%粉煤灰+10%砂板岩	3.6	6.1	8.1	12.6	22.7	35.6
4	15%粉煤灰+5%砂板岩	4.1	7.2	9.7	15.2	28.5	47.5
5	20%粉煤灰+5%砂板岩	3.9	6.6	9.7	16.2	28.5	46.2
6	25%粉煤灰+5%砂板岩	4.0	6.3	9.7	15.3	23.7	40.6

表 3.3-22　　复掺砂板岩石粉与硅粉的水泥胶砂强度

编号	石粉品种	抗折强度/MPa					抗压强度/MPa				
		3d	7d	28d	90d	180d	3d	7d	28d	90d	180d
1	3%硅粉+15%石粉	2.9	4.6	8.3	9.5	9.8	9.5	15.2	38.2	49.9	50.1
2	3%硅粉+20%石粉	3.0	4.5	8.2	9.4	9.8	9.7	15.4	35.9	46.0	48.0
3	3%硅粉+25%石粉	2.9	4.4	8.2	8.9	9.4	9.2	15.2	37.4	40.2	42.1
4	5%硅粉+15%石粉	3.4	5.4	9.0	10.7	10.7	11.6	20.4	42.9	58.3	59.1
5	5%硅粉+20%石粉	3.3	5.2	8.9	10.5	10.5	11.2	18.9	41.0	55.1	57.1
6	5%硅粉+25%石粉	3.0	5.0	9.0	10.2	10.3	10.7	18.8	40.3	49.8	54.5
7	8%硅粉+15%石粉	3.7	5.6	9.2	10.3	10.5	13.8	21.3	43.4	51.7	55.7
8	8%硅粉+20%石粉	3.5	5.0	9.0	9.7	9.9	12.3	20.2	42.7	48.2	50.8
9	8%硅粉+25%石粉	3.0	4.9	8.9	9.8	10.1	10.0	19.1	37.5	44.2	45.8

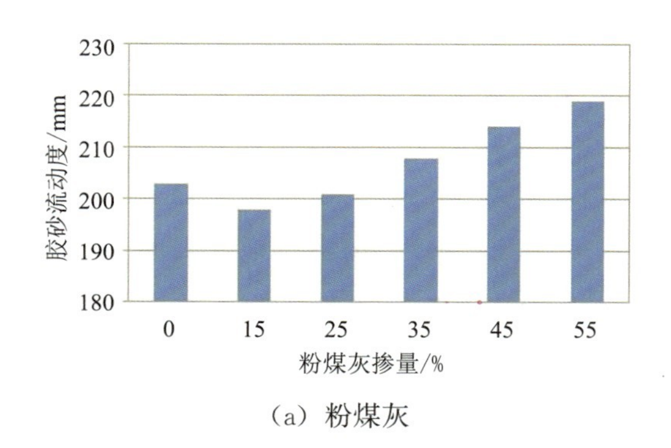

(a) 粉煤灰

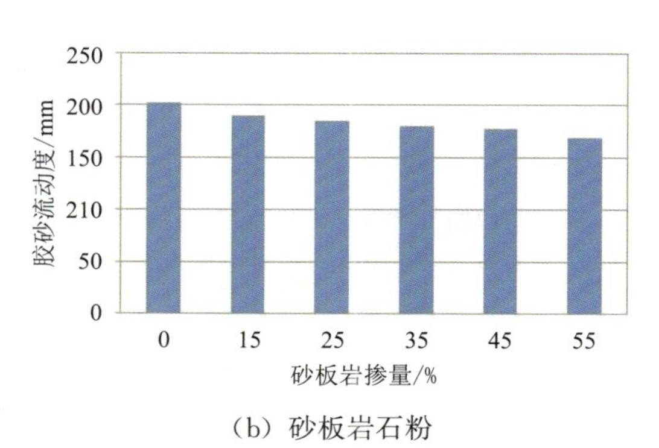

(b) 砂板岩石粉

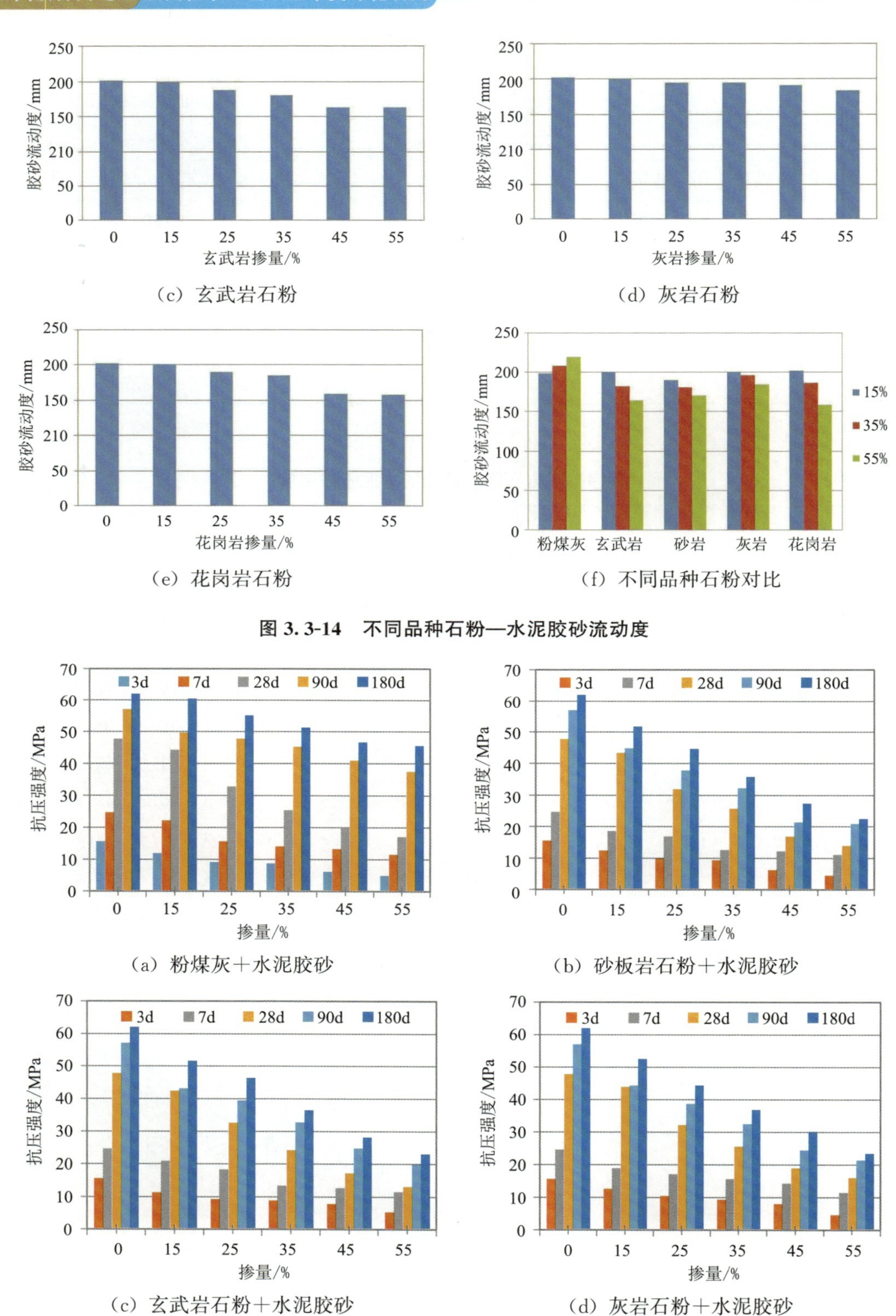

（c）玄武岩石粉

（d）灰岩石粉

（e）花岗岩石粉

（f）不同品种石粉对比

图 3.3-14　不同品种石粉—水泥胶砂流动度

（a）粉煤灰＋水泥胶砂

（b）砂板岩石粉＋水泥胶砂

（c）玄武岩石粉＋水泥胶砂

（d）灰岩石粉＋水泥胶砂

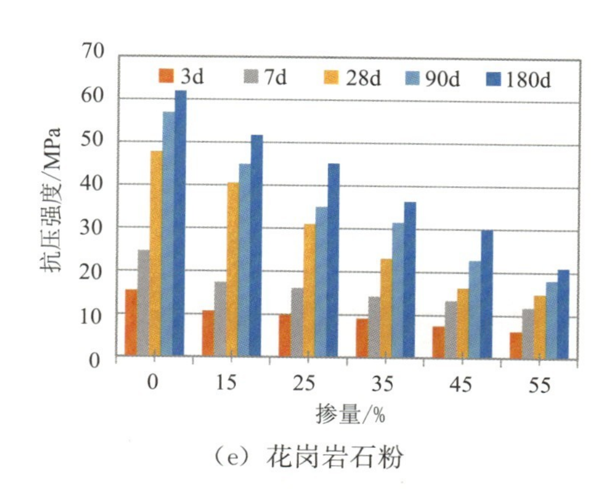

（e）花岗岩石粉

图 3. 3-15　不同石粉掺量的水泥胶砂强度

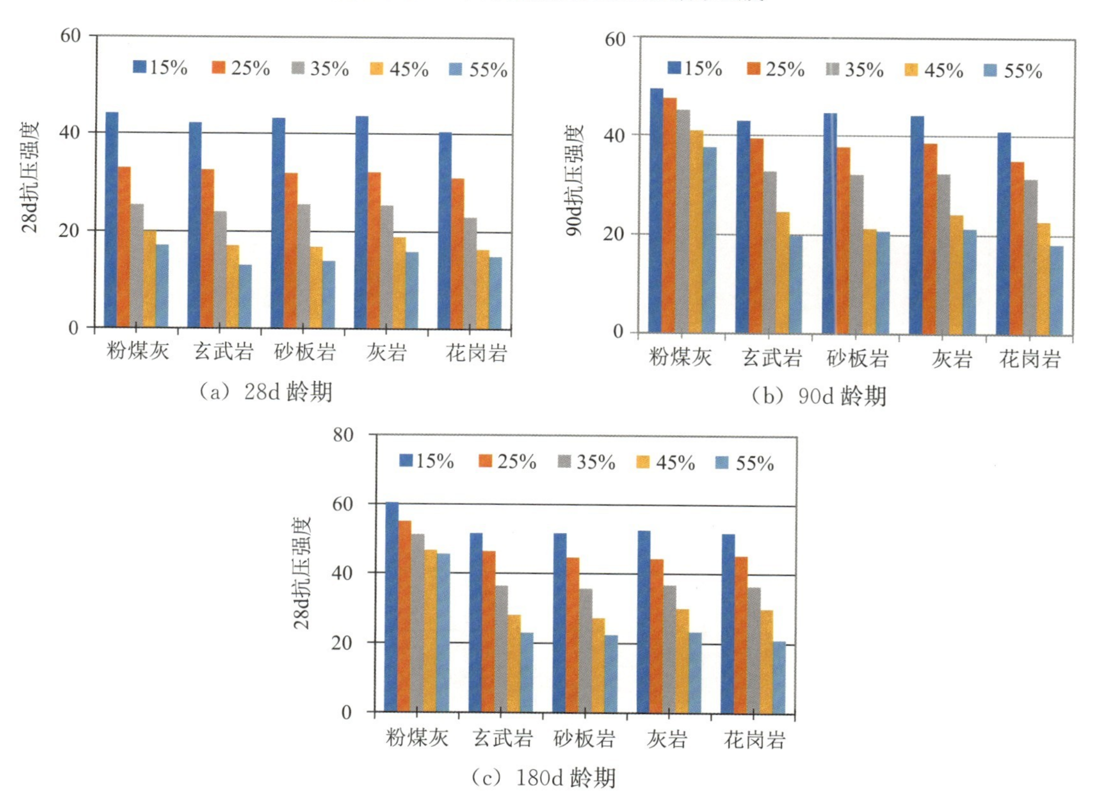

（c）180d 龄期

图 3. 3-16　不同品种石粉水泥胶砂强度（MPa）

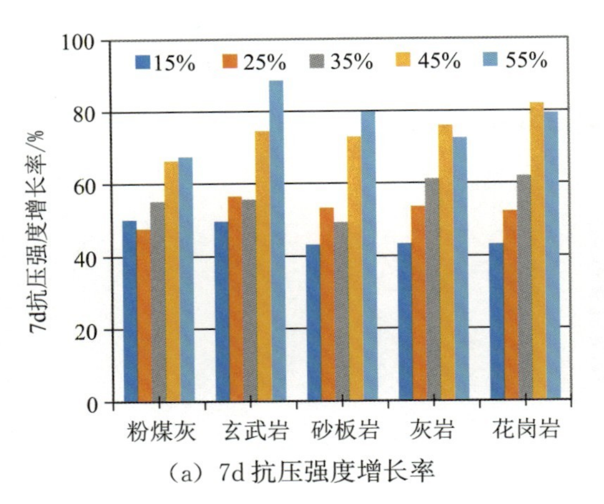

(a) 7d 抗压强度增长率

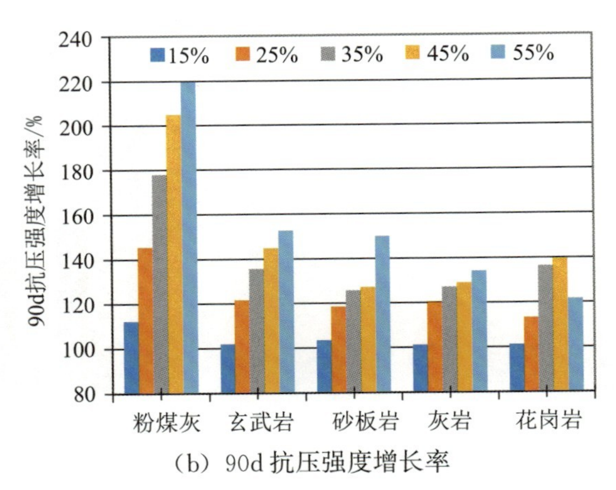

(b) 90d 抗压强度增长率

图 3.3-17　不同品种石粉的水泥胶砂抗压强度增长率

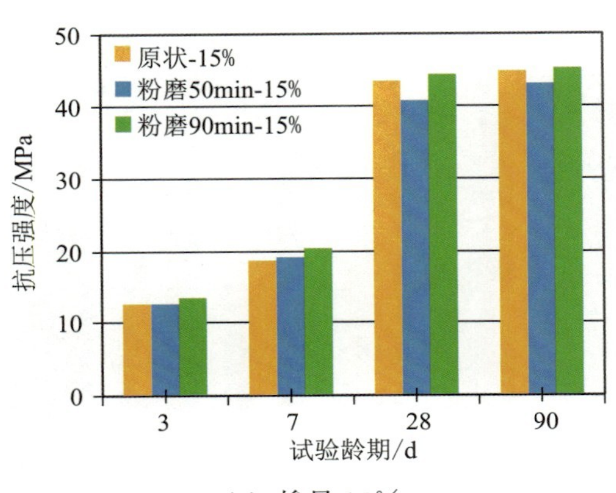

(a) 掺量 15%

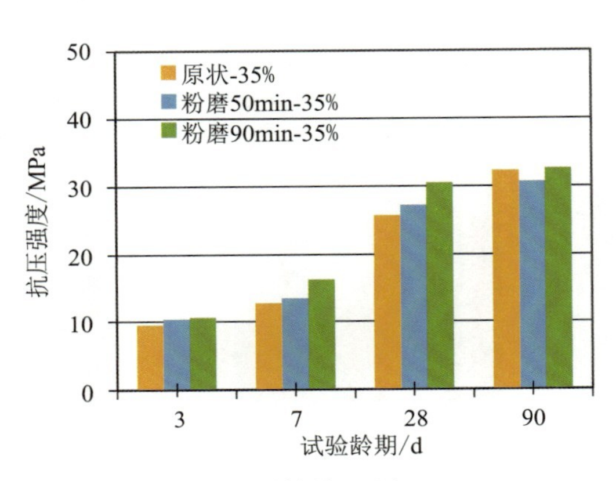

(b) 掺量 35%

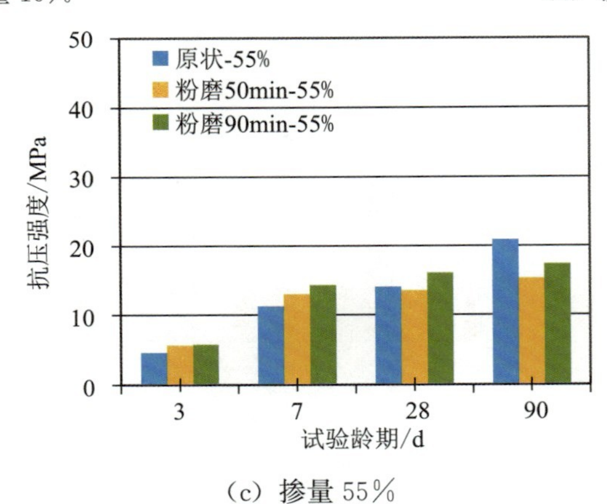

(c) 掺量 55%

图 3.3-18　掺入不同粉磨细度石粉的水泥胶砂强度

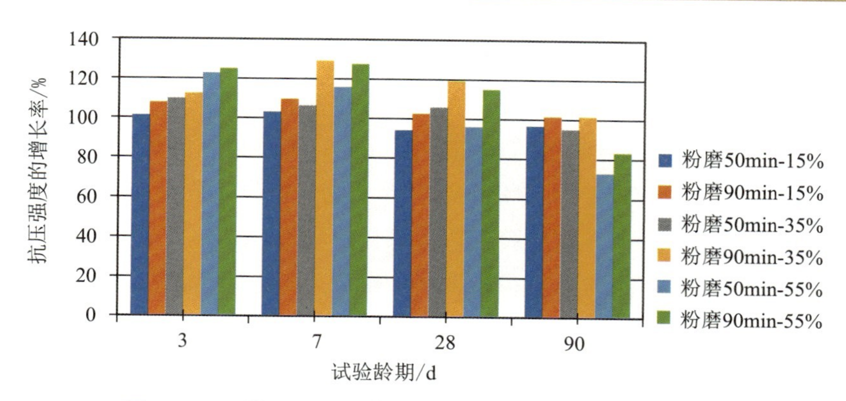

图 3.3-19 掺入不同粉磨细度石粉的水泥胶砂强度增长率

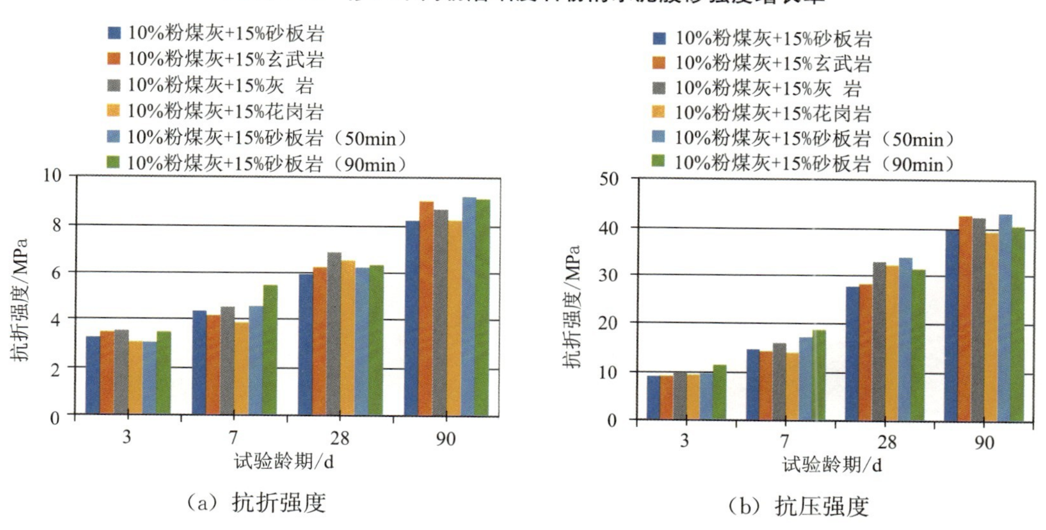

图 3.3-20 复掺砂板岩石粉与粉煤灰的水泥胶砂强度

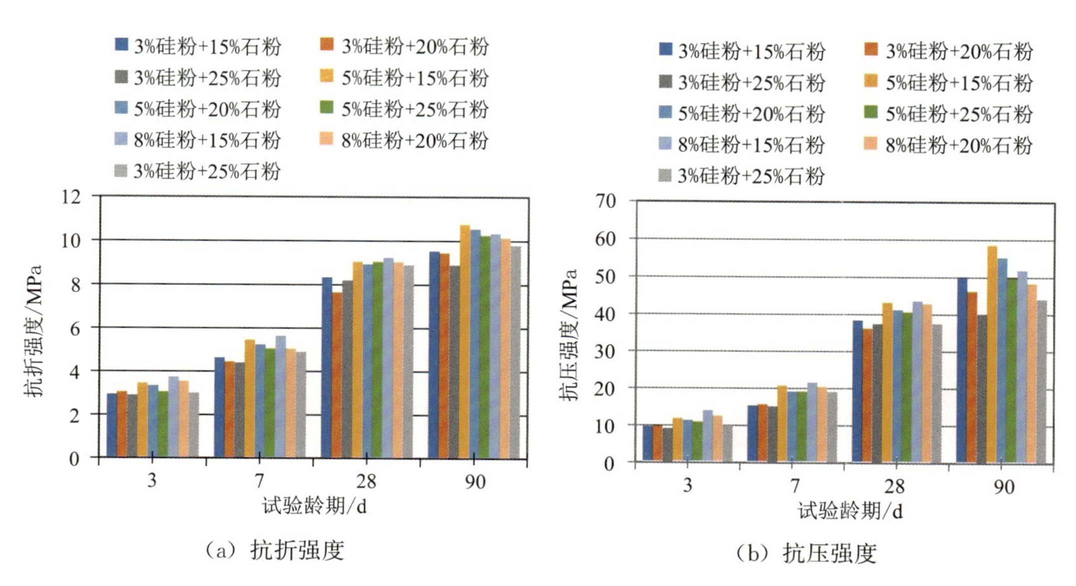

图 3.3-21 复掺砂板岩石粉与硅粉的水泥胶砂强度

3.3.2.3 石粉对胶凝体系水化热的影响

不同胶凝体系水化热试验结果见图 3.3-22。纯水泥胶凝体系的掺量越高，水化热降幅越大。从 7d 龄期内水化热发展趋势看，相同掺量时，掺石粉胶凝体系的水化热与粉煤灰胶凝体系基本相当，其中掺砂板岩石粉胶凝体系水化热略高于同龄期的粉煤灰胶凝体系。与纯水泥胶凝体系相比，掺入硅粉后胶凝体系水化热增加；硅粉与砂板岩石粉复掺时，胶凝体系水化热降低，其中砂板岩石粉掺量越高，水化热降低幅度越大。

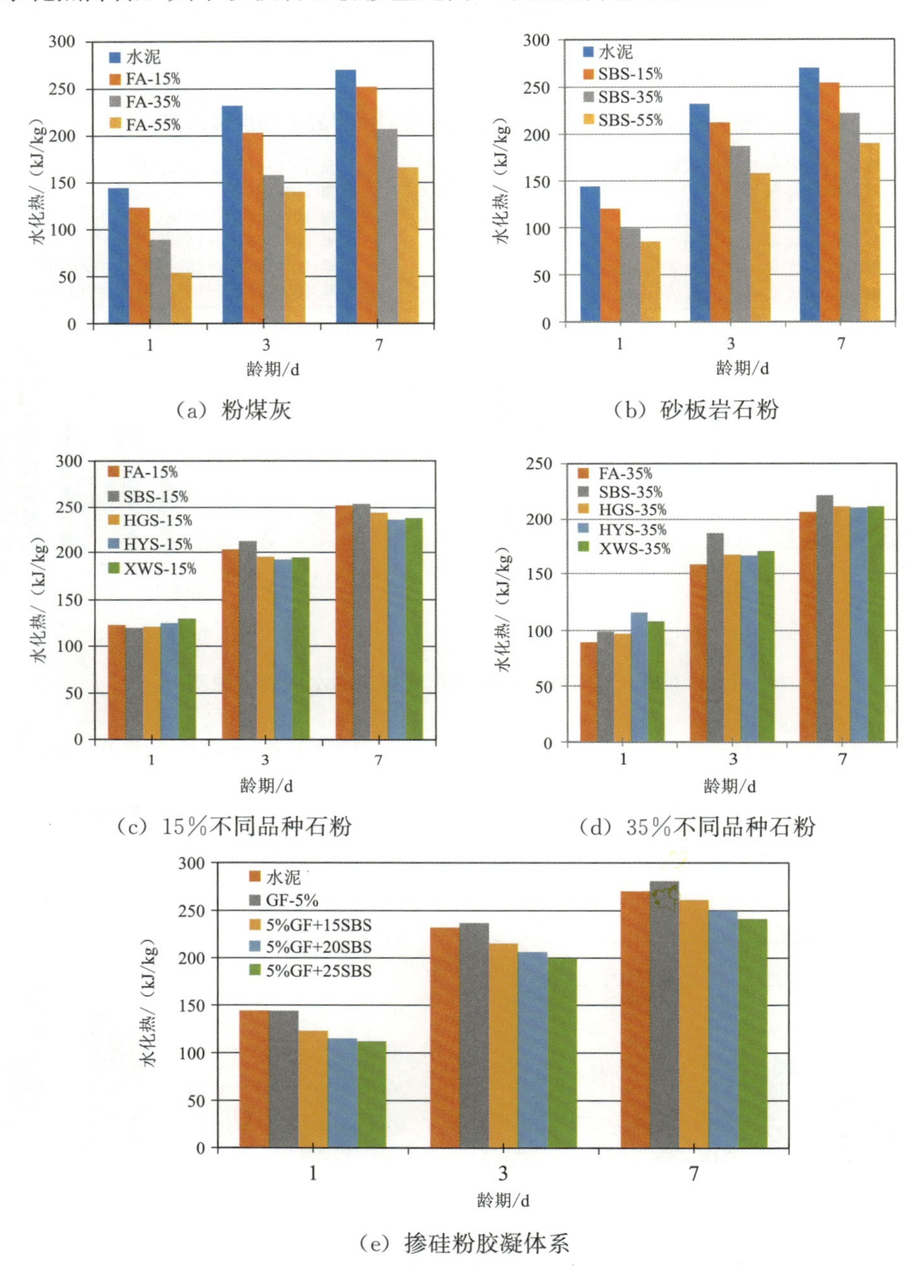

图 3.3-22 不同胶凝体系水化热试验结果

3.3.2.4 石粉在胶凝体系中微观结构研究

（1）扫描电子显微镜（SEM）

分别在7d、28d、90d、180d龄期取样进行扫描电子显微镜（SEM）分析，试样包括单掺粉煤灰、砂板岩石粉、花岗岩石粉、玄武岩石粉、灰岩石粉以及复掺砂板岩石粉与粉煤灰、复掺砂板岩石粉与硅粉的砂浆试样。试样浸入无水乙醇终止水化，然后置于60℃烘箱中干燥24h。

1）不同品种石粉

单掺粉煤灰与单掺4种石粉的水泥砂浆的扫描电子显微镜SEM图片见图3.3-23至图3.3-27。从水化产物形态看，各胶凝体系的水化产物主要以细长、纤维状水化产物（主要是C—S—H）为主，水化产物从未水化颗粒表面向外辐射生长、搭结、交织，但水化产物堆积较疏松，存在大量空隙。比较掺25%不同石粉胶凝体系28d龄期的水化产物可知，单掺粉煤灰时胶凝体系内水化产物生长尺寸为5～10μm，且粉煤灰颗粒表面清晰可见水化产物覆盖，其他掺4种石粉胶凝体系水化产物数量也较多，与单掺粉煤灰胶凝体系相差不大。比较不同掺量砂板岩石粉胶凝体系水化产物可知，随着砂板岩石粉掺量增加，水化产物数量有所减少且尺寸明显减小（图3.3-23）。掺量从25%增长至35%、55%时，水化产物形态从细长纤维状搭结转变为附着在未水化颗粒上成簇向外辐射生长。

2）复掺砂板岩石粉与粉煤灰

复掺砂板岩石粉与粉煤灰胶凝体系的水化产物形貌见图3.3-28。水化3d龄期时就可见细长、纤维状水化产物附着在未水化颗粒表面向外蔓延，分布在整个胶凝体系中且水化产物尺寸也为5～10μm。随着龄期增长，胶凝体系水化程度增加，水化产物覆盖、包裹粉煤灰颗粒，到180d龄期时清晰可见粉煤灰颗粒镶嵌在水化产物堆积构成的整体中，且孔洞仍可见发育较好的水化产物。

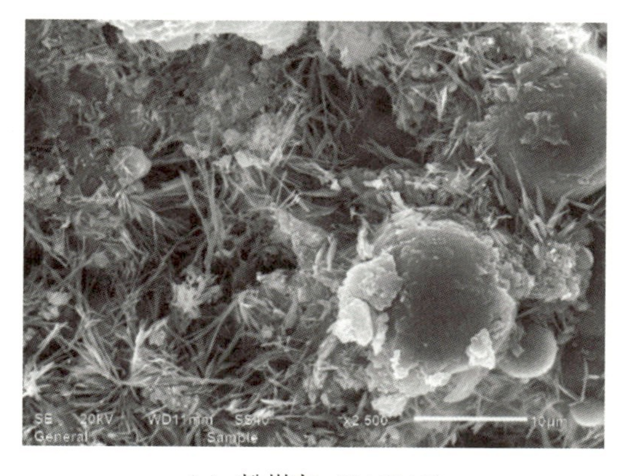

(a) 粉煤灰（×2500）

(b) 粉煤灰（×5000）

图3.3-23 单掺粉煤灰水泥砂浆SEM图片（25%，28d）

(a) 25%砂板岩石粉（×2500）

(b) 25%砂板岩石粉（×5000）

(c) 35%砂板岩石粉（×2500）

(d) 35%砂板岩石粉（×2500）

(e) 55%砂板岩石粉（×2500）

(f) 55%砂板岩石粉（×2500）

图 3.3-24　单掺砂板岩石粉水泥砂浆 SEM（28d）

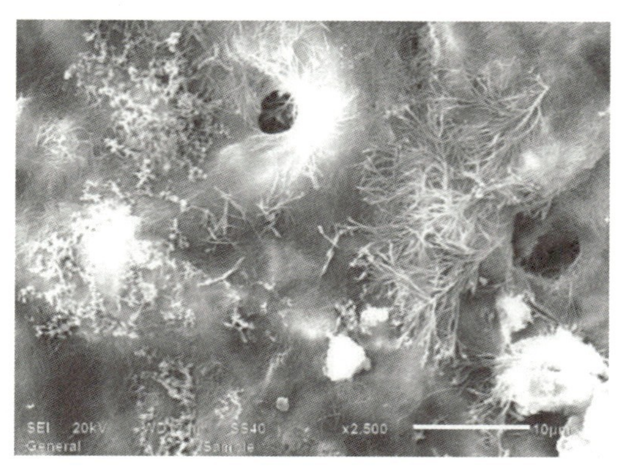

（a）花岗岩石粉（×2500）

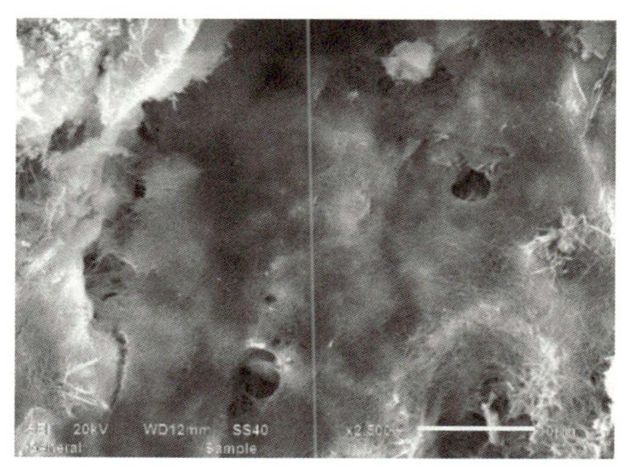

（b）花岗岩石粉（×2500）

图 3.3-25　单掺花岗岩石粉水泥砂浆 SEM 图片（25%，28d）

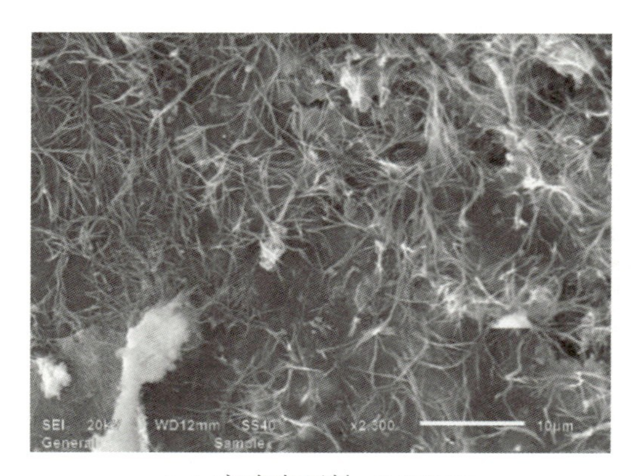

（a）玄武岩石粉（×2500）

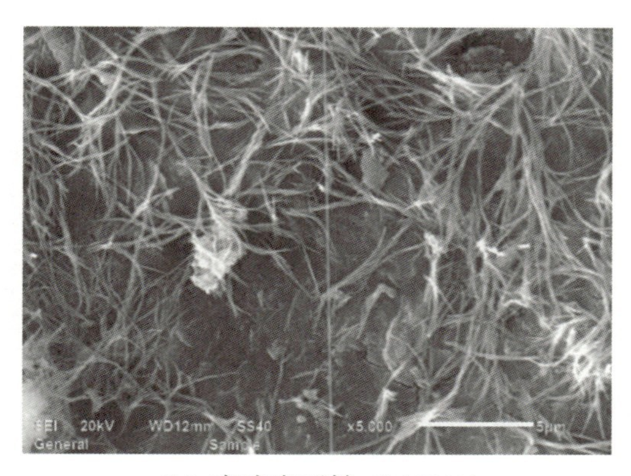

（b）玄武岩石粉（×5000）

图 3.3-26　单掺玄武岩石粉水泥砂浆 SEM 图片（25%，28d）

（a）灰岩石粉（×2500）

（b）灰岩石粉（×5000）

图 3.3-27　单掺灰岩石粉水泥砂浆 SEM 图片（25%，28d）

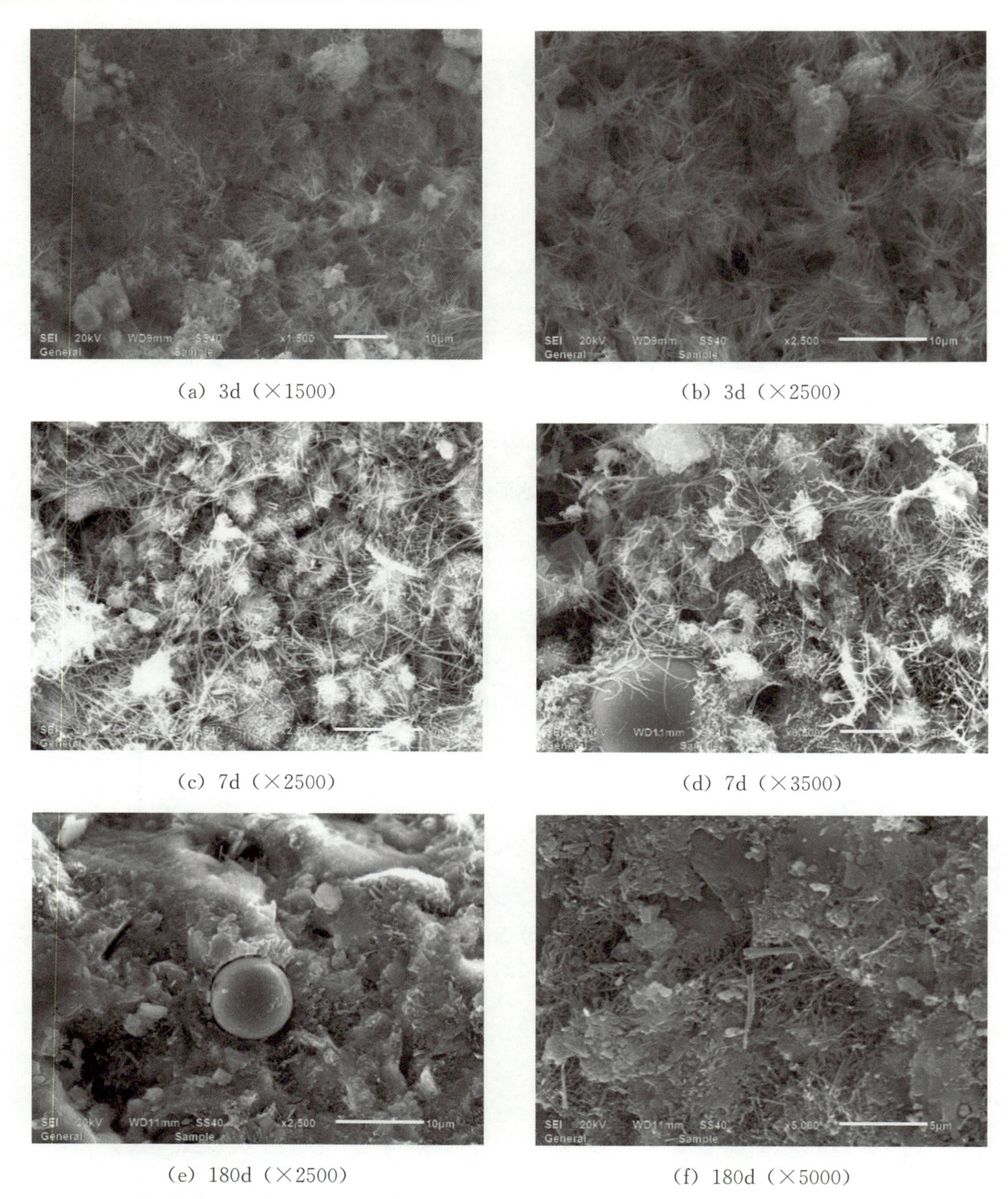

(a) 3d（×1500）　(b) 3d（×2500）

(c) 7d（×2500）　(d) 7d（×3500）

(e) 180d（×2500）　(f) 180d（×5000）

图 3.3-28　复掺砂板岩石粉与粉煤灰的水泥砂浆 SEM 图片（15%SBS+10%FA）

3）复掺砂板岩石粉与硅粉

复掺砂板岩石粉与硅粉胶凝体系的水化产物形貌见图 3.3-29。与前述几种胶凝体系比较，该胶凝体系的整体水化进度与水化深度均有所增加。7d 龄期时可见大量细绒状、纤维状水化产物向外延伸发展，分布在整个胶凝体系并能相连成网，水化产物尺寸也达到 10μm 以上；在基体与骨料界面区，水化产物从基体向骨料延伸，骨料表面可见丝网状水化产物覆盖。随着水化龄期发展，90d 龄期时除少量可见纤维状水化产物外，其他水化产物都堆积、相互交织胶结成一个整体，界面区结构也更加密实。

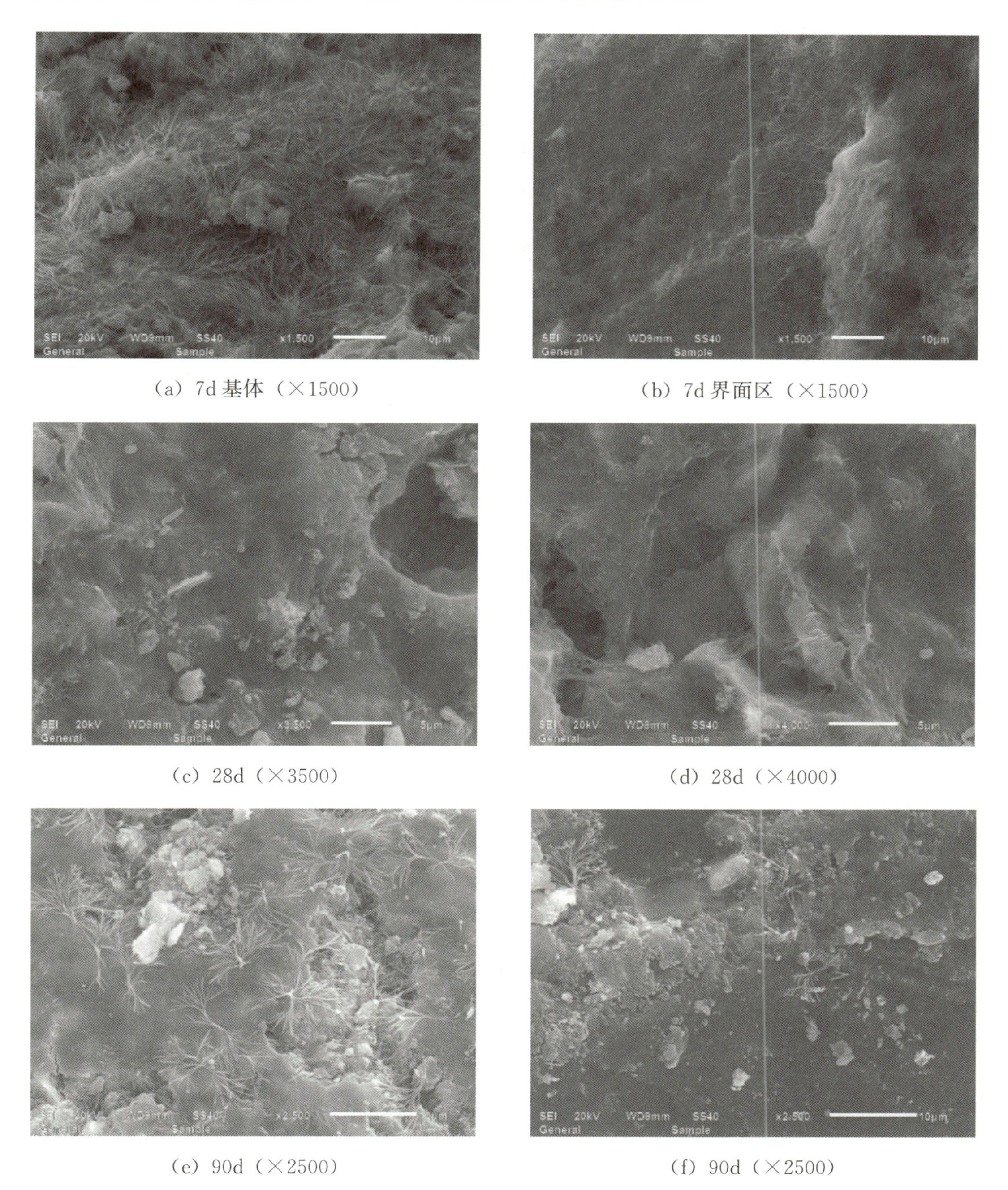

（a）7d 基体（×1500）　（b）7d 界面区（×1500）

（c）28d（×3500）　（d）28d（×4000）

（e）90d（×2500）　（f）90d（×2500）

图 3.3-29　复掺砂板岩石粉与硅粉的水泥砂浆 SEM 图片（25%SBS+5%GF）

（2）X 射线衍射（X Ray Diffusion）

对纯水泥胶凝体系、单掺 25%砂板岩石粉—水泥胶凝体系、复掺 5%粉煤灰与 15%砂板岩石粉—水泥胶凝体系，以及复掺 5%硅粉与 20%砂板岩石粉—水泥胶凝体系进行 X 射线衍射分析。试样分别在 7d、28d、90d 时破碎、置于无水乙醇中终止水化，60℃烘箱中干燥 24h 后粉磨至通过 80μm 方孔筛备用。

采用德国布鲁克 AXS 公司生产的 D8 Advance X 射线衍射仪，进行了不同胶凝体系的水化产物物相分析。仪器扫描范围为 $2\theta\in$（10°，80°），测角仪半径≥200mm，角度重现性 0.001°。试验结果见图 3.3-30。

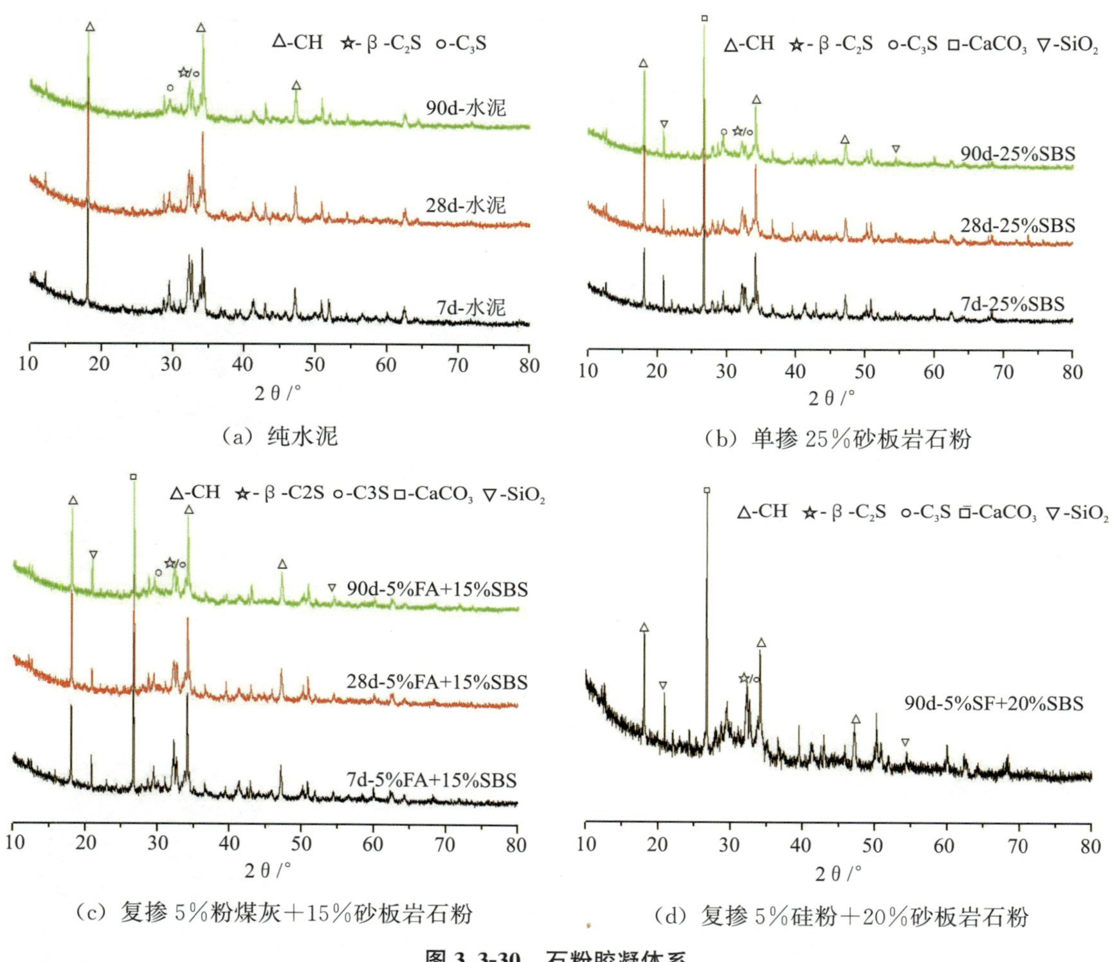

图 3.3-30　石粉胶凝体系

(3) 综合热分析（TG-DSC）

借助综合热分析仪 SDT Q600 进行不同胶凝体系的综合热分析（TG-DSC），煅烧温度范围为 60～1000℃，升温速率为 10℃/min。净浆试件水胶比 0.28、用水量 125mL。TG 曲线上 Ca（OH)$_2$ 与 $CaCO_3$ 吸热分解对应的温度区间分别为 440～540℃与 700～900℃，根据试验结果计算出胶凝体系中 Ca（OH)$_2$ 的量，见表 3.3-23 和图 3.3-31。从表 3.3-23 试验结果可以看出，水化龄期 7d，纯水泥浆体内 Ca（OH)$_2$ 量低于单掺砂板岩石粉及复掺粉煤灰与砂板岩石粉胶凝体系，表明水化早期掺入砂板岩石粉促使胶凝体系更快水化，这一试验结果与前述水化热与胶砂强度等试验结果一致，即水化早期砂板岩石粉提供的“弥散成核点”加速了水泥熟料颗粒的快速水化，产生更多的水化热和较高的早期强度。

表 3.3-23　　不同胶凝体系 $Ca(OH)_2$ 定量分析

编号	胶凝材料组合	$Ca(OH)_2$ 含量/%		
		7d	28d	90d
1	水泥	9.65	13.32	14.74
2	25%砂板岩石粉	10.22	11.92	13.94
3	5%粉煤灰+15%砂板岩石粉	10.20	11.96	13.86
4	5%硅粉+20%砂板岩石粉	—	—	9.79

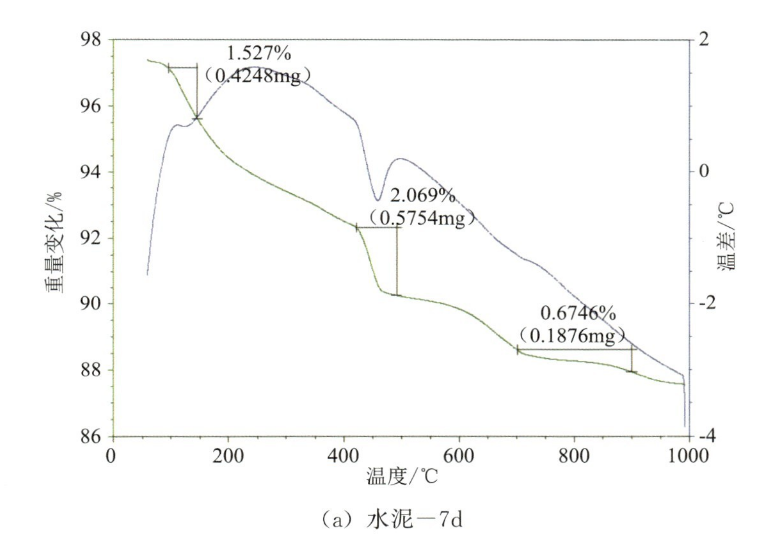

(a) 水泥—7d

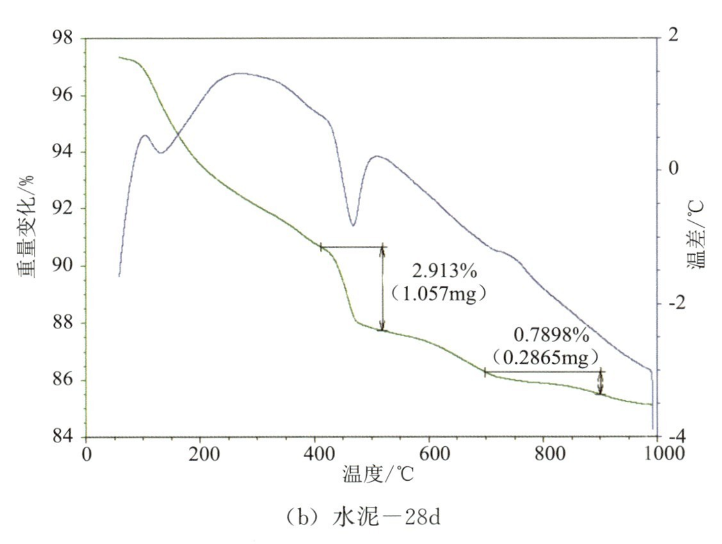

(b) 水泥—28d

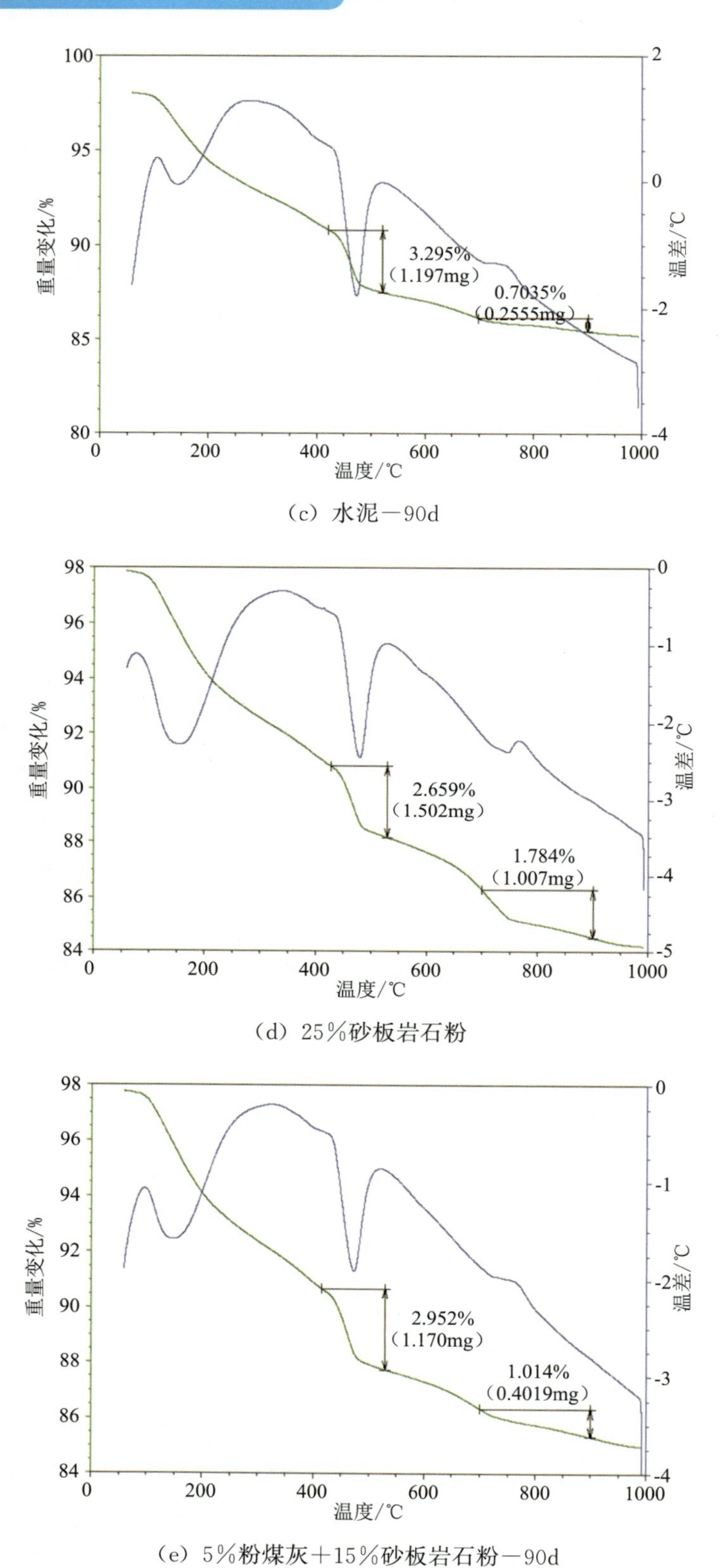

(c) 水泥—90d

(d) 25%砂板岩石粉

(e) 5%粉煤灰+15%砂板岩石粉—90d

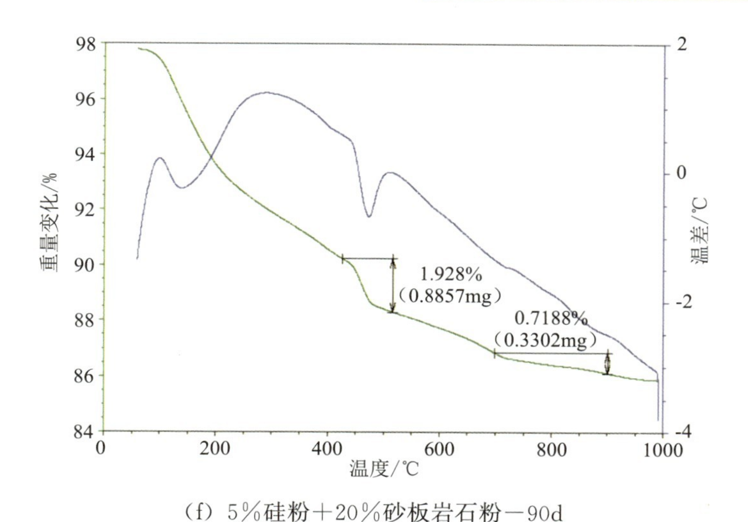

（f）5%硅粉+20%砂板岩石粉—90d

图 3.3-31　不同胶凝体系的综合热分析图谱

在 90d 龄期内，纯水泥浆体内的 Ca（OH)$_2$ 量均高于其他胶凝体系，这与掺和料取代一部分水泥熟料、降低了水化水泥释放出的 Ca（OH)$_2$ 的量有关；掺入 5%硅粉后胶凝体系内 Ca（OH)$_2$ 量显著降低，这也反映出硅粉的活性更高、快速参与反应消耗了部分 Ca（OH)$_2$。

（4）孔结构分析（MIP）

分别选取养护至规定龄期的单掺石粉、复掺石粉与粉煤灰、复掺石粉与硅粉的水泥砂浆试样，经过破碎、无水乙醇浸泡、24h 烘箱干燥，进行压汞（MIP）试验，获得试验参数，见表 3.3-24 和图 3.3-32 至图 3.3-35。

表 3.3-24　　不同胶凝体系压汞获得的孔结构试验结果

编号	掺和料	龄期/d	孔隙率/%	孔径分布/nm			
				＜5	5～50	50～100	100～200
1	25%砂板岩石粉	7	19.20	4.56	24.61	11.17	59.66
2		28	17.83	7.82	36.92	21.48	33.78
3	25%花岗岩石粉	28	17.98	6.71	33.17	22.15	37.97
4	25%玄武岩石粉	28	17.76	7.30	33.31	23.99	35.40
5	25%灰岩石粉	28	16.38	8.39	37.33	18.38	35.90
6	35%砂板岩石粉	3	23.01	1.95	16.68	7.51	73.86
7		7	21.70	2.64	20.51	8.65	68.20
8		28	19.63	5.71	32.78	19.22	42.29
6	15%砂板岩石粉+10%粉煤灰	3	21.17	2.24	17.12	8.38	72.26
7		7	19.20	4.32	24.64	10.99	60.05
8		180	13.04	8.31	39.77	9.32	42.60
9	25%砂板岩石粉+5%硅粉	7	19.05	5.39	33.79	11.8	49.02
10		28	17.58	9.13	48.31	13.27	29.29
11		90	14.61	11.98	54.22	4.84	28.96

注：范围取值包含下限不包含下限。

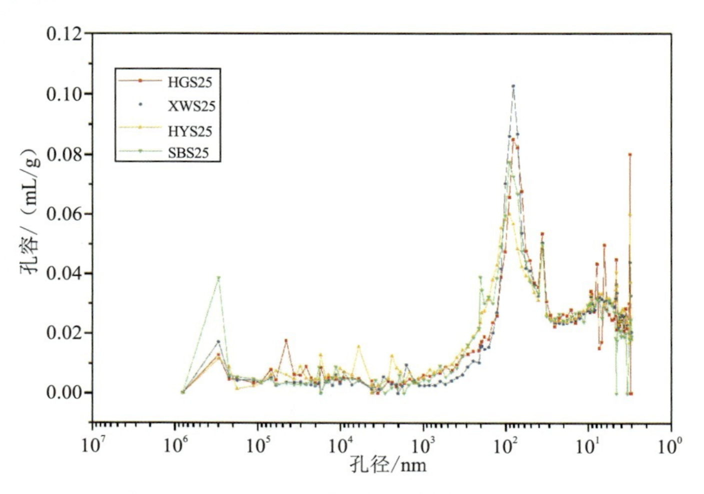

图 3.3-32　不同品种石粉砂浆压汞试验结果

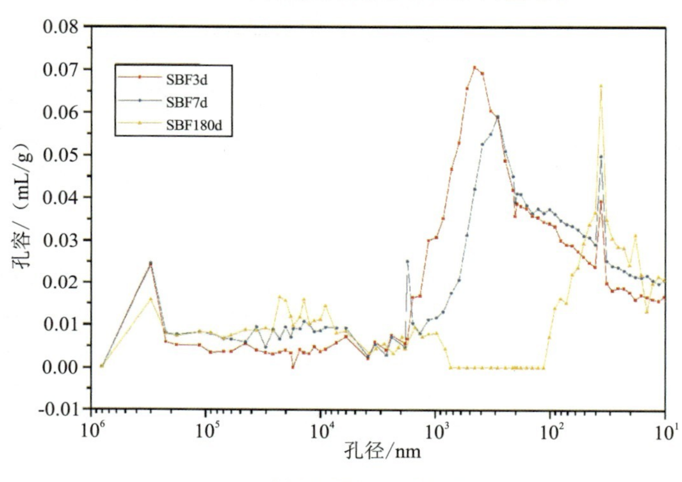

（a）砂板岩石粉＋粉煤炭

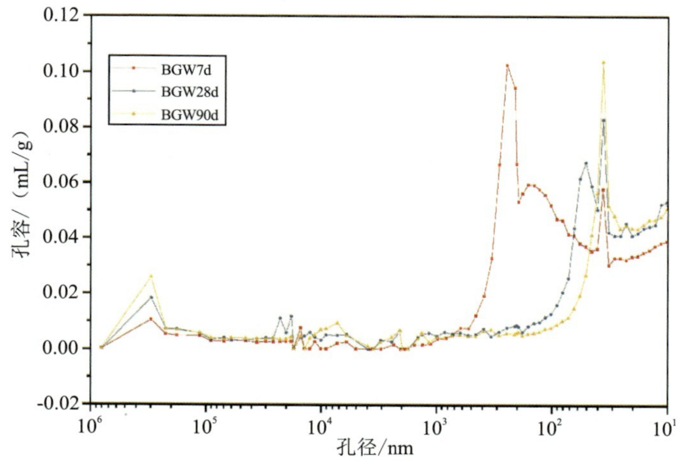

（b）砂板岩石粉＋硅粉

图 3.3-33　复掺砂板岩石粉砂浆压汞试验结果

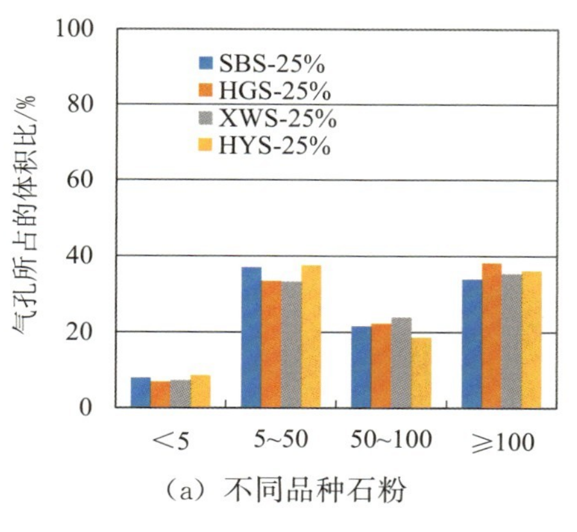

(a) 不同品种石粉

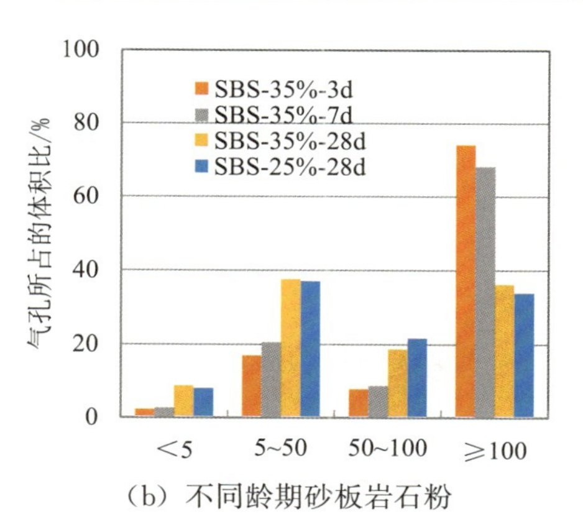

(b) 不同龄期砂板岩石粉

图 3.3-34 不同品种与龄期石粉砂浆孔径分布

注：取值范围包含下限不包含上限。

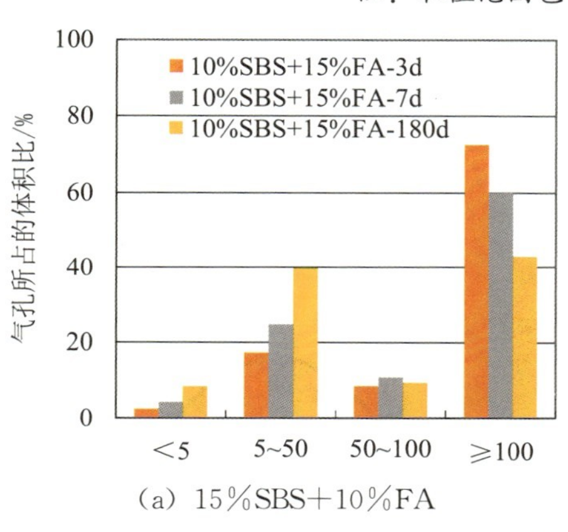

(a) 15%SBS+10%FA

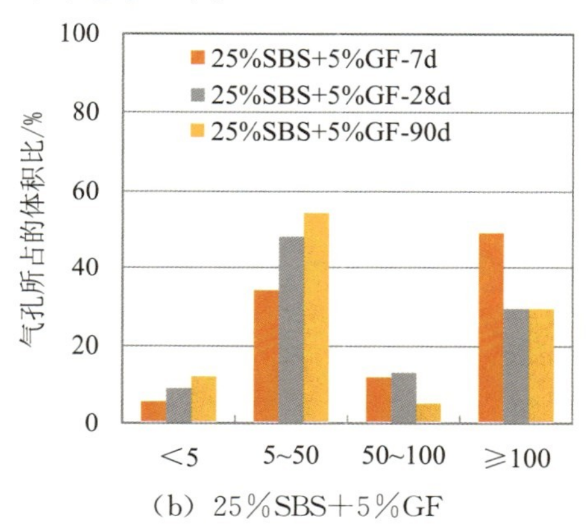

(b) 25%SBS+5%GF

图 3.3-35 不同龄期复掺砂板岩石粉砂浆孔径分布

注：取值范围包含下限不包含上限。

从试验结果可以看出：

①单掺 4 种石粉的水泥砂浆试件的孔隙率比较接近（与水化产物 SEM 观测结果基本一致），28d 龄期时在 16.38%～17.98%波动，且各砂浆试件的 28d 龄期孔径分布基本一致，花岗岩石粉砂浆内孔径＞100nm 孔隙所占体积比例略高，这与前述砂浆强度试验结果基本一致。砂板岩石粉掺量增加，砂浆孔隙率小幅增大。

②随着龄期增长，各砂浆试件的最可几孔径不断减小，即孔径逐渐细化。龄期从 3d 观测至 180d，复掺砂板岩石粉与粉煤灰砂浆内孔径在 5～50nm 孔隙占比从 17.12%上升至 39.77%，而孔径＞100nm 孔隙占比从 72.26%下降至 42.60%。

③复掺砂板岩石粉与硅粉砂浆的孔隙率相对最小，且 7～28d 龄期范围内砂浆孔隙率降低且最可几孔径显著减小，28～90d 龄期范围内砂浆孔径大于 100nm 孔隙占比变化不大，但孔径＜5nm 和 5～50nm 孔隙占比均明显增加。分析认为硅粉的早期快速水化填充密实部分孔隙，降低了砂浆的总孔隙率，但孔结构仍以孔径＞100nm 的大孔为主，后期水泥熟料与砂板岩石粉继续水化，填充了水化产物间以及界面区的部分孔隙，水化产物交织

发展、互相填充、堆积，孔隙递进减小，发展成以<50nm 小孔为主的浆体结构，这一点也可以从图 3.3-33（b）清晰辨别。

（5）微量热仪分析（C80）

借助微量热仪 C80 对中热硅酸盐水泥、掺砂板岩石粉—水泥胶凝体系以及复掺砂板岩石粉和硅粉胶凝体系的 72h 水化放热历程进行了跟踪分析，试验结果分别见图 3.3-36 至图 3.3-38，各胶凝体系的水化放热曲线特征值见表 3.3-25。

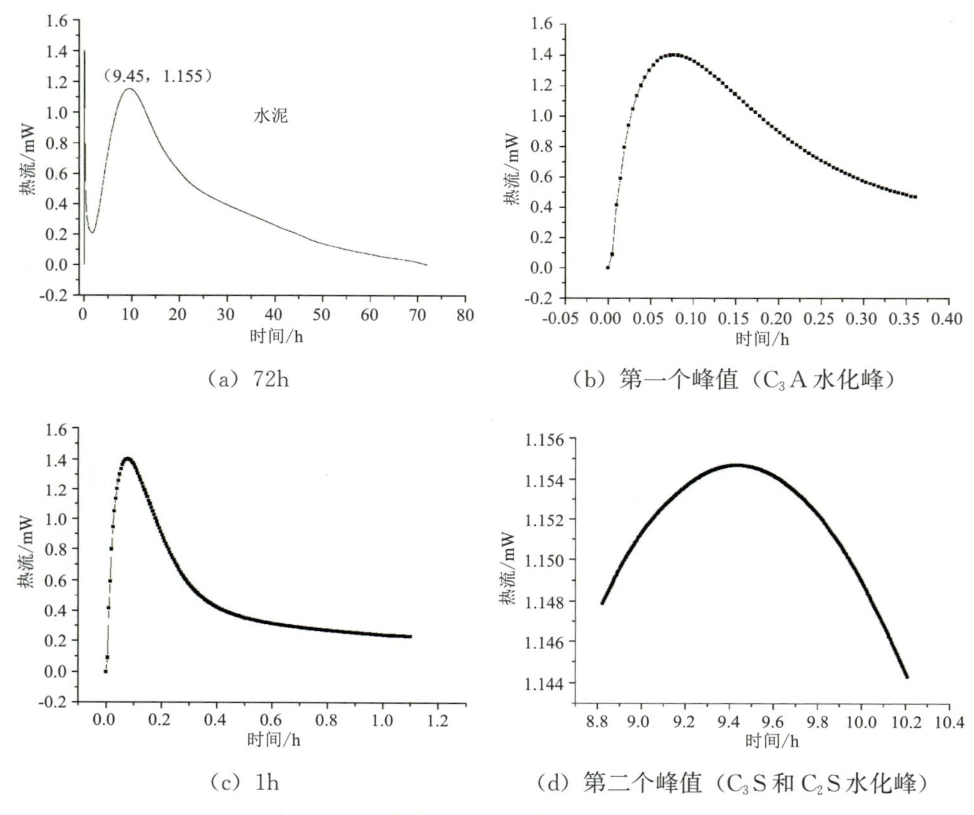

图 3.3-36　中热硅酸盐水泥水化热发展历程

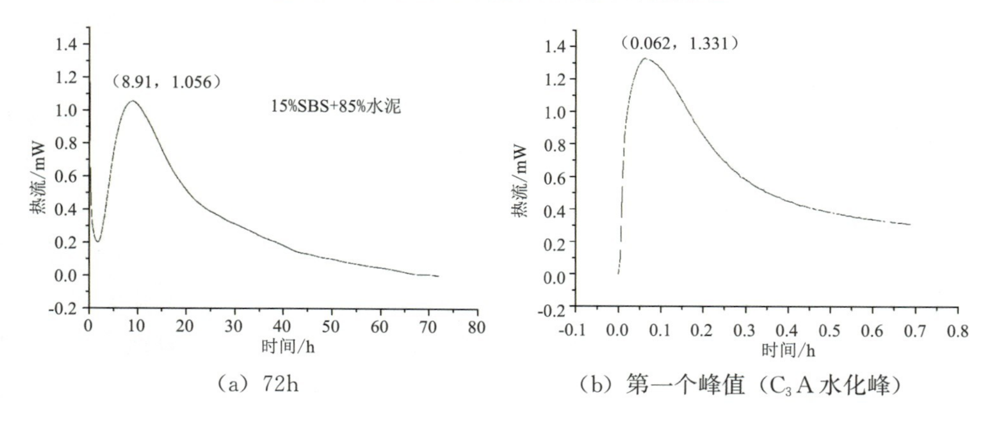

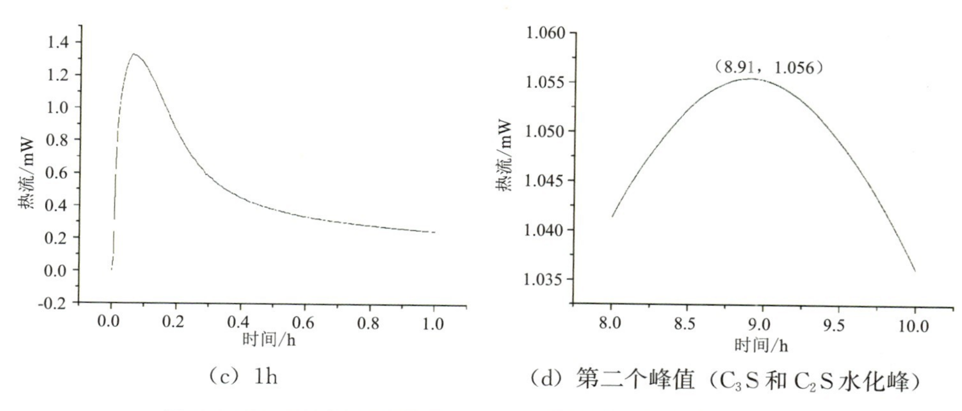

（c） 1h　　（d） 第二个峰值（C_3S 和 C_2S 水化峰）

图 3.3-37　15%砂板岩石粉—中热硅酸盐水泥水化热发展历程

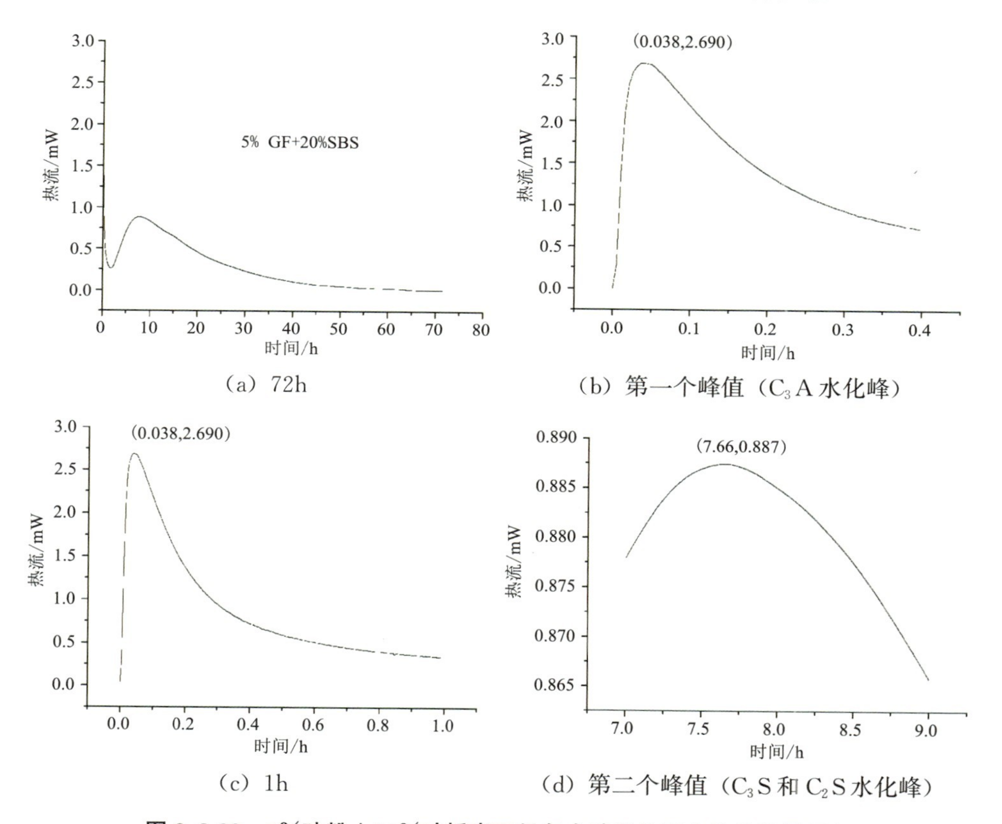

（a） 72h　　（b） 第一个峰值（C_3A 水化峰）

（c） 1h　　（d） 第二个峰值（C_3S 和 C_2S 水化峰）

图 3.3-38　5%硅粉＋20%砂板岩石粉复合胶凝体系水化热发展历程

表 3.3-25　不同胶凝体系的水化放热曲线特征值

胶凝体系	水化热总量（72h）/（J/g）	水化前期热流峰		加速期水化热流峰	
		对应时间/s	热流/（mW/m^2）	对应时间/h	热流/（mW/m^2）
中热水泥	198.0	276.8	1.402	9.45	1.155
15%砂板岩石粉	168.4	224.9	1.331	8.91	1.056
5%硅粉＋20%砂板岩石粉	141.8	138.4	2.690	7.66	0.887

从图3.3-36至图3.3-38不同时段的水化放热曲线可以看出，掺砂板岩石粉胶凝体系的水化放热过程与水泥基材料胶凝体系类似，也可分为水化前期、水化诱导期、水化加速期与水化减速期等五个阶段，但反应进程存在一定差异。

对比表3.3-25中不同胶凝体系的水化放热曲线特征值可知：

①72h水化热总量从高到低依次为：纯水泥＞15%砂板岩石粉＋85%水泥＞5%硅粉＋20%砂板岩石粉＋75%水泥；起始水化反应热流峰值对应的时间从快到慢依次为：5%硅粉＋20%砂板岩石粉＋75%水泥＞15%砂板岩石粉＋85%水泥＞纯水泥；起始水化反应热流值从高到低依次为：5%硅粉＋20%砂板岩石粉＋75%水泥＞纯水泥＞15%砂板岩石粉＋85%水泥；第二个反应热流峰值对应时间从快到慢依次为：5%硅粉＋20%砂板岩石粉＋75%水泥＞15%砂板岩石粉＋85%水泥＞纯水泥；第二个反应热流峰值从高到低依次为：纯水泥＞15%砂板岩石粉＋85%水泥＞5%硅粉＋20%砂板岩石粉＋75%水泥。

②掺入砂板岩石粉可降低水泥胶凝体系总水化热，降低幅度等于其掺量（15%），这一点与前述单掺砂板岩石粉水泥胶砂7d强度降幅一致。

③砂板岩石粉掺入可加速水泥熟料参与早期水化并增加其参与反应的量。即C_3A反应热流峰值对应时间从276.8s提前至224.9s，热流峰值仅降低5%（小于其掺量降幅15%）；C_3S与C_2S反应热流峰值对应时间从9.45h提前至8.91h，热流峰值降低幅度为9%（小于掺量15%）。

④复掺砂板岩石粉与硅粉将降低水泥胶凝体系的总水化热，其降低幅度（28%）略高于其掺量（25%）。

⑤复掺砂板岩石粉与硅粉加速了水泥熟料参与早期水化并增加了其参与反应的量。其中，C_3A反应热流峰值对应的时间对比基准水泥缩短了一半，即从276.8s提前至138.4s，热流峰值从1.402mW提升至2.690mW，即显著促进了水泥中C_3A熟料的水化；C_3S与C_2S反应热流峰值对应时间从9.45h提前至7.66h，热流峰值降低幅度为23%（小于掺量25%）。

3.3.2.5 石粉在胶凝体系中的水化作用机理

基于前文有关石粉品质特性、掺石粉水泥胶砂流动度、胶砂强度以及水化热的试验结果以及掺石粉水泥胶凝体系的微观结构分析，可以总结得到石粉在胶凝体系中主要通过调控各组分颗粒堆积密度、水化放热历程和强度发展历程以及影响整个胶凝体系的水化过程。

（1）颗粒紧密堆积效应

复合胶凝体系是一个多种材料逐级填充递减颗粒粒径的体系。在复掺砂板岩石粉的水泥胶凝体系中，中热水泥经过80μm筛余为5%而比表面积仅为288m^2/kg，水泥颗粒粒径范围以10～60μm占比居多，根据激光粒度结果可知，石粉颗粒90%含量以上均小于

80μm，其中砂板岩石粉粒径（≤5μm）含量达 38.1%；掺入磨细石粉后，复合胶凝粉体中粒径（≤5μm）颗粒含量增加，较好地填充了水泥粗颗粒堆积产生的空隙，使其具有紧密堆积结构。

（2）水化热发展历程调控

结合水化热与微量热仪试验结果可知，石粉的掺入对水泥熟料的早期水化产生加速效应，即极细颗粒石粉充当晶核均匀分散在胶凝体系中，通过“弥散活化成核点”作用促进了水泥熟料中铝相与硅相矿物的早期水化，表现为水化放热曲线上水化热峰值出现时间提前且初始热流值增加；缩短了水泥水化的诱导期，致使其提前进入加速期，促进了水泥早期水化。但由于石粉活性较低，复合胶凝体系的长期水化热始终小于纯水泥体系。

当石粉与硅粉复掺时，由于硅粉的比表面积更大且活性更高，水泥熟料早期水化加速效应更加显著，但后期水化速率有所降低；复掺 5%硅粉与 20%砂板岩石粉时胶凝体系水化前期起始热流峰值相当于基准水泥的 2 倍，加速期热流峰值相比基准水泥降低 23%（降低幅度小于其掺量 25%）。

（3）强度发展历程调控

水泥粒径范围 0～10μm 颗粒经过 1d，其水化程度可达 75%，而粒径（>60μm）颗粒水化 90d 后其水化程度低于 50%；为调控水泥强度发展历程，通常控制水泥粒径范围为 5～60μm 颗粒含量达到一定比例，使其获得一定早期强度且保证适当的后期强度增长。掺入磨细石粉后，由于石粉中粒径（<5μm）颗粒含量大幅提高，极细颗粒充当弥散活化点促进了水泥熟料的早期水化和强度发展；其次，磨细石粉细颗粒进一步填充密实水泥颗粒间空隙，由于强度与胶空比呈明显相关性，降低胶凝体系孔隙率将显著促进其强度增长；再者，磨细石粉中极细颗粒的表面活化能降低，在表面缺陷处可与水泥水化产物发生轻微火山灰反应，部分研究表明灰岩石粉中 $CaCO_3$ 对 C_3A 有活性效应，其与 C_3A 的反应导致新相碳铝酸钙水化物形成。新的水化产物进一步填充密实胶凝体系，降低了胶凝体系的空隙率。

第4章　多源固废内生复合污染物的归趋机制

选取典型大宗工业固体废弃物，从工业固体废弃物种类及排放、性能及演变、污染物迁移转化规律、固化稳定化机理、高效处理与高质化利用等方面开展系统研究，匹配固废资源化属性开发环境修复材料，为工业固体废弃物的生态化治理与资源化利用提供新的解决方案。

4.1　多源固废污染物固液分配规律研究

4.1.1　重金属浸出实验检测方法

4.1.1.1　重金属浸出方法

（1）重金属总量分析

为了提高固相中微量元素的分析精度，采用硝酸—盐酸—氢氟酸联合消解法对样品进行消解。称取烘干粉末固体 0.50g 于聚四氟乙烯烧杯中，加入 20mL 王水（$VHNO_3$：VHCl＝3：1）和 20mL HF，加热至快要蒸干时，用去离子水清洗杯壁，继续加热至快要蒸干的状态。自然冷却至室温后加入 1mL 浓 HNO_3 和 20mL 去离子水，加热直到（大约 1h）样品全部消解为液体。冷却后稀释至 100mL。样品采用电感耦合等离子体质谱仪 ICP-MS 测试其中的微量元素浓度。

（2）TCLP 浸出毒性分析

固体废物毒性特征浸出方法（TCLP）是美国国家环境保护局（US EPA）推荐的重金属浸出毒性的标准评价方法。TCLP 能够模拟填埋场情况下有机酸造成固体废物中重金属的浸出。取 50g（干重）固体破碎过筛至 9.5mm，倒入 2L 高密度聚乙烯瓶中，加入浸提剂，液固比为 20L/kg。在室温 23±2℃下翻转震荡 18h，震荡速率保持为 30±2r/min。震荡停止后用抽滤装置进行过滤，滤膜有效孔径为 0.45μm，加入稀硝酸保存，稀释至合适倍数后，测试其中的重金属浓度。用电感耦合等离子体质谱仪 ICP-MS 测试其中的重金属浓度。

TCLP 方法中规定了两种浸提剂：

①加入 5.7mL 冰醋酸至 500mL 去离子水中，加入 643mL NaOH（浓度为 1mol/L），

定容至 1000mL，浸提剂 pH 值为 4.93±0.05。

②用去离子水定容 5.7mL 冰醋酸到 1000mL，浸提剂为 2.88±0.05。

根据预实验测试样品的酸碱性可以确定采用哪种浸提剂，方法详见 TCLP 标准文件。由于本试验待测样品都为碱性，通过预实验确定采用的浸提剂都为 2 号浸提剂（pH 值=2.88）。

由于部分重金属都为两性物质，为了研究样品在酸性，中性和碱性条件下重金属的浸出规律，除了标准 TCLP 测试程序以外，部分样品还采用了水提取和碱提取试验。所选取的浸提剂分别为①去离子水；②NaOH 溶液（pH 值=2.88）。水提取和碱提取试验除了浸提剂与标准 TCLP 不同以外，其他步骤都与标准 TCLP 相同。

(3) 重金属形态六步提取法

六步提取法在 Tessier 五步提取法的基础上进行了改进，该方法采用 6 种提取剂对固体中的重金属进行提取（表 4.1-1），将重金属分成 6 种形态：①水溶态：②离子交换态；③碳酸盐结合态；④可还原态；⑤有机结合态；⑥残渣态。前 3 种形态在中性环境下是有效态；可还原态和有机结合态在还原条件下是有效态；残渣态则无法被浸出。

表 4.1-1　　六步提取法中采用的提取剂

步骤	重金属形态	温度/℃	提取液	时间/h
1	水溶态	25	Bi—distilled water（pH 值 7）	3
2	离子交换态	25	1M $MgCl_2$（pH 值 7）	3
3	碳酸盐结合态	25	1M NaOAc/HOAc（pH 值 5）	3
4	可还原态	60	0.04M $NH_2OH \cdot HCl$（pH 值 2.2）	3
5	硫化物结合态	85	2% HNO_3/H_2O_2（3∶7，v/v）	3
6	残渣态	190	$HNO_3/H_2O_2/HF$（3∶5∶2，v/v）	5

(4) BCR 连续提取法

BCR 重金属连续提取法将重金属在固相中的化学形态大致分为 4 类：易溶解于弱酸溶液的弱酸可交换态（F1），与碳化物结合、硫化物结合的可被氧化态（F2），与铁、锰的氧化物结合的可被还原态（F3），基本没有迁移活性的残渣态（F4）。每步提取都有独立的试剂，见表 4.1-2。

表 4.1-2　　BCR 重金属分步提取方法

试剂	配置方法
A	吸取 25±0.2mL 冰醋酸到装有 0.5L 去离子水烧杯中，将其转移至 1L 的容量瓶中定容。用去离子水将以上溶液稀释 4 倍，获得 0.11mol/L 的 HOAc 溶液
B	溶解 34.75g 的 $NH_2OH \cdot HCl$ 于 400mL 的去离子水中。转移溶液至 1L 容量瓶中，移液管移取 2mol/L 的稀硝酸 25m 于容量瓶混合定容，获得 0.5mol/L 的 $NH_2OH \cdot HCl$ 溶液

续表

试剂	配置方法
C	使用原厂 H_2O_2 溶液，调节 pH 值稳定于 2～3，获得 8.8mol/L 的 H_2O_2 溶液
D	溶解 77.08g 的 NH_4OAc 到 800mL 的去离子水中，用稀硝酸调节溶液 pH 值保持在 2.0±0.1 后定容，得到 1mol/L 的 NH_4OAc 溶液

提取过程，F1：称取 0.5g 样品于 20mL 的 A 试剂中，在 22±5℃的室温下震荡 16h 离心取上清液。F2：将上步残渣用去离子水震荡清洗 15min 离心倒去上清液，向残渣中添加 20mL 的 B 试剂，相同条件下震荡 16h 离心取上清液。F3：同样方法洗净残渣，向其中加入 5mL 的 C 试剂并搅拌均匀静置 1h，用水浴加热至 85℃后继续加入 5mL 的 C 试剂保持 85℃加热 1h，加入 25mL 试剂 D 后重复 F1 过程 16h 取上清液。F4：洗净残渣，向其中加入混合酸（摩尔比 HNO_3：HF：HCl＝6：2：2）溶液消解。所有上清液采用 AAS 检测重金属浓度，每组实验重复两次，结果取平均值。

（5）长期稳定性

样品的长期浸出毒性检测参照《放射性废物固化体长期浸出试验规范》（GB 7023—86）进行试验分析，选用去离子水为浸出液，以标准养护 28d 试样为研究对象，将其按照固化体表面积与浸出液体积比为 1：12 浸泡，并分别在浸泡 1、3、7、10、14、21、28、35、42d 时取浸出液过滤后进行重金属检测，并将试样浸泡至等体积新鲜的浸出液中。

按照上述方法测定重金属浸出浓度后，计算相应的重金属浸出速率、累积浸出分数及有效扩散系数，公式分别如下：

$$L_n^i = \frac{c_n^i / c_0^i}{S/Vt_n} \times 10000 \tag{4.1-1}$$

式中：L_n^i——第 n 周期重金属 i 的浸出率，μm/d；

c_n^i——重金属 i 第 n 周期浸出质量，g；

c_0^i——试样中重金属 i 的初始质量，g；

S——固液接触面积，即试样表面积，cm^2；

V——试样体积，cm^3；

t_n——第 n 周期浸泡时间，d。

$$P_t^i = \frac{\sum c_n^i / c_0^i}{S/V} \times 10000 \tag{4.1-2}$$

式中：P_t^i——累积浸出分数，μm。

$$D_{t,i} = \frac{\pi (E_i)^2}{(4U_{avail}\rho)^2(\sqrt{t_i} - \sqrt{t_{i-1}})^2} \tag{4.1-3}$$

式中：$D_{t,i}$——重金属 i 在时间 t 时的有效扩散系数，$\mu m^2/d$；

E_i——重金属 i 在时间 t 的浸出值，mg/m^2；

U_{avail}——试样中重金属 i 的最大可能浸出比例，%；

ρ——试样的密度，kg/m^3；

t_i——重金属 i 浸出时间，d；

t_{i-1}——t_i 前一次浸出测定时间。

4.1.1.2 液相中离子分析方法

(1) 金属离子分析

液相中的 Ca、Al、Na 以及 Zn、Pb、Cr、As、Cd、Cu 等重金属采用电感耦合等离子体发射光谱仪 ICP-AES（美国 Perkin-Elmer 公司生产，型号为 Optima 4300 DV）进行检测。对于 AFm 固溶体合成实验中及其痕量的 CrO_4^{2-}（μg/L）采用美国热电（Thermo）公司生产的 X Series 2 型电感耦合等离子体质谱仪 ICP-MS 进行检测（Cr 检出限为 5ng/L），以保证其测量误差不会影响热力学计算的结果。

液相中 Cr（Ⅵ）的检测采用二苯碳酰二肼紫外分光光度法进行检测，分光光度计由美国 Perkin-Elmer 公司生产，型号为 Lambda35 UV/VIS，其工作原理为在酸性溶液中，Cr（Ⅵ）会与二苯碳酰二肼发生反应生成紫红色化合物，可在波长为 540nm 处用分光光度计进行检测，该方法 Cr（Ⅵ）的检测限为 0.004mg/L。

(2) 非金属离子分析

液相中的非金属离子，如 Cl^- 和 SO_4^{2-} 等采用美国戴安公司生产的 ICS－2000 进行检测，仪器的检测限为 Cl≤5μg/L。由于试验样品中的 SO_4^{2-} 浓度较低，因此每次测量 SO_4^{2-} 时都对样品进行三次测量并取平均值。

4.1.2 固液体系热力学模拟方法

4.1.2.1 基于标准摩尔热力学参数估计的溶度积

对于标准化学计量比矿物 BA，溶解反应可以写作：

$$BA(S) \leftrightarrow B(aq)^{n+} + A(aq)^{n+} \tag{4.1-4}$$

式（4.1-4）的溶度积为：

$$K_{BA} = \frac{[B^{n+}][A^{n-}]}{a_{BA}} \tag{4.1-5}$$

溶度积 K 是温度的函数，可以用式（4.1-6）推算：

$$\log K_{BA} = A_0 + A_2 T^{-1} + A_3 \ln T \tag{4.1-6}$$

在标准状态下，式（4.1-4）的标准反应自由能为：

$$\Delta G_r^o = -RT\ln K_{BA} \tag{4.1-7}$$

式中：R——气体常数，R＝8.314J/（mol·K）；

T——反应温度。

矿物 BA 的标准生成自由能可以根据各离子的生成自由能和溶解反应的反应自由能计算得到：

$$\Delta G_f^o(\mathrm{BA}) = \Delta G_f^o([\mathrm{B}^{n+}]) + \Delta G_f^o([\mathrm{A}^{n-}]) - \Delta G_r^o(\mathrm{BA}) \tag{4.1-8}$$

4.1.2.2 Lippmann 相图

当两种具有相似晶体结构的溶质同时从液相中形成结晶的时候，很可能就会形成固溶体。无论是在自然界还是工业，固溶体—溶液体系（SS-AS）对结晶过程的影响是普遍存在的。研究矿物和溶液之间的 SS-AS 相互关系，能更加深入地了解天然水体、土壤和含水层的污染特征以及元素的循环规律。

早在 20 世纪 80 年代初期，关于 SS-AS 的研究开始受到环境地质化学家的广泛关注，因为 SS-AS 平衡体系被证明在金属离子环境污染中起到主要作用。例如，二价金属离子进入碳酸钙的过程是研究最为广泛的 SS-AS 体系之一，因为这一体系具有去除溶液中的溶解的有毒重金属离子的潜力。

Lippmann 相图是根据一系列固相液相—离子活度积组成相图的分析。它首先由 Lippmann 提出，主要是为了描述二元碳酸盐溶解体系的规律。经过 Glynn 等人的发展之后，成为应用最为广泛的用来描述 SS-AS 系统热力学平衡规律的重要工具。除了在热力学方面的应用之外，Lippmann 相图还能作为描述结晶过程的补充工具。对于一个二元 SS—AS 体系 BA—CA 而言，有：

$$\begin{aligned}[\mathrm{B}^+][\mathrm{A}^+] &= K_{\mathrm{BA}} a_{\mathrm{BA}} = K_{\mathrm{BA}} \chi_{\mathrm{BA}} \gamma_{\mathrm{BA}} \\ [\mathrm{C}^+][\mathrm{A}^+] &= K_{\mathrm{CA}} a_{\mathrm{CA}} = K_{\mathrm{CA}} \chi_{\mathrm{CA}} \gamma_{\mathrm{CA}}\end{aligned} \tag{4.1-9}$$

式中：[ ] ——液相中对应离子的活度；

K_{BA}——BA 的活度积；

a_{BA}——固相中组分 BA 的活度；

χ_{BA}——BA 在固相组分中的摩尔分数；

γ_{BA}——BA 在固相中的活度系数。

Lippmann 相图最大的特点就是定义了一个总活度积 $\sum\prod$ ：

$$\sum\prod = [\mathrm{A}^+]([\mathrm{B}^+] + [\mathrm{C}^+]) \tag{4.1-10}$$

当系统达到平衡状态的时候，结合式（4.1-6）和式（4.1-7），有：

$$\sum\prod\nolimits_{\mathrm{eq}} = K_{\mathrm{BA}} \chi_{\mathrm{BA}} \gamma_{\mathrm{BA}} + K_{\mathrm{CA}} \chi_{\mathrm{CA}} \gamma_{\mathrm{CA}} \tag{4.1-11}$$

式（4.1-8）是 Lippmann 相图中的固相线，由固相组成确定系统的总活度积。而 $\sum\prod_{\mathrm{eq}}$ 还可以通过液相组成来进行定义。通过引入液相组分活度因子定义：

$$\begin{aligned}\chi_{\mathrm{BA}}^{\mathrm{aq}} &= \frac{[\mathrm{B}^+]}{[\mathrm{B}^+] + [\mathrm{C}^+]} \\ \chi_{\mathrm{CA}}^{\mathrm{aq}} &= \frac{[\mathrm{C}^+]}{[\mathrm{B}^+] + [\mathrm{C}^+]}\end{aligned} \tag{4.1-12}$$

式中：χ_{BA}^{aq}——B 离子的活度因子；

χ_{CA}^{aq}——C 离子的活度因子。

显然，有 $0 \leqslant \chi_{BA}^{aq} \leqslant 1$ 以及 $0 \leqslant \chi_{CA}^{aq} \leqslant 1$，而且 $\chi_{BA}^{aq} + \chi_{CA}^{aq} = 1$。将式（4.1-9）代入式（4.1-12）中，可以建立固相活度因子和液相活度因子之间的联系：

$$\begin{aligned}\sum\prod_{eq} &= [A^+]([B^+]+[C^+]) \\ &= \frac{[B^+]+[C^+]}{\dfrac{[B^+]}{[A^+][B^+]}\chi_{BA} + \dfrac{[C^+]}{[A^+][C^+]}\chi_{CA}} \\ &= 1/\left(\frac{\dfrac{[B^+]}{[B^+]+[C^+]}}{K_{BA}\gamma_{BA}} + \frac{\dfrac{[C^+]}{[B^+]+[C^+]}}{K_{CA}\gamma_{CA}}\right) \\ &= 1/\left(\frac{\chi_{BA}^{aq}}{K_{BA}\gamma_{BA}} + \frac{\chi_{CA}^{aq}}{K_{CA}\gamma_{CA}}\right)\end{aligned} \tag{4.1-13}$$

于是，得到 Lippmann 相图两条线 solidus 和 solutus：也就是将 $\sum\prod_{eq}$ 分别表示成 χ_{BA} 和 χ_{BA}^{aq} 的函数：

solidus 固相线：

$$\sum\prod_{eq} = K_{BA}\chi_{BA}\gamma_{BA} + K_{CA}\chi_{CA}\gamma_{CA}$$

solutus 液相线：

$$\sum\prod_{eq} = 1/\left(\frac{\chi_{BA}^{aq}}{K_{BA}\gamma_{BA}} + \frac{\chi_{CA}^{aq}}{K_{CA}\gamma_{CA}}\right) \tag{4.1-14}$$

在实际计算当中，固相活度因子和液相活度因子可以根据实际组成计算得到，活度积可以根据 Minteq 或 PHREEQC 程序计算。离子活度系数根据改进的 Debye—Hückel 方程计算：

$$\log\gamma_i^{aq} = \frac{-AZ_i^2\sqrt{I}}{1+Ba_i\sqrt{I}} + bI \tag{4.1-15}$$

式中：A、B——标准大气压下，25℃时 A、B 分别为 0.5042 和 0.3273，随温度和压力的改变而改变；

Z_i——i 离子的带电数；

a_i——离子 i 大小的函数；

b——半经验参数，在 25℃时为 0.064；

I——溶液总的离子强度。

式（4.1-10）适用范围可以从稀溶液到 1～2mol/L 溶液离子强度。

4.1.2.3 理想固溶体和非理想固溶体的自由能

对于理想固溶体，固相活度系数 γ_{BA} 和 γ_{BA} 等于 1，也就是说在整个组成范围内$a_{BA}=$

χ_{BA}，并且 $a_{CA}=\chi_{CA}$。对于非理想固溶体，固相活度系数 γ_{BA} 和 γ_{BA} 会随着端元组分含量的改变而改变。混合特性将理想和非理想固溶体与单纯的机械混合体区别开来。

1mol 机械混合的固体是各端元组分自由能的线性函数：

$$G_{MM}=\chi_{BA}G_{BA}+\chi_{CA}G_{CA} \tag{4.1-16}$$

式中：G_{BA} 和 G_{CA}——1mol BA 和 CA 的生成自由能。

固溶体的自由能则由机械混合的自由能 G_{MM} 以及由机械混合到形成固溶体过程中的混合自由能 ΔG_M 两个部分构成：

$$G_{SS}=G_{MM}+\Delta G_M=\chi_{BA}G_{BA}+\chi_{CA}G_{CA}+\Delta G_M \tag{4.1-17}$$

混合自由能 ΔG_M 影响固溶体的稳定性，在给定的温度下，可以定义为：

$$\Delta G_M=\Delta G_{M,id}+\Delta G_E \tag{4.1-18}$$

式中：$\Delta G_{M,id}$——理想固溶体的混合自由能；

ΔG_E——过量混合自由能，只需要在非固溶体下进行计算，二者数值分别为：

$$\Delta G_{M,id}=RT(\chi_{BA}\ln\chi_{BA}+\chi_{CA}\ln\chi_{CA})$$

$$\Delta G_E=RT(\chi_{BA}\ln\gamma_{BA}+\chi_{CA}\ln\gamma_{CA}) \tag{4.1-19}$$

根据 Guggenheim 亚正规模型，可以得到：

$$\begin{aligned}\Delta G_E&=RT(\chi_{BA}\ln\gamma_{BA}+\chi_{CA}\ln\gamma_{CA})\\&=\chi_{BA}\chi_{CA}RT[a_{+}a_1(\chi_{BA}-\chi_{CA})+a_2(\chi_{BA}-\chi_{CA})^2+\cdots]\end{aligned} \tag{4.1-20}$$

对于反应 $AB_xC_{1-x}=A^{+}+xB^{-}+(1-x)C^{-}$，自由能变化为：$\Delta\mu_\tau^0=x\mu_{B^+}+(1-x)\mu_{C^+}+\mu_{A^-}-\mu_{ss}$，在达到化学计量饱和时，$\Delta\mu_\tau^0=0$。根据质量作用定律，定义化学饱和常数 K_{ss} 为：

$$K_{ss}=[B^+]^x[C^+]^{1-x}[A^-]=\exp(\frac{-\Delta\mu_\tau^0}{RT}) \tag{4.1-21}$$

将式（4.1-21）代入式（4.1-19）中有：

$$\Delta G_E=RT(\chi_{BA}\ln\gamma_{BA}+\chi_{CA}\ln\gamma_{CA})=RT[\ln K_{ss}-\chi_{BA}\ln(K_{BA}\chi_{BA})-\chi_{CA}\ln(K_{CA}\chi_{CA})] \tag{4.1-22}$$

取 Guggenheim 亚正规模型前面两个参数 a_0 和 a_1 进行近视计算，有：

$$\ln K_{ss}=\chi_{BA}\chi_{CA}[a_0+a_1(\chi_{BA}-\chi_{CA})]+\chi_{BA}\ln(K_{BA}\chi_{BA})+\chi_{CA}\ln(K_{CA}\chi_{CA}) \tag{4.1-23}$$

因此，可以根据试验得到的 K_{ss} 对模型参数 a_0 和 a_1 进行拟合。

一般来说，只有晶格参数极为相似，而且溶度积相差在 1～2 个数量级之内的端元组分才可能构成理想固溶体，在大多数情况下会形成非理想固溶体，而且只会在有限的组成范围内形成固溶体。因此，会在很多 SS-AS 体系中观测到溶度积间隙的形成。溶度积间隙会形成两个边界，边界内组成的固体不会形成固溶体，定义 $\chi_{BA,1}$ 与 $\chi_{BA,2}$ 为（以 χ_{BA} 计）或者 $\chi_{CA,1}$ 与 $\chi_{CA,2}$（以 χ_{CA} 计）溶解度间隙的边界组成。在间隙边界组成时，$K_{BA,1}\chi_{BA,1}\gamma_{BA,1}=K_{BA,2}\chi_{BA,2}\gamma_{BA,2}$，$K_{BA,1}=K_{BA,2}$，于是对于 BA 有：

$$\frac{\chi_{BA,1}}{\chi_{BA,2}}=\frac{\gamma_{BA,2}}{\gamma_{BA,1}}=\frac{\exp\{\chi_{CA,2}^2[a_0+a_1(3\chi_{BA,2}-\chi_{CA,2})+a_2(\chi_{BA,2}-\chi_{CA,2})(5\chi_{BA,2}-\chi_{CA,2})+\cdots]\}}{\exp\{\chi_{CA,1}^2[a_0+a_1(3\chi_{BA,1}-\chi_{CA,1})+a_2(\chi_{BA,1}-\chi_{CA,1})(5\chi_{BA,1}-\chi_{CA,1})+\cdots]\}}$$

$$=\exp\{a_0(\chi_{CA,2}^2-\chi_{CA,1}^2)+a_1[3(\chi_{CA,2}^2-\chi_{CA,1}^2)-4(\chi_{CA,2}^3-\chi_{CA,1}^3)]+\cdots\} \quad (4.1\text{-}24)$$

同理，对于 CA 有：

$$\frac{\chi_{CA,1}}{\chi_{CA,2}}=\frac{\gamma_{CA,2}}{\gamma_{CA,1}}=\frac{\exp\{\chi_{BA,2}^2[a_0-a_1(3\chi_{CA,2}-\chi_{BA,2})+a_2(\chi_{CA,2}-\chi_{BA,2})(5\chi_{CA,2}-\chi_{BA,2})+\cdots]\}}{\exp\{\chi_{BA,1}^2[a_0-a_1(3\chi_{CA,1}-\chi_{BA,1})+a_2(\chi_{CA,1}-\chi_{BA,1})(5\chi_{CA,1}-\chi_{BA,1})+\cdots]\}}$$

$$=\exp\{a_0(\chi_{BA,2}^2-\chi_{BA,1}^2)-a_1[3(\chi_{BA,2}^2-\chi_{BA,1}^2)-4(\chi_{BA,2}^3-\chi_{BA,1}^3)]+\cdots\} \quad (4.1\text{-}25)$$

因此，可以根据参数 a_0 和 a_1 计算溶解度间隙边界 $\chi_{BA,1}$ 与 $\chi_{BA,2}$。也可以根据溶解度间隙边界 $\chi_{BA,1}$ 与 $\chi_{BA,2}$ 计算 Guggenheim 亚正规模型的两个参数 a_0 和 a_1 的值。

4.1.2.4 平衡分配系数 *D*

Lippmann 相图主要有两个作用：①当某一固溶体的水溶液达到平衡状态时，根据 Lippmann 相图来估算这种固溶体的具体组成；②给出已知的固溶体组成，根据 Lippmann 相图推导该固溶体在水溶液达到平衡时的液相成分。

具体到固化稳定化技术方面：Lippmann 主要作用是预测痕量元素（重金属元素）在固相和液相中达到平衡时的分配特征。在 SS-AS 系统中，平衡分配系数 D 定义为：

$$D=\frac{\chi_{BA}/\chi_{CA}}{[B^+]/[C^+]}=\frac{K_{CA}\gamma_{CA}}{K_{BA}\gamma_{BA}}=\frac{K_{CA}}{K_{BA}}\exp\{(2\chi_{BA}-1)a_0+[6(\chi_{BA}^2-\chi_{BA})+1]a_1\}$$

(4.1-26)

式（4.1-26）可以写作：

$$\chi_{CA}^{aq}=\frac{D}{D+\frac{1-\chi_{CA}}{\chi_{CA}}} \quad (4.1\text{-}27)$$

根据式（4.1-27）作图，可以直观看出 χ_{CA}^{aq} 随着 χ_{CA} 变化的关系。对于 $D<1$，B 原子更容易进入液相中。反之，则 B 原子更容易进入固相中。

4.1.3 硅铝基固废中重金属浸出机理

4.1.3.1 钢渣重金属浸出特性

将武钢热泼渣、梅钢滚筒渣及梅钢热泼渣作为原材料，将质量比为 2∶1 的浓 H_2SO_4 和浓 HNO_3 混合液加入试剂水（1L 水约 2 滴混合液）中，用 0.1mol/L H_2SO_4 和 0.1mol/L NaOH 调节溶液 pH 值为 3.20±0.05。分别称量 4g 固体物质放入离心管，加入 40mL 上述浸提剂，使液固比为 10∶1（L/kg），然后将离心管放入恒温振荡器，调节转速为 150r/min，于 25℃下振荡 18h。取出离心管，样品过 0.45μm 滤膜，测滤液中的重金属含量。重金属浓度由原子荧光光度计和（AFS）微波等离子体原子发射光谱仪（MP-AES）测定。

3 种材料浸出液中元素及其浓度见表 4.1-3 和表 4.1-4，共检测了浸出液中的 21 种元素，其中，Ca、Mg、Mn 含量最高。

表 4.1-3　　3 种材料浸出液中的元素及浓度（一）　　（单位：mg/L）

试样	Cu	Zn	Cd	Pb	As	Cr	Hg	Be	Ni
武钢热泼渣	0.01	N.D.	N.D.	0.02	0.24	N.D.	N.D.	N.D.	N.D.
梅钢滚筒渣	0.01	N.D.	N.D.	0.01	0.08	N.D.	N.D.	N.D.	N.D.
梅钢热泼渣	0.00	N.D.	N.D.	0.00	0.00	N.D.	N.D.	N.D.	N.D.
GB/T 5085.3—2007	100	100	1.0	5.0	5.0	15.0	0.1	0.02	5.0
GB 8978—1996	—	—	0.1	1.0	0.5	1.5	0.05	0.005	1.0

注：N.D. 表示低于仪器检测线。

通过检测，Cu、Pb、As 3 种元素检出，Zn、Cd、Cr、Hg、Be、Ni 元素均未检出。21 种元素浓度均满足《危险废物鉴别标准浸出毒性鉴别》(GB 5085.3—2007) 和《污水综合排放标准》(GB 8978—1996)。表 4.1-4 中的元素未在上述标准规定内，除 Ca、Mg 和 Mn 3 种元素以外，其余元素浓度极低。

表 4.1-4　　3 种材料浸出液中的元素及浓度（二）　　（单位：mg/L）

试样	V	Mg	Mn	Sr	Mo	Ca	Fe	Sb	Be	Li
武钢热泼渣	0.52	14.09	2.88	1.16	0.04	938.24	0.01	1.11	0.01	0.01
梅钢滚筒渣	0.41	13.75	8.60	0.77	0.02	1023.72	0.01	0.75	0.01	0.01
梅钢热泼渣	0.33	60.53	0.13	0.91	0.13	1028.40	0.40	0.00	0.00	0.00

4.1.3.2 赤泥煤矸石重金属浸出性能

本节所选用赤泥取自中铝集团山东分公司，煤矸石取自山西省阳泉煤业集团。借助原料的化学组成分析，发现赤泥中所含重金属主要有 3 种 Cr、Mn、Pb，煤矸石所含重金属元素主要有 Cr、Mn、Zn，其总量见表 4.1-5，从中可以发现两种原料中重金属总 Cr 超出我国土壤质量规范相关限定值，其他几种重金属并未超出限定值，但由于本书将基于此原料开发的地质聚合物应用于垃圾飞灰的固化稳定化，固化材料本身所携带的重金属对固化体重金属浸出特性评价具有重要作用，因此本节对原材料的重金属浸出毒性进行检测。

表 4.1-5　　原料中特征重金属总量

重金属	RM/（mg/kg）	CG/（mg/kg）	限定值[a]
Cr	744	290	90
Mn	212	760	
Zn	—	61	100
Pb	32	N.D.	35

注：a 表示符合《土壤环境质量标准》(GB 15618—1995)（Ⅰ级标准），N.D. 表示低于仪器检测线。

本节通过重金属的浸出值及浸出率来反映原材料中重金属对环境的危害，其中浸出率的计算公式见式（4.1-28）：

$$浸出率=\frac{重金属浸出值\times液固比}{重金属总量}\times100\% \tag{4.1-28}$$

式（4.1-28）中：浸出率单位为%；重金属浸出值单位为 mg/L；液固比单位为 L/kg；重金属总量单位为 mg/kg。

表 4.1-6 为原样中目标重金属元素、Mn、Zn、Pb 的浸出值及浸出率。从各元素的浸出毒性看，赤泥中 Cr、Mn、Pb 3 种重金属浸出浓度均未超出《污水综合排放标准》（GB 8978—2002）中规定的排放阈值，其中 Cr、Pb 的浸出率较小，Mn 浸出率相对较大，单就重金属毒性而言，赤泥的危害相对较小。煤矸石试样 Cr、Mn、Zn 3 种重金属浸出毒性中，只有 Mn 略高于《污水综合排放标准》（GB 8978—2002）中规定的排放阈值，且浸出率均小于 10%。需要注意的是本节将利用赤泥—煤矸石进行共混激发处理，共混激发处理对于原料本身所携带重金属有无释放作用是预激发过程必须关注的问题。

表 4.1-6　　原样中重金属浸出值/浸出率（Mean±SD，*n*=3）/Mean

试样	RM（mg/L）/（%）	CG（mg/L）/（%）	污水综合排放标准
Cr	1.31±0.023/3.52	0.86±0.011/5.71	1.5
Mn	1.04±0.016/9.81	2.17±0.032/5.71	2
Zn	N. D.	0.04±0.018/1.31	2
Pb	0.02±0.001/1.25	N. D.	1

注：N. D. 表示低于仪器检测线。

（5）原料的重金属形态分布

图 4.1-1 为原材料中重金属形态分布图。赤泥中重金属 Cr 以残渣态、硫化物结合态及可还原态为主（总量>80%），易浸出形态水溶态、碳酸盐结合态则相对较少，符合前述浸出毒性结果；Mn 则表现为 3 种难溶形态均匀分布（总量>70%）；Pb 主要存在为 3 种难溶态。煤矸石中特征重金属 Cr 主要以残渣态和硫化物结合态形式存在；Mn 的形态分布基本均匀分布；Zn 主要以 3 种难溶态形式存在。从数据上分析，赤泥—煤矸石的可浸出形态基本与毒性浸出特征检验结果一致。

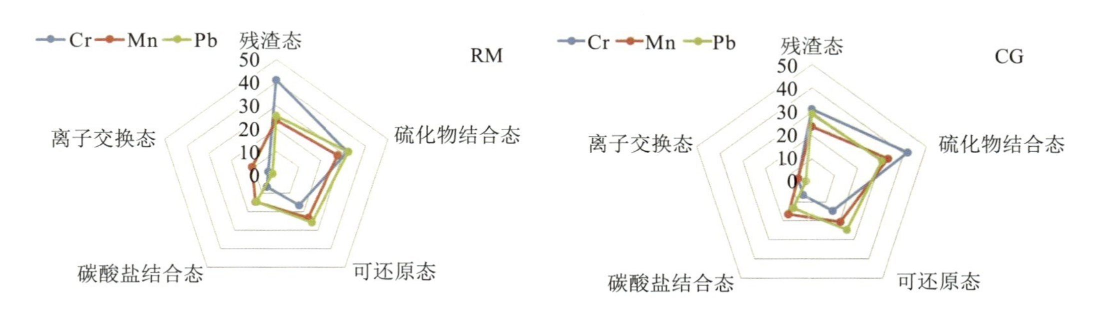

图 4.1-1　原料中重金属形态分布

4.1.3.3 飞灰重金属浸出性能

(1) 气化粉煤灰重金属浸出性能

从表4.1-7中可以看出，气化粉煤灰中的大部分重金属元素虽然达到了欧盟EPA标准，但是很多元素的浸出超出了地下水三级标准（GB/T 14848—2017），尤其是Cd、Mn、Ni分别超出标准5倍、10倍与40倍。由于气化粉煤灰的浸出溶液呈弱碱性，大部分重金属在灰渣中会形成沉淀或依附于颗粒表面，一旦周围环境的pH值发生改变，部分重金属会立刻溶出并造成污染。因此，气化粉煤灰对环境具有一定的潜在威胁，其材料化利用的同时需要解决它对环境的污染问题。钢渣中重金属浸出率较低，然而钢渣的高pH值浸出值会造成土壤的盐碱化，对环境仍然有严重危害。高岭土作为典型的黏土材料，物相相对单一，活性高；其中所有重金属浸出量均远小于地下水标准，pH值稳定于中性，是一种很成熟的碱性激发原材料。

表4.1-7　气化粉煤灰和偏高岭土重金属浸出浓度　（单位：mg/L）

元素	气化粉煤灰	偏高岭土	EPA标准限值	地下水浸出标准限值（Ⅲ）
Cd	0.027±0.03	0.001±0.001	2.0	0.005
Cu	0.932±0.012	0.026±0.004	2.0	1
Mn	0.981±0.020	0.019±0.002	2.0	0.1
Ni	0.879±0.011	0.014±0.001	1.0	0.02
Pb	0.075±0.002	0.009±0.001	1.0	0.01
Zn	2.555±0.235	0.008±0.001	5.0	1

(2) 垃圾焚烧飞灰

垃圾焚烧飞灰无害化的主要目的就是降低其中有毒有害物质的浸出风险，固化稳定化作为应用最为广泛的无害化处理飞灰技术，其目的就是将飞灰固定或者稳定在胶凝材料体系产生的固结体中。固化稳定化技术最主要的制约因素就是固化剂的使用量。高使用量的固化剂往往会提高最终固化体的增容和成本；为了降低固化剂的使用量，需要向其中添加螯合剂等辅助材料，或者将飞灰进行预处理，降低其中重金属的含量或有效性，再进行固化处理。

生活垃圾焚烧飞灰主要重金属含量见表4.1-8。试验所选飞灰中富集较多的Cr、Pb和Zn。飞灰中重金属含量的高低主要受垃圾组成、焚烧条件和烟气净化效率的影响。

表4.1-8　生活垃圾焚烧飞灰主要重金属含量

重金属	重金属浓度/（mg/kg）		
	生活垃圾焚烧飞灰	矿渣	水泥
Cd	231.21	21.67	106.34
Cr	2793.12	79.34	93.76

续表

重金属	重金属浓度/（mg/kg）		
	生活垃圾焚烧飞灰	矿渣	水泥
Cu	689.65	135.46	83.94
Pb	1397.29	80.34	65.13
Zn	6917.43	17.36	124.65

采用 TCLP 法测试垃圾焚烧飞灰中重金属浸出浓度，结果见表 4.1-9。从表中 TCLP 数据看出，6%的 Pb、37%的 Cr、78%的 Cd 和 47%的 Zn 会从垃圾焚烧飞灰中浸出，而且浸出液中还检测到六价 Cr（以下简称 Cr（Ⅵ）），总 Cr（51.44mg/L）在 TCLP 浸出液中的主要形式为 Cr（Ⅵ）（4.73mg/L）。从浸出浓度来看，Cd、Cr 和 Zn 是垃圾焚烧飞灰中的 3 个主要重金属。在填埋厂的环境下，这些重金属很容易从飞灰中浸出。

表 4.1-9 表明，飞灰中有些两性重金属和阴离子型重金属在碱性条件下有较高的可提取性。因此，除了 TCLP 测试以外，对垃圾焚烧飞灰进行了碱性（NaOH 溶液，pH 值调至 12）和中性（去离子水，并且蒸馏去除 CO_2，pH 值为 6.8～7）条件下的提取（表 4.1-1）。碱性和中性浸出试验除了改变浸提剂以外，其他的步骤都与 TCLP 一样。结果表明，在中性条件下，飞灰中的 Zn 和 Cd 都比 TCLP 浸出浓度要低。Zhang 等研究发现，飞灰中的 Zn 和 Cd 在 pH 值<4 时，会随着 pH 值升高而轻微下降；当 pH 值>4 时，会随着 pH 值继续升高而急剧下降。Pb 则表现出两性金属的性质，在中性条件下浸出较低，在酸性和碱性条件下浸出浓度较高。Benassi 对飞灰中 Pb 浸出的研究表明，Pb 浓度随着 pH 值变化会呈现 V 型。在 pH 值为 0～14 范围内，其浸出浓度会有超过 3 个数量级的变化，并且在 pH 值为 8～10 内有最小的浸出浓度。本试验飞灰中的 Cr 浸出随着浸提剂 pH 值的变化改变很小，这是因为飞灰中主要 Cr 的形式为 Cr（Ⅵ），是以含氧阴离子形式存在。

无论采用哪种浸提剂，浸出后的 pH 值都高于浸出前的 pH 值，表明垃圾焚烧飞灰是一个碱性废物，而且其还原能力很低。

表 4.1-9　　垃圾焚烧飞灰中重金属浸出浓度

浸出测试方法	pH 值 1[a]	pH 值 2[b]	重金属浸出浓度/（mg/L）					
			Pb	总 Cr	Cr（Ⅵ）	Cd	Zn	As
TCLP 浸出	2.88	5.72 ±0.04	4.40 ±0.80	51.44 ±7.18	47.50 ±4.73	9.07 ±0.76	161.20 ±18.66	0.014 ±0.001
去离子水浸出	7.00	10.35 ±0.10	2.83 ±0.17	45.75 ±2.29	37.54 ±1.87	3.51 ±0.10	2.38 ±0.15	0.014 ±0.011
碱浸出	12.00	12.67 ±0.07	3.22 ±0.07	52.58 ±3.33	50.11 ±6.77	5.44 ±0.17	0.74 ±0.04	0.002 ±0.002
TCLP 限值			5.0	5.0	2.5	1.0	NL[c]	5.0

注：a 表明浸出前 pH 值；b 表明浸出前 pH 值；c 表明 TCLP 没有规定。

垃圾焚烧飞灰中重金属Cd、Cr、Pb和Zn的形态分布见图4.1-2。Cr和Pb的主要分布形态为Fe-Mn oxides（铁锰氧化态），而Zn和Cd的主要分布形态为Carbonate（碳酸盐结合态）。根据飞灰中重金属重量，将TCLP换算成浸出比例，可以看出，飞灰中前3种形态（水溶态+离子交换态+碳酸盐结合态）很容易在TCLP方法中浸出，因此，将前3种形态称为有效态，后3种形态（铁锰氧化态、硫酸盐结合态和残渣态）称为稳定态。TCLP浸出试验和重金属分布提取试验表明，Cr（Ⅵ）是最容易浸出的Cr形式。

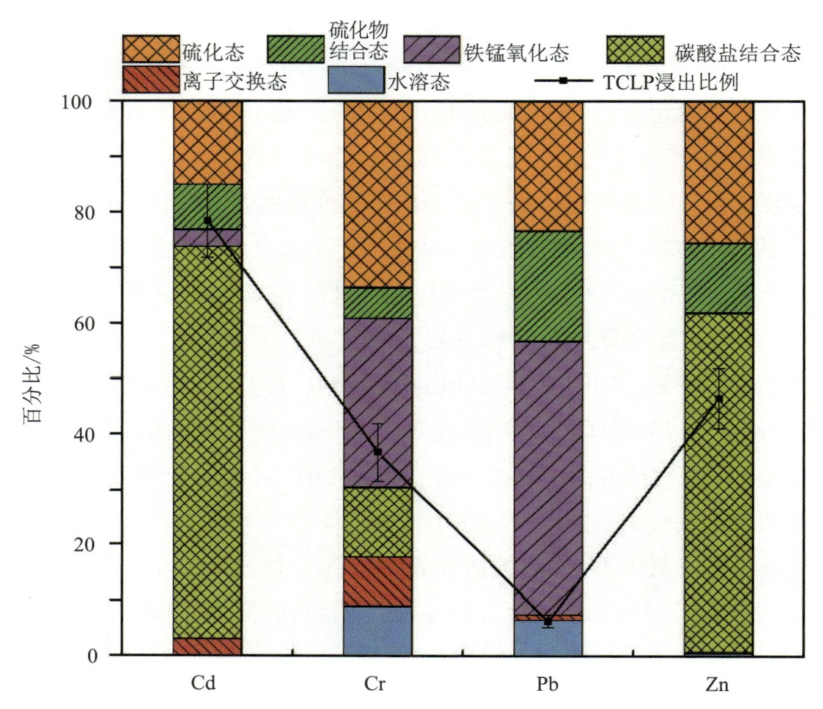

图4.1-2 垃圾焚烧飞灰中重金属Cd、Cr、Pb和Zn的形态分布

4.2 多源固废复合污染物协同无害化作用机理研究

4.2.1 钢渣—气化粉煤灰协同固化重金属

采用67%～70%的气化粉煤灰、26%～30%的钢渣、3%的高岭土，碱激发剂掺量33.3%，制备钢渣—气化粉煤灰—高岭土胶凝体系，在常温常压下养护。在成型过程中，向钢渣—气化粉煤灰—高岭土胶凝体系中加入配置好的重金属溶液，设置常规地聚物体系（M）普通42.5硅酸盐（P）作为对比。为了避免添加在试块中的重金属分布不均匀而造成局部浸出误差过大，可将重金属离子配成与钢渣—气化粉煤灰固化体质量比一定的较浓溶液进行添加。为了减少其他杂质离子对整个体系的影响，结合地下水重金属浸出标准（GB/T 14848—2017）与《危险废物填埋标准》（GB 18598—2019），将不同质量分数纯重金属盐Pb（NO_3）$_2$、Na_2CrO_4、Zn（NO_3）$_2$、Cu（NO_3）$_2$按照标准相应倍数的浓度进行定量，并溶解于

10mL 去离子水中。超声波消解均匀后静置 24h 用稀 HNO_3 与稀 NaOH 调整各溶液的 pH 值，整个调制过程中应保持溶液不产生沉淀。重金属溶液添加剂配比见表 4.2-1。

表 4.2-1　　重金属溶液添加剂配比

ID	粉体配方	激发剂	液固比	HMs/wt%
A1	前驱体粉末	碱性激发剂	0.33	0.5%Pb
A2	前驱体粉末	碱性激发剂	0.33	1%Pb
A3	前驱体粉末	碱性激发剂	0.33	2%Pb
A4	前驱体粉末	碱性激发剂	0.33	4%Pb
B1	前驱体粉末	碱性激发剂	0.33	0.1%Cr
B2	前驱体粉末	碱性激发剂	0.33	0.2%Cr
B3	前驱体粉末	碱性激发剂	0.33	0.5%Cr
B4	前驱体粉末	碱性激发剂	0.33	1%Cr
C1	前驱体粉末	碱性激发剂	0.33	0.5%Zn
C2	前驱体粉末	碱性激发剂	0.33	1%Zn
C3	前驱体粉末	碱性激发剂	0.33	2%Zn
C4	前驱体粉末	碱性激发剂	0.33	4%Zn
D1	前驱体粉末	碱性激发剂	0.33	0.2%Cu
D2	前驱体粉末	碱性激发剂	0.33	0.5%Cu
D3	前驱体粉末	碱性激发剂	0.33	1%Cu
D4	前驱体粉末	碱性激发剂	0.33	2%Cu
M	前驱体粉末	激发剂+10mL $NaNO_3$	0.33	—
P1	425 水泥	去离子水	0.45	4%Pb
P2	425 水泥	去离子水	0.45	1%Cr
P3	425 水泥	去离子水	0.45	4%Zn
P4	425 水泥	去离子水	0.45	2%Cu

4.2.1.2 重金属—钢渣—气化粉煤灰固化体性质

(1) 固化体机械性能

很多研究表明不同浓度的重金属加入钢渣—气化粉煤灰固化体中会造成后者的物理强度改变，结论认为大多数重金属离子在一定程度上阻碍了钢渣—气化粉煤灰固化体缩聚反应的进行，强度会随着离子添加量的增加而减小；但是，某些特殊重金属的加入可以使聚合物物理强度略微增加。为了验证重金属掺入与钢渣—气化粉煤灰固化体物理强度变化的关系，对比复合重金属固化体、空白对照、水泥对照组的物理强度随时间变化，见图 4.2-1。

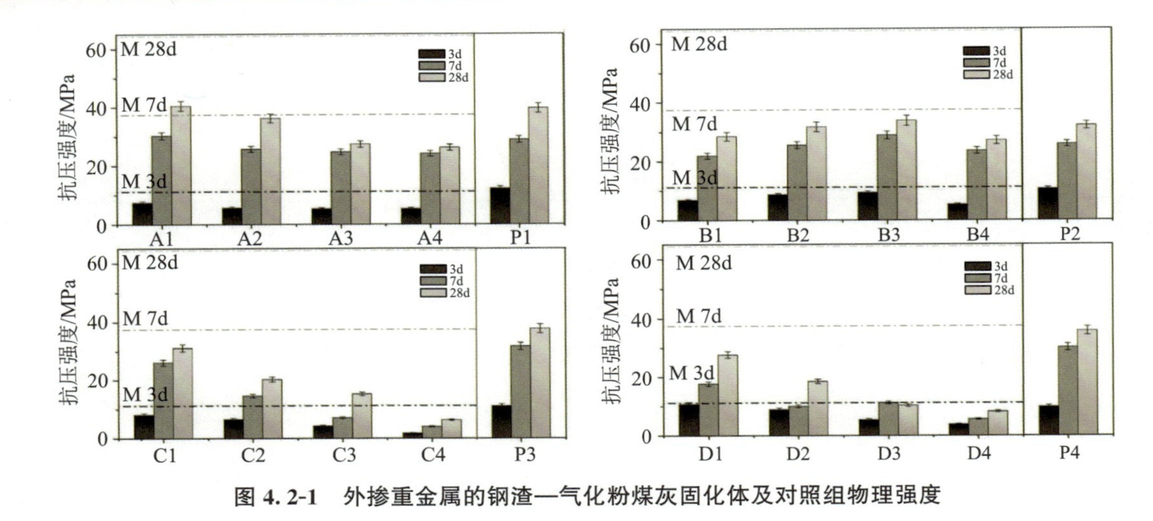

图 4.2-1　外掺重金属的钢渣—气化粉煤灰固化体及对照组物理强度

Pb（NO_3）$_2$ 的添加量从 0.5%增加到 4%时，钢渣—气化粉煤灰固化体的 3d 抗压强度逐渐减小 10%，相比纯钢渣—气化粉煤灰固化体强度下降明显。当 Pb 添加量到 4%时，3d 固化体强度损失已经超过 50%。随着添加量增加，7d 抗压强度下降趋势强烈，28d 时下降趋势加剧。固化体 7d 到 28d 强度增长缓慢，说明 Pb（NO_3）$_2$ 添加量越大，则强度增长受阻越严重。与 425 水泥在最高浓度 Pb（NO_3）$_2$ 添加情况下的强度变化对比，尽管固化体在最终时期强度较纯水泥有略微下降，但是水泥 3d 与 7d 的物理强度可抵抗高浓度 Pb（NO_3）$_2$ 的影响。

Na_2CrO_4 的添加造成钢渣—气化粉煤灰固化体的强度普遍下降，但是，随 Na_2CrO_4 的加入，固化体 3 个龄期的物理强度均出现了先增大后减小的情况。当 Na_2CrO_4 添入量增加到 0.5%（B3）时，钢渣—气化粉煤灰固化体达到最高强度，继续添加重金属会导致强度略微下降。所以，当 Na_2CrO_4 的含量≤0.5%时，添加 Na_2CrO_4 可以促进钢渣—气化粉煤灰固化体物理强度增长。Cr（Ⅵ）对水泥影响严重，尤其是 28d，水泥固化体强度降低 21.9%。相比水泥，钢渣—气化粉煤灰固化体对 Na_2CrO_4 抵抗能力更强。

Zn（NO_3）$_2$ 的添加使钢渣—气化粉煤灰固化体强度大幅度削减，强度会随添加浓度升高呈指数下降，当浓度达到 4%时，固化体 3d 的抗压强度已不足 2MPa，28d 的强度仅为 5.25MPa，相应损失率分别为 83%与 92%。在高浓度 Zn（Ⅱ）条件下，在 14d 养护时间内的钢渣—气化粉煤灰固化体表面出现开裂，这强烈破坏了固化体的结构完整性。Zn（Ⅱ）对水泥的强度影响微弱，水泥固化体 7d 强度就可超过 30MPa，28d 强度超过 40MPa。

Cu（NO_3）$_2$ 对钢渣—气化粉煤灰固化体的物理强度影响同样严重。当 Cu（Ⅱ）浓度为 0.5%时，固化体 3d 强度虽然几乎无损，但是 7d 与 28d 强度损失超过 50%。当重金属浓度增加到 2%时，钢渣—气化粉煤灰固化体 28d 物理强度甚至小于 7d；当浓度增加到 4%时，固化体 28d 强度甚至不足 10MPa。4%Cu（NO_3）$_2$ 掺量下的水泥对照组在 3 个时期的强度均有所减小，但是下降程度较弱。

所有重金属的加入均显著降低了钢渣—气化粉煤灰固化体的物理强度。相比水泥，聚合物对高浓度重金属的反应更加敏感。重金属对钢渣—气化粉煤灰固化体强度影响程度排序为 Zn≥Cu≥Cr≥Pb，且 Pb、Zn 对聚合物的初期物理强度影响较大。随着重金属浓度升高，除 Cr（Ⅵ）以外的其他 3 种重金属离子均会严重削弱聚合物强度。与水泥相反，钢渣—气化粉煤灰固化体受到含氧阴离子基团的破坏程度要远小于阳离子，在一定浓度范围内，略微增加阴离子基团反而会短期内使聚合物抗压强度增大。一些资料表明，重金属离子的加入分散在初成型的钢渣—气化粉煤灰固化体形成层表面，大多数重金属阳离子的硝酸盐 pH 值远小于碱激发的液相环境，所以，一部分激发剂被重金属盐水解出的 H^+ 中和，液相中 Al、Si 的饱和度减小阻碍了脱水缩聚反应的正向进行，造成了含重金属阳离子固化体的结构缺陷。由于阴离子基团含量较少，在地质聚合反应固相互溶体形成时期，CrO_4^{2-} 可以取代卤素 X^-、$[FeO_x]$ 等杂质离子成为聚合物网络调整离子，增加其聚合度，从而略微提高体系强度。

（2）固化体重金属浸出毒性

假设原添加重金属均为离子态，在弱酸条件下可全部浸出。固化体重金属浸出总量见表 4.2-2，钢渣—气化粉煤灰固化体重金属去除效率见图 4.2-2。

表 4.2-2　　固化体重金属浸出总量

天数/d	Pb/（mg/L）		Cr/（mg/L）		Zn/（mg/L）		Cu/（mg/L）	
	总量	浸出	总量	浸出	总量	浸出	总量	浸出
3	250	1.99±0.01	50	0.49±0.02	250	8.67±0.16	100	2.91±0.12
	500	13.91±0.11	100	0.92±0.11	500	24.70±0.28	250	7.12±0.11
	1000	46.57±0.38	250	2.36±0.14	1000	59.96±0.52	500	21.20±0.39
	2000	137.69±1.63	500	22.79±0.33	2000	122.96±0.80	1000	56.00±0.68
7	250	1.79±0.05	50	0.29±0.01	250	8.15±0.21	100	5.15±0.27
	500	12.38±0.14	100	0.55±0.07	500	23.50±0.22	250	14.22±0.42
	1000	40.01±0.43	250	1.61±0.16	1000	52.60±0.45	500	30.58±0.63
	2000	125.71±0.98	500	13.42±0.20	2000	117.08±1.17	1000	68.17±1.92
28	250	1.44±0.01	50	0.21±0.01	250	7.92±0.14	100	3.62±0.12
	500	11.94±0.23	100	0.37±0.04	500	22.08±0.27	250	10.15±0.20
	1000	38.81±0.34	250	1.34±0.13	1000	51.62±0.72	500	29.99±0.50
	2000	120.18±0.86	500	11.07±0.27	2000	115.57±1.63	1000	73.12±1.28

根据《危险废物鉴别标准 浸出毒性鉴别》(GB 5085.3—2007)，添加进钢渣—气化粉煤灰固化体的 Pb（Ⅱ）、Cr（Ⅵ）、Zn（Ⅱ）、Cu（Ⅱ）最高浓度分别超标 400、200、27、13 倍；Pb（Ⅱ）、Cr（Ⅵ）最低投加量的浸出也分别超标 50、20 倍。最低浓度下，3d 钢

渣—气化粉煤灰固化体 Pb（Ⅱ）的浸出浓度仅为 1.99mg/L；Cr（Ⅵ）超标 100 倍的条件下，浸出浓度为 2.36mg/L；超标 13 倍的条件下 Zn（Ⅱ）固化体浸出浓度为 59.96mg/L；即使最高浓度 Cu（Ⅱ）添加下的固化体在所有时段浸出浓度均不大于 75mg/L。重金属固化体初期浸出毒性符合危险废物填埋标准值。

随着养护时间的增加，固化体重金属 Pb（Ⅱ）、Cr（Ⅵ）、Zn（Ⅱ）的浸出浓度相应减小，初期程度最明显，7d 后的浸出浓度变化较小。这说明在此 3 种重金属存在时，钢渣—气化粉煤灰固化体的聚合反应在 72～168h 内的剧烈程度要大于 168h 之后。7d 固化体 Cu（Ⅱ）的浸出浓度反而比 3d 高，28d 浸出浓度与 7d 相近；当 Cu（Ⅱ）浓度达到 1000mg/L 的添加量时，浸出浓度随着养护龄期的增长而增大。结合固化体的物理强度变化可以推断，高浓度的 Cu（Ⅱ）在体系中会妨碍聚合物形成，并破坏已有的聚合物结构，导致重金属脱离固相束缚。

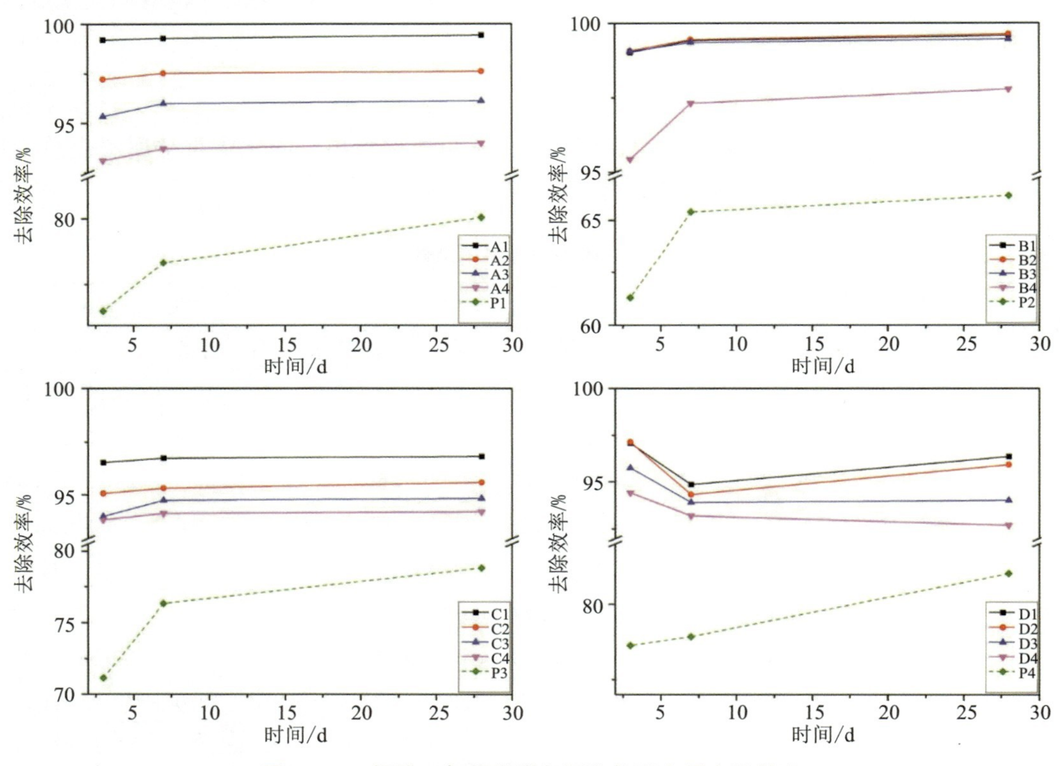

图 4.2-2　钢渣—气化粉煤灰固化体重金属去除效率

与 PO42.5 水泥去除效率对比可看出，低浓度情况下钢渣—气化粉煤灰固化体的 Pb（Ⅱ）、Cr（Ⅵ）去除效率较高，可达 99.9%。Pb（Ⅱ）的去除效率受重金属初始浓度影响小，当浓度为总量的 4%时，Pb（Ⅱ）的 3 个时期去除效率仍然高出水泥 10%以上。Cr（Ⅵ）去除效率受浓度影响明显，当浓度在 1%以下时，去除效率明显下降，然而水泥对高浓度 Cr（Ⅵ）的去除效率十分低，尤其是在早期养护时，接近 33%的总 Cr 被浸出，而钢渣—气化粉煤灰固化体对其去除效率是水泥的 1.3 倍。钢渣—气化粉煤灰固化体对 Zn（Ⅱ）去除效率变化规律类似 Pb（Ⅱ），在低浓度情况下，28d 去除效率为 97.21%。Cu（Ⅱ）的去除效率随着时间先减小后增大，说明钢渣—气化粉煤灰固化体对 Cu 的稳定化效率在初期聚合阶段就已经达到了最大值；而水泥对 Cu（Ⅱ）的固化效果明显好于其他重金属离子，当养护龄期增加到 28d 时，水泥对 Cu（Ⅱ）的去除效率仍保持增长趋势，长期的去除效率甚至可能超过钢渣—气化粉煤灰固化体。

在重金属掺量较少的情况下，除 Cu（Ⅱ）以外，无论是水泥还是钢渣—气化粉煤灰固化体，固化体对重金属离子去除能力随着养护龄期增加缓慢增加。钢渣—气化粉煤灰固化体在 28d 内的固化效果明显优于水泥并且养护 7d 就基本完成了对重金属离子的固化/稳定化（去除效率≥90%）。后期重金属去除效率变化极小，这是由于重金属在钢渣—气化粉煤灰固化体中的浸出受初期聚合网状结构变化影响严重，7d 后网状结构趋于稳定则绝大多数重金属离子完成钝化。

（3）浸出毒性影响因素

重金属浸出毒性与固化体的物理性质有一定的相关性。养护温度会对钢渣—气化粉煤灰固化体前驱体结构产生巨大影响，重金属离子浸出浓度必然与常温条件件存在差异。选取去除效率最高的浓度，分析在不同温度养护条件下的重金属—钢渣—气化粉煤灰固化体 7d 浸出毒性变化，见图 4.2-3。

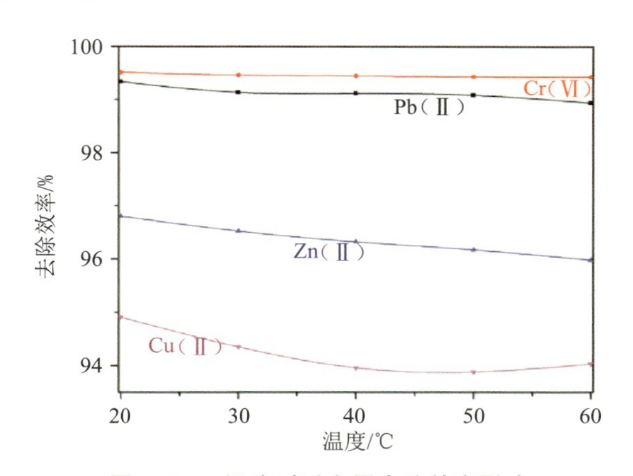

图 4.2-3　温度对重金属去除效率影响

当温度从 20℃升高至 60℃时，Cr（Ⅵ）的去除效率几乎不变；Pb（Ⅱ）的去除效率出现小幅度下降，温度升高下降趋势增加；Zn（Ⅱ）的去除效率与温度变化成反比；Cu（Ⅱ）的去除效率在 50℃附近降为最低。

温度升高可以帮助钢渣—气化粉煤灰固化体中的无定形态结构快速形成，缩短了前驱体到稳定钢渣—气化粉煤灰固化体的发展时间。然而，过高的温度会造成前驱体孔隙结构的快速填充，从而使重金属离子得不到充分的反应位点，重金属去除效率随之下降。Cr（Ⅵ）可能由于与钢渣—气化粉煤灰固化体本体的结合方式不同于其他重金属，升高温度反而会促进体系纳入更多 CrO_4^{2-}；由于 Cu（Ⅱ）金属性较差，当温度升高到一定程度时，液相中 Cu^{2+} 水解加速剧烈，$Cu(OH)_2$ 含量增大后被聚合物封闭，故去除效率会短暂增加。

重金属离子在液相环境的存在形式受 pH 值影响严重，不同 pH 值下重金属离子溶液的添加会导致他们与钢渣—气化粉煤灰固化体结合方式的差异，重金属在固化体中浸出浓度也相应不同，见图 4.2-4，通过 VisualMINTEQ 软件模拟水溶液中重金属离子平衡浓度随 pH 值变化。

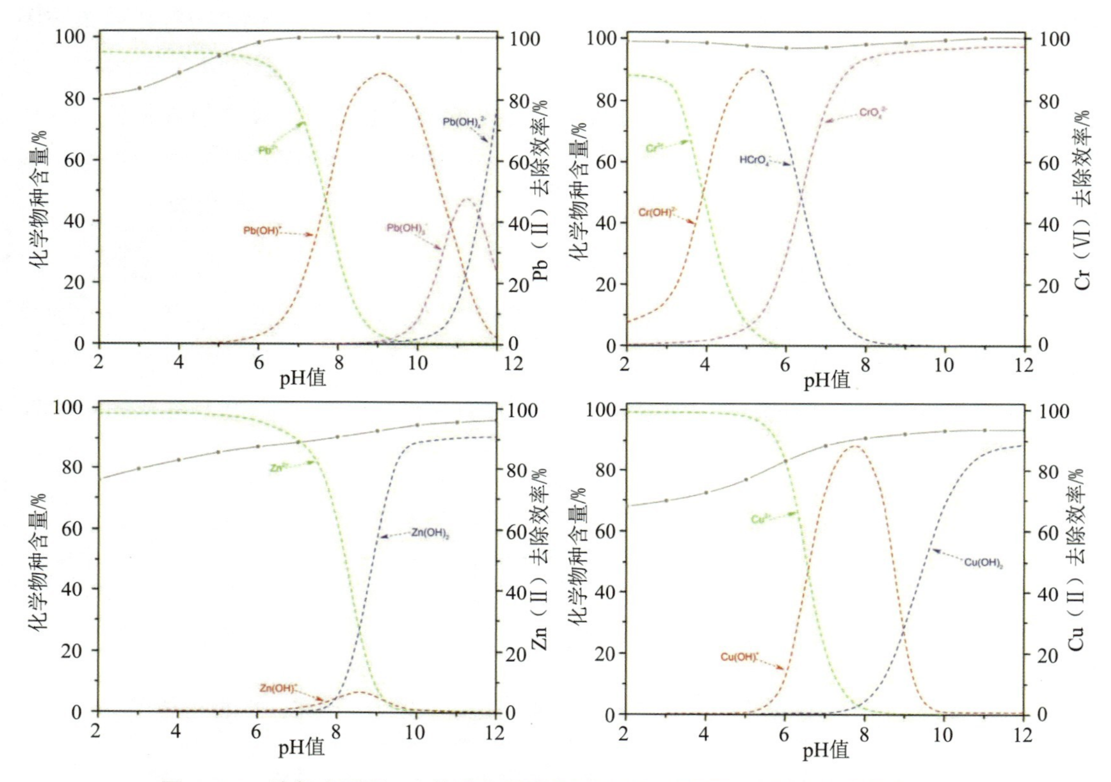

图 4.2-4　液相中不同 pH 值重金属离子浓度占比与钢渣—气化粉煤灰固化体对重金属的去除效率随 pH 值变化

1）Pb（Ⅱ）

纯水环境下的 Pb（Ⅱ）存在形式有多种，pH 值为 2～6.2 时，溶液中主要以 Pb^{2+} 的阳离子形态存在；pH 值为 8～10.4 时，溶液中 Pb^{2+} 转化为 $Pb(OH)^+$，后者在水中溶解度略微小于前者；pH 值不小于 11 时，溶液中 Pb^{2+} 几乎消失，$[Pb(OH)_x]^{n-}$ 为主要存在形式。高 pH 值下 Pb（Ⅱ）形成的阴离子团可溶性极大，$Pb(OH)_2$ 沉淀极易溶解且存在不稳定。钢渣—气化粉煤灰固化体在偏酸性环境下对 Pb（Ⅱ）的稳定化作用明显不如中性/碱性环境。当 pH 值为 2 时，去除效率仅为 81.62%；pH 值不小于 6.8 时，去除效率已达 99.9%，此后去除效率不再随 pH 值的增长而提高。

2）Cr（Ⅵ）

低 pH 值下的 Cr（Ⅵ）容易被还原成为 Cr（Ⅲ），并以 Cr^{3+} 阳离子形式存在水溶液中；pH 值不小于 4.8 时，Cr（Ⅵ）几乎全部以含氧阴离子基团形式稳定存在；CrO_4^{2-} 在 pH 值为 4～12 时极易溶解，pH 值升高时无沉淀生成。在 Na_2CrO_4 初始 pH 值为 5.0 到 7.8 时，钢渣—气化粉煤灰固化体对 Cr（Ⅵ）的去除效率会略微降低，pH 值为 6.2 时去除效率最低，为 95.36%。Cr（Ⅵ）的去除效率受初始 pH 值变化的影响较小，钢渣—气化粉煤灰固化体对 Cr（Ⅵ）的稳定化作用有很好的 pH 值适应能力。

3）Zn（Ⅱ）

Zn（Ⅱ）在水溶液中存在形式比较简单，当 pH 值不大于 8.5 时，溶液中大部分以 Zn^{2+} 为主；在 pH 值为 7.2 时，溶液中开始出现微溶的 Zn（OH）$_2$；pH 值不小于 10.0 时，90%的 Zn^{2+} 转化为沉淀，此时加入的重金属混合液为絮状悬浊液。钢渣—气化粉煤灰固化体对 Zn（Ⅱ）的去除效率受初始 pH 值影响显著，去除效率与 pH 值几乎呈线性正比关系；pH 值为 2 时，初始去除效率仅为 75.26%。在 pH 值不小于 10.0 的条件下，钢渣—气化粉煤灰固化体的 Zn（Ⅱ）去除效率显著升高，推断生成沉淀是稳定化 Zn（Ⅱ）的主要方式。

4）Cu（Ⅱ）

当 pH 值不大于 5.4 时，溶液中几乎全部为 Cu^{2+}；当 pH 值为 6.5 上升至 8.6 时，Cu^{2+} 与 OH^- 结合生成过渡态离子 Cu（OH）$^+$，其占比在 50%以上，Cu（OH）$^+$ 在水中溶解度远小于 Cu^{2+}；当 pH 值不小于 10.4 时，Cu（Ⅱ）全部转化为 Cu（OH）$_2$ 沉淀。pH 值不大于 5.0 时，钢渣—气化粉煤灰固化体对 Cu（Ⅱ）的去除能力很弱；随着 pH 值升高、Cu（OH）$^+$ 的占比含量增大，去除能力增加至接近饱和，pH 值继续升高对去除效率影响极小。Cu（Ⅱ）去除效率在 pH 值为 11.0 时达最大值，为 92.13%。

4.2.1.3 重金属形态分布

重金属去除效率随时间、浓度的变化差异表示重金属离子在钢渣—气化粉煤灰固化体中存在形态不同。BCR 连续提取反映固化体内各时期、不同掺量的重金属离子形态比例，见图 4.2-5。

随着浓度增加，Pb（Ⅱ）的弱酸可提取态（F1）含量增加，3d 的情况尤为明显。可被氧化态（F2）的 Pb（Ⅱ）易被醋酸缓冲液浸出，所以在 TCLP 浸出的离子浓度主要来源于 F1＋F2 总量。初期的可被还原态（F3）含量与氧化物结合形式相关，其所占比例较大；相同时期重金属的添加浓度对 F3 态占比影响较小，养护时间影响较大。养护时间越久，可还原态重金属相对含量越少。残渣态（F4）为最难浸出的重金属形态，随着养护时间增长，钢渣—气化粉煤灰固化体的聚合度增高，整体结构越密实，残渣态重金属相对比例含量增加。

早期 Cr（Ⅵ）的重金属形态以残渣态为主，并随着养护时间增长，残渣态 Cr（Ⅵ）占比逐渐增大，7d 后残渣态占比相比 28d 仅略微增加。当 Cr（Ⅵ）浓度达到 0.5%时，同时期残渣态 Cr（Ⅵ）比例最大，此时相应的重金属浸出浓度也最小。可被还原态重金属含量随着时间增加而减少，28d 所有浓度范围内的弱酸提取态均降至 3%以下，证明钢渣—气化粉煤灰固化体可快速转化 Cr（Ⅵ）至残渣态。

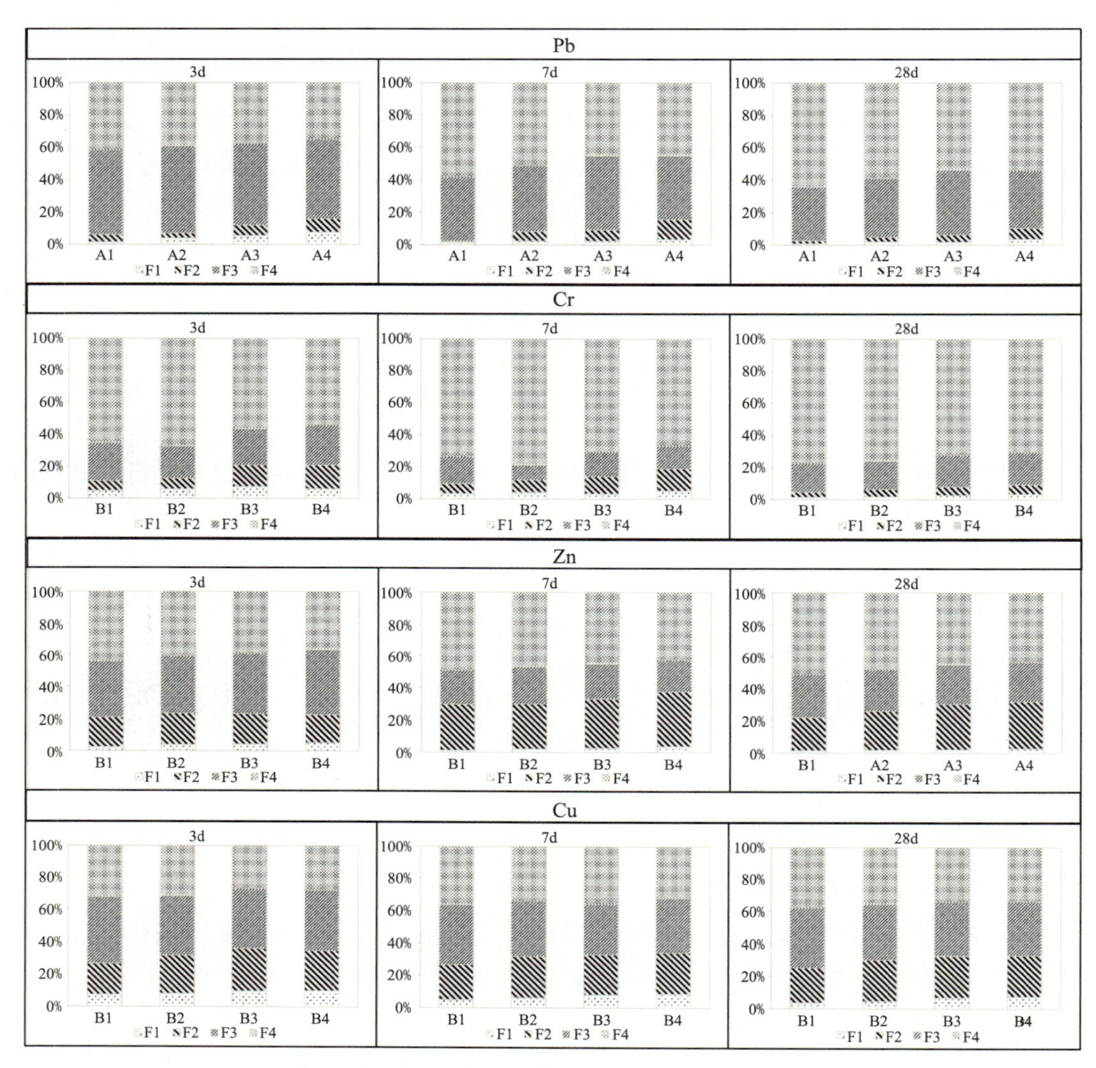

图 4.2-5　钢渣—气化粉煤灰固化体重金属形态分布

Zn（Ⅱ）的残渣态占比不及其他重金属，3d 内 Zn（Ⅱ）主要以可被氧化态与可被还原态形式存在聚合体中。养护时间为 7d 时，可被氧化态 Zn（Ⅱ）大幅增加，可被还原态 Zn（Ⅱ）明显减少；28d 形态变化较小。弱酸可提取态随着时间逐渐减少，根据 TCLP 浸出结果，Zn（Ⅱ）在醋酸中浸出的不仅有弱酸提取态部分，还包含可被氧化态的部分。除弱酸提取态以外，重金属的浓度对其形态分布影响较小，各组分差异不大。

Cu（Ⅱ）的弱酸可提取态浸出高于其他重金属离子，3d 时含最高浓度 Cu（Ⅱ）的固化体的弱酸提取态占比为 9.82%。残渣态 Cu（Ⅱ）比例较其他重金属低，随着 Cu（Ⅱ）

添加量增加，同时期的固化体内残渣态 Cu（Ⅱ）减少。

综上，Pb（Ⅱ）在固化体中主要以残渣态与氧化物结合态存在，随着养护进行，这两种状态的比例增加；Cr（Ⅵ）主要存在形式为残渣态，浓度为影响其存在状态的主要因素；Zn（Ⅱ）与 Cu（Ⅱ）在固化体中存在形式随养护时间而改变，地质聚合反应受二者影响强烈。残渣态的重金属比例直接决定 TCLP 浸出浓度上限，残渣态比例越大，重金属离子浸出值越小。

4.2.1.4 重金属钝化机理

（1）*矿物相分析*

通过 XRD 衍射图谱分析掺重金属离子的钢渣—气化粉煤灰固化体矿物变化，判断重金属在聚合物聚合过程中与矿物相的结合方式。重金属浸出与去除效率已经说明钢渣—气化粉煤灰固化体在 80h 内完成了对重金属的固化。推断重金属与钢渣—气化粉煤灰固化体在 7d 内可能会产生新矿物成分，不同浓度比例的重金属—钢渣—气化粉煤灰固化体 XRD 分别见图 4.2-6 至图 4.2-9。

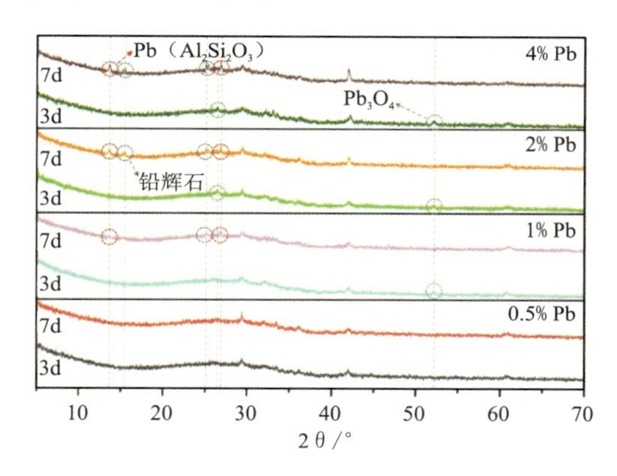

图 4.2-6 Pb（Ⅱ）—钢渣—气化粉煤灰固化体矿物组成

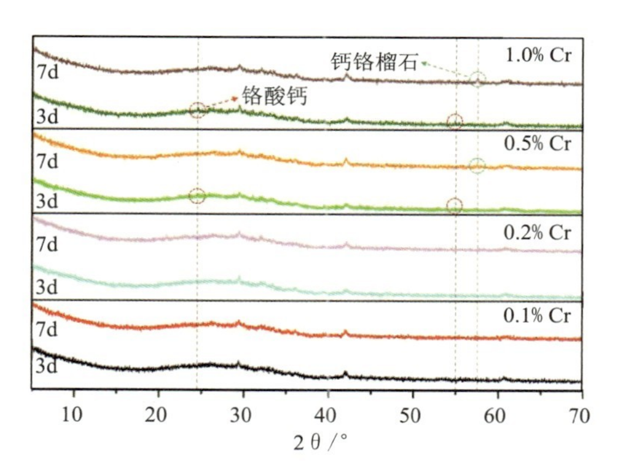

图 4.2-7 Cr（Ⅵ）—钢渣—气化粉煤灰固化体矿物组成

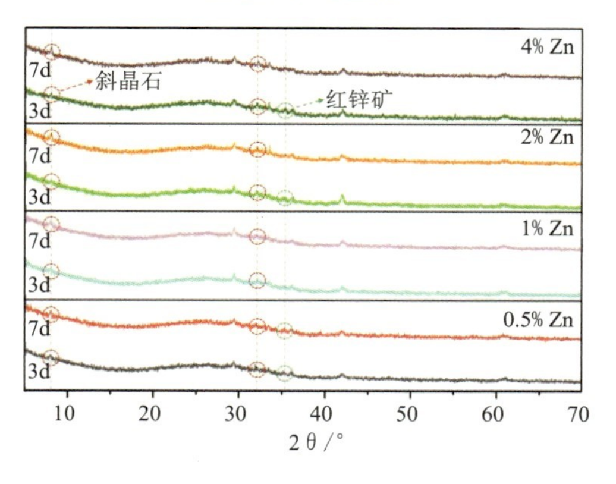

图 4.2-8 Zn（Ⅱ）—钢渣—气化粉煤灰固化体矿物组成

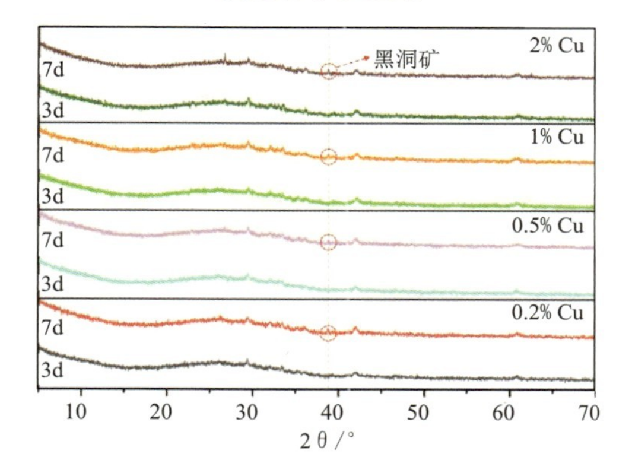

图 4.2-9 Cu（Ⅱ）—钢渣—气化粉煤灰固化体矿物组成

当Pb（Ⅱ）含量为0.5%时，固化体中主要是无定形态物质，伴随少量钙质结晶矿物与不含重金属低聚合态矿物。随着Pb（Ⅱ）浓度增加，3d的固化体中开始出现Pb_3O_4的特征峰，Pb_3O_4含量越大峰强度越大；7d所有Pb_3O_4的特征峰消失，证明Pb_3O_4在钢渣—气化粉煤灰固化体中存在形式极不稳定，容易被分解。Pb（Ⅱ）浓度继续增加，7d的固化体中陆续出现$PbSiO_3$（铅辉石，2θ=15.45°、26.35°）与Pb（$Al_2Si_2O_8$）（长铅石，2θ=13.57°、27.06°），Pb（Ⅱ）含量越高，二者含量越大，说明在7d后重金属离子与钢渣—气化粉煤灰固化体在固化体内形成了稳定的硅酸、硅铝酸盐。

Pb_3O_4为碱性可溶性物质；随着养护龄期增长，水分大量散失，体系碱度增加导致前期形成的Pb_3O_4沉淀溶解于强碱液相中，7d内与聚合物中的铝、硅氧化物结合生成较为稳定的矿物，这种生成的矿物取代了原有的高聚合度硅铝酸盐矿物如铅辉石，减少了无定形态的含量。

3d与7d的图谱显示，Cr（Ⅵ）含量小于0.2%时，体系中没有明显存在与Cr元素相关的晶态物质。当Cr（Ⅵ）含量为0.5%时，固化体在3d养护龄期内出现微弱的$CaCr_2O_7$（铬酸钙，2θ=24.52°、54.83°）结晶峰，证明$Na_2Cr_2O_7$在钢渣—气化粉煤灰固化体中能与Ca^{2+}发生阳离子交换而形成$CaCr_2O_7$沉淀，Cr（Ⅵ）浓度越大，则该物质含量越高。在7d时固化体中生成了Ca_3（$Cr_{0.85}Al_{0.15}$）$_2$（SiO_4）$_3$（钙铬榴石，2θ=57.47°），该物质的存在说明高浓度Cr（Ⅵ）在前驱体中发挥与Al元素类似的作用，即Cr（Ⅵ）充当小分子聚合物的链接中间体链接SiO_4四面体。经7d养护后，相应组分的$CaCr_2O_7$相消失，可以推断大部分的Ca_3（$Cr_{0.85}Al_{0.15}$）$_2$（SiO_4）$_3$形成需要消耗$CaCr_2O_7$所提供的CrO_X^{n-}并重组。

由于$Cr_2O_7^{2-}$属于可溶性离子，改变体系碱度不会影响其溶解度。初期形成的$CaCr_2O_7$经过地质聚合反应转变为多晶共生固溶体态的特殊矿物Ca_3（$Cr_{0.85}Al_{0.15}$）$_2$（SiO_4）$_3$，他们镶嵌分布于无定形态内部，呈四角三八面体形貌。Ca_3（$Cr_{0.85}Al_{0.15}$）$_2$（SiO_4）$_3$与其他晶态矿物聚合度几乎相同，并同时出现。

Zn（Ⅱ）的含量变化对聚合物的相变影响甚微，CaZn（SiO_4）·H_2O（斜晶石；2θ=7.96°、32.16°）存在于Zn（Ⅱ）浓度从0.5%到4%的所有组分中。ZnO（红锌矿；2θ=35.33°）在低浓度Zn（Ⅱ）的固化体中的含量大于高浓度固化体；3d后高浓度的组分中不存在ZnO。

Zn（Ⅱ）与聚合物的结合经过了阳离子如Ca^{2+}、Na^+等的交换：早期部分聚合物中含有C—S—H凝胶，Zn（Ⅱ）能替代凝胶中的Ca形成CaZn（SiO_4）·H_2O。所以，Zn（Ⅱ）大多数以层间阳离子的形式存在，它用来中和钢渣—气化粉煤灰固化体平层面的负电荷。由于Zn金属性远不如碱金属/碱土金属元素，所以Zn^{2+}不能完全取代Ca^{2+}在聚合物中的位置而与Ca（Ⅱ）单矿物共存。

Cu（Ⅱ）在地质聚合反应中生成的矿物比其他重金属单一得多，所有不同浓度的组分中，养护龄期为3d的固化体与空白对照组无异，7d所有组都出现微弱的CuO（黑铜矿；

$2\theta=38.76°$）晶态峰。这是因为 Cu^{2+} 随体系的碱度增加而沉淀，在钢渣—气化粉煤灰固化体层表面形成了 $Cu(OH)_2$。而 3d 内的钢渣—气化粉煤灰固化体并没有与 Cu（Ⅱ）发生化学反应生成新矿物相，此结果解释了 Cu（Ⅱ）的浸出浓度高于其他重金属的原因。新矿物的生成说明钢渣—气化粉煤灰固化体对重金属不仅有物理包裹作用，也有化学成键作用。固化体内含重金属矿物多为相对稳定的结晶矿物，说明重金属离子诱导无定形态凝胶转变为晶态矿物。然而，含重金属矿物在固化体中的相对含量较少，重金属离子在钢渣—气化粉煤灰固化体中的钝化方式需要利用其他手段表征。

（2）聚合物及重金属化学键

7d 后，固化体的重金属浸出量极少，说明重金属离子更多存在于无定形态凝胶中。新形成的矿物相作为元素的化学键位参考，分析 Pb、Cr、Zn、Cu 原子化学势能位移，判断各原子在聚合物层状表面的相互链接方式，试样 Si、Al 及重金属元素的化学键变化通过 XPS 能谱分析，见图 4.2-10，能谱特征峰经过标准 C—C 键（284.8eV）进行矫正，复合峰利用傅里叶变换去卷积。

钢渣—气化粉煤灰固化体与重金属结合后的 Al 原子结合能均为 74eV，Si 结合能为 102eV，这是典型的链状含 O 缩聚体的键位结合能。未加重金属的试样中 Si、Al 结合能均显著大于掺入重金属的试样，这是由于重金属原子大部分已经与钢渣—气化粉煤灰固化体本体形成了复盐型矿物，而重金属原子核较大，共价键在强大电性偏移的情况下发生离子极化，使得结合能减小，配位能力变弱。随着重金属含量的增加，Si 2P 与 Al 2P 的结合能相应下降，这是由于重金属离子能使部分晶态矿物解聚，将三维网络状 Si、Al 分解为链状、岛状小分子。概括解释：高浓度重金属离子造成了钢渣—气化粉煤灰固化体结构的破坏，钢渣—气化粉煤灰固化体稳定性变差，钢渣—气化粉煤灰固化体为了维持原本的平衡关系，解聚释放出的 SiO_4 与 AlO_4 四面体与重金属离子的结合制约了重金属离子的迁移活性。

Pb 4f 的峰值为 138.5eV 与 143.5eV，两个值均说明 Pb 保持二价态未变，无论配位数如何改变，钢渣—气化粉煤灰固化体母体无法改变 Pb 的化学价态。但是随着 Pb 含量的增加，原本结合能为 143.5eV 的峰值向能量减小方向移动，研究表明，这是由 Pb—O—Si 与 Pb—O—Al 的形成导致。

钢渣—气化粉煤灰固化体中出现 CrO_3 及 Cr_2O_3 的结合能峰，添加的 Cr（Ⅵ）小部分由于环境原因被分化还原为 Cr（Ⅲ），大部分则维持六价不变。随着添加浓度上升，Cr（Ⅵ）配位数减小，CrO_3 结构显著增多。可见 Cr（Ⅵ）在体系中存在共轭或共面现象。

Zn 2p 在体系中的结合能几乎没有变化，但是峰强随着浓度的增加而变大，1044.3eV 结合能的 Zn 原子比例增加，Zn 主要以阳离子形式与 Al—O 连接，在 Si—O 的作用下，结合能会减小。

933.5eV 的 Cu 2p 结合能代表 CuO 的表面附着，CuO 是由 Cu^{2+} 在高碱性环境下发生沉淀反应后脱水形成。而增加 Cu 的掺量会使化学位移发生多样性变化：一部分形成复杂含 Cu 硅铝酸盐或 Fe、Mn 基盐复盐（952.5eV、954.7eV），另一部分保持氧化物或者氢氧化物沉淀（932.55eV、934.2eV）依附于聚合物表面。

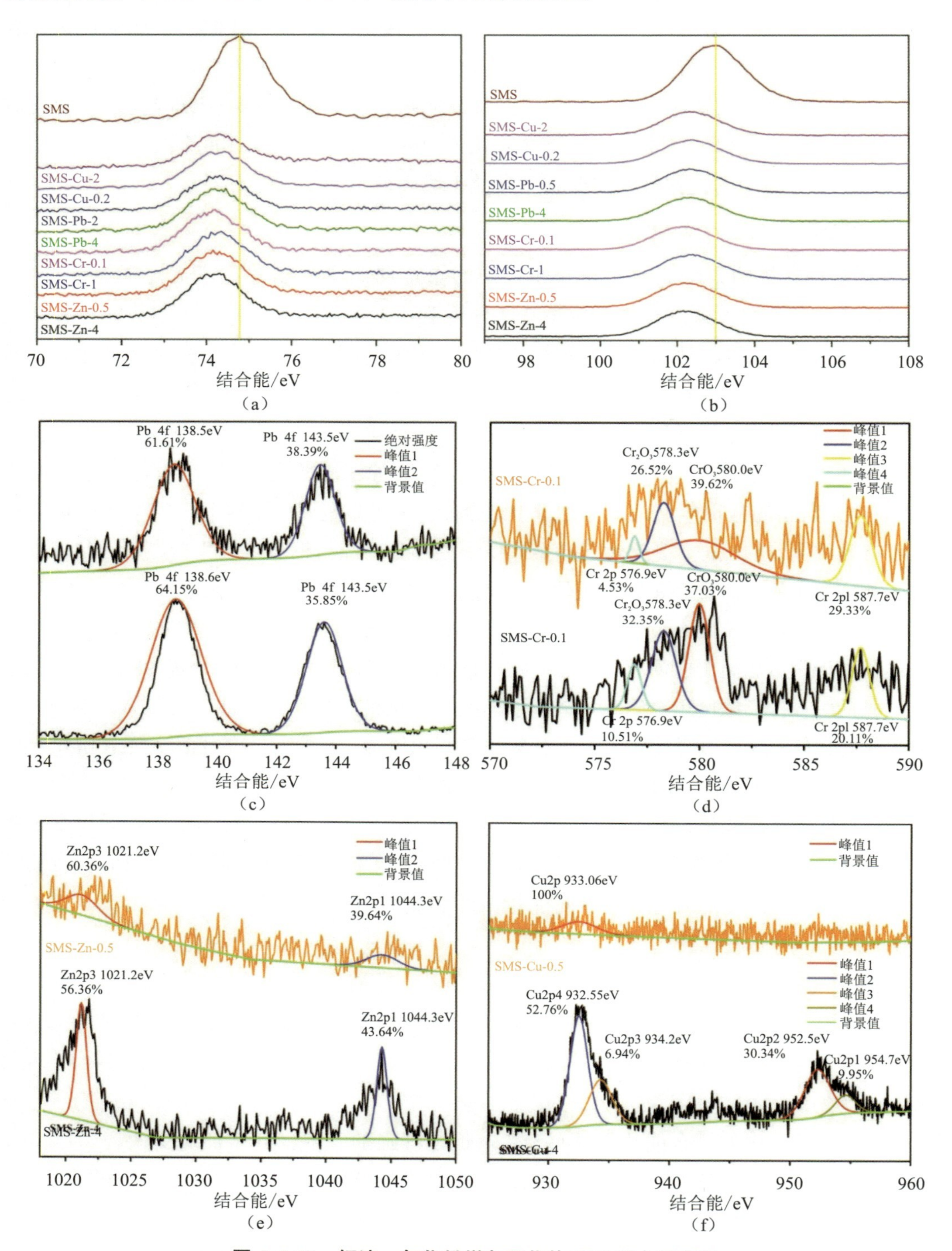

图 4.2-10　钢渣—气化粉煤灰固化体 XPS 结合能变化

(3) 重金属钢渣—气化粉煤灰固化体微观形貌

生成的钢渣—气化粉煤灰固化体在 7d 应为层状结构，层面平整、表面光滑。重金属的添加改变了原有清晰的架构，重金属钢渣—气化粉煤灰固化体微观形貌见图 4.2-11。

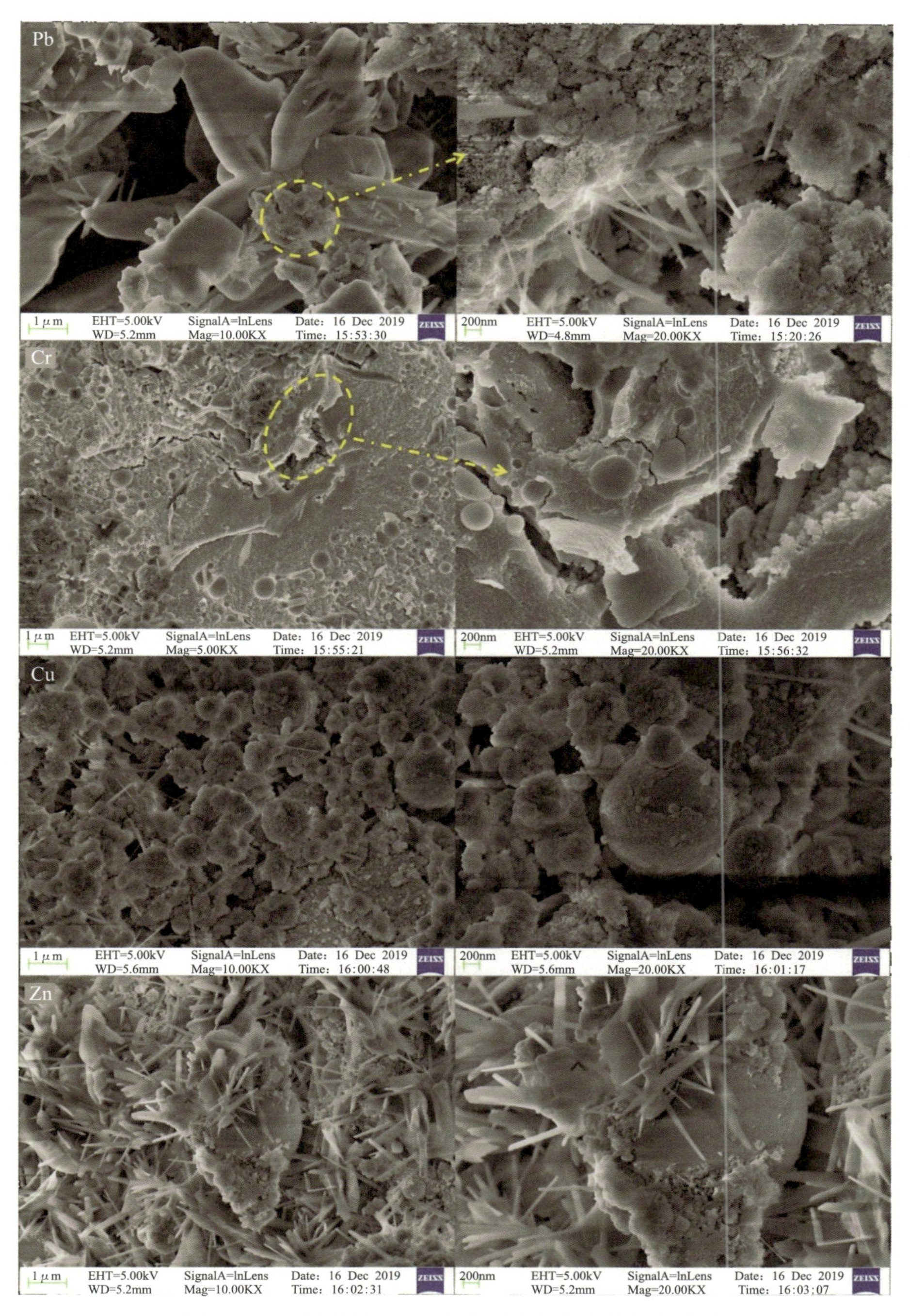

图 4.2-11 重金属钢渣—气化粉煤灰固化体微观形貌

Pb（Ⅱ）导致原本钢渣—气化粉煤灰固化体由致密的层状结构转变为略有厚度的片状结构；片状结构产物上表面光滑，表面与未完全聚合反应的不规则粉体链接，链接处有针状矿物附着。Pb促使聚合物的非均相生长，已稳定的钢渣—气化粉煤灰固化体不断吸收可成键的最小结构单元用于自身生长，部分含Pb矿物或无机盐在层间支撑，用以链接新形成的厚片状结构聚合物。

Cr（Ⅵ）明显加快了聚合反应，含Cr的钢渣—气化粉煤灰固化体在3d就已经形成致密的层状结构，层间紧密无孔隙，层厚度比纯钢渣—气化粉煤灰固化体薄；纳米级大小的玻璃微珠镶嵌在层中。而根据之前的研究，普通条件下这种结构需7d才能形成，说明Cr（Ⅵ）在聚合反应中加快了层状聚合物的形成。同时，钢渣—气化粉煤灰固化体的形貌并没有改变，说明相当一部分Cr融入了凝胶，参与了主体的形成，成为层状结构的主体部分。

含Cu（Ⅱ）钢渣—气化粉煤灰固化体中含有大量不规则碎片以及未反应的玻璃微珠。薄弱的碎片与玻璃球体简单堆叠，长针状矿物分布于孔隙间。薄片状物质代表未反应的NaOH，Cu^{2+}在液相中与碱反应生成沉淀消耗体系内的OH^-，阻碍玻璃微珠等无定形态活性物质碱溶。NaOH本身是过量的，所以Cu（Ⅱ）大部分沉淀以后，随着水分蒸发与消耗，NaOH晶体析出。原料中微米级玻璃微珠仍然完整无破坏，所以含Cu钢渣—气化粉煤灰固化体强度不足以破坏原料中的玻璃微珠。

与含Pb（Ⅱ）钢渣—气化粉煤灰固化体矿物形貌类似，Zn（Ⅱ）初期不会阻止矿物形成，相反，微观形貌中很少发现未完全反应的玻璃微珠与无定形态碎片。但是已经形成的厚片状钢渣—气化粉煤灰固化体表面满布针状矿物；虽然主体坚硬完整，但是层与层、层与间隙间的“毛针状”矿物使孔隙率与矿物内表面比表面积大幅增加。针状结构多为水化产物—钙矾石，其易脆性质使含Zn钢渣—气化粉煤灰固化体的物理强度较低。

（4）重金属与无定形态凝胶的结合方式

为了研究重金属与钢渣—气化粉煤灰固化体无定形态凝胶的结合方式，对“溶胶—凝胶”法合成的纯无定形态矿物在添加过量重金属离子的情况下进行XPS分析，重金属中心离子的结合能变化结果见表4.2-3。

一部分（28.6%）Pb在无定形态凝胶中为金属阳离子态被SiO_3^{2-}链接，另一部分（56.5%）Pb与Si—O相链接形成［Pb—O—Si—O］二聚体，Pb的聚合体必须将钢渣—气化粉煤灰固化体表面暴露的Si—O官能团作为基础载体，它几乎不与AlO_4链接。由于CrO_4^{2-}亦呈正四面体结构，根据键能判断，Cr（78.2%）不仅可与Si—O或Al—O链接形成独立聚合体，结合能高的Cr还可以与自身结合形成含Cr的二聚体（17.5%）、三聚体甚至多聚体，这种结构与聚合物网络极其相似，链端结合能低的部分仍然可以依靠Si—O或Al—O的承接相连。Zn、Cu与普通层间阳离子无异，在聚合体中形成碱性沉淀。少部分Zn、Cu参与形成了聚合物：Zn一般分布于末端或层间面上、Cu分布于链侧，由于同一维度上的同性电荷排斥，无定形态凝胶捕获 Cu 能力更弱。原料概括为如下反应：

Pb^{2+}：

$Pb^{2+} \xrightarrow{GeO} Pb—O—Si(O)(O)—O—[SiO_4/AlO_4]—$

$O—Pb(OH)(OH)—O + Pb—O—[SiO_2]—O— \longrightarrow O—Pb(O)(O)—O—Pb(O)(O)—[SiO_4/AlO_4]—$

CrO_4^{2-}：

$CrO_4^{2-} \xrightarrow{GeO} O—Cr(O)(O)—O—Si(O)(O)—O$ 或 $O—Cr(O)(O)—O—Al(O)(O)—O$

$CrO_4^{2-} + CrO_4^{2-} \xrightarrow[NaOH]{GeO}$ O—Cr—O—Cr—O / O—Si—O—Si—O（Cr 与 Si 经 O 桥连成网络）

Zn^{2+}：

$Zn^{2+} \xrightarrow{GeO} Zn—[SiO_4/AlO_4]_n—Zn$

$Zn^{2+} + OH^- \longrightarrow Zn(OH)_2\downarrow$

Cu^{2+}：

$Cu^{2+} \xrightarrow{GeO} Na—[SiO_4/AlO_4(Cu)(Cu)]_n—Na$

$Cu^{2+} + OH^- \longrightarrow Cu(OH)_2\downarrow$

表 4.2-3　　纯相固化体中重金属原子配位变化

ID	结合能（占比）		
Pb $(NO_3)_2$	138.50eV		
Geo—Pb	138.65eV（28.6%）	138.10（24.9%）	137.77（56.5%）
Na_2CrO_4	579.80eV		
Geo—Cr	579.70eV（4.3%）	576.90eV（78.2%）	576.60eV（17.5%）
Zn $(NO_3)_2$	1023.35eV		
Geo—Zn	1022.70eV（76.8%）	1022.42eV（16.6%）	1021.70eV（6.6%）
Cu $(NO_3)_2$	935.50eV		
Geo—Cu	935.2eV（17.3%）	932.70eV（82.7%）	—

结合微观结构，钢渣—气化粉煤灰固化体的骨架形成与结构主体生长完整循环的第一个阶段持续 20h，72h 的聚合物相貌呈多孔结构，此时由于重金属离子的引入，主体中孔结构急剧减少。重金属阳离子如 Cu、Zn 以及部分 Pb 被孔结构吸附于内表面，与表面已有的 Na^+、K^+、Ca^{2+} 等发生阳离子交换后经过生长闭合，永久“镶嵌”在无定形态凝胶中；Cr 及另一部分 Pb 在碱溶阶段就以四面体 CrO_4^{2-} 与 Pb $(OH)_4^{2-}$ 形式游离在液相中，在缩聚反应发生时，局部的 SiO_4、AlO_4 四面体匮乏造成聚合物网络吸收 CrO_4、PbO_4 四面体融入聚合物。相比阳离子，携带重金属阴离子团的矿物聚合度一般更高，这是因为重金属阴离子团的中心重金属元素拥有较大的原子核半径，带电量大于 Si 或 Al，更容易吸引周围 SiO_4、AlO_4 四面体成键。

4.2.2 高盐—矿渣基胶凝材料固化重金属

众多研究表明，相比硅酸盐水泥，碱—激发矿渣水泥对硫酸盐和氯盐有良好的抗侵蚀性能。实际上，Na_2SO_4 对于矿渣而言，是一种良好的激发剂。多数工业固废，比如锰渣、磷石膏等含有较多的硫酸盐，适合与矿渣协同产生胶凝反应，并产生钙矾石 AFt 和单硫型钙矾石 AFm，因此矿渣基胶凝材料常作为固化剂来胶结固化固体废弃物。

另外一部分固废，比如飞灰和碱渣，往往含有大量氯离子，在游离氯离子转化成氯化钙后，会与矿渣体系中的铝酸三钙发生反应，产生 Friedel 盐。研究氯离子和硫酸盐与矿渣的活性铝成分的竞争反应，并研究胶凝产物 Friedel 盐、钙矾石 AFt 和单硫型钙矾石 AFm 对重金属的固化机理，将对矿渣基胶凝材料用于含重金属的工业固废无害化处置提供指导。

4.2.2.1 高盐—矿渣体系制备

试验选用（3，5）单纯形格点混料试验设计，将矿粉（GGBFS）、氯化钙（$CaCl_2$，Ccl）、二水石膏（$CaSO_4 \cdot 2H_2O$，Cs）的百分比含量作为分量，矿粉的百分比固定，采用 5％的氢氧化钠溶液进行碱激发，水灰比 0.4，所有样品添加质量分数为 2.22wt％的铬酸钠（$Na_2CrO_4 \cdot 4H_2O$，Cr 当量 0.49325％），样品组成和对应编号见图 4.2-12。采用 PO42.5 水泥外加等量重金属 Cr 作为对比组。以该材料体系的 3d、7d、28d 的抗压强度及重金属 Cr 浸出浓度作为响应指标。

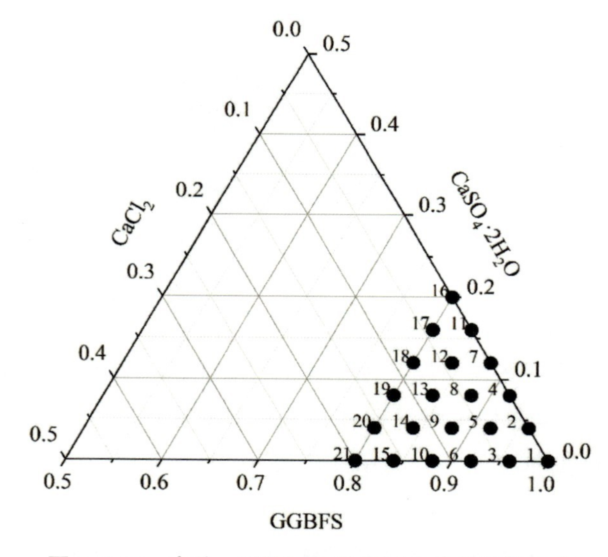

图 4.2-12 高盐—矿渣三元体系配方实验设计组成

4.2.2.2 高盐—矿渣体系强度发展规律

高盐—矿渣三元体系不同龄期强度发展规律见图 4.2-13。从图中可以看出，早期强度发展以碱激发为主，低掺量石膏（不大于 4％）有助于强度发展；水化龄期进入 14d 以后，更多的石膏掺量（不大于 8%）也能促进强度发展；而在水化后期，矿粉 80%～84%、氯化钙 8%～12%、石膏 1%～4%范围内出现强度发展较高的区域。

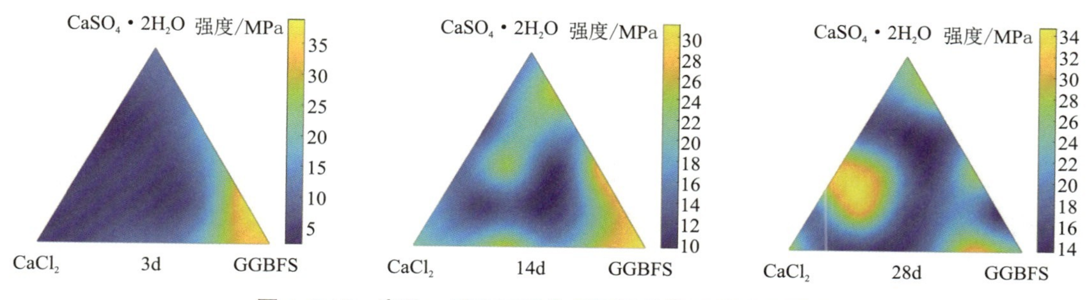

图 4.2-13　高盐—矿渣三元体系不同龄期强度发展规律

高盐—矿渣三元体系不同龄期重金属 Cr 浸出规律见图 4.2-14。从图中可以看出，随着龄期的发展，重金属 Cr 的浸出浓度逐渐降低，在靠近 Cl 的一侧重金属 Cr 浸出明显偏低，而且随着氯含量的增高，重金属浸出浓度降低；靠近 SO_4 则表现相反的规律，随着硫酸盐增加，重金属 Cr 的浸出逐渐升高。

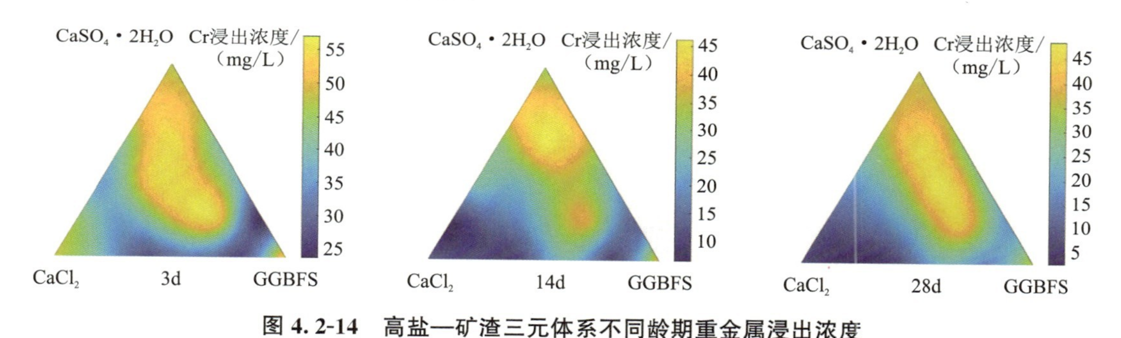

图 4.2-14　高盐—矿渣三元体系不同龄期重金属浸出浓度

从前一章的试验结论可知，矿粉—水泥—飞灰三元体系中产生了大量钙铝基 AFt 和 Cl-AFm 相，从而降低了飞灰中总 Cr 和 Cr（Ⅵ）的 TCLP 浸出浓度。根据本章实验，在高盐—矿粉体系中，产生的 Cl-AFm 对 Cr 有固化作用，而 SO_4-AFm 对 Cr 固化作用较弱，本章继续通过合成含 S、Cr 和 Cl 的 Ca－Al 基双层层状化合物 SO_4-AFm、CrO_4-AFm 和 Cl-AFm，在固溶体—溶液（Solid Solution-Aqueous Solution，SS-AS）体系中，分析 Cl-AFm、SO_4-AFm 和 CrO_4-AFm 这 3 种 AFm 相的平衡关系以及固溶体系，研究他们之间是否存在连续固溶体，并通过 Lippmann 平衡相图分别建立二元和三元的平衡体系来研究他们对 Cr（Ⅵ）的固化效果。

4.2.2.3　AFm 单相合成以及其热力学分析

（1）AFm 单相合成试验方法

AFm（Alumino-Ferrite-mono）相是水泥体系中最为重要的水化产物。在许多矿渣水泥中，AFm 的质量分数可能会超过 20%。AFm 族化合物一般为六方晶系，通式为：

[Ca_2（Al，Fe）$(OH)_6$] X·nH_2O。与水滑石，蒙脱石等矿物结构类似，AFm 主层的 Ca^{2+} 离子被一定比例的 Al^{3+} 或 Fe^{3+} 离子取代，由于 Al^{3+} 和 Fe^{3+} 的离子半径比 Ca^{2+} 要小，剩下的 Ca^{2+} 离子会偏离主层中心，除了与 6 个 OH^- 配位以外，还会吸引一个层间水分子，形成了带正电的结构 [Ca_2（Al，Fe）$(OH)_6$·$2H_2O$]$^+$，因此可以结合带负电的 X 离子，X 可以是一价和二价阴离子，如 OH^-、Cl^-、I^-、F^-、SO_4^{2-}、CrO_4^{2-}、CO_3^{2-} 等，典型 AFm 结构见图 4.2-15。AFm 的晶胞常数 a 一般为 5.7～5.9Å，大约是 Ca$(OH)_2$ 的 $\sqrt{3}$ 倍。c 的厚度一般会根据离子 X 和层间水分子的含量改变而变化。一旦改变环境温度和湿度，这些没有被结合的层间水很容易从结构中脱离出来，从而导致层间距离的减少。由于这一特性，同一个 X 的 AFm 通常有不同的结合水状态。层间结构 [X·mH_2O]$^-$ 可以根据溶液中的离子改变而改变。不同的离子会同时进入 AFm 结构中，形成固溶体，因此 AFm 化合物具有较好的离子交换作用。所以水泥基材料中常见的 AFm 族化合物，如 OH-AFm，通常称为 hydroxy-AFm C_4AH_x、SO_4-AFm（monosulfoaluminate）C_4AsH_x、和 Cl-AFm（Friedel 盐）C_4AClH_x，可以固化液相中的重金属离子进入其层间晶格。

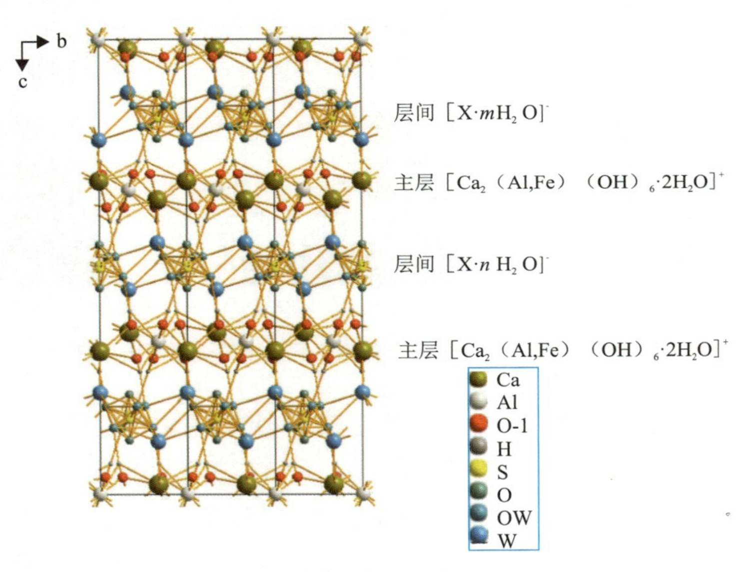

图 4.2-15 典型 AFm 结构

AFm 矿物合成有两种方法，一种是以 CaO 和 $NaAlO_2$ 为原料进行合成，一种是以 C_3A（$3CaO·Al_2O_3$）为原料进行合成，化学方程式分别为：

$$4CaO + 2NaAlO_2 + CaX = Ca_4[Al(OH)_6]_2[X]\cdot nH_2O \quad (4.2\text{-}1)$$

$$C_3A + CaX\cdot mH_2O + (n+6-m)H_2O = Ca_4[Al(OH)_6]_2[X]\cdot nH_2O \quad (4.2\text{-}2)$$

两种方法都能合成 AFm 相，本试验采用式（4.2-2）合成 AFm 相，C_3A 根据马宝国等提供的方法合成，以氢氧化钙为钙质原料，氧化铝为铝质原料；以化学计量比 3∶2 比例称取 Ca$(OH)_2$ 和 Al_2O_3，置于陶瓷磨中混合 1d，混合后以乙醇作黏合剂，加压成型

（40kN下保压30s），将压好的试片（30mm×Φ50 mm）置于刚玉匣钵中，放入高温炉煅烧，逐步升温至1320℃；保温3h。缓慢冷却至室温后取出磨细过325目筛（45μm），测定 f-CaO质量分数 w，如果 w（f-CaO）高于0.5%，继续重复煅烧，直至 w（f-CaO）低于0.5%。从图4.2-16可以看出，随着煅烧次数的增加，C_3A 纯度越高，因为每一次细磨和混合都能提高固相反应进度。

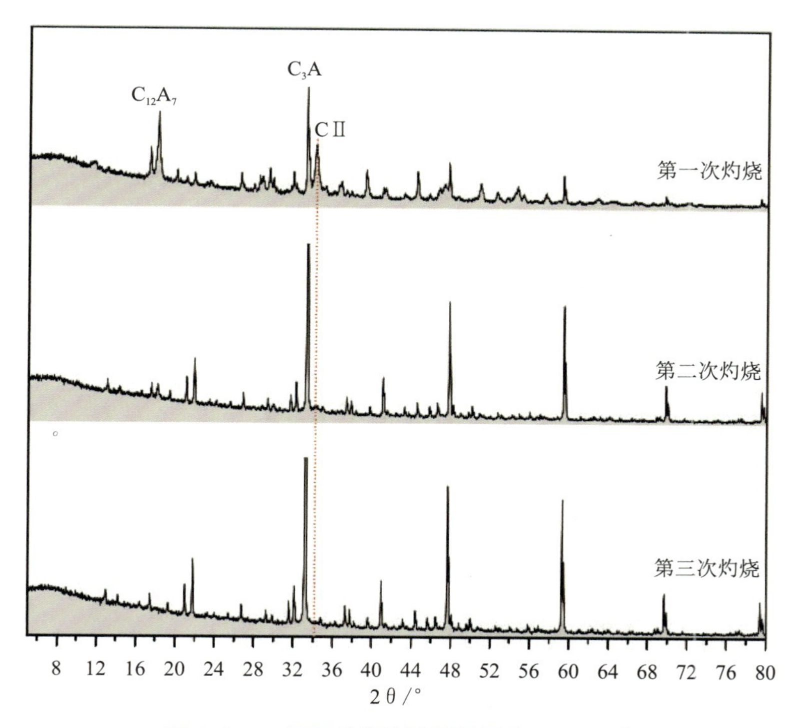

图4.2-16　不同灼烧次数后样品的XRD图谱

将合成好 C_3A（8mmol）分别与等摩尔量的 $CaSO_4 \cdot 2H_2O$、$CaCl_2$ 和 $CaCrO_4$ 混匀放入250mL高密度聚乙烯瓶（HDEP），加入100mL去离子水，用凡士林密封瓶盖四周，以排除 CO_2 的影响。在25℃下，放入翻转振荡器中震荡90d，取出用22μm滤膜过滤，所得滤液用ICP-AES和IC测定各离子浓度，固相用无水乙醇清洗3遍后放入带有钠石灰和硅胶干燥剂的真空干燥器中干燥14d。取出过筛碾磨，进行XRD、FTIR、TG/DTG和SEM等物相分析测试。

Kuzel盐的合成用 C_3A（8mmol）与4mmol $CaSO_4 \cdot 2H_2O$，4mmol $CaCl_2$ 混匀放入250mL的HDEP瓶中，其他步骤同上。

（2）Cl-AFm

合成的单相AFm的XRD图谱见图4.2-17（a）。Cl-AFm，也就是Friedel盐（以下简称为Fs或Cl-AFm），三强衍射峰对应的 d 值分别为7.9Å、3.95Å和2.88Å，分别对应（002）、（004）和（044）面。见图4.2-18（a），从FTIR图谱可以看出，3636cm^{-1} 和

$3480cm^{-1}$ 处的吸收峰由 OH 基团的伸缩振动造成；$1621cm^{-1}$ 处的吸收峰由 O—H—O 基团的弯曲振动造成的；$787cm^{-1}$ 和 $532cm^{-1}$ 处的吸收峰分别由 Al—O 基团的伸缩振动和 Al—O—H 基团的弯曲振动造成，见图 4.2-19（a），从 TG/DTG 图谱中也可以看出，Fs 的脱水峰有两个，一个是 130℃，一个是 330℃。前者的脱水峰主要由层间水脱除造成，在温度为 150℃时，Cl-AFm 的累计失重为 13.6%，相当于 4.20 个 H_2O 的比例，这与 Cl-AFm 的标准化学计量式 $Ca_4[Al(OH)_6]_2Cl_2 \cdot 4H_2O$ 层间含有 4 个水分子接近。见图 4.2-20（a），从 SEM 图像中可以看出，Cl-AFm 呈现层状六方晶体结构，薄片的尺寸为 2～4μm。没有柱状的 AFt 相的形成，这是因为 Cl-AFt 在超过 5℃以上都是不稳定状态。Cl-AFm 的溶解反应方程式为：

$$Ca_4[Al(OH)_6]_2Cl_2 \cdot 4H_2O = 4Ca^{2+} + 2AlO_2^- + 2Cl^- + 4OH^- + 8H_2O \qquad (4.2\text{-}3)$$

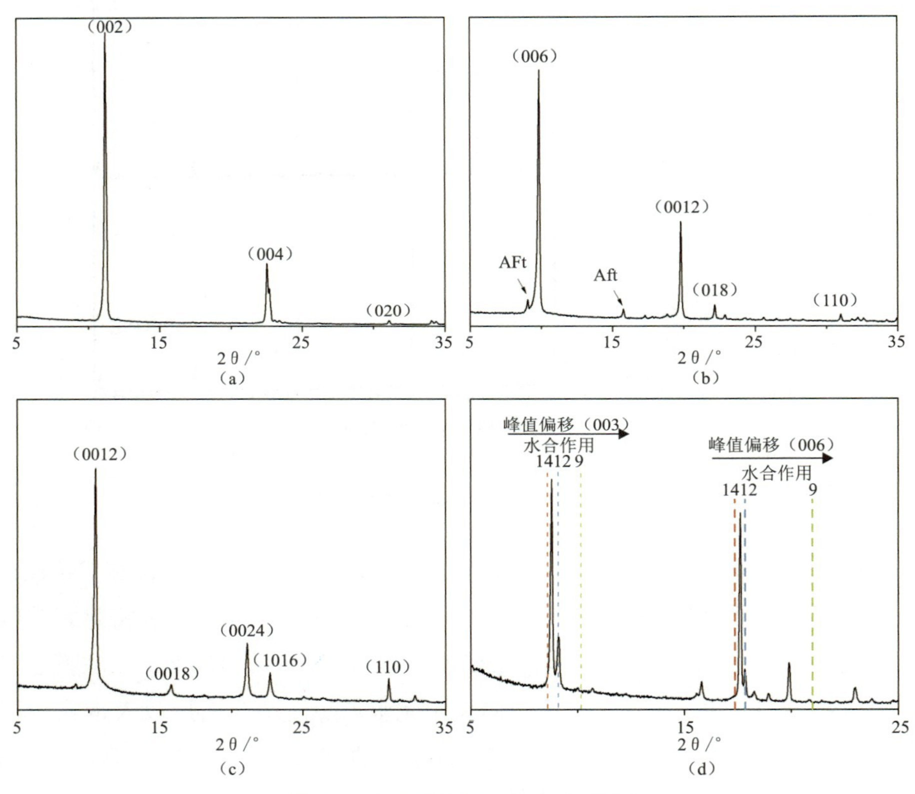

图 4.2-17　4 种 AFm 的 XRD 图谱

（3）SO_4-AFm

从 SO_4-AFm 的 XRD 图谱可以看出，SO_4-AFm（monosulfoaluminate，以下简称 Ms 或 SO_4-AFm）的层间距大于 Cl-AFm 的层间距。这是因为 SO_4^{2-} 的离子半径为 2.95Å，要大于 Cl^- 的离子半径 1.8Å。除了 Ms 相以外，还检测到少量的 AFt 相（Ettringite）的衍射峰，表明体系中有少量的钙钒石产生。Ms 的 FTIR 图谱（图 4.2-18）对应的吸收峰与 Cl-AFm 类似，与 Cl-AFm 相比，除了多了 $1117cm^{-1}$ 处的 SO_4^{2-} 吸收峰以外，$783.7cm^{-1}$ 处的吸收峰减小。从图 4.2-19（b）可以看出 Ms 对应的脱水峰有 3 个：87℃、170℃和 280℃。前两个峰由层间水脱除造成，在 200℃时候 Ms 失重为 17.22%，相当于 5.95 个 H_2O 的比例，这与 Ms 的标准化学计量式 $Ca_4[Al(OH)_6]_2SO_4 \cdot 6H_2O$ 层间含有 6 个水分子接近。Ms 的 SEM 图谱中可以看到棒状相的存在，见图 4.2-20（b），表明在 SO_4-AFm 体系中，的确含有少量 AFt 相与 AFm 相共存。SO_4-AFm 的溶解反应方程式为：

$$Ca_4[Al(OH)_6]_2SO_4 \cdot 6H_2O = 4Ca^{2+} + 2AlO_2^- + SO_4^{2-} + 4OH^- + 10H_2O \quad (4.2\text{-}4)$$

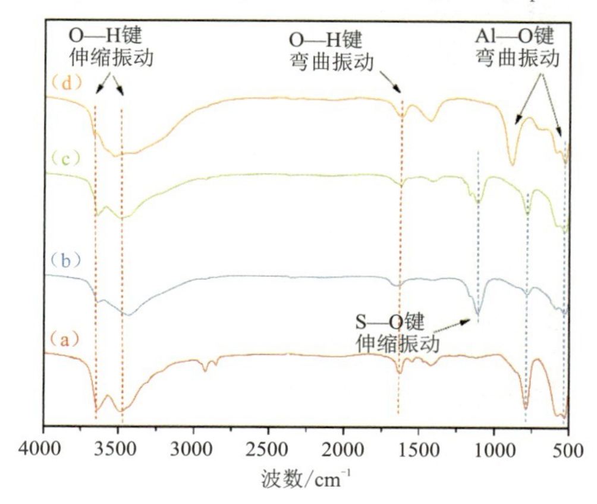

图 4.2-18　4 种 AFm 的 FTIR 图谱

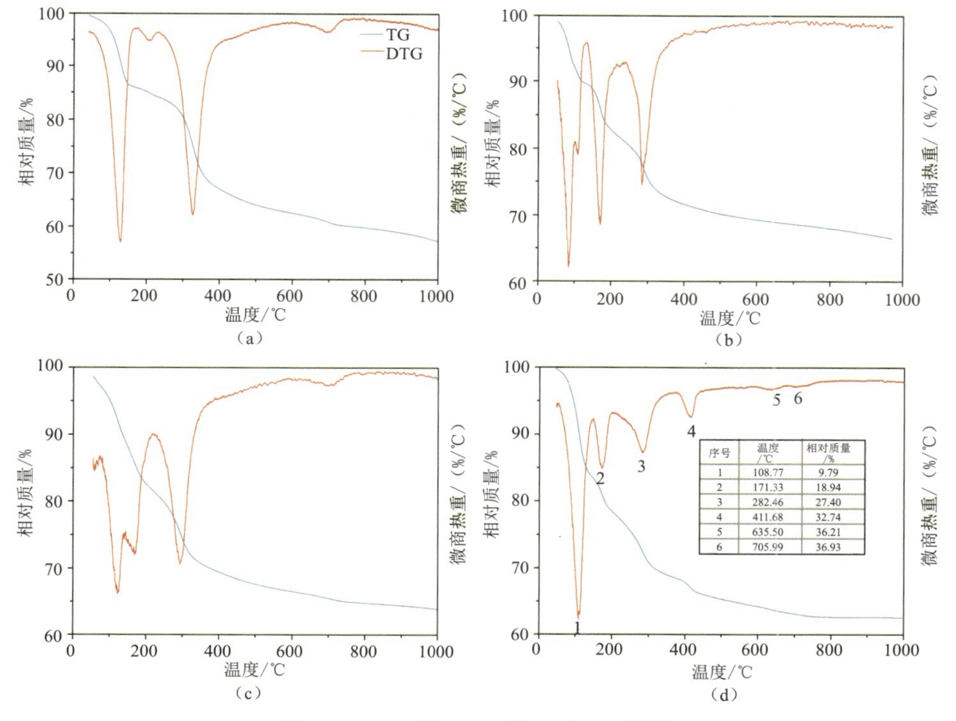

图 4.2-19　4 种 AFm 的 TG/DTG 图谱

图 4.2-20　4 种 AFm 的 SEM 图像

（4）Kuzel 盐

Kuzel 盐的化学式为 $Ca_4[Al(OH)_6]_2Cl(SO_4)_{0.5}\cdot 6H_2O$（以下简称 Ks），实际上是由 1∶1 比例的 Cl^- 和 SO_4^{2-} 依次占据每一夹层，而不发生相互替代，产生有序 AFm 相。从 Ks 的 XRD 图谱可以看出它的层间距介于 Cl-AFm 和 Ms 之间，为 8.32Å。Ks 有 3 个脱水峰，分别为 130℃、170℃和 300℃。前两个分别对应 Cl 层间和 SO_4 层间水的脱除，后面一个则是主层水的脱除。在 200℃时，Ks 的累计失重为 17.47，相当于失去 5.92 个 H_2O 分子，这与 Ks 的标准化学计量式 $Ca_4[Al(OH)_6]_2Cl(SO_4)_{0.5}\cdot 6H_2O$ 层间含有 6 个水分子接近。

Ks 的溶解反应方程式为：

$$Ca_4[Al(OH)_6]_2Cl(SO_4)_{0.5}\cdot 6H_2O = 4Ca^{2+} + 2AlO_2^- + 0.5SO_4^{2-} + Cl^- + 4OH^- + 10H_2O \quad (4.2\text{-}5)$$

（5）CrO_4-AFm

CrO_4-AFm 的化学式为 $Ca_4[Al(OH)_6]_2CrO_4\cdot nH_2O$，见图 4.2-17（d），从 CrO_4-AFm 的 XRD 衍射图谱可以看出，CrO_4-AFm 的主衍射峰与标准图谱库中 ICCD PDF 52—0654 对应的 2θ 值有偏移，（003）面和（006）面的偏移量分别为 0.15 和 0.31。除了峰偏移以外，还检测到次要相的形成，与标准图谱库 ICCD PDF 41—0478 对应。CrO_4-AFm 有多种结合水状态，其 XRD 衍射峰位置会随着环境相对湿度的减小而增大。这是因为环境相对湿度会影响层间水弱结合的状态，在低相对湿度时候，层间水会脱离出来，导致晶胞参数 c 减小。本试验的样品在 35%相对湿度的环境下干燥 2 周，但是在检测时处于 76%的相对湿度，由于不完全干燥和重新水化的影响，样品内外出现了不同的结合水状态。标准图谱库中一共有 3 种结合水状态的 CrO_4-AFm，分别为：在相对湿度 98%下稳定存在的 14 个结合水（主层 6+层间 8）的 $Ca_4[Al(OH)_6]_2CrO_4 \cdot 8H_2O$（对应的编号为 ICCD PDF 52－0654）、12 个结合水（主层 6+层间 6）的 $Ca_4[Al(OH)_6]_2CrO_4 \cdot 6H_2O$（对应的编号为 ICCD PDF 41－0478）和 9 个结合水（主层 6+层间 3）的 $Ca_4[Al(OH)_6]_2CrO_4 \cdot 3H_2O$（对应的编号为 ICCD PDF 42－0063）。此外，有研究表明还有 15 个结合水状态的 CrO_4-AFm。从 CrO_4-AFm 的 XRD 图谱中可以看出，本实验样品的 CrO_4-AFm 有 2～14 个结合水，也就是层间水为 6～8。

TG/DTG 分析可以为 CrO_4-AFm 的层间水含量提供定量数据，从图 4.2-19（d）可以看出，CrO_4-AFm 与其他 AFm 相比，有更多的脱水峰，这可能是因为 CrO_4-AFm 具有更多的结合水状态。CrO_4-AFm 的脱水一共有六步：108℃和 171℃脱水由层间水脱水造成，在 200℃时，CrO_4-AFm 的失重一共为 21.57%，相当于失去 7.69 个 H_2O 分子，与理论上 14 个结合水 $Ca_4[Al(OH)_6]_2CrO_4 \cdot 8H_2O$ 对应的 8 个层间水比较接近。第三和第四个失重峰（282℃和 412℃）对应的是主层水脱水。最后两个失重峰由少量的 CO_2 脱除造成。CrO_4-AFm 在 1000℃时的中失重为 37.45%，与 $Ca_4[Al(OH)_6]_2CrO_4 \cdot 8H_2O$ 理论上的结合水含量 37.16%很接近。因此，TG/DTG 可以证明，主要的 CrO_4-AFm 是含有 8 个层间结合水的 $Ca_4[Al(OH)_6]_2CrO_4 \cdot 8H_2O$。

CrO_4-AFm 的红外吸收峰中 Al—O 伸缩振动峰由 Cl-AFm 中的 787cm^{-1} 移动到 877cm^{-1} 处，其他的峰都与 Cl-AFm 相同。见图 4.2-20（d），从 SEM 图像中可以看出，与 Ms 类似，CrO_4-AFm 体系中也伴随少量的 AFt 相生成。CrO_4-AFm 的溶解反应方程式为：

$$Ca_4[Al(OH)_6]_2CrO_4 \cdot 8H_2O = 4Ca^{2+} + 2AlO_2^- + CrO_4^{2-} + 4OH^- + 12H_2O \quad (4.2\text{-}6)$$

（6）AFm 单相的热力学参数及其稳定性

各 AFm 相的溶解数据和活度积见表 4.2-4，根据式（4.1-15）可以通过溶液中离子浓度计算各离子的活度，再根据式（4.1-10）可以计算各 AFm 矿物相的活度积。

表 4.2-4　　各 AFm 相的溶解度数据和活度积

样品	活度积/（mmol/L）						pH 值	log Ksp
	AlO_2	Ca	Cl	SO_4	CrO_4	OH		
Fs	0.05	1.94	51.13	0	0	54.80	12.87	−27.09
Ms	0.78	2.60	0	0.0075	0	6.76	11.87	−30.36
Ks	0.79	5.93	13.78	0.0044	0	6.51	11.74	−28.39
CrO_4-AFm	0.01	1.36	0	0	3.89	70.95	12.97	−29.07

从表 4.2-4 可以看出，活度积绝对值大小从大到小分别为 Ms＞CrO_4-AFm＞Ks＞

Cl-AFm。结合现有的各种 AFm 活度积的数据。CO_3-AFm（C_4AcH_{11}）的活度积为－31.47；OH-AFm（C_4AH_{13}）活度积为－25；NO_3-AFm（C_4ANH_{10}）活度积为－28.63。根据活度积可以给各 AFm 排序，活度积绝对值越高，该离子形成的 AFm 也就越稳定，因此各 AFm 的稳定顺序为：

CO_3-AFm＞SO_4-AFm＞CrO_4-AFm＞NO_3-AFm＞Cl-AFm＞OH-AFm

CO_3-AFm 是最稳定的 AFm，因此，所有单相合成试验都需要隔绝空气以排除 CO_2 的影响。由于 Cl-AFm 和 OH-AFm 都不如 CrO_4-AFm 稳定，因此这两种 AFm 更容易吸收 CrO_4 进入其晶格中，但是由于 OH-AFm 是不稳定相，容易分解成 C_3AH_6 和 Ca（OH）$_2$。所以 Cl-AFm 更适合用来吸收 CrO_4 进入其晶格。此外，由于没有 Cl-AFt 相的干扰，Cl-AFm 的效果更为稳定。

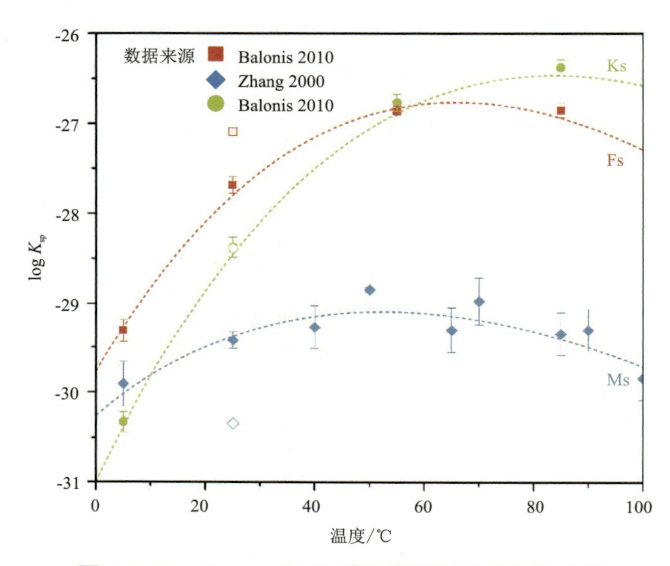

图 4.2-21　Fs、Ms 和 Ks 溶度积随温度的变化关系

图 4.2-21 是 Cl-AFm，Ks 和 Ms 的溶度积随温度变化的关系，采用式（4.2-7）对溶度积与温度进行拟合：

$$\log K_{sp} = A_0 + \frac{A_2}{T} + A_3 \ln T \tag{4.2-7}$$

式中：T——绝对温度。

从图 4.2-21 可以看出，Ks 的活度积变化范围较大，而 Ms 变化范围较小，在温度低于 10℃时，Ks 更为稳定。而常温下，Ks 的活度积比 CrO_4-AFm 要低，即在本试验温度下（25℃），这 4 种 AFm 的稳定关系为：Ms＞CrO_4-AFm＞Ks＞Cl-AFm。

根据式（4.1-6）和式（4.1-7）可以计算各 AFm 的标准溶解反应自由能 ΔG_r^o 和生成自由能 ΔG_f^o。计算采用的液相热力学数据来自 GEMs 软件数据库（表 4.2-5），溶解反应的活度积来自试验数据。计算结果见表 4.2-6。

表 4.2-5 GEMs 软件数据库中各液相离子在标准状态下的相关热力学参数

种类	ΔG^0/(kJ/mol)	ΔH^0/(kJ/mol)	S^0/[J/(K·mol)]	Cp^0/[J/(K·mol)]	V^0/[cm^3/mol]	a_1^0/[cal/(bar·mol)]	a_2^0/[calK/(bar·mol)]	a_3^0/[calK/(bar·mol)]	a_4^0/[calK/(bar·mol)]
Al^{3+}	−483.71	−530.63	−325.10	−128.70	−45.24	−0.34	−1700.71	14.52	−20758
AlO^{+}	−660.42	−713.64	−112.97	−125.11	0.31	0.22	−248.11	6.72	−26763
AlO^{2-}	−827.48	−925.57	−30.21	−49.04	9.47	0.37	399.54	−1.59	−29441
AlO_2H (aq)	−864.28	−947.13	20.92	−209.21	13.01	0.35	84.85	5.41	−28140
$AlOH^{2+}$	−692.60	−767.27	−184.93	55.97	−2.73	0.20	−278.13	6.84	−26639
AlSO+4	−1250.43	−1422.67	−172.38	−204.01	−6.02	0.14	−439.20	7.47	−25974
$Al(SO_4)^{2-}$	−2006.30	−2338.40	−135.50	−268.37	31.11	0.68	889.25	2.25	−31466
Ca^{2+}	−552.79	−543.07	−56.48	−30.92	−18.44	−0.02	−725.20	5.30	−24792
$CaOH^{+}$	−717.02	−751.65	28.03	6.05	5.76	0.27	−113.03	6.20	−27322
$CaSO_4$ (aq)	−1310.38	−1448.43	20.92	−104.60	4.70	0.24	−189.92	6.49	−27004
Na^{+}	−261.88	−240.28	58.41	38.12	−1.21	0.18	−228.50	3.26	−27260
NaOH (aq)	−418.12	−470.14	44.77	−13.40	3.51	0.22	−232.87	6.67	−26826
NaSO−4	−1010.34	−1146.66	101.76	−30.09	18.64	0.48	392.84	4.20	−29414
SO_4^{2-}	−744.46	−909.70	18.83	−266.09	12.92	0.83	−198.46	−6.21	−26970
HSO−4	−755.81	−889.23	125.52	22.68	34.84	0.70	925.90	2.11	−31618
Cl^{-}	−131.29	−167.11	56.73	−122.49	1.73	0.40	480.10	5.56	−28470
HCrO−4	−768.60	−878.64	194.97	6.67	4.46	0.82	1229.25	0.92	−32871
CrO_4^{2-}	−731.36	−882.53	57.74	−260.63	1.89	0.55	562.23	3.54	−30113
H_2O (liquid)	−237.183	−285.881	69.923	75.3605					
OH^{-}	−157.27	−230.01	−10.71	−136.34	−4.71	0.13	7.38	1.84	−27821

表 4.2-6 AFm 的标准生成自由能和溶解反应的标准反应自由能

样品	$\log K_{sp}$	ΔG_r^o	ΔG_f^o
		kJ/mol	kJ/mol
Fs	−27.09	154.621	−6596.691
Ms	−30.36	173.286	−7571.602
Ks	−28.39	162.041	−7319.417
CrO_4-AFm	−29.07	165.923	−8025.508

4.2.2.4 （Cl，CrO_4）-AFm 的固液平衡体系

（1）（Cl，CrO_4）-AFm 合成试验方法

为了研究（Cl，CrO_4）-AFm 体系中固溶体的形成，根据反应方程式：

$$C_3A + xCaCrO_4 + (1-x)CaCl_2 = Ca_4[Al(OH)_6]_2[(CrO_4)_x(Cl_2)_{1-x}]\cdot nH_2O \quad (4.2\text{-}8)$$

按照化学计量比称取 C_3A（4mmol）、$CaCl_2$ 和 $CaCrO_4$（一共 4mmol）于 HDEP 瓶中，$x=[CrO_4^{2-}]/(CrO_4^{2-}+[Cl^-]/2)$，$x$ 取值为 0、0.2、0.4、0.5、0.6、0.8、1，一共 7 个样品，分别编号为 Cr0、Cr2、Cr5、Cr5、Cr6、Cr8、Cr10，向每个样品中加入 500mL 去离子水，翻转震荡 90d，用凡士林密封瓶盖四周，以排除 CO_2 的影响。在 25℃ 下，放入翻转振荡器中震荡 90d，取出用 22μm 滤膜过滤，所得滤液用 ICP－AES 和 IC 测定各离子浓度，固相用无水乙醇清洗 3 遍后放入带有钠石灰和硅胶干燥剂的真空干燥器中干燥 14d。取出过筛碾磨，进行 XRD、FTIR、TG/DTG 和 SEM 等物相分析测试。取 100mg 固体样用 HNO_3 消解，测定其中各离子浓度，以计算固相中各元素的组成。

（2）（Cl，CrO_4）-AFm 固相表征

消解后的固相检测其中的 Ca、Al、Cl 和 Cr 含量，结果见表 4.2-7。表 4.2-7 中的所有固体中的 CrO_4 摩尔分数都比初始值要高（Xcr′＞Xcr），这是因为 CrO_4-AFm 比 Cl-AFm 的活度积要低大约 2 个数量级，因此 CrO_4-AFm 具有更高的稳定性，导致 CrO_4 更容易富集在固相中。

表 4.2-7 Cl-AFm 和 CrO_4-AFm 固相系列之间的元素组成

样品固相铬酸盐初始摩尔分数	Ca	Al	Cl	Cr	Ca	Al	Cl	Cr	样品铬酸盐最终摩尔分数
	初始摩尔分数				归一化到 4Ca				
0.0	10.3	6.3	4.8	0.0	4	2.45	1.87	0.00	0.00
0.2	10.3	6.2	2.9	1.5	4	2.41	1.11	0.57	0.50
0.4	10.0	6.3	1.8	1.7	4	2.52	0.73	0.69	0.65
0.5	10.7	6.4	1.3	2.1	4	2.39	0.47	0.79	0.77
0.6	11.2	6.9	0.7	2.6	4	2.46	0.26	0.94	0.88
0.8	11.4	7.0	0.1	3.2	4	2.46	0.04	1.13	0.98
1.0	11.7	7.0	0.0	3.4	4	2.39	0.00	1.15	1.00

注：铬酸盐摩尔分数＝CrO_4/（CrO_4＋Cl/2）。

Cl-AFm 和 CrO_4-AFm 固相系列之间的 FTIR 图谱见图 4.2-22。从 4.2-22（a）可以看出，各样品中都观测到 3636cm^{-1} 和 3480cm^{-1} 处 OH 基团伸缩振动的吸收峰、1621cm^{-1} 处 O—H—O 基团弯曲振动吸收峰以及 532cm^{-1} 处 Al—O—H 基团弯曲振动的吸收峰。从图 4.2-22（b）中可以看出，随着 CrX 的增加，787cm^{-1} 处的吸收峰逐渐消失，而 877cm^{-1} 附近的吸收峰逐渐增强，表明 CrO_4 通过取代 Cl 进入 AFm 晶格中，改变了 Al—O 键的能量，从而证明了固溶体的形成。

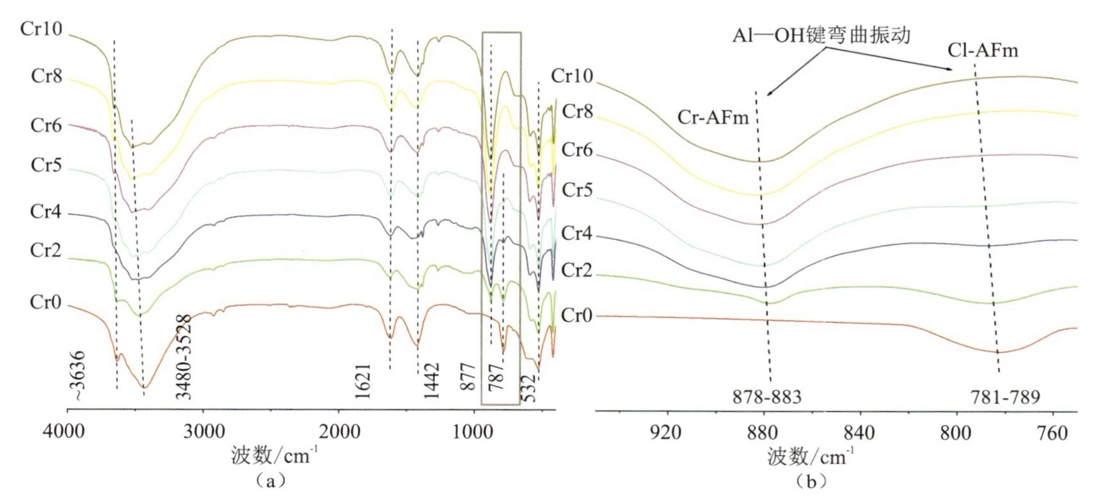

图 4.2-22　Cl-AFm 和 CrO_4-AFm 固相系列之间的 FTIR 图谱

Cl-AFm 和 CrO_4-AFm 固相系列之间的 XRD 图谱见图 4.2-23。随着 X 的增加，CrX 样品的主峰朝着低 2θ 的方向逐渐偏移，这是因为 CrO_4^{2-} 的离子半径（2.4Å）比 Cl^- 离子半径（1.8Å）大，所以 CrO_4 取代 Cl 会导致层间距增大，从 Cl-AFm 的 7.9Å 增大到 8.32Å，导致主衍射峰左移。在初始 $0<CrO_4/(2Cl+CrO_4)\leqslant 0.6$ 时， Cl-AFm 和 CrO_4-AFm 的主衍射峰能被同时检测到。Cr2 样品，也就是初始 $CrO_4/(2Cl+CrO_4)=0.2$ 时，出现了较宽的 d 值，导致主峰宽变大，表明混合样产生了固溶间隙。在 $CrO_4/(2Cl+CrO_4)>0.6$ 一侧，Cl-AFm 的主峰（7.9Å）消失，仅检测到靠近 CrO_4-AFm 的峰。单峰的产生表明混合样形成了固溶体。由于没有检测到其他的固体相，表 4.2-7 中的组成可以近似当作 AFm 相的组成，用于热力学 Lippmann 相图计算。

各样品液相中的离子活度和总活度积见表 4.2-8。通过离子活度计算总活度积 $\sum\prod$ 。与表 4.2-7 总的固相组成相反，液相中 CrO_4^{2-} 的活度摩尔分数 χ_{Cr}^{aq} 比初始的 CrO_4 要低很多，表明离子态 CrO_4^{2-} 很容易被固化在 AFm 相中。随着 Cr 浓度越低，固化效率越高，表明作为痕量元素的污染物 Cr 和 Cl-AFm 对其会有很高的固化效率。

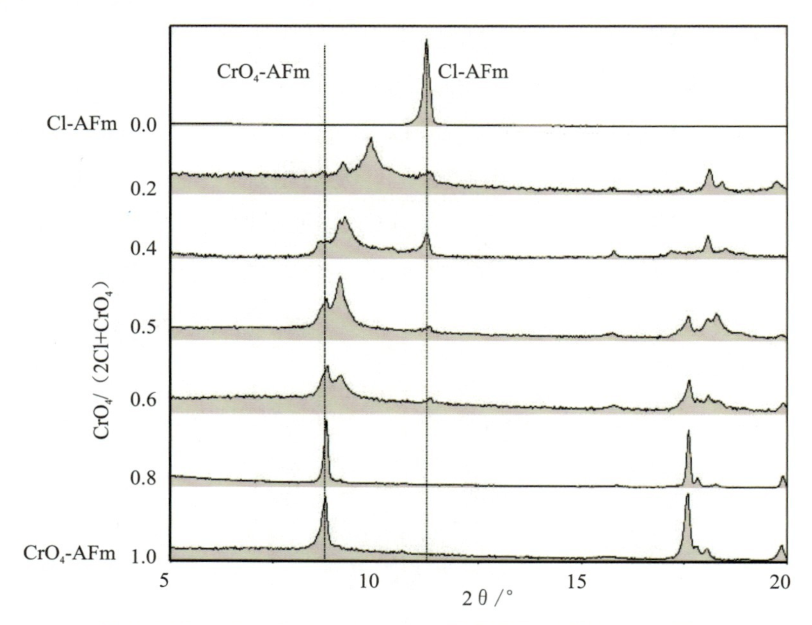

图 4.2-23　Cl-AFm 和 CrO_4-AFm 固相系列之间的 XRD 图谱

表 4.2-8　各样品液相中的离子活度和总活度积

样品	χ_{Cr}	活度积/（mmol/L）					χ_{Cr}^{aq}	Cr 去除效率/%	$\log\sum\prod$
		AlO_2	Ca	Cl	CrO_4	OH			
Cr0	0.00	0.05	1.94	51.13	0.00	54.8	0.00	—	−27.09
Cr2	0.29	0.06	1.58	43.02	0.03	59.28	0.01	98.99	−27.31
Cr4	0.51	0.06	1.46	35.81	0.03	61.79	0.02	99.43	−27.58
Cr5	0.80	0.06	1.43	28.45	0.03	64.93	0.04	99.50	−27.68
Cr6	0.97	0.05	1.37	23.53	0.04	68.77	0.07	99.48	−27.92
Cr8	0.99	0.01	1.37	11.90	1.28	70.51	0.90	87.84	−29.04
Cr10	1.00	0.01	1.36	0.00	3.89	70.95	1.00	69.76	−29.07

（3）（Cl，CrO_4）-AFm 的热力学平衡模型

从固相分析可以看出，（Cl，CrO_4）-AFm 体系存在不完全固溶体，其固溶间隙为 $0.03 \leqslant CrO_4/(2Cl+CrO_4) \leqslant 0.6$，为了使 Lippmann 模型能够计算，靠近 Cl-AFm 端元组分一侧的间隙边界为 0.03。根据 4.1.2 节的公式，定义固相组分活度因子和液相组分活度因子分别为：

$$\chi_{Cr} = \frac{x CrO_4\text{-AFm}}{x CrO_4\text{-AFm} + x Cl\text{-AFm}} \tag{4.2-9}$$

$$\chi_{Cr}^{aq} = \frac{[CrO_4^{2-}]}{[CrO_4^{2-}] + [Cl^-]^2} \tag{4.2-10}$$

总活度积公式为：

$$\sum\prod=[Ca^{2+}]^4[Al(OH)_4^-]^2[OH^-]^4([Cl^-]^2+[CrO_4^{2-}]) \quad (4.2\text{-}11)$$

建立 Lippmann 相图，估计体系固溶间隙为 0.03≤CrO_4/（2Cl+CrO_4）≤0.6，得到 Guggenheim 过量自由能的参数为 a_0=1.38，a_1=−1.81。见图 4.2-24，将 GEMs 数据库中的参数−27.27 作为端元组分 Cl-AFm 的活度积进行计算得到的模拟结果（图中虚线），与试验数据（六边形符号表示）拟合程度比采用−27.09（本试验结果，图中实线）更好。在 0.03≤CrO_4/（2Cl+CrO_4）≤0.6 的范围内，固相线定义的活度积保持不变，该段固相线呈水平线，表明该段区域同时存在两种固溶相，Cl-AFm 型的固溶相 $Ca_4[Al(OH)_6]_2[(CrO_4)_{0.03}Cl_{1.94}]\cdot nH_2O$ 和 CrO_4-AFm 型的固溶相 $Ca_4[Al(OH)_6]_2[(CrO_4)_{0.6}Cl_{0.8}]\cdot nH_2O$。由于总活度积受到的相变规律限制保持不变，该区域液相中的 CrO_4^{2-} 浓度在此区域也保持不变（Cr2～Cr6 中 Cr 活度积都为 0.03mmol/L），见表 4.2-9。在 CrO_4/（2Cl+CrO_4）≤0.6 范围内，总活度积快速下降，直到 CrO_4/（2Cl+CrO_4）=1 时到达端元组分 CrO_4-AFm 的活度积（29.07）。固溶相中 CrO_4 含量越高，活度积越低。

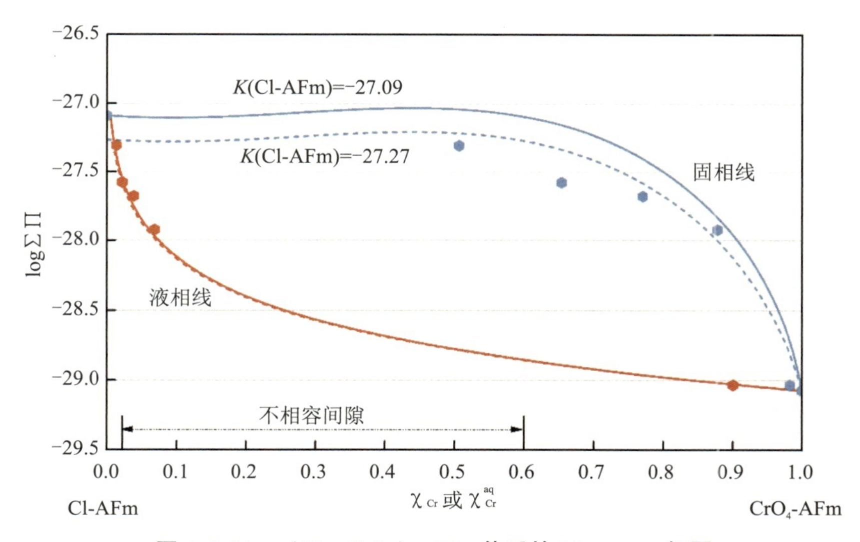

图 4.2-24 （Cl，CrO_4）-AFm 体系的 Lippmann 相图

Lippmann 相图可以用来描述固溶体的热力学平衡状态和对应的液相组成之间的关系。例如，知道固相的特定组成 χ_{Cr} 之后，从横坐标 χ_{Cr} 做垂线到达与固相线的交点，再从此交点做水平线到达与液相线交汇处，对应的横坐标就是平衡状态下的 χ_{Cr}^{aq}。

从 Lippmann 相图可以看出，平衡状态下，每一个 χ_{Cr} 都比其对应的 χ_{Cr}^{aq} 大。根据相图做 $\chi_{Cr}-\chi_{Cr}^{aq}$ 的关系图，见图 4.2-25。当固相组分的 χ_{Cr}<0.9 时液相组一直维持较低的状态（<0.1），因此，Cr 的这一行为可以解释为何将 Cr 作为痕量元素时，也可以很好地被固定在 Cl-AFm 的晶格中。

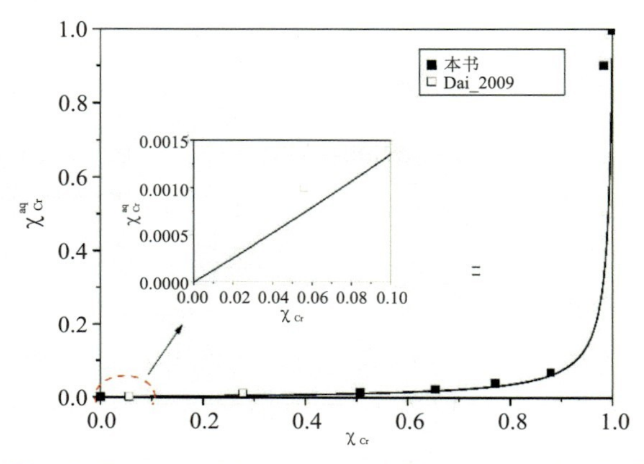

图 4.2-25 (Cl，CrO_4)-AFm 体系中 $\chi_{Cr}-\chi_{Cr}^{aq}$ 的关系

4.2.2.5 (SO_4，CrO_4)-AFm 的固液平衡体系

(1)(SO_4，CrO_4)-AFm 数据来源

Leisinger 已经对(SO_4，CrO_4)-AFm 体系的平衡相图进行过研究，本小节的 AFm 端元组分活度积来源于 4.2.2.3 节的合成试验，固溶体间隙数据采用 Leisinger 的研究结果，Leisinger 发现(SO_4，CrO_4)-AFm 体系之间存在固溶间隙，范围为 $0.15\leqslant CrO_4/(SO_4+CrO_4)\leqslant 0.85$。采用端元组分 SO_4-AFm 的活度积 $\log K$ 为 -30.41 和 CrO_4-AFm 的活度积 $\log K$ 为 -29.07 计算 Guggenheim 亚正规模型的两个参数 a_0 和 a_1 的值。

由于在制备 SO_4-AFm 和 CrO_4-AFm 各单相中都发现有 AFt 钙钒石相的生成，因此还需要考虑(SO_4，CrO_4)-AFt 之间的平衡关系。(SO_4，CrO_4)-AFt 的平衡关系数据也来源于 Leisinger，Leisinger 认为(SO_4，CrO_4)-AFt 体系之间存在固溶间隙，范围为 $0.4\leqslant CrO_4/(SO_4+CrO_4)\leqslant 0.6$。其端元组分 SO_4-AFt 和 CrO_4-AFt 的活度积 $\log K$ 分别为 -44.9 和 -40.2。

因此，无论是 AFt 还是 AFm 体系，SO_4 都比 CrO_4 更为稳定。

(2)(SO_4，CrO_4)-AFm 的热力学平衡模型

根据以上数据，计算出 Guggenheim 亚正规模型的两个参数 a_0 和 a_1 的值。分别对(SO_4，CrO_4)-AFm 和(SO_4，CrO_4)-AFt 体系建立 Lippmann 相图。(SO_4，CrO_4)-AFm 和(SO_4，CrO_4)-AFt 体系都只有一个参数 a_0，即 $a_1=0$。将式(4.1-22)代入式(4.1-23)中有：

$$\chi_{Cr}^{aq}=\frac{\exp[(1-2\chi_{Cr})a_0]}{\exp[(1-2\chi_{Cr})a_0]+\dfrac{1-\chi_{Cr}}{\chi_{Cr}}\dfrac{K_S}{K_{Cr}}} \tag{4.2-12}$$

因此，只需要根据端元组分活度积 K_s 和 K_{Cr}，以及 Guggenheim 亚正规模型参数 a_0 就可以得到 $\chi_{Cr}-\chi_{Cr}^{aq}$ 的关系。当 SS-AS 体系中同时存在 AFt 相和 AFm 相达到平衡的时候，无论是 AFm 相混合 $Ca_4[Al(OH)_6]_2[(CrO_4)_x(CrO_4)_{1-x}]\cdot nH_2O$ 还是 AFt 相混合 $Ca_6[Al(OH)_6]_2[(CrO_4)_x(CrO_4)_{1-x}]_3\cdot 26H_2O$，其液相活度摩尔分数都为：

$$\chi_{Cr}^{aq}=\frac{[CrO_4]^{2-}}{[CrO_4]^{2-}+[SO_4]^{2-}} \tag{4.2-13}$$

因此，可以认为平衡状态下，两体系的液相组成相同，可以根据相同的液相组分计算对应的 AFm 固相摩尔组分和 AFt 固相摩尔组分。将 AFm 模型参数 $a_0=2.478$，$Ks=-30.31$，$K_{Cr}=-29.07$；AFt 模型参数 $a_0=2.027$，$Ks=-44.9$，$K_{Cr}=-40.2$ 代入式（4.2-12）。得到 $\chi_{Cr}^{aq}-\chi_{Cr}$ 的关系图 4.2-26。从图中可以看出，AFm 体系的固相比 AFt 体系固相能容纳更多的 CrO_4，也就是说，AFm 体系产生的次生相 AFt 会降低体系吸收 CrO_4 的效率。

此外，由于 AFm 和 AFt 都是不一致溶解，Leisinger 的纯 CrO_4-AFm 和 CrO_4-AFt 的溶解试验中液相 CrO_4 浓度分别为 2.8mmol/L（本试验为 3.89mmol/L）和 28.6mmol/L。二者相差一个数量级，因此 AFm 体系中 CrO_4 在液相中浓度比 AFt 更低。

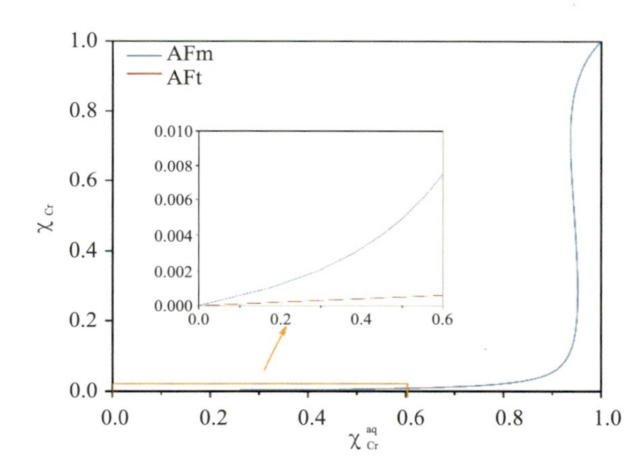

图 4.2-26　（SO_4，CrO_4）-AFm 和（SO_4，CrO_4）-AFm 体系中 $\chi_{Cr}^{aq}-\chi_{Cr}$ 的关系图

4.2.3　赤泥—煤矸石共混聚合物固化重金属

本小节的主要目的在于探索赤泥—煤矸石基地质聚合物对重金属 Pb、Cr 的固化稳定化效果。实验以前述章节确定的最佳地质聚合物材料制备方案为基础，在赤泥—煤矸石共混预激发体中加入定量重金属 Pb、Cr，在碱激发作用下实现材料固化，并通过固化体机械性能测试、重金属浸出毒性及形态分布检测评价材料对两种重金属的固化稳定化效果，并借助 XRD、扫描电子显微镜等检测手段揭示其固化稳定化机理。

4.2.3.1　赤泥—煤矸石聚合物固化体的制备

赤泥—煤矸石聚合物制备工艺为赤泥—煤矸石（8：2）在高速行星磨中以 2000r/min 混磨 5min 后，加入 3.4mol/L 水玻璃与 5mol/L NaOH 溶液共混溶液（1.66：1）作为碱激发剂；液固比为 0.4，倒入 2cm×2cm×2cm 试模中成型。浆体预养护条件为 80℃恒温养护 24h，将固化体脱模后，继续标准养护至 7d、14d 和 28d，聚合物试样编号为 R8G2。

在赤泥—煤矸石 8∶2 共混体中直接投加质量为 0.5%、1%、1.5%及 2%的 $Pb(NO_3)_2$ 和 $K_2Cr_2O_7$ 粉末。编号为 F1、F2、F3、F4 和 F5、F6、F7、F8，进行地质聚合物自稳定性试验，见表 4.2-9，其他过程与地质聚合物制备工艺相同，采用 TCLP 浸出毒性检测方法和 Tessier 五步连续提取法研究不同龄期固化体的重金属固化效果。将重金属 i 浸出系数 Lr_i 定义为：

$$Lr_i = \frac{\text{TCLP 浸出液中重金属 } i \text{ 的含量}(g)}{\text{原始固体中重金属 } i \text{ 的含量}(g)} \times 100\% \tag{4.2-14}$$

表 4.2-9　　重金属 Pb、Cr 固化/稳定化实验设计

ID	固相前驱体	激发剂	液固化	重金属盐添加量
F0	80%RM1+20%CG1	1.6 SiO_2 : Na_2O : 7.5 H_2O	0.4	—
F1	80%RM1+20%CG1	1.6 SiO_2 : Na_2O : 7.5 H_2O	0.4	0.5% $Pb(NO_3)_2$
F2	80%RM1+20%CG1	1.6 SiO_2 : Na_2O : 7.5 H_2O	0.4	1% $Pb(NO_3)_2$
F3	80%RM1+20%CG1	1.6 SiO_2 : Na_2O : 7.5 H_2O	0.4	1.5% $Pb(NO_3)_2$
F4	80%RM1+20%CG1	1.6 SiO_2 : Na_2O : 7.5 H_2O	0.4	2% $Pb(NO_3)_2$
F5	80%RM1+20%CG1	1.6 SiO_2 : Na_2O : 7.5 H_2O	0.4	0.5%$K_2Cr_2O_7$
F6	80%RM1+20%CG1	1.6 SiO_2 : Na_2O : 7.5 H_2O	0.4	1%$K_2Cr_2O_7$
F7	80%RM1+20%CG1	1.6 SiO_2 : Na_2O : 7.5 H_2O	0.4	1.5%$K_2Cr_2O_7$
F8	80%RM1+20%CG1	1.6 SiO_2 : Na_2O : 7.5 H_2O	0.4	2%$K_2Cr_2O_7$
C0	100%R42.5 水泥	去离子水	0.5	—
C1	100%R42.5 水泥	去离子水	0.5	1% $Pb(NO_3)_2$
C2	100%R42.5 水泥	去离子水	0.5	1%$K_2Cr_2O_7$

4.2.3.2　赤泥—煤矸石聚合物固化体机械性能的变化

赤泥—煤矸石聚合物固化稳定化重金属主要通过物理包覆和化学键合，物理包覆客观上会对地质聚合物固化体的孔隙造成一定影响，使其致密度有所下降，化合键主要是重金属离子在聚合反应过程中发生离子替代进入网状结构体，化学结构在一定程度上发生变化，因此将重金属离子引入地质聚合物进行固化稳定化在一定程度上会对固化体的机械性能产生影响。

图 4.2-27 为赤泥—煤矸石基地质聚合物固化重金属 Pb、Cr 后的机械性能。从图 4.2-27（a）可以看出随着重金属量的增加，材料的强度基本均呈现降低趋势，在养护期 7d 时这种变化相对较为平缓，这可能是由于在 7d 时，固化体聚合反应仍然在持续进行，在这段养护期间重金属的掺入对其反应的破坏作用和聚合反应正向过程处于同时发展状态；其次，各试样强度随龄期增长强度不断增长，随着重金属 Pb 的掺量增大，其折损也不断增加，掺量为 2%时，固化体 28d 强度较空白组试样强度降低约 25%，证明 Pb^{2+} 的掺入对于固化体聚合反应具有一定破坏作用，这可能归因于 Pb 在聚合固化反应中与部分

碱性激发剂发生反应，破坏反应平衡状态，致使聚合反应不完全。从图 4.2-27（b）中可以看出掺入重金属 Cr 同样表现出与掺 Pb 试样类似的变化趋势，主要区别在于两个高浓度试样 F7、F8 的抗压强度随龄期变化明显放缓，说明 $Cr_2O_7^{2-}$ 的掺入对于固化体后期强度发展具有较大的抑制作用。

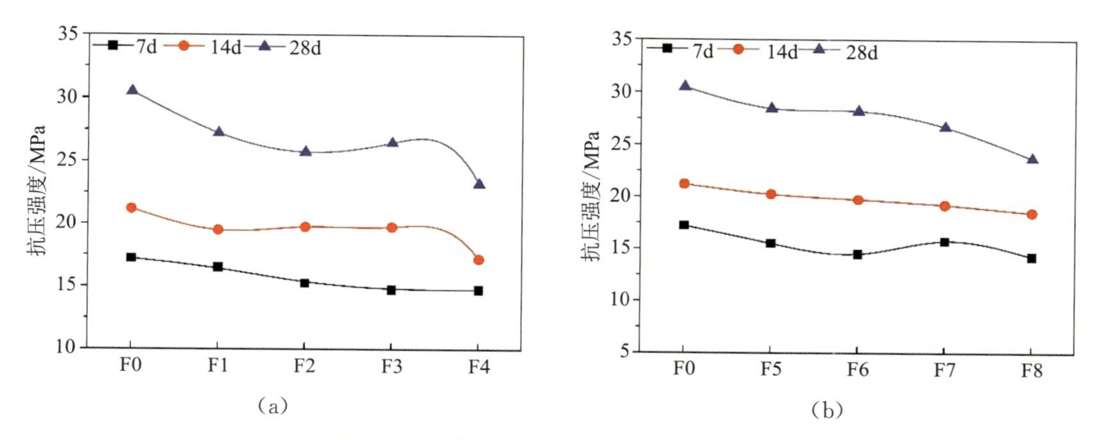

图 4.2-27　重金属掺量为 1%的试样及空白样的抗压强度

4.2.3.3　赤泥—煤矸石聚合物重金属静态浸出机理

表 4.2-10 和表 4.2-11 给出了赤泥—煤矸石聚合物前驱体和地质聚合物固化体中重金属 Pb 和 Cr 的浸出浓度及浸出系数。从表 4.2-11 中浸出系数可以看出，未碱激发的地质聚合物前驱体也可以捕集部分重金属。这可能是因为原材料粉末颗粒在机械力化学作用下微细化和凝胶化，产生晶体缺陷或畸变，重金属离子可以吸附在前驱体表面的缺陷点位上，或者与胶凝活化的物质发生化学反应，从而难以浸出。

表 4.2-10　赤泥—煤矸石聚合物前驱体及地质聚合物固化体中重金属 Pb 和 Cr 的浸出浓度

重金属	样品编号	重金属含量/(mg/kg)	浸出浓度/（mg/L）			
			前驱体	地质聚合物		
				7d	14d	28d
Pb	F1	3156	42.07±1.266	10.11±0.303	未检出	未检出
	F2	6286	125.82±2.150	27.15±1.052	12.16±0.193	1.04±0.055
	F3	9416	194.12±1.620	41.26±1.280	30.93±0.210	1.84±0.021
	F4	12546	317.20±2.875	41.27±2.326	40.01±1.520	3.98±0.115
Cr	F5	2423	40.08±0.085	9.25±0.127	2.03±0.010	0.51±0.002
	F6	4193	91.76±0.762	11.44±0.085	3.15±0.022	1.87±0.032
	F7	5963	132.71±1.340	22.30±0.050	12.15±0.650	4.99±0.265
	F8	7733	213.40±1.265	26.83±0.140	19.57±0.432	12.69±0.035

表 4.2-11 赤泥—煤矸石聚合物前驱体及地质聚合物固化体中重金属 Pb 和 Cr 的浸出系数

重金属	样品编号	重金属含量/(mg/kg)	浸出系数/%			
			前驱体	地质聚合物		
				7d	14d	28d
Pb	F1	3156	26.68	6.41	0.00	0.00
	F2	6286	40.06	8.64	3.87	0.33
	F3	9416	41.26	8.77	6.57	0.39
	F4	12546	50.60	6.58	6.38	0.63
Cr	F5	2423	45.58	10.52	2.31	0.58
	F6	4193	64.07	7.99	2.20	1.31
	F7	5963	66.85	11.23	6.12	2.51
	F8	7733	84.09	10.57	7.71	5.00

地质聚合物与其前驱体相比，重金属 Pb 和 Cr 的浸出系数显著降低。各地质聚合物试样在不同龄期重金属的浸出系数均低于 10%。养护 28d 后，各试样重金属 Pb 和 Cr 的浸出系数分别低于 1%和 5%。

R8G2 前驱体及地质聚合物中重金属形态分布见图 4.2-28。离子交换态和碳酸盐结合态重金属在酸性环境下可能向环境中释放，可称为有效态；可还原态和硫酸盐结合态与渣态较为稳定，酸性环境中较难浸出，可称为稳定态。从图 4.2-28（a）可以看出，随着地质聚合物养护龄期的增长，F2 和 F6 中有效态 Pb 和 Cr 逐渐向稳定态转变。与 Cr 相比，地质聚合物中的 Pb 在稳定态分布的比例更高，因此浸出系数也更低。地质聚合物中重金属的稳定态比例随着重金属掺量的增加而增加，见图 4.2-24（b）。当 Cr 盐掺量高于 1% 时，离子交换态和碳酸盐结合态的 Cr 显著增加。因此与 Pb 相比，Cr 更易从地质聚合物中浸出。

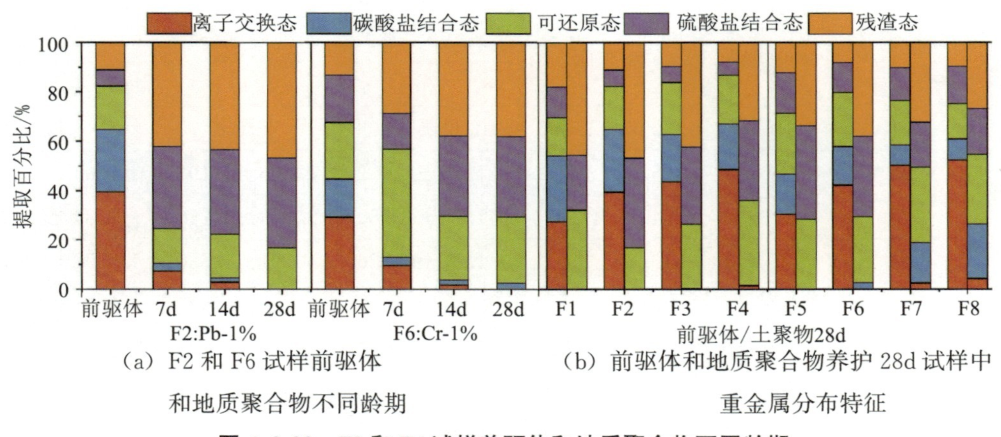

（a）F2 和 F6 试样前驱体和地质聚合物不同龄期

（b）前驱体和地质聚合物养护 28d 试样中重金属分布特征

图 4.2-28　F2 和 F6 试样前驱体和地质聚合物不同龄期及前驱体和地质聚合物养护 28d 试样中重金属分布特征

4.2.3.4 赤泥—煤矸石聚合物重金属动态浸出特性检测

动态浸出检测是为了弥补材料碱性特性对醋酸浸提溶液的缓冲作用导致不能全面反映材料固化稳定化重金属特性的缺点而改进的 TCLP 浸出检测。见表 4.2-12，首先各试样分时段浸出液的 pH 值，从中可以看出在整个浸出过程中浸出液的 pH 值均大于醋酸缓冲溶液 pH 值 2.88，但相对较小，在结束阶段 18h 时各试样的 pH 值基本接近缓冲溶液 pH 值，这就说明在整个浸提阶段，醋酸浸提液均保持了较好的缓冲作用，该浸出方法的累积浸出值可以较准确地反映材料对离子态 Pb、Cr 的固化稳定化效果。

表 4.2-12　　动态浸出试验后试样 pH 值（Mean±SD，$n=3$）

试样	pH 值				
	1h	2h	5h	9h	18h
F1	3.12±0.02	3.33±0.01	3.66±0.02	3.62±0.03	2.95±0.01
F2	3.42±0.02	3.03±0.02	3.68±0.03	3.58±0.02	3.01±0.01
F3	3.56±0.01	3.27±0.01	3.74±0.04	3.64±0.02	2.99±0.02
F4	3.53±0.02	3.48±0.01	3.31±0.03	3.58±0.01	3.04±0.02
F5	3.01±0.01	3.12±0.02	3.59±0.03	3.36±0.01	3.10±0.01
F6	3.31±0.02	3.28±0.03	3.82±0.01	3.73±0.03	3.13±0.02
F7	3.25±0.01	3.27±0.01	3.87±0.02	3.66±0.02	3.07±0.02
F8	3.45±0.01	3.33±0.02	3.82±0.01	3.62±0.02	3.02±0.01

注：醋酸缓冲溶液中的 pH 值为 2.88。

表 4.2-13 列出了各试样动态浸出每一时段的浸出值，根据该结果累加各个时段浸出平均值可以计算得出样品的累积浸出值。

表 4.2-13　　动态浸出各时段结果（Mean±SD，$n=3$）

试样	浸出值/（mg/L）				
	1h	2h	5h	9h	18h
F1	0.00±0.000	0.00±0.000	0.00±0.000	0.01±0.000	0.03±0.000
F2	0.29±0.002	0.13±0.001	0.25±0.001	0.22±0.001	0.28±0.001
F3	0.54±0.002	0.30±0.002	0.65±0.001	0.38±0.001	0.64±0.001
F4	1.27±0.021	0.87±0.009	1.12±0.006	0.71±0.003	1.84±0.007
F5	0.12±0.001	0.11±0.001	0.21±0.002	0.05±0.000	0.28±0.001
F6	0.45±0.001	0.27±0.001	0.39±0.002	0.42±0.002	0.28±0.002
F7	1.08±0.012	0.99±0.010	0.97±0.003	0.51±0.003	1.21±0.003
F8	3.64±0.020	2.87±0.018	3.71±0.022	1.66±0.015	2.45±0.014

图 4.2-29 为重金属动态累积浸出值和静态浸出值对比。

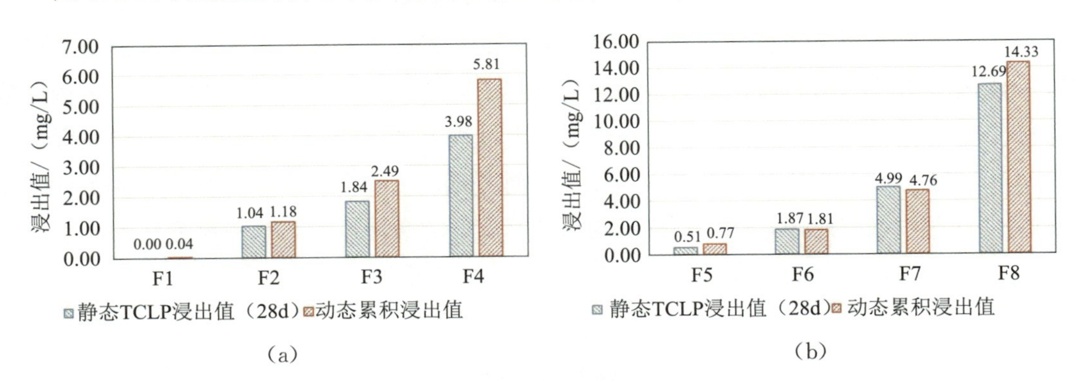

图 4.2-29　重金属动态累积浸出值和静态浸出值对比

由图 4.2-29（a）可以看出各试样 Pb 的动态累积浸出量均略大于静态浸出值，随着 Pb 的浓度的增长，这种涨幅越来越大，这主要是因为 Pb 在酸性条件下更易浸出，固化体本身对于 Pb 的固化稳定化能力处于稳定状态，当 Pb 投加量增大时，浸出值自然有所增大；图 4.2-29（b）显示的变化则出现反常，理论上动态浸出各阶段缓冲溶液的酸性更强，浸出值应该更高，然而该实验中部分试样出现低于静态浸出值的情况，Cr 的稳定态更多存在于酸性环境条件，因此在相对酸性更强的浸出液作用下并不能有效增加其浸出值，F8 试样有所增加是因为 Cr 投加量较大，在静态浸出时部分 Cr 浸出液的缓冲能力有限并未完全释放，而在动态浸出时则得到释放。

4.2.3.5　重金属 Pb、Cr 固化机理分析

本书开发了赤泥—煤矸石基地质聚合物，为了能探索其应用价值，选取两种典型的重金属离子 Pb（Ⅱ）、Cr（Ⅵ）进行固化稳定化，就前述毒性浸出特性及重金属形态分布而言，材料对 Pb（Ⅱ）、Cr（Ⅵ）具备良好的固化稳定化效果，为了加深对其固化稳定化机理的理解，本节借助 XRD、FTIR、SEM-EDX 等分析手段来解释其固化稳定化过程。

（1）XRD 和 FTIR 分析

重金属 Pb 和 Cr 添加的聚合物 XRD 见图 4.2-30。F2 试样中硅铝酸钠和霞石因参与地质聚合物反应，其特征峰随着养护龄期的增长逐渐消失。Pb 进入地质聚合物结构中被固化，含 Pb 的结晶物质峰消失。当 Pb 盐的添加量增加到 1.5%时（F3），地质聚合物固化体矿物相中出现了难溶物 Pb_3SiO_5 的衍射峰，表明 Pb 也可以难溶的硅酸盐形态被固化稳定化。Cr 盐添加的地质聚合物［图 4.2-30（b）］固化过程与 Pb 类似。然而，当 Cr 盐的添加量增加到 1.5%时（F7），地质聚合物固化体矿物相中出现了 Na_2CrO_4 的衍射峰，尽管添加的是重铬酸盐，在合适的 Eh－pH 值条件下，$Cr_2O_7^{2-}$ 会转化成 CrO_4^{2-}，在养护过程中与碱激发剂中的 Na^+ 离子结合析出 Na_2CrO_4。Na_2CrO_4 属于易溶盐，是有效态 Cr，容易浸出。

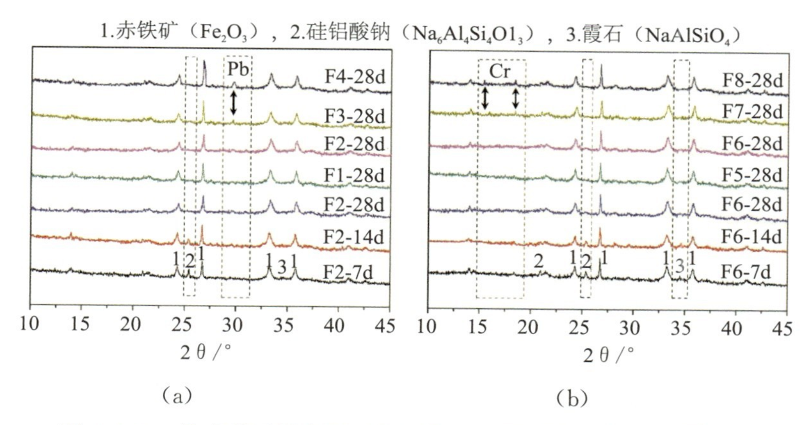

图 4.2-30 聚合物试样自固化重金属（a）Pb 和 Cr 的 XRD 图（b）

图 4.2-31 分别为 Pb 和 Cr 固化稳定化试样的 IR 光谱，由于 $2000cm^{-1}$～$4000cm^{-1}$ 主要反映的是 H_2O 的伸缩振动，与此关系不大，因此书中并未绘制该部分波谱。

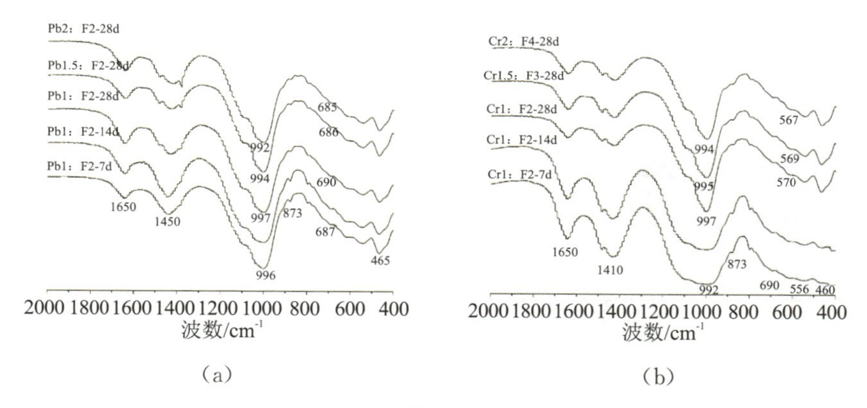

图 4.2-31 Pb 和 Cr 固化稳定化试样的 IR 光谱

图 4.2-31（a）显示主要反应变化集中于三个方面，首先是 $1450cm^{-1}$ 处对应的是 CO_3^{2-} 的伸缩振动，从整个反应体系来看出现该峰可能是实验室条件有限不能完全隔绝 CO_2，导致空气中的 CO_2 参与到反应之中，出现部分碳酸盐；第二方面，Si—O—Si 弯曲振动峰随龄期变化由 $996cm^{-1}$ 移动至 $997cm^{-1}$，证明聚合物反应持续进行，结构趋于稳定，随着重金属量的增加，该峰值又移动到 $992cm^{-1}$，表明 Si—O—Si（Al）聚合度下降，这可能是 Pb^{2+} 在反应过程中随聚合网状结构的形成进入聚合体结构，导致原有三维网络结构发生变化；第三个现象发生在 $690cm^{-1}$ 附近 Si—O—Al 振动波谱带，其主要变化规律与 Si—O—Si 弯曲振动带相似，也说明反应过程中 Pb^{2+} 的加入导致聚合体聚合度下降，证明 Pb 参与了形成无定形态聚合体的聚合反应。

图 4.2-31（b）反映了 Si—O—Si 振动谱峰随养护龄期的变化逐渐蓝移，而随着 Cr 添加量的增大，又出现红移，但基本变化较小，不能认定为类似 Pb 在地质聚合物固化过程中参与了聚合反应，因为 Cr 盐的存在与地质聚合物网络结构同样会对结构聚合度有影响，

这种影响主要是物理上空隙增大，稳定度下降，因此，从以上分析可以判定重金属 Cr 并未参与地质聚合物聚合反应。

（2）SEM-EDX 分析

图 4.2-32 为试样 F2 和 F6 养护 28d 的微观结构图，从结构看上，掺入重金属 Pb 和 Cr 的地质聚合物固化体并没有太大的区别，包括两种酸盐聚合体形态，一种为表面致密光滑的块状形貌，一种则为粒状或者絮状聚集体；为了深度探究其结构体的化学组成，实验分别对两种形貌进行了能量色散 X 射线光谱（EDX）分析，见图 4.2-33，从图 4.2-33（a）中可以看出粒状聚集体主要以硅铝酸盐为主，也存在大量 Fe，Na 的含量显著低于 Al、Si，这可能是聚合反应不完全所致，从中也可以发现 Pb 的存在；从图 4.2-30（b）中可以看出该致密结构体为典型的地质聚合物聚合体，从中同样发现了 Pb 的存在，证明在聚合网络结构中存在 Pb，说明 Pb^{2+} 参与了土聚合反应；由图 4.2-33（c）和图 4.2-33（d）可知，F6 试样中的粒状聚集体同样为未反应完全的无定形态硅铝酸盐凝聚体，致密块状结构为无定形态地质聚合物网状结构体，两种形貌中都同样存在 Cr，然而从二者的含量上看，明显网状结构体中相对十分微弱，前述 Cr 在土聚合反应过程中并未参与到网络结构中，而仅以离子交换态盐存在于网络结构空隙中，因此其含量极其微弱。

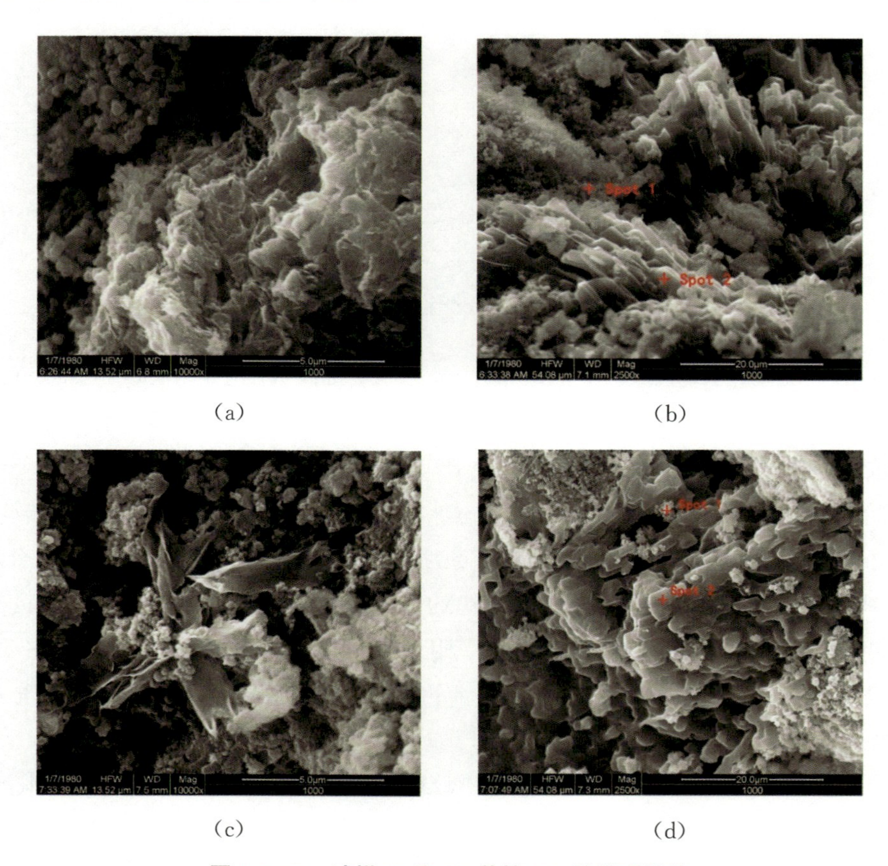

图 4.2-32　试样 F2 和 F6 养护 28d 的微观结构

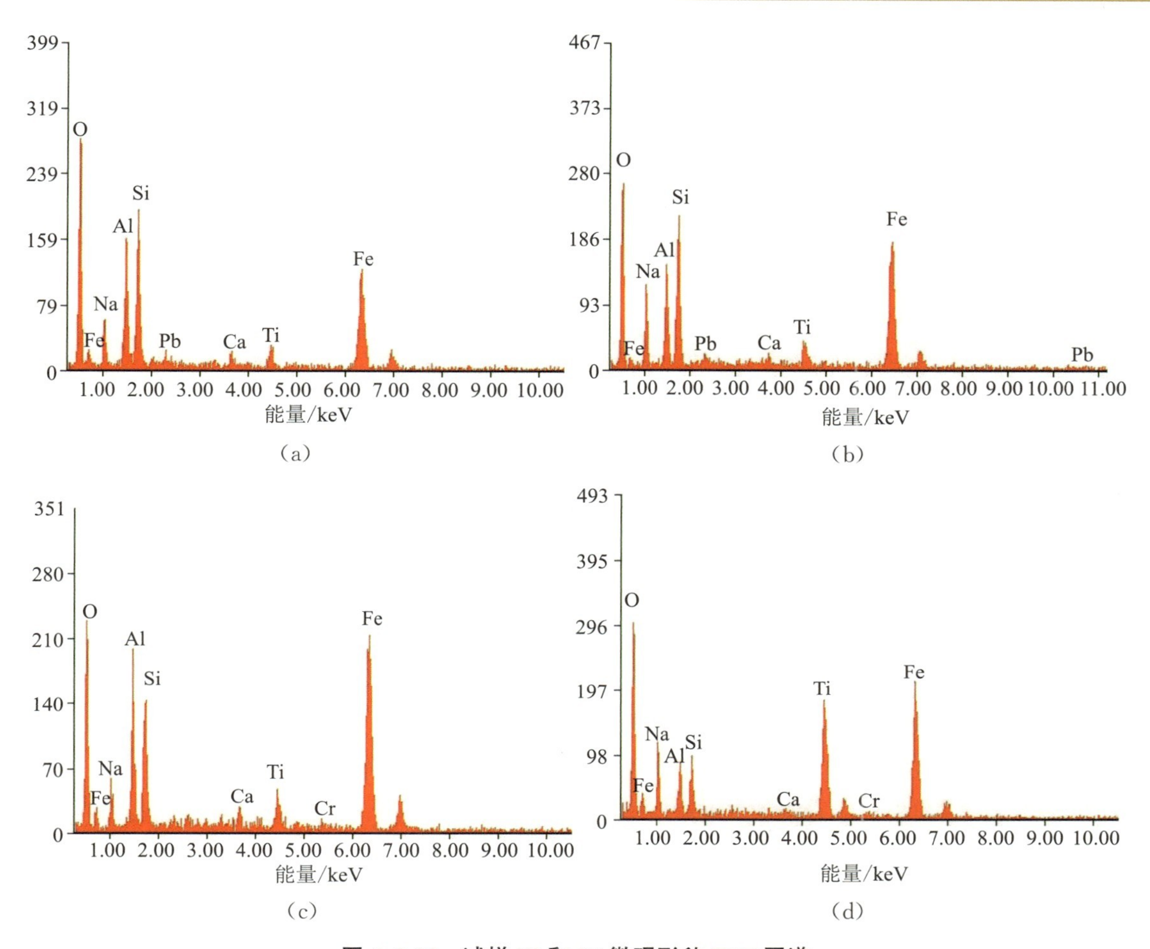

图 4.2-33 试样 F2 和 F6 微观形貌 EDX 图谱

本节选取 Pb、Cr 两种典型的重金属，通过人工投加，分析赤泥—煤矸石预激发的自稳定化作用、固化体的浸出毒性及浸出形态分布，借助 XRD、FTIR 及 SEM-EDX 分析手段揭示固化体对重金属 Pb、Cr 的固化稳定化机理。从结果来看，赤泥—煤矸石基地质聚合物对重金属 Pb^{2+}、$Cr_2O_7^{2-}$ 具有良好的固化稳定化效果，在投加量为 2%范围内，稳定化率分别可以达到 99%、97%。两种重金属的掺入都对地质聚合物固化体的机械性能产生一定影响，导致其抗压强度出现一定折损。赤泥—煤矸石共混体预激发过程对两种重金属都有稳定化作用，分别可达到 50%、46%。重金属 Pb 在聚合体中稳定化过程以参与聚合反应为主，进入无定型地质聚合物中以聚合体硅铝网络结构为主，也有少量 Pb 在碱性条件下沉淀，被物理包覆于聚合固化体中；重金属 Cr 的稳定化主要以物理包覆为主，大部分依然以阴离子形态存在于聚合体网络结构空隙中。

4.3 多源固废环境修复材料与技术

4.3.1 危险废物无害化修复材料与技术

固化稳定化是目前危险废物无害化处理应用最为广泛的技术。固化稳定化的首要功能就是通过改变物理性质（增加孔结构、比表面积等）、机械性质（提高抗压强度、耐久性等）和化学性质（产生惰性物质和溶解度低的沉淀物质），使危险废物变成一种能阻碍其中有毒污染物迁移的材料。

生活垃圾焚烧飞灰是垃圾焚烧产生的危险废物，性质极不稳定，富集大量有毒有害物质，因此寻找一种低成本的无害化处理技术是城市危险废物管理面临的最主要难题之一。本小节采用矿渣基胶凝材料，对垃圾焚烧飞灰中典型重金属进行固化稳定化。

4.3.1.1 矿渣—飞灰—水泥三元体系中重金属

熟料和矿渣基胶凝材料用作垃圾焚烧飞灰固化时，会因为组成不同跨越相区，产生不同的特征水化产物。低熟料矿粉会产生更多的钙矾石相和水化硅铝酸钙；低矿渣粉的熟料会具有较高的早强性能。矿渣粉主要为玻璃态物质，自身没有水化活性，可以在熟料和垃圾焚烧飞灰的碱性体系中得到激发。因此可以采用低熟料矿渣基胶凝材料来固化飞灰。实验原材料与方法为3.2.2.1节相同。采用单纯形配方实验设计矿渣（GGBFS）—飞灰（MSWIFA）—水泥（OPC）三元体系的 *S* 组试验点和 *P* 组试验点进行固化试验（图3.2-22），养护28d后破碎，用TCLP浸出方法对固化体进行浸出试验，测定浸出液中的各重金属浓度。采用完全立方回归方程对试验数据进行拟合。由于重金属浸出浓度对飞灰含量响应值较高，在边界处增加 *P* 组试验点提高模拟精度。28d浸出浓度的试验结果和模拟结果见图4.3-1。

从图4.3-1可以看出，对于总Cr和Cr（Ⅵ），GGBFS比OPC具有更高的固化效果，掺量为30.1%的GGBFS或46.6%的OPC可以使飞灰中的总Cr达到TCLP浸出要求；掺量为20.1%的GGBFS或32.6%的OPC可以使飞灰中的Cr（Ⅵ）达到浸出要求。无论是GGBFS还是OPC，安全固化总Cr的掺量都是安全固化Cr（Ⅵ）掺量的1.5倍左右。

对于Cd和Pb，GGBFS和OPC固化效率没有明显的差异。掺量为16.8%的GGBFS或者16.3%的OPC可以使飞灰中的Cd浸出浓度达到TCLP要求；掺量为18.5%的GGBFS或者18.3%的OPC可以使飞灰中的Pb浸出浓度达到TCLP要求。

TCLP没有规定Zn的浸出浓度限值。综上所述，经过28d养护的固化体，其中所有重金属浸出浓度达到TCLP要求最少需要添加的固化剂组成为：矿渣30.1%。

矿渣粉的掺入提高了体系中Al的含量，可以提高水泥水化产物结合Cl的能力，这一结论与其他学者的研究也相吻合。而垃圾焚烧飞灰中大量的硫酸钙和氯化物为形成钙铝基的水化产物钙矾石AFt和Cl-AFm盐提供了硫和氯的来源。从 $C_3A-CaSO_4-CaCl_2$ 三元相图可以看出，随着 GGBFS 和 MSWI FA 矿粉的掺入，体系中会逐渐形成钙矾石 AFt 和 Cl-AFm。矿渣粉和飞灰的掺入提高了固化体结合 SO_4^{2-}、Cl^- 和 OH^- 等阴离子的能力，也会提高对其他重金属阴离子，如 CrO_4^{2-} 的结合能力。

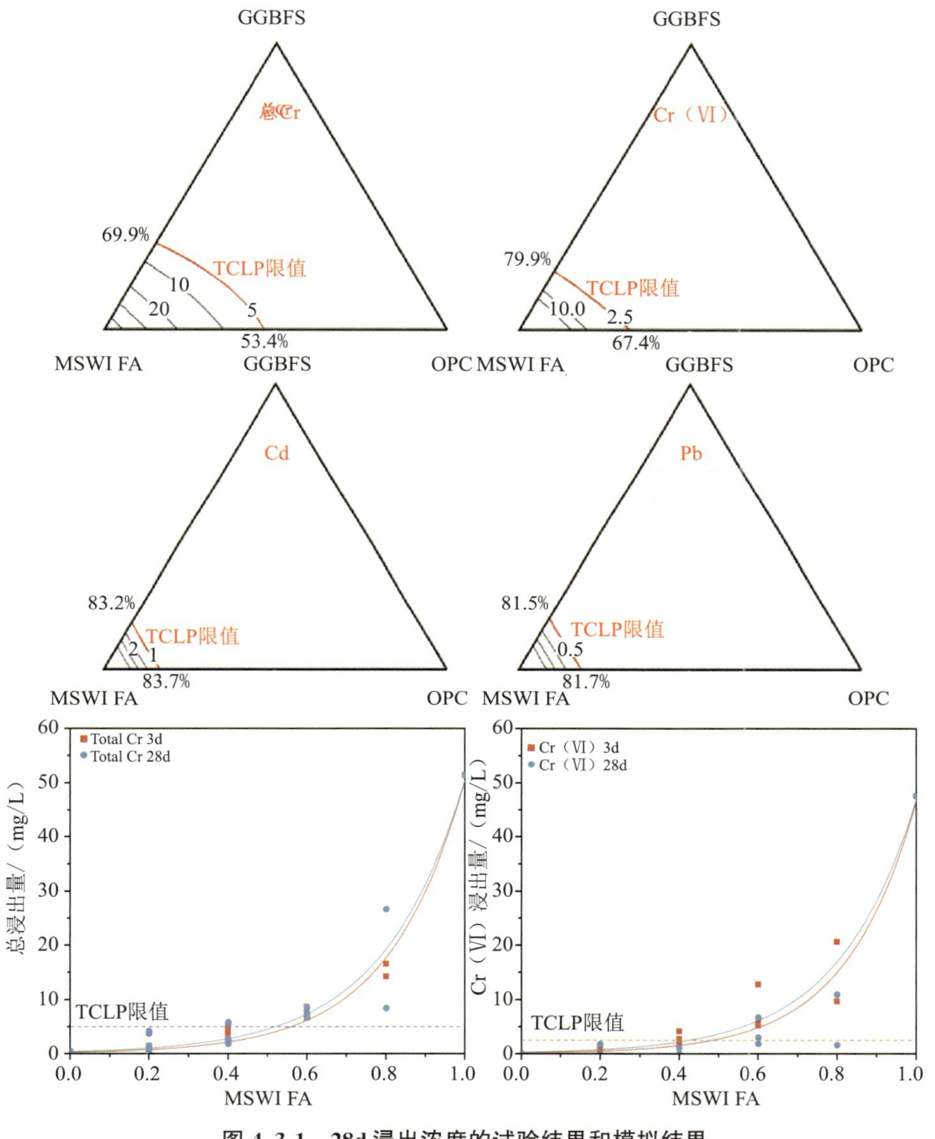

图 4.3-1　28d 浸出浓度的试验结果和模拟结果

从图 4.3-1 可以看出，随着飞灰的含量的增加，当 MSWI FA 含量小于 60%时，总 Cr 和 Cr（Ⅵ）的 TCLP 浸出浓度增长很慢；当 MSWI FA 含量超过 60%，总 Cr 和 Cr（Ⅵ）的 TCLP 浸出浓度才开始快速增长。这一突变现象在图 3.2-33 水化产物结构中也得到了印证。从图 3.2-33 中也可以看出，飞灰掺量增加到 60%以后，水化产物大量下降，这也是总 Cr 和 Cr（Ⅵ）在 MSWI FA 含量超过 60%之后快速增长的主要原因。

也就是说，MSWI FA 在 GGBFS-OPC-MSWI FA 三元体系中，不仅作为重金属浸出的来源，还能为固化重金属提供水化产物，从而降低其 Cr 和 Cr（Ⅵ）的浸出率。

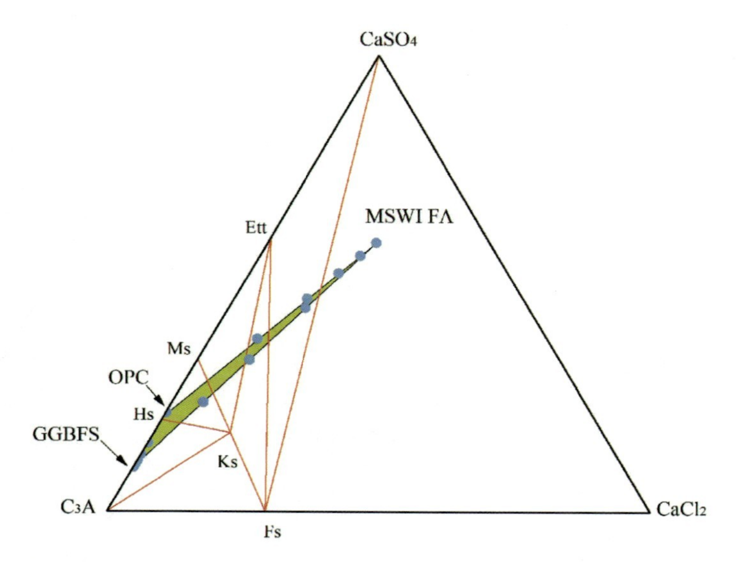

图 4.3-2　水泥—矿粉和飞灰组成在 $C_3A-CaSO_4-CaCl_2$ 三元相图中的边界分布（wt%）

4.3.1.2　还原增强三元体系中重金属固化

（1）试验方法

为了减少固化剂的使用量，继续研究低矿渣粉和水泥掺量下辅助外加添加剂对飞灰重金属的固化效果。试样固化剂和外加剂的组成见表 4.3-1。

表 4.3-1　试样固化剂和外加剂的组成

样品编号	MSWI FA	GGBFS	OPC	$NaAlO_2$	TMT	VC	水
OPC	90.0		10.0				18
GGBFS	90.0	10.0					18
BFSOPC	90.0	8.5	1.5				18
BOSM	88.5	8.5	1.5	1.5			18
BOTMT	89.5	8.5	1.5		0.5		18
BOVC1	88.0	8.5	1.5			1	18
BOVC2	88.0	8.5	1.5			2	18
BOVC3	88.0	8.5	1.5			3	18
BOVC4	88.0	8.5	1.5			4	18

固化剂为内掺 10%，外加剂选择 3 种，偏铝酸钠（$NaAlO_2$）、三巯基均三嗪三钠盐（TMT）和维生素 C（VC）。采用与上一小节同样的方式进行固化剂和垃圾焚烧飞灰的加压成型试验，养护 28d 后破碎固化体，进行 TCLP 和分布提取测试。由于飞灰掺量基本一

致，为了方便进行描述，本节采用固化剂和稳定剂组成对样品进行编号，如 OPC+MSWI FA 固化体编号为 OPC，OPC+GGBFS+MSWI FA 固化体编号为 BFSOPC（以此类推）。

（2）固化体中重金属 TCLP 浸出浓度

编号 OPC、GGBFS 和 BFSOPC 的 28d TCLP 浸出浓度不同，见图 4.3-3。

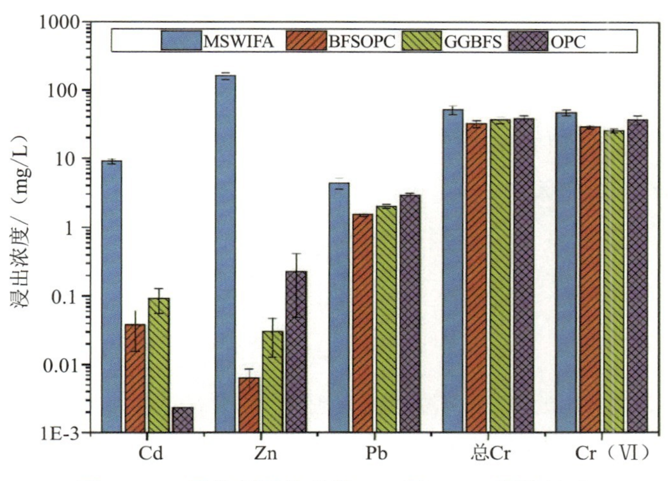

图 4.3-3　固化剂固化养护 28d 后 TCLP 浸出浓度

从图 4.3-3 可以看出，重金属 Cd 和 Zn 的 TCLP 浸出浓度在所有固化体中都极大降低。OPC、GGBFS 和 BFSOPC 3 种固化剂组成都表现出对飞灰中重金属固化效率的顺序为：Zn＞Cd＞Pb＞Cr，所有固化体中 Zn、Cd 和 Pb 的 TCLP 浸出浓度都低于限值，与此相反的是，所有固化体中总 Cr 和 Cr（Ⅵ）的 TCLP 浸出浓度都超过其标准限值。固化剂对飞灰中 Cr 固化效率较低的原因是 Cr（Ⅵ）的沉淀程度很低。根据前一节的结论，30.1%的矿粉能使垃圾焚烧飞灰中的总 Cr 和 Cr（Ⅵ）达到 TCLP 浸出标准。但是当这一掺量降到 10%时，矿粉对体系中的总 Cr 和 Cr（Ⅵ）固化效率大大下降，而对其他重金属 Cd 和 Zn 还是拥有较高的固化效率。表明飞灰中总 Cr 和 Cr（Ⅵ）的固化效果高度依赖于固化体产生的水化产物，而 Cd 和 Zn 的浸出浓度主要受原始飞灰中含有这些重金属的矿物成分的影响。

从图 4.3-4 可以看出，GGBFS 固化体的总 Cr 和 Cr（Ⅵ）浸出浓度分别为 37.24mg/L 和 25.52mg/L，比原始飞灰中的 51.44mg/L 和 47.50mg/L 低。然而，其 Cr（Ⅲ）的 TCLP 浸出浓度由原始飞灰的 3.94mg/L 增加到 11.72mg/L。这一现象很有可能是矿渣粉具有还原能力，能够将飞灰中的 Cr（Ⅵ）还原成 Cr（Ⅲ）。同时，在 BFSOPC 固化体中，其 Cr（Ⅲ）的 TCLP 浸出浓度下降到 2.96mg/L，这很可能是 Cr^{3+} 在水化产生的 C—S—H 凝胶上沉淀导致。低熟料矿渣基固化剂 BFSOPC 对 Zn、Pb 和 Cr 的固化效率高于单用水泥熟料作为固化剂。此外，用矿渣粉取代水泥熟料不仅环境友好，而且节能。基于以上结果和讨论，将 BFSOPC（8.5％矿渣粉和 1.5％水泥熟料）作为固化剂进行后续的固化试验，由于 Zn、Cd 和 Pb 的 TCLP 浸出浓度已经低于浸出限值，外加剂的效果用总 Cr 和 Cr（Ⅵ）作为目标重金属进行评估。为了增加固化体对 Cr 的固化效率，将偏铝酸钠（$NaAlO_2$）、三巯基均三嗪三钠盐（TMT）和维生素 C（VC）作为外加剂加入 8.5％矿渣粉—1.5％水泥熟料—90％垃圾焚烧飞灰的混合体，用量见表 4.2-1。经过 28d 养护后，其总 Cr 和 Cr（Ⅵ）的 TCLP 浸出浓度见图 4.3-4。与 BFSOPC 固化体相比，总 Cr 和 Cr（Ⅵ）的 TCLP 浸出浓度在 BOSM 和 BOTMT 中有所下降，而 Cr（Ⅵ）的 TCLP 浸出浓度在添加 VC 固化体中急剧下降，并随着 VC 添加量的增加而降低。表明在 GGBFS-OPC-MSWI FA 体系中，VC 能将 Cr（Ⅵ）还原成 Cr（Ⅲ），并在基体中产生 $Cr(OH)_3$ 的沉淀，从而降低其 TCLP 浸出浓度。其反应机理为：

$$2CrO_4^{2-}+3C_6H_8O_6+2H_2O \rightarrow 2Cr^{3+}+3C_6H_6O_6+10OH^- \tag{4.3-1}$$

$$Cr^{3+}+3OH^- \rightarrow Cr(OH)_3 \downarrow \tag{4.3-2}$$

值得注意的是，总 Cr 的 TCLP 浸出浓度随着 VC 添加量的增加先降低后升高。这一现象很可能是因为 VC 的添加会阻碍水泥熟料和矿渣粉的水化反应进度，尽管添加了 VC 之后，飞灰中大部分 Cr 能被浸出的 Cr（Ⅵ）还原成 Cr（Ⅲ），但是由于缺少水化产物，Cr（Ⅲ）无法被沉淀下来而进入浸出液。

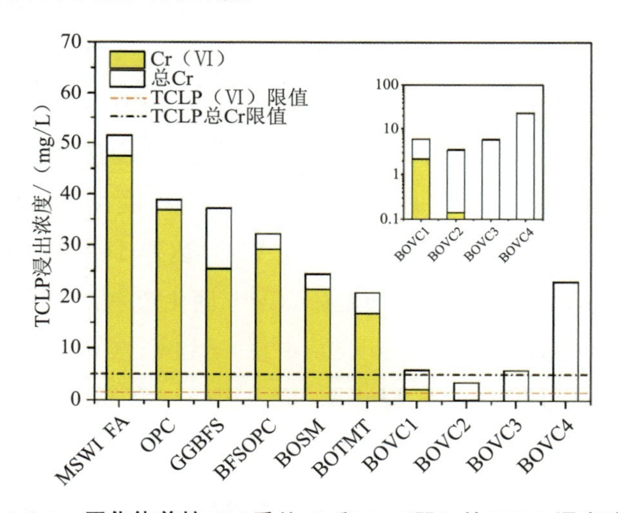

图 4.3-4　固化体养护 28d 后总 Cr 和 Cr（Ⅵ）的 TCLP 浸出浓度

图 4.3-4 表明，采用 VC 和低熟料矿渣胶凝材料能够成功将垃圾焚烧飞灰中的总 Cr 和 Cr（Ⅵ）固化。VC 的最佳添加量为 2wt％。由于 VC 是环境友好材料，其还原 Cr（Ⅵ）后的产物为去氢抗坏血酸，不会产生有毒有害气体，采用 VC 还原固化飞灰能够避免二次污染。

（3）固化体中铬的形态分布

原始垃圾焚烧飞灰和飞灰固化体的矿物相采用 XRD 进行表征。见图 4.3-5（a），SiO_2（quartz）、$CaSO_4$（anhydrite）、KCl（sylvite）、$CaCO_3$（calcite）和 NaCl（halite）等结晶矿物相存在于原始飞灰中。经过水化反应后，OPC、BFSOPC 和 BOTMT 固化体中发现了 $Ca_4Al_2(OH)_{12}Cl_2 \cdot 4H_2O$（Friedel 盐）矿物相。GGBFS、BFSOPC 和 BOSM 固化体中产生了钙矾石（$Ca_6Al_2(OH)_{12}(SO_4)_3 \cdot 26H_2O$）。C—S—H（calcium silicate hydrate）的主要特征峰位置（与碳酸钙重合）经过 28d 水化后有所加强，表明体系产生了 C—S—H。无水硫酸钙的主要特征峰经过 28d 水化后强度明显降低，表明其参与了水化。其水化产物在 OPC 固化体中为二水硫酸钙，在 GGBFS 掺入的固化体中为钙矾石。反应式如下：

$$CaSO_4 + 2H_2O \rightarrow CaSO_4 \cdot 2H_2O \quad (4.3\text{-}3)$$

$$3Ca(OH)_2 + 3CaSO_4 \cdot 2H_2O + 2Al_2O_3 + 23H_2O \rightarrow Ca_3Al_2O_6 \cdot 3CaSO_4 \cdot 32H_2O \quad (4.3\text{-}4)$$

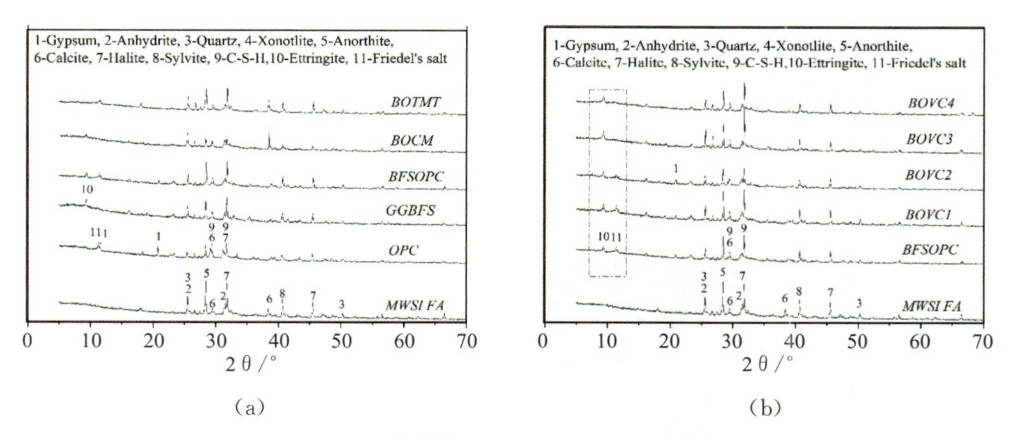

图 4.3-5　固化体养护 28d 后飞灰和固化体 XRD 图谱

此外，原始飞灰中 NaCl 和 KCl 的特征峰也有所降低，其降低很有可能有两种途径，一种是固化体产生了盐析，NaCl 和 KCl 等可溶性氯盐渗透到固结体表面；二是其中的 Cl 离子参与了水化反应产生了 Friedel 盐：

$$4Ca(OH)^+ + 2Cl^- + 2Al(OH)_4^- + 4H_2O \rightarrow Ca_3Al_2O_6 \cdot CaCl_2 \cdot 10H_2O \quad (4.3\text{-}5)$$

同时，产生的 AFt 和 Friedel 盐能将飞灰中的 Cr（Ⅵ）以离子交换的方式固化到其晶格中形成固溶体。其反应式为：

$$Ca_3Al_2O_6 \cdot 3CaSO_4 \cdot 32H_2O + CrO_4^{2-} + nH_2O \rightarrow Ca_3Al_2O_6 \cdot 3CrSO_4 \cdot (32+n)H_2O \quad (4.3\text{-}6)$$

$$Ca_3Al_2O_6 \cdot CaCl_2 \cdot 10H_2O + CrO_4^{2-} + mH_2O \rightarrow Ca_3Al_2O_6 \cdot CaCrO_4 \cdot (10+m)H_2O \quad (4.3\text{-}7)$$

由于 OPC 固化体与 GGBFS 固化体产生的水化产物不同，这很可能就是导致 OPC 固化体固化 Cr 的效率低于 GGBFS 固化体的关键因素。BOSM 固化体中产生了大量的碳酸钙的相，导致水化程度降低。而垃圾焚烧飞灰的风化也会导致其中 Cr 浸出浓度的降低。图 4.3-5（b）显示了随着 VC 添加量逐渐增加固化体的 XRD 图谱。所有的固化体中都检测到 AFt 的相和 C—S—H 的相，但是 Friedel 盐的特征峰随着 VC 的添加量增加而逐渐消失。表明 VC 的确阻碍了固化体中某些水化反应的进行。而 Friedel 盐的消失也是 VC 添加量增加对 Cr 固化效率降低的原因之一。根据以上的结果可知，固化体的水化产物中，AFt 和 Friedel 盐对 Cr 的浸出浓度降低起到重要作用。

图 4.3-6 是飞灰原样和固化体养护 28d 后的 SEM/EDX 图谱。原始飞灰呈现团聚的结构，见图 4.3-6（a），EDX 分析表明，飞灰颗粒表面富集 Ca、Si、Mg、Na 和 Cl 等元素，细小颗粒（<3μm）富集在大颗粒上，表现出高度团聚的特性。OPC 固化体，见图 4.3-6（b）的 EDX 图谱显示产物为 CaSO4 · $x H_2O$，这与图 4.3-5（b）中 XRD 图谱显示结果一致。一些原始飞灰中存在的空洞被固化体中的水化产物填满，见图 4.3-6（b～e），产生了均一性致密的结构。图 4.3-6（d）中 C—S—H 表面检测到痕量的 Zn；图 4.3-6（e）钙矾石表面检测到痕量的 Cr。这些现象表明，重金属和水化产物表面产生了较强的化学键合作用，因此能够阻碍重金属浸出。SEM 并没有检测到 Friedel 盐的存在，主要是因为方法倍率较低，而且 Friedel 盐的六方结构与 Ca（OH）$_2$ 类似，难以区分。

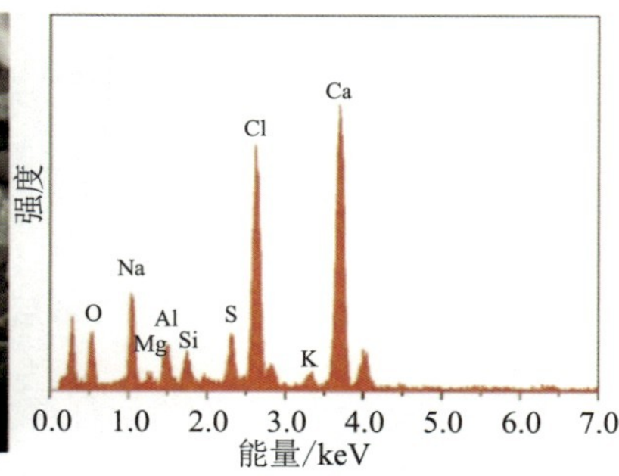

（a）

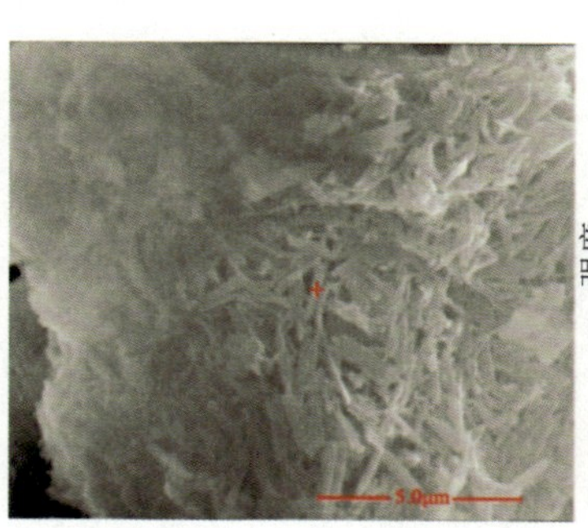

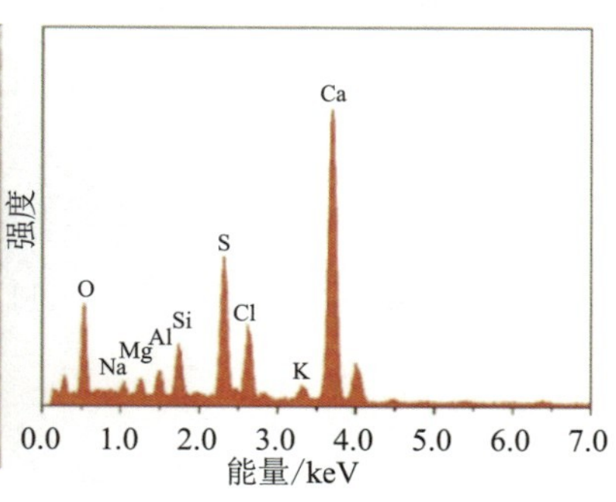

（b）

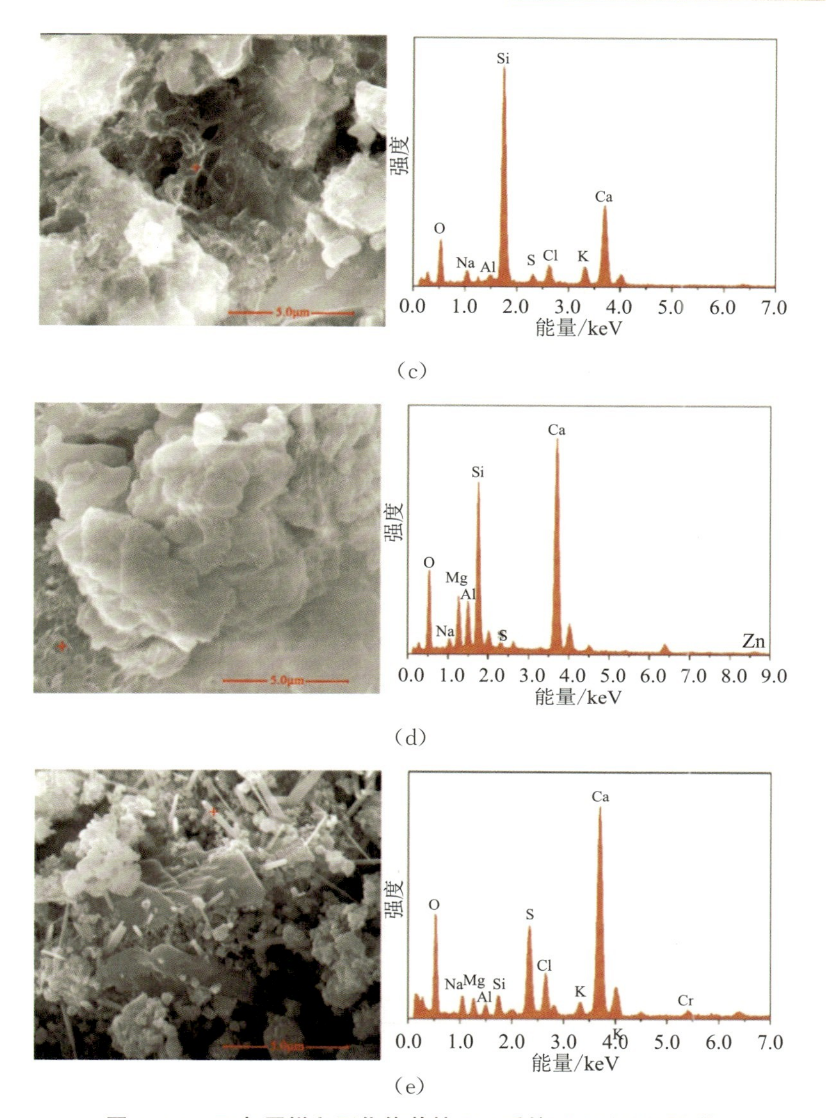

图 4.3-6　飞灰原样和固化体养护 28d 后的 SEM/EDX 图谱

Cr 在原始飞灰和各固化体中的化学形态分布见图 4.3-7。与原始飞灰相比，各固化体中有效态（水溶态、离子交换态和盐酸盐结合态）都有不同程度的降低。与原始飞灰一样，固化体的有效态与 TCLP 浸出浓度也呈现较高的一致性（图 4.3-4）。沸石飞灰中 30.6%的 Cr 为有效态，这一数值在 OPC 固化体和 GGBFS 固化体中分别降至 16.64%和 5.58%。因此，矿渣粉比水泥熟料对 Cr 的固化具有更高的效率。在所有的固化体中，BOVC2 具有最低的有效态 Cr（2.83%），剩下的形态主要存在于铁锰氧化态和残渣态，含量分别为 40.05%和 43.31%，这些形态的 Cr 不会轻易被 TCLP 浸出。在 BOVC2 固化体中，水溶态、离子交换态和碳酸盐结合态的 Cr 基本上都被转换成更加稳定的形态。

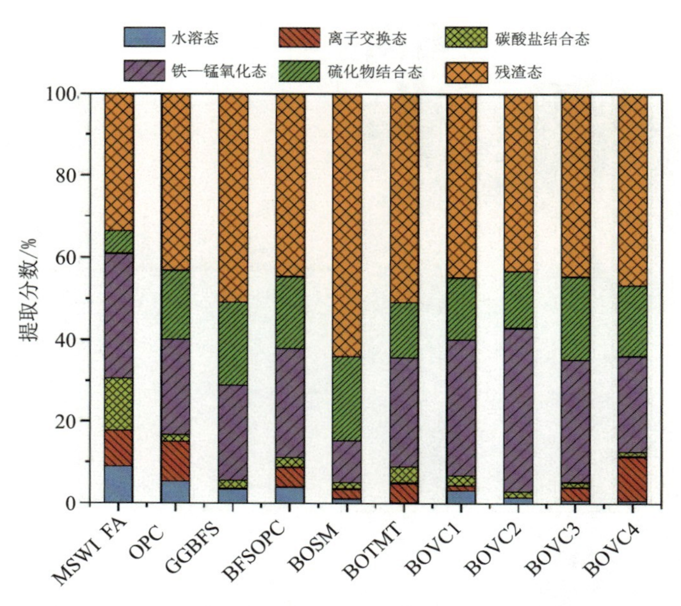

图 4.3-7 Cr 在原始飞灰和各固化体中的化学形态分布

图 4.3-8 展现了固化体中 Cr 的有效态随着 VC 含量增加的变化。可以看出，水溶态和碳酸盐结合态的 Cr 随着 VC 的添加持续降低；而离子交换态的 Cr 随着 VC 的添加先减少后增加，在 VC 添加量为 2%wt 时达到最小值。有效态 Cr（Ⅱ＋Ⅱ＋Ⅲ）与离子交换态 Cr（Ⅱ）表现出相似的变化特征。根据 VC 添加的固化体 Cr 形态变化特征可以看出，当固化体中加入过量的 VC 后，对 Cr 固化效率降低的主要原因是还原后的 Cr（Ⅲ）主要分布在离子交换态，由于 VC 会阻碍某些水化产物，导致离子交换态的 Cr 无法进入铁锰氧化态和硫酸盐结合态。

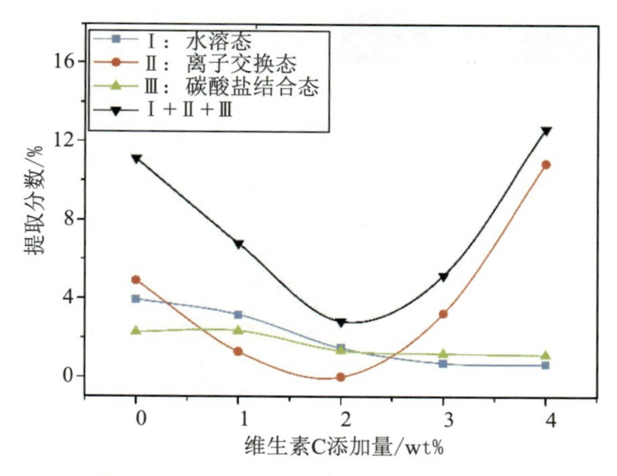

图 4.3-8 Cr 飞灰对 Cr 形态转变的作用

（4）Cr 在飞灰和固化体中随 pH 值变化的浸出特性

为了研究 Cr 随着浸出液 pH 值的变化，我们对原始飞灰和固化效果最好的 BOVC2 固化体进行连续提取试验。原始飞灰和 BOVC2 固化体碾磨至通过 45μm 的筛子，每个筛下的样品被分成 14 份，每份 1g。分别向其中加入定量的 HNO_3 或 NaOH，保证最终加入的 H^+ 当量分别为 16.5、13.5、12、10.5、9、7.5、6、4.5、3、1.5、0、−1.5、−3mmol/g（MSWI FA 或者 BOVC2）。负值表示加入 OH^- 离子（NaOH 溶液）。最终所有 28 份样品加入去离子水至液固比 10：1mL/g、放入密封的 HDEP 塑料瓶中，在室温下翻转震荡 48h。最后，样品静置最少 30min，测其上清液 pH 值值，然后用 0.22μm 滤膜过滤测定滤液的 Cr 浓度。试验结果见图 4.3-9（a）。

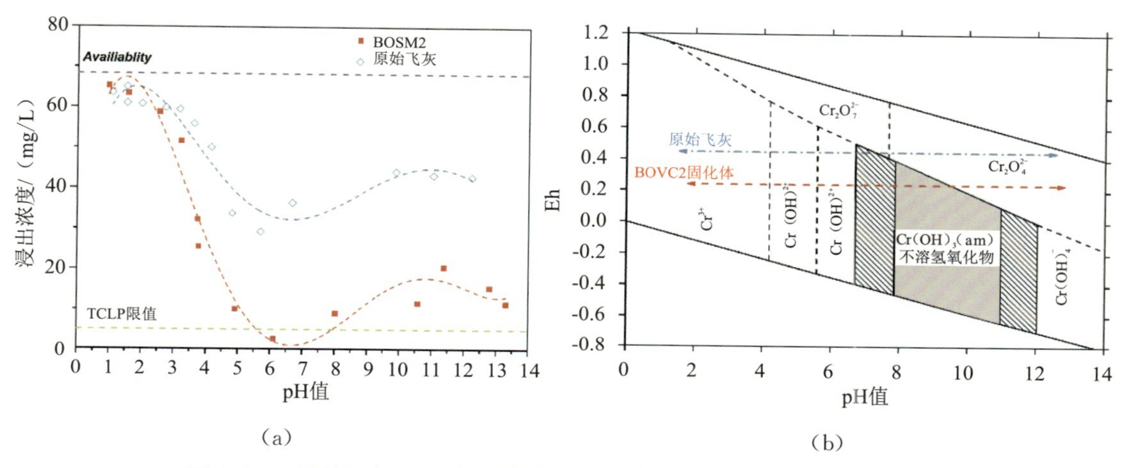

图 4.3-9　原始飞灰和 BOVC2 固化体中 Cr 的浸出浓度随着 pH 值的变化

从图中可以看出，无论是原始飞灰还是 BOVC2 固化体，Cr 的浸出对 pH 值高度依赖。之前有研究将垃圾焚烧飞灰和底灰的浸出行为用多项式曲线进行拟合。本次采用五次多项次来拟合原始飞灰和 BOVC2 固化体中 Cr 浸出随着 pH 值变化的关系。无论是原始飞灰还是 BOVC2 固化体，二者的最低 Cr 浸出都发现在 pH 值 6～8 范围内。见图 4.3-9（b），从铬—水—氧平衡图中可以看出，当体系处于还原状态（−Eh）下，pH 值在 8 左右正好是无定形态和难溶的 Cr（OH)$_3$ 形成的区域。在较低的 pH 值下，Cr 浸出浓度随着 pH 值降低而逐渐增加，尤其是当 pH 值＜6 时，这是因为无定形态的 Cr（OH)$_3$ 溶解形成可溶的阳离子 $CrOH^{2+}$ 和 Cr（OH)$_2{}^+$。在 pH 值＞8 时，Cr 的可溶性又会增加，在这范围内又会重新生成可溶的 CrO_4^{2-}，增加其浸出浓度。当 pH 值大于 11 时，BOVC2 中的 Cr 浸出浓度又稍微降低，这很可能是由于部分 Cr（Ⅵ）进入 AFt 或 Friedel 盐等在碱性条件下溶解度极低又能稳定存在（pH 值 10～12.5）的矿物相中。在相等的 pH 值下，BOVC2 固化体中 Cr 的浓度都低于原始飞灰的浸出浓度，并且在 pH 值为 5.5～8 附近低于 TCLP 浸出限值。因此，GGBFS－OPC＋VC 组合可以成功用来固化垃圾焚烧飞灰中的 Cr。

综上所述，本节所采用的 GGBFS－OPC＋VC 还原固化机理见图 4.3-10。通过水泥熟料和矿渣粉胶凝材料体系水化反应产生 C—S—H，AFt 和 Friedel 盐，结合在碱性条件下具有还原性能的 VC，使飞灰中的重金属进入不同的水化产物中。针对浓度浸出较高的 Cr（Ⅵ），一部分通过 AFt 和 Friedel 盐的离子交换作用进入其晶格中，这些矿物相的 Cr 具有较低的溶解度；另一部分通过 VC 还原作用将 Cr（Ⅵ）还原成 Cr（Ⅲ），在 C—S—H 凝胶表面和其网络结构中沉淀下来并被捕集，这部分 Cr 为三价 Cr，具有较低的毒性，而且不容易迁移。最终固化体中的 Cr 浸出浓度低于 TCLP 限值，使得飞灰达到无害化要求。

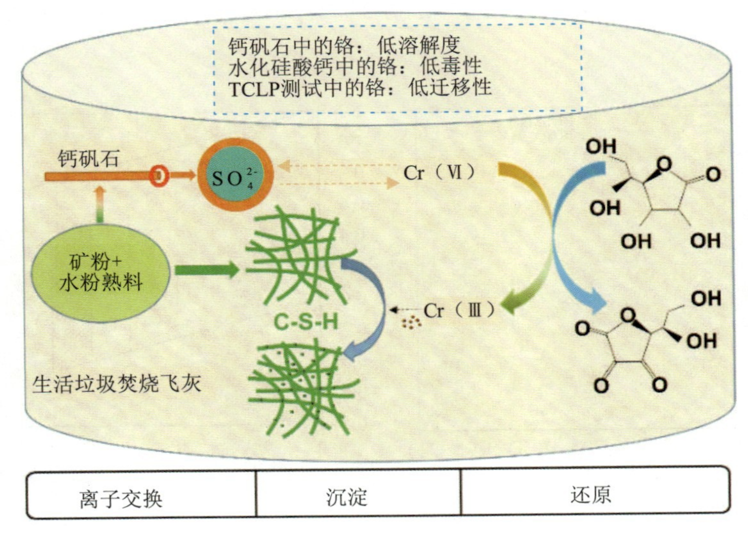

图 4.3-10　GGBFS－OPC＋VC 还原固化机理

4.3.2　污染土壤修复材料与技术

土壤稳定（固化）技术从 20 世纪开始就开始蓬勃发展，至今已形成一门综合性交叉学科。综合力学、结构理论、胶体化学、表面化学等众多理论，涉及建筑基础、公路交通、堤坝工程、矿井加固、垃圾填埋、防尘固沙、土壤修复等领域，处理对象包括砂土、淤泥、工业废水、生活垃圾、工业尾矿等，处理目的也不是单纯的加固，还包括增加渗透性、提高抗冻能力、防止污染物泄漏等诸多方面。土壤固化剂是在常温下能够直接与土壤颗粒或黏土矿物反应生成胶凝物质的土壤硬化剂。根据第 3 章和本章研究成果，采用钢渣、石膏、矿渣等固废制备出两种型号的土壤修复剂 W 和修复剂 P，分别对重金属 As（Ⅴ）和 As（Ⅲ）具有较好的处理效果。本小节将采用两种修复剂分别处理含 As（Ⅴ）和 As（Ⅲ）的污染土壤，研究其固化的效果，并分析固化体长期的稳定性及耐久性。

4.3.2.1　原材料与试验方法

As 污染土壤为由 $Na_3AsO_4 \cdot 7H_2O$ 和 $NaAsO_2$ 人工配制的 As（Ⅴ）和 As（Ⅲ）含量为 1000 mg/kg 的土壤，拌匀，含水率保持在 25%左右，密封存放半年后作为模拟含 As 的污染土，As（Ⅴ）和 As（Ⅲ）两种污染土按照表 4.3-2 分别添加修复剂 W 和修复剂 P（成分见表 4.3-3）。

表 4.3-2　污染土固化设计表

编号	污染土样	修复剂
W15	As（Ⅴ）污染土 85%	15%W
W20	As（Ⅴ）污染土 80%	20%W
P15	As（Ⅲ）污染土 85%	15%P
P20	As（Ⅲ）污染土 80%	20%P

表 4.3-3　固化剂的主要成分

固化剂	熟料	矿粉	钢渣	硬石膏	母料
W	20	30	30	17	3
P	20	30	15	32	3

实验前测试土壤最优含水率，实验结果见图 4.3-11。通过击实实验，从土壤试样含水率与干密度间的关系图中可看出土壤的最佳含水率为 15.2%，最大干密度为 1.9g/cm^3。

按照最大压实度及最佳含水率，采用不同掺量的土壤修复剂进行处理，根据前期的实验结果和经验，修复剂添加量不宜小于 10%，修复剂太少影响最终的固化效果，修复剂也不宜过多，一方面会造成增容比过大，大大增加了最终待处置的产物的体积，另一方面，过多的修复剂掺入对于污染土壤稀释作用太大，降低了固化的意义。所以本次选择固化的掺量为 15%和 20%。根据土壤的最佳含水率控制水量，搅拌均匀，采用 φ50×50mm 的铁质模具，在 40kN 的压力下压制成型，成型后即刻脱模，固化体试块置于温度为 20℃、湿度为 90%标准条件下养护。预定龄期后测试其强度及 As 的浸出特性。由于 TCLP 模拟的是生活填埋场的强酸性环境，浸提剂采用的是具有强缓冲能力的醋酸，为了评价在非常恶劣的环境条件下的有效性，本次采用浸出能力最强的 TCLP 浸出程序检测固化体 As 的浸出浓度。

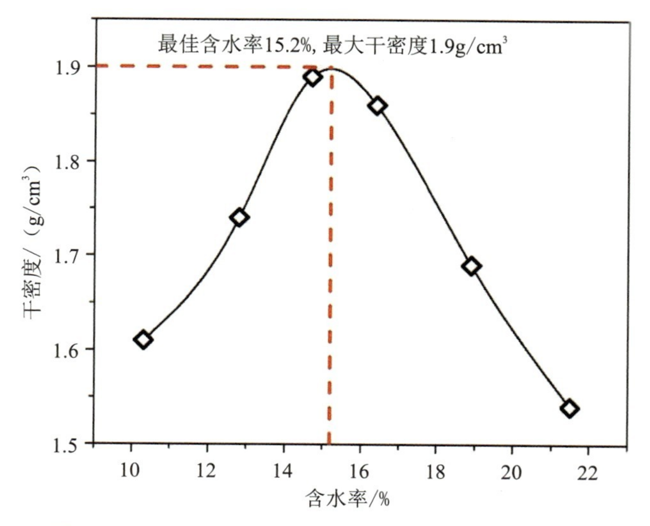

图 4.3-11　土壤试样含水率与干密度间的关系曲线图

为了研究As（Ⅴ）和As（Ⅲ）的固化后的长期稳定性，参考《低、中水平放射性废物固化体标准浸出实验方法》(GB/T 7023—2011)。具体步骤如下，将固化后养护28d的固化体（φ5cm×5cm，$S_{表}$=117.75cm^2，均符合试块的要求）悬挂于预先盛装1.5L浸提剂pH值为5.0±0.05的硫酸硝酸混合酸配制的混合液的高密度聚乙烯塑料瓶（容积2L）中，该实验在室温为22.5±2℃的环境中进行，该浸泡实验按照规定的时间将试块从浸泡容器中取出，立即转移到有新鲜相同浸提剂的另一容器中，在转移时试样不能干燥，检测原浸出液分析其pH值及As的浓度。从实验开始累计浸出时间为2h、7h、24h、2d、3d、4d、5d、14d、28d、43d时更换浸提剂，以后每隔15d更换一次，直到90d为止。注意在浸出的过程中不要搅动或震荡浸出液。固化体试块动态浸出装置见图4.3-12。

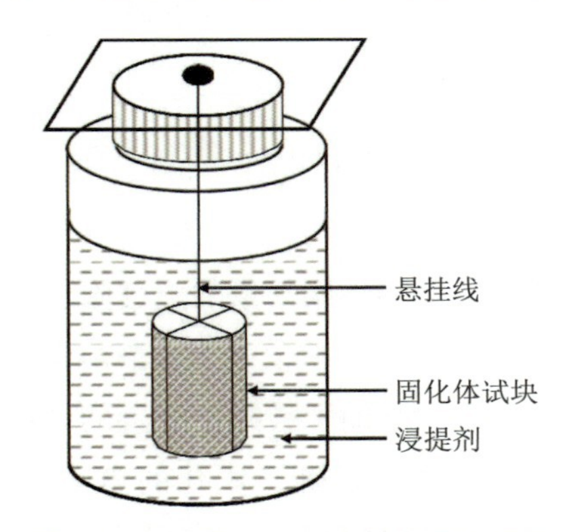

图4.3-12　固化体试块动态浸出装置

4.3.2.2　固化土理化性质及固化效果

（1）固化体的压实度

各组固化体的压实度见图4.3-13。各组固化体试块的含水率为15.1%～15.6%，在最优含水率范围内，压实度均>90%。

（2）固化体的强度

含As（Ⅴ）和As（Ⅲ）的污染土添加修复剂W和P后各龄期强度见图4.3-14。针对As（Ⅴ）污染，修复剂W添加量达到15%时（W15），固化体养护7d后强度可接近4MPa，20%掺量时（W20），固化体7d后的强度大于6MPa。W20比同龄期W15的固化体强度高出1/3。从图4.3-13可以看出，W15的固化体强度值远大于美国环保局规定的土壤修复中强度需要达到0.35MPa以上及法国、荷兰建议的1MPa以上。

针对As（Ⅲ）污染，P15固化体经养护7d后其强度可达到8MPa，P20固化体7d后强度便可接近12MPa，随着龄期的延长，P15固化体强度增长更快，后期P15和P20固化体强度值差距缩小。养护28d后固化体的强度均大于12MPa。相比W15和W20，P15和P20固化体的强度更大，这主要是修复剂W中所含钢渣掺量更高，而钢渣的水化活性比矿渣小，导致修复剂W水化后的强度值稍低。污染土中掺15%以上的修复剂P更能满足作为填埋土体的强度要求。

从两组固化体的强度结果看出固化体的强度随修复剂掺量的增多而增大，说明固化体的强度主要受修复剂水化而产生的具有胶结性能的水化产物影响。

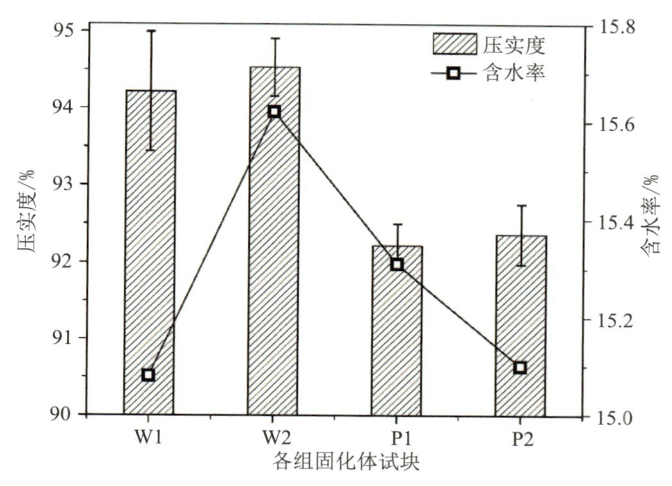

图 4.3-13　各组固化体的压实度

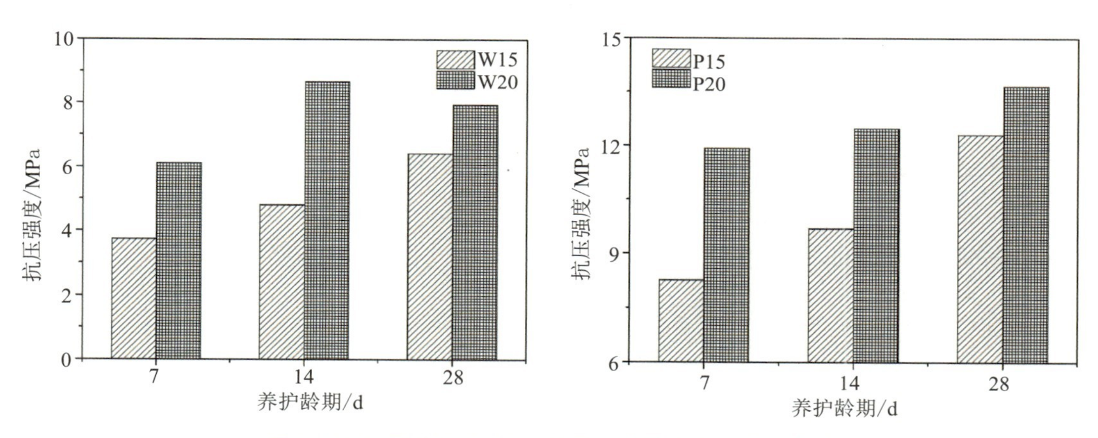

图 4.3-14　固化剂 W 和 P 不同掺量固化体各龄期强度

(3) 固化体中 As 的浸出特性

含 As（Ⅴ）和 As（Ⅲ）污染土添加修复剂 W 和 P 后固化体浸出液中 As 的浸出浓度见图 4.3-15。原始含 As（Ⅴ）污染土 As 的浸出浓度为 20.32mg/L，经修复剂 W 固化后其浸出浓度大大降低，W15 养护 7d 后 As 的浸出浓度降为 3mg/L，W20 固化体 7d 后浸出浓度为 1.5mg/L，随着养护时间的增长，固化体中 As 的浸出浓度进一步降低，28d 时两种掺量的固化体 As 的浸出浓度相近，均降为 0.5mg/L 以下，满足《污水综合排放标准》（GB 8978—1996）的要求。

固化前含 As（Ⅲ）污染土 As 的浸出浓度为 27.44mg/L，经修复剂 P 固化后，固化体中 As 的浸出浓度迅速降低，P15 和 P20 养护 7d 后分别降低至 2.5mg/L 和 1.57mg/L，

P20 较 P15 对 As（Ⅲ）的固化效果更好，浸出浓度更低。随着龄期的延长，固化体 As 浸出浓度进一步降低，28d 后降低至 0.5mg/L 以下。

同时可以从图 4.3-15 中看出污染土固化体浸出液中 As 的浓度较高，一方面，由于浆体中含水率比污染土固化体含水率高，高含水率有利于 As 与修复剂中的有效成分充分接触，反应更为完全；另一方面，由于有土壤介质的存在，也会对 As 的迁移扩散产生阻碍作用，此外土壤中还存在一些干扰离子（以阴离子为主如 PO_4^{3-}、Cl^-、NO_3^- 等），也会对 As 与修复剂中有效成分反应产生干扰。

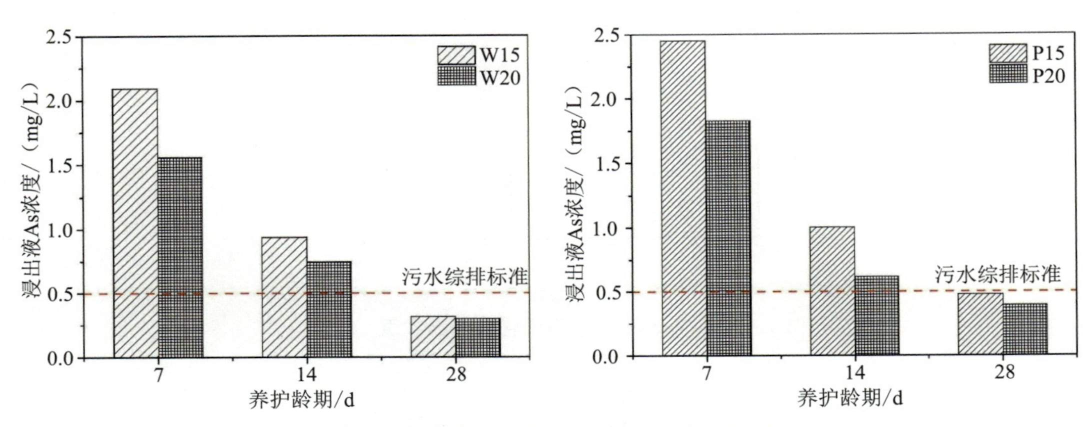

图 4.3-15　固化体浸出液中 As 的浸出浓度

前面已经讨论了固化体中 As 的浸出浓度，这在工程及部分科研中一般采用相应的标准对照，以评判固化稳定化技术的实用性。但浸出液的污染物浓度不能反映单位质量废物中污染物的浸出能力，所以我们采用单位质量的废物固化体样品中污染物浸出量。

$$Q_p=\frac{CV}{W}=CR \tag{4.3-8}$$

式中：Q_p——单位质量的废物固化体样品中污染物浸出量；

C——浸出液污染物浓度；

W——废物样品质量；

V/W——液固比 R。

但添加修复剂后对污染土壤本身具有一定的稀释作用，所以固化体中 As 的浸出量也不能直接反映效果，应该剔除修复剂的部分：

$$Q_t=\frac{Q_p}{\eta}=\frac{Q_p(M_S+M_C)}{M_S} \tag{4.3-9}$$

式中：Q_t——固化体中单位质量废物中污染物浸出量；

η——废物在固化体中的质量分数；

M_s——废物质量；

M_c——加入的修复剂的质量。

计算后，固化体单位质量污染土中 As 浸出量见图 4.3-16。固化前，含 As（Ⅴ）和 As（Ⅲ）的土壤采用 TCLP 浸出，其释放量分别为 406.48mg/kg 和 548.94mg/kg。土壤本身含有的 As（Ⅴ）和 As（Ⅲ）分别为 1000mg/kg，表明有一部分 As 被土壤中的颗粒固定。

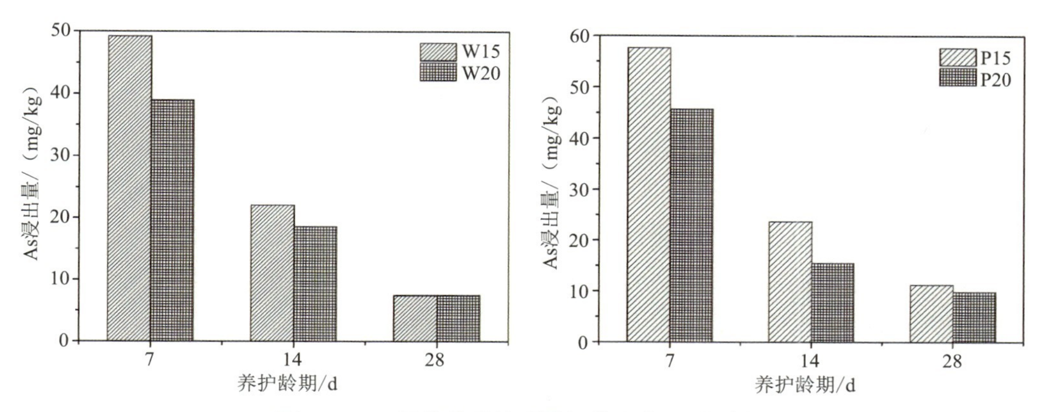

图 4.3-16　固化体单位质量污染土中 As 浸出量

将固化体中重金属浸出量和原始土壤中重金属总量的比值称为固化剂的重金属浸出率，固化率为（100%－浸出率）。污染土的 As 固化率见图 4.3-17。对于 As（Ⅴ），经固化后，污染土中 As 的释放量大大降低，7d 后低于 50mg/kg，此时 As 的固化率可达到 90%以上，W20 的固化率接近 93%，随着养护龄期增长，28d 后释放量降低至 10mg/kg 以下，此时两种修复剂掺量的固化率均达到 98%以上。

对于 As（Ⅲ），固化后，污染土中 As 在强酸性环境条件下的浸出量大大降低，P15 和 P20 养护 7d 后，分别可低于 60mg/kg 和 50mg/kg；养护 28d 时，As 的浸出量低于 10mg/kg，此时 As 的固化率提高到 96%。

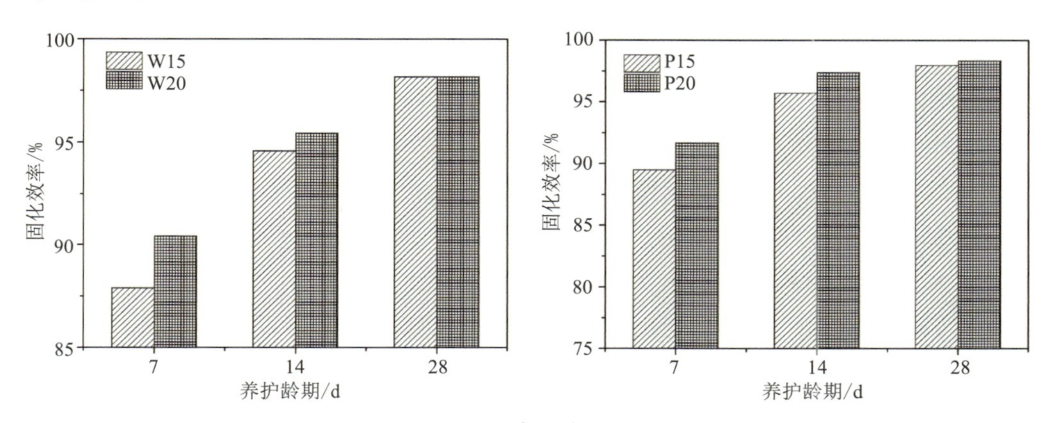

图 4.3-17　污染土的 As 固化率

从上图可以看出，两种固化剂在养护前期，高掺量的固化体 As 浸出量更低；养护 28d 后，15%和 20%两种掺量固化时 As（Ⅴ）的浸出量和固化率几乎相等，As（Ⅲ）的浸出量和固化率也相近。

4.3.2.3 As污染土壤固化体长期稳定性研究

(1) As的动态浸出特性

介质环境pH值对As的浸出具有很重要的影响。长期稳定性实验中，各固化体浸出液pH值随浸泡周期的变化见图4.3-18。由于修复剂W和P水化后会产生碱性环境，对初始的酸性溶液具有较强的缓冲作用，导致最终的浸出液pH值均大于9.5，呈较强的碱性，有利于As的固定。4个固化体的浸泡液pH值都呈先降低后上升的趋势。开始阶段试块表面的碱性物质中和了浸提介质中的酸，提高了浸泡液的pH值，随着浸提剂的更新，表面的碱性物质也逐渐被消耗得越来越少，使得浸泡液的pH值降低；随后由于试块浸泡的时间增长，浸提剂通过试块的孔隙进入固化体内部，内部的碱性物质通过扩散进入浸泡液，浸泡液的pH值也随之增大。

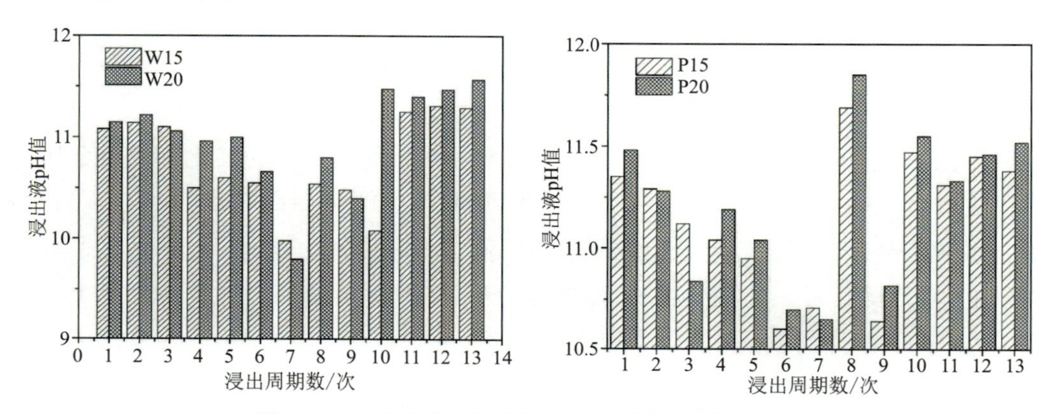

图4.3-18 各固化体浸出液pH值随浸泡周期的变化

修复剂W和P均属于胶凝材料，其固结体含有一定的孔隙，包括封闭孔和连通孔。孔隙中也含有一定量的孔溶液，固结体中As达到平衡时实际上是As在固相与孔隙溶液间达到一种平衡状态。当固结体开始与浸提剂接触后，其表面的污染物As受酸性介质的影响，表面固相的部分As及吸附态As溶解进入浸提剂溶液，此外连通孔隙溶液中溶解态的As通过扩散作用进入浸提剂溶液。封闭孔隙溶液中的As虽然不直接与浸提剂溶液接触，当固结体与浸提剂相接触后引起化学势差异，使得As原来形成的平衡体系被破坏，继而发生As的形态转移，重新建立新的平衡体系。

固化体动态浸出液As浓度变化见图4.3-19。从图4.3-19可以看出，浸出液中As的浓度基本上都小于0.09mg/L。总体上随着浸出的次数的增加，浸出液As的浓度先增加后降低，固化体W15和W20分别在浸泡28d和2d时浸泡液浓度达到峰值，固化体P15和P20分别在第一天和第二天时达到最大值。前期的低浓度可能是由于开始阶段浸泡的时间较短，固化体表面As迁移释放进入浸提剂中，新的平衡体系还未形成。由于随后每次的浸泡时间增长，As浸出慢慢扩散至浸泡液，浸泡液中As的浓度上升。在浸泡的第四天或第五天时，As的浸出浓度非常低，可能是由于表层的可释放的As（Ⅴ）及As（Ⅲ）

基本已溶出，但内部的 As（Ⅴ）及 As（Ⅲ）还未来得及补充，使浸泡液中 As 的浓度非常低。后期在固化体浸泡过程中，由于修复剂中未完全水化部分的水化行为仍然继续，水化产物填充了固化体的孔隙及通道，使固化体的结构更为致密，阻止了 As（Ⅴ）和 As（Ⅲ）向外扩散，此外修复剂中未水化部分的成分还会继续与 As 发生反应生成不溶物的沉淀。这些行为使后期 As 的浸出浓度降低。

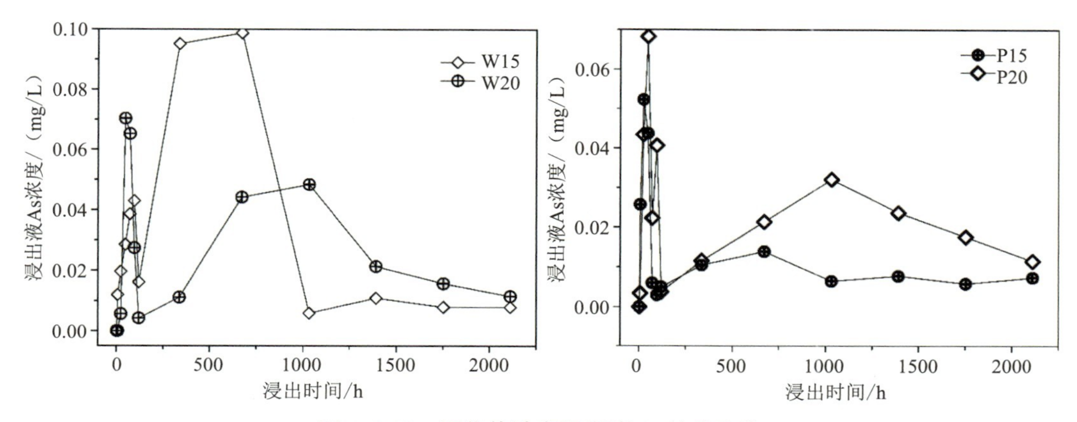

图 4.3-19 固化体动态浸出液 As 浓度变化

图 4.3-20 为半动态浸泡实验中 As 的累积浸出量随时间的变化。在浸泡的早期，As（Ⅴ）和 As（Ⅲ）累积浸出量迅速增加，但随着浸泡时间的延长，其浸出量增加缓慢，增长曲线趋于平缓。在浸泡初期，W20 中 As 的累积浸出量稍高于 W15，随着浸出时间的延长，固化体 W15 中 As 的累积浸出量迅速增加，超过了 W20。表明总体上高掺量的修复剂有利于降低固化体孔隙度，固化体更为密实，使 As 扩散迁移更为困难。对于 As（Ⅲ）的固化，P15 和 P20 在浸泡的初始阶段 As 的累积浸出量基本相近，但随着浸泡时间延长，P20 中 As 累积浸出量甚至高于 P15，其原因可能是由于 P20 试块经酸液浸泡 24h 后试块表面出现裂纹，后期裂纹继续发育形成较大的裂缝，而 P15 虽然在浸泡的后期也有一定的裂缝，但出现的时间比 P20 晚。P20 试块过早开裂使 As 的累积浸出量更多。

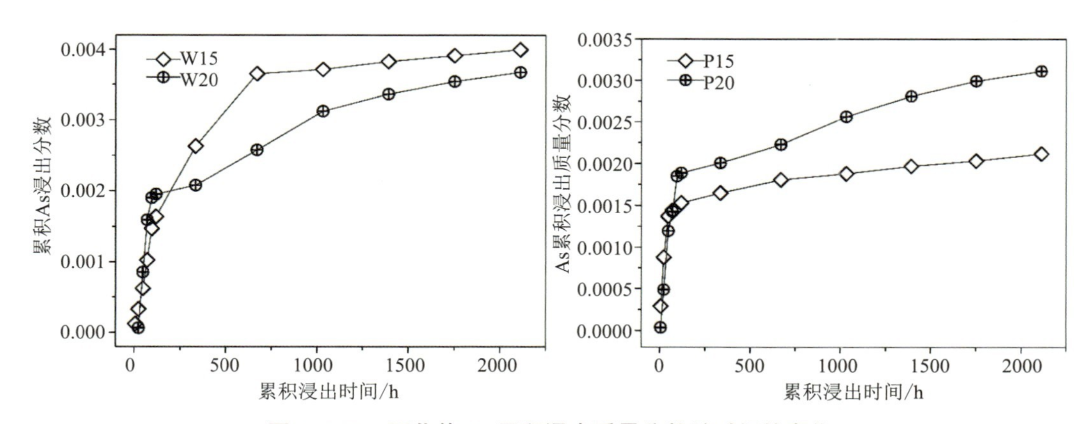

图 4.3-20 固化体 As 累积浸出质量分数随时间的变化

整个浸泡周期内，4 种固化体中 As 的累积浸出质量分数都低于 0.4%，虽然 P15 和 P20 浸泡后都出现开裂的问题，但是其 As 的累积浸出量比未开裂的 W15 和 W20 还是更低，因为 As（Ⅲ）更易于固定。

(2) 土壤固化体中 As 的迁移行为研究

画出 4 个固化体 As 的累积质量分数与时间平方根的关系图（图 4.3-21），拟合结果显示，As 的累积质量分数与时间的平方根分区段呈线性关系。表明 As 的迁移释放由慢速的扩散过程控制，而不是由 As 固态相的溶解过程控制，在不同的阶段，迁移释放的扩散系数不同。

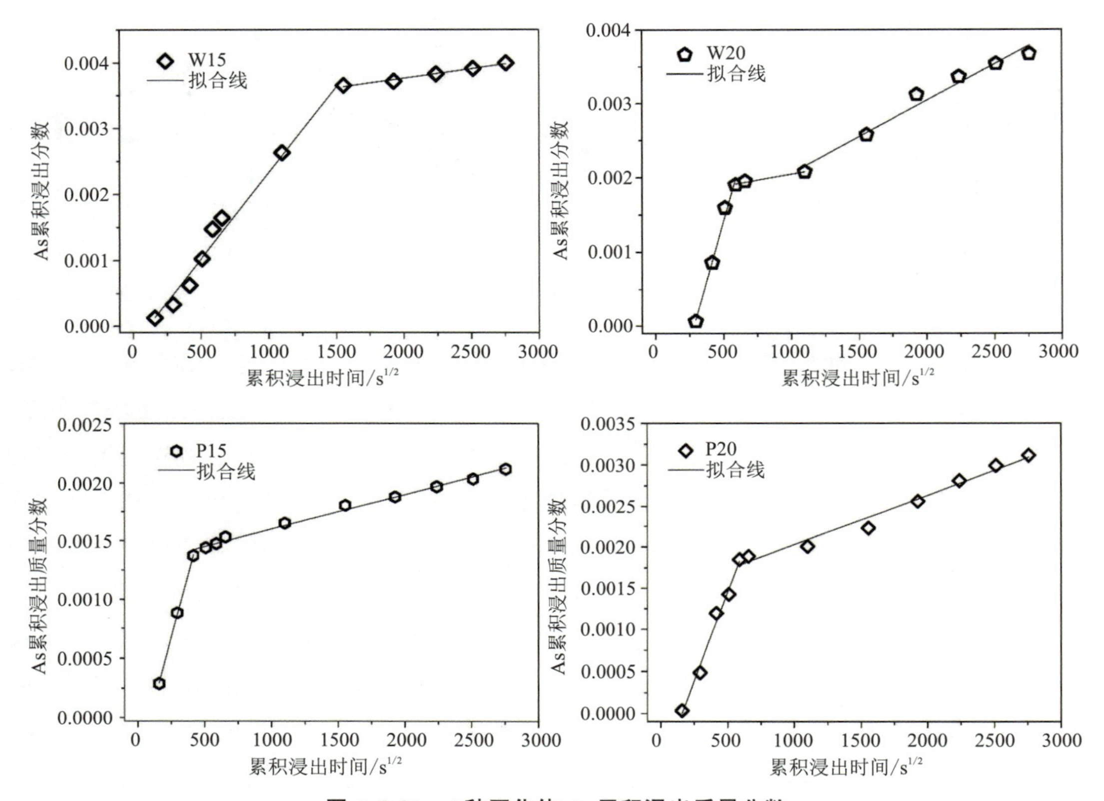

图 4.3-21　4 种固化体 As 累积浸出质量分数

从图上可以看出，当 $t=0$ 时，W15、W20、P15 和 P20 4 个固化体的拟合直线在 Y 轴上的截距均小于 0，表明 4 个固化体中 As（Ⅴ）和 As（Ⅲ）均出现浸出延迟的现象。根据拟合后直线的斜率，按照式（4.3-10）计算各阶段的扩散系数。

$$A_n \frac{V}{S} = 2\left(\frac{D_e}{\pi}\right)^{0.5} t_n^{0.5} \tag{4.3-10}$$

式中：A_n——到第 n 个周期为止的累积浸出分数；

V 和 S——试样的体积，cm^3 和表面积，cm^2；

t_n——到第 n 个周期为止的累积时间，s；

D_e——有效扩散系数，cm^2/s。

有效扩散系数 D_e 可通过累积浸出分数（$\sum a_n/a_0$）对浸出时间的平方根（$t^{1/2}$）的斜率计算得出。

计算的扩散系数结果见表 4.3-4。从表 4.3-4 中可看到 As 在整个浸泡周期内的扩散系数都很小，阶段一为扩散延时阶段，阶段二为表层扩散阶段，随后进入阶段三的慢速扩散阶段，尤其是 W15、P15、P20，此时 As 向浸泡液迁移速度很低。W15 和 W20 试样中 As 的迁移扩散速度均维持在 $4.67\times10^{-14}\sim2.28\times10^{-11}$ cm^2/s，而 P15 和 P20 试样中 As 的扩散速度相比 W15 和 W20 更低，均维持在 $4.91\times10^{-14}\sim9.86\times10^{-12}$ cm^2/s。其扩散速度基本上都小于 Dutreand Vandecasteele 曾报道的采用水泥和石灰固化 As 的扩散系数 $10^{-10}\sim10^{-11}$ cm^2/s，也远低于 Singh TS 和 Pant KK 采用水泥粉和煤灰及石灰、聚苯乙烯、聚甲基丙烯酸甲酯固化 As 后 As 的扩散系数为 $0.5\times10^{-10}\sim26.5\times10^{-10}$ cm^2/s。

表 4.3-4　固化体中 As 浸出过程中的扩散系数

阶段	参数	单位	W15	W20	P15	P20
阶段一	持续时间	h	0～2h	0～7h	0～2h	0～2h
	斜率		扩散延时	扩散延时	扩散延时	扩散延时
	扩散系数	cm^2/s				
阶段二	持续时间	h	2～672	7～96	2～48	2～96
	斜率	10^{-6}	2.61	6.47	4.22	4.25
	扩散系数	$10^{-12}cm^2/s$	3.71	22.8	9.69	9.86
阶段三	持续时间	h	672～2122	96～336	48～2122	96～2112
	斜率	10^{-7}	2.93	3.21	3	6.04
	扩散系数	$10^{-14}cm^2/s$	4.67	5.63	4.91	19.9
阶段四	持续时间	h		336～2122	—	—
	斜率	10^{-7}		9.86	—	—
	扩散系数	$10^{-13}cm^2/s$		5.3	—	—

注：范围取值包含下限但不包含上限。

根据浸出指数的计算公式 $LX_n=\frac{1}{m}\sum_n^m[\log(D_e)_n]$，画出 LX 结果与累积浸出时间关系，见图 4.3-22。

从图 4.3-22 可以看出，W15、W20、P15 和 P20 两种固化体 As 的浸出指数均为 10.5～13.5。加拿大环保局将 LX 作为固化废弃物处置资源化利用评判的性能标准，当 $LX<8$ 时，该固化技术不宜采用；$8<LX<9$ 时，最终的固化体可进行卫生填埋；当 $LX>9$ 时，固化体可被资源化利用（路基材料、矿区回填等）。本书中 4 个固化体 As 的浸出指数远大于 9，表明 As（V）固化后其迁移性非常低，固化效果非常好。单从该固化体中 As 的长期稳定性方面考虑，理论上该固化体可以进行资源化利用。

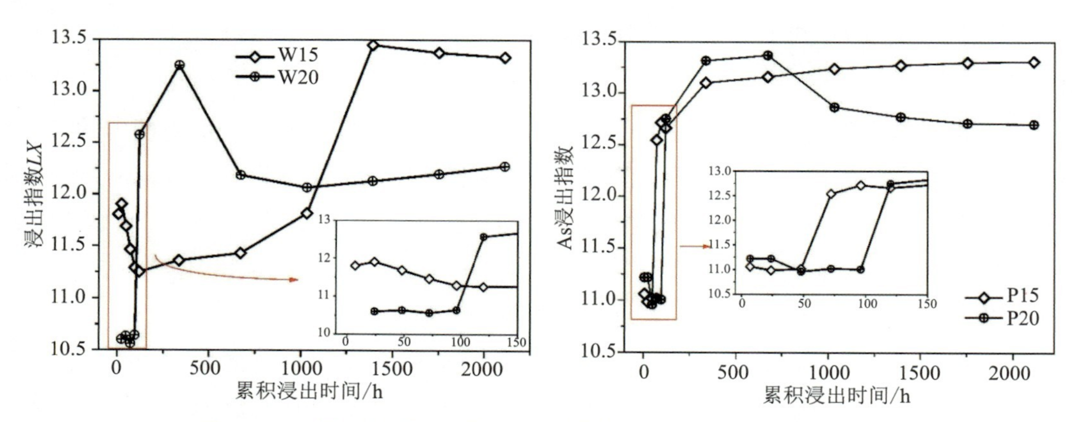

图 4.3-22　固化体浸泡过程中 As 的浸出指数随时间的变化曲线图

4.3.2.4　As 污染土壤固化体耐干湿循环研究

固化体存在于自然环境中，长期承受各种恶劣的环境条件，如降雨、地表径流更迭、地下水位的变更等会使固化体的湿度发生变化，湿度的长期变化会导致固化体的结构产生破坏，而结构的破坏有利于固化体中重金属迁移脱离固化体进入周围的环境。所以考察重金属固化后经受干湿循环后的耐久性行为是必要的。本节将对 As（Ⅴ）和 As（Ⅲ）经固化后固化体的耐干湿循环行为（主要是强度、质量损失、As 的浸出特性）进行探讨评价。

将经养护至 28d 的 W15、W20、P15 和 P20 4 种固化体各分 2 组，一组为控制样，另一组进行干湿循环实验，实验前对两组试样称重、高度测量，控制样置于标准养护条件下养护 24h，干湿循环试样置于 45℃温度下的烘箱中烘 24h，然后将两组试样都取出置于常温下保存 1h，为了防止固化体经水浸泡后造成 As 损失，本书中采用喷水雾（去离子水）代替水浸泡。常温下保存 1h 的试块放置于培养箱中的喷雾环境中，温度为 20±3℃，保持 23h 后，用纸巾吸干试块表面的明水，观察试块表面是否有裂痕及破损的情况。然后将试块于 45±5℃温度下的烘箱中烘 24h，取出称量试块的重量，与初始重量的差值即为干质量损失。此为一个循环，重复上述步骤，直到 8 个干湿循环结束。每组分别在第 2、4、8 个干湿循环周期结束后各取出一个试块测试强度，第 8 个干湿循环周期结束后将试块按照上节所述方法测试固化体中 As 的缓释能力。

本书采用动态浸出实验作为考察的指标之一，一方面是动态浸出与现场工程的实际情况更为接近；另一方面是根据以往的文献报道，干湿循环主要破坏固化体的结构，所以采用固化体破碎后的静态浸出并不能真实地反映干湿循环对重金属固化的影响程度。

累积质量损失率的计算公式：

$$T_{\text{Loss}}=\sum_{i=1}^{j}\frac{M_i}{M_0}\qquad (j=1，2，3，\cdots\cdots 8)\tag{4.3-11}$$

相对质量损失率的计算公式：

$$S=\sum_{i=1}^{8}\left(\frac{M_i}{M_0}-\frac{M_{ic}}{M_{0c}}\right) \tag{4.3-12}$$

式中：M_i 和 M_0——第 i 次干湿循环后试样的质量和初始质量；

M_{ic} 和 M_{0c}——控制样第 i 次干湿循环后试样的质量和初始质量。

(1) 强度及质量损失

固化体经不同干湿循环后强度变化和质量损失见图 4.3-23。强度结果显示，W20 和 P20 两个试样干湿循环 2 次后的强度上升，W15 和 W20 两个试块的强度下降幅度相对后期也较小。主要是因为循环次数较短，强度受水化反应增长所控制。随着干湿循环次数的增加，固化体结构被进一步破坏，而修复剂的水化也逐趋稳定，强度主要受干湿循环对结构的破坏控制，干湿循环过程中的吸水失水必然会导致固化体内部产生湿胀和干缩变形，变形产生的应力大于固化体结构中黏结力时，固结体的结构就会破坏，当变形的应力在固化体试块的薄弱环节聚集时就会使表面产生裂纹，随着干湿循环次数的增加，表面产生的裂缝也逐渐增大，因此强度出现不同程度的下降。经过 8 次干湿循环后的试样，其强度值都大于 5MPa，远远大于美国环保局规定的土壤修复中强度需大于 0.35MPa 及法国、荷兰建议的大于 1MPa 要求。经过 8 次干湿循环后的相对质量损失均小于 0.03%，远远满足质量损失小于 30%的要求。而且经过 8 次干湿循环后试块的表面基本上没有出现裂纹，见图 4.3-24。

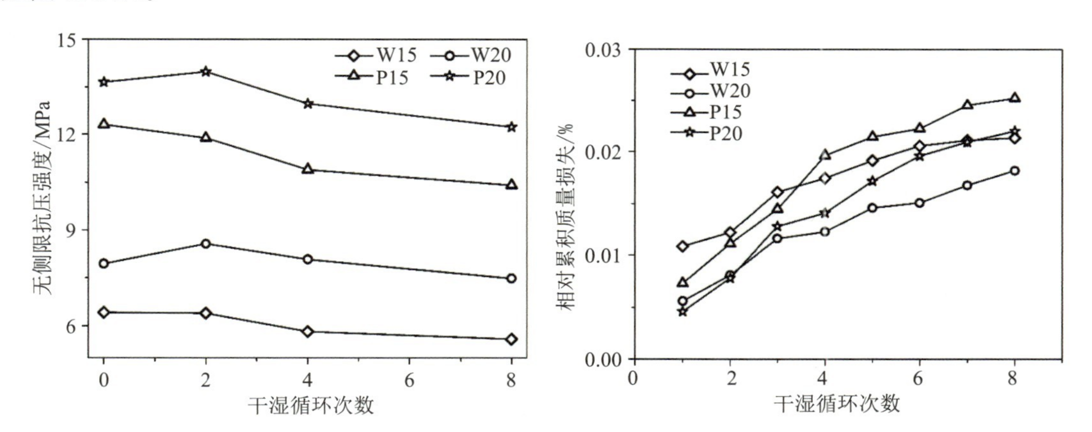

图 4.3-23 固化体经不同干湿循环后强度变化和质量损失

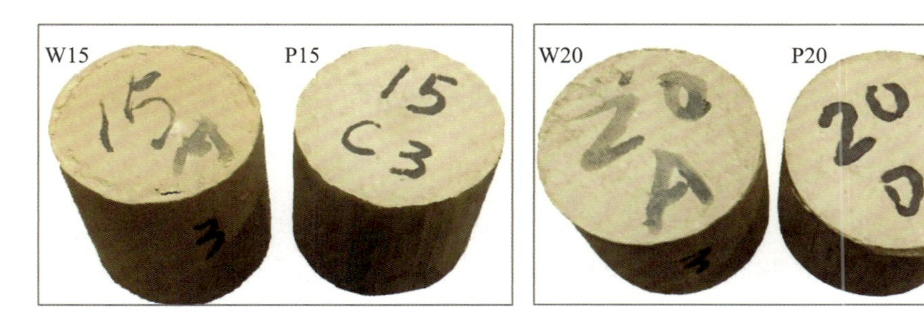

图 4.3-24 经过 8 次干湿循环后的固化体试块外观

(2) 土壤固化体经干湿循环预处理后 As 的动态浸出特性

干湿循环 8 次后固化体各周期动态浸出液 pH 值变化见图 4.3-25。修复剂掺量加大，固化体试块浸泡液的 pH 值也相应升高，主要是由于修复剂具有较强的碱性。经干湿循环后试块的浸泡液 pH 值相对未进行干湿循环的试块浸泡液 pH 值有不同程度的降低，可能是由于干湿循环过程使固化体发生物理化学反应，固化体表层的 Ca $(OH)_2$ 被消耗较多，使得固化体试块在酸性介质中浸泡后的中和能力较低，在浸泡的初始阶段浸泡液 pH 值相对较低。在浸泡的后期，二者的 pH 值基本相近，主要是因为后期单个浸泡周期的时间较长，固化体内部更多的 Ca 能释放出有效的缓冲浸提剂的酸度，最终浸泡液的 pH 值上升。

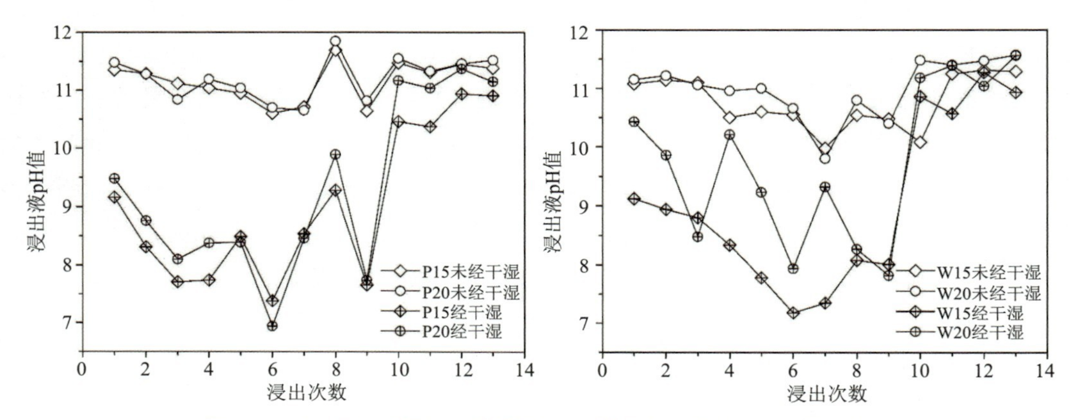

图 4.3-25 干湿循环 8 次后固化体各周期动态浸出液 pH 值变化

经干湿循环 8 次后，4 种固化体试块动态浸出的 As 累积浸出质量分数见图 4.3-26。

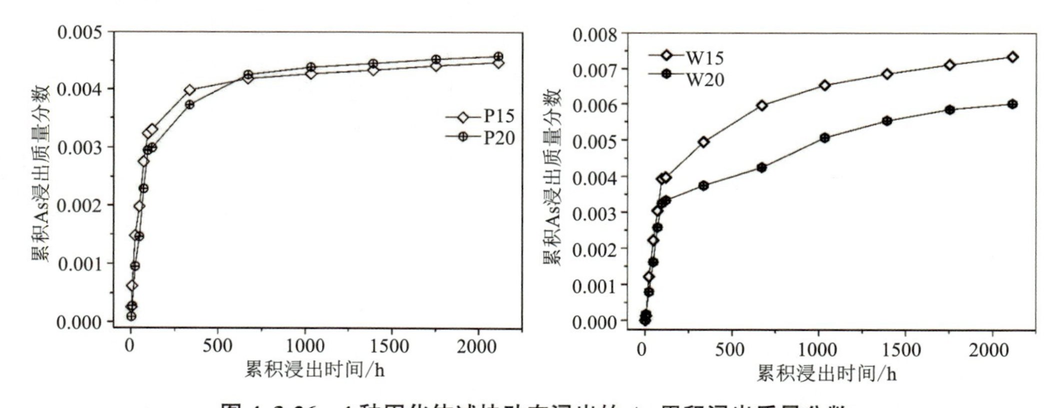

图 4.3-26 4 种固化体试块动态浸出的 As 累积浸出质量分数

试块中 As 的累积浸出分数随时间的变化曲线和未经干湿循环试块一样，在开始阶段出现快速增长，后期随着浸出时间的延长，其浸出量也逐渐平稳。4 种干湿循环的固化体试块在经过浸泡后，As 的累积浸出分数相比未经干湿循环的固化体都有一定程度的提高，W15 由 0.39%提高到了 0.74%，W20 由 0.36%提高到了 0.60%，P15 由 0.22%提高到了 0.45%，P20 由 0.31%提高到了 0.46%，表明干湿循环对固化体表面和内部结构具有双重破坏作用。

高掺量的 P 固化剂不会增加固化剂干湿循环的抵抗浸出能力。而高掺量的 W 固化剂有利于冻融循环固化体浸泡后期 As（Ⅲ）的固定。

（3）土壤固化体经干湿循环预处理后 As 的迁移行为研究

固化体试块经干湿循环后 As 累积浸出分数随浸出时间平方根的变化见图 4.3-27。

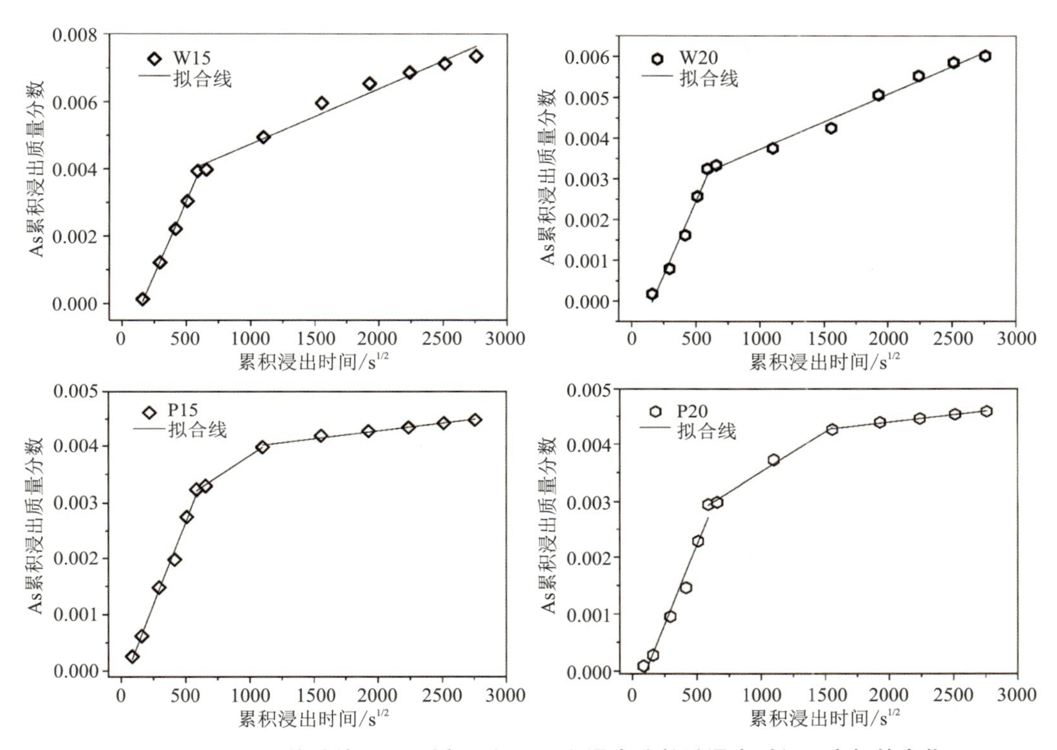

图 4.3-27　固化体试块经干湿循环后 As 累积浸出分数随浸出时间平方根的变化

从图中可以看出，干湿循环后浸出行为与未经干湿循环的浸出行为（图 4.3-21）类似，干湿循环过程对于 W15 和 W20 试块中 As 的扩散延迟影响不大，但缩短了 P15 和 P20 试块中 As 扩散延迟的时间。且各阶段的 As 的扩散速率（表 4.3-5）比未经干湿循环的试块更大，尤其是初始阶段更明显，主要还是干湿循环过程对固化体试块的结构有一定的破坏作用。

根据扩散系数计算各累积浸出时间点 As 的浸出指数（*LX*）随时间的变化情况，见图 4.3-28。虽然经干湿循环后的固化体试块 As 的浸出指数相对未经干湿循环处理的试块有一定程度的下降，但其均大于 10.0。W15 和 W20 均保持为 10～13，P15 和 P20 均保持为 10.5～13.5，表明固化体中 As 的迁移速度很慢，其浸出指数远优于加拿大环保局关于固化废弃物处置资源化利用评判的性能标准，也就是说，理论上经干湿循环处理后该固化体试块也可进行资源化利用。

表 4.3-5　　经干湿循环处理后的固化体中 As 浸泡过程中的扩散系数

阶段	参数	单位	W15	W20	P15	P20
阶段一	持续时间	h	0～2	0～2	0～0.69	0～1.7
	斜率		0	0	0	0
	扩散系数	cm^2/s				
阶段二	持续时间	h	2～96	2～96	0～96	0～96
	斜率	10^{-6}	8.74	7.26	5.89	5.61
	扩散系数	$10^{-11}cm^2/s$	4.17	2.88	1.89	1.71
阶段三	持续时间	h	96～2112	96～2112	96～336	96～672
	斜率	10^{-6}	1.64	1.35	1.49	1.4
	扩散系数	$10^{-12}cm^2/s$	1.47	1	1.21	1.07
阶段四	持续时间	h		—	336～2112	672～2112
	斜率	10^{-7}		—	2.86	2.69
	扩散系数	$10^{-14}cm^2/s$		—	4.45	3.95

注：范围取值包含下限不包含上限。

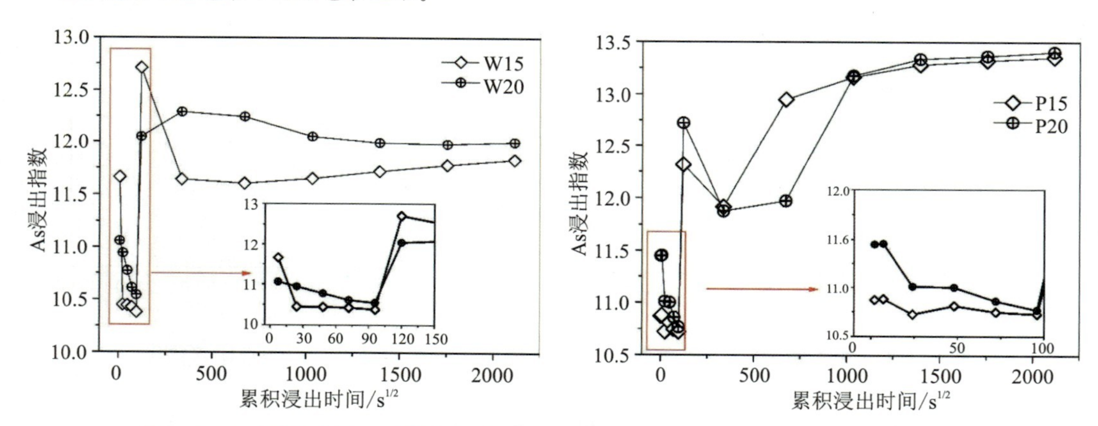

图 4.3-28　干湿循环处理固化体动态浸出中 As 的浸出指数随时间的变化曲线图

4.3.2.5　As 污染土壤固化体抗冻性研究

固化体长期存在于环境中就会反复经受冷、热的交替变化，这种长期的温度周期性变化会使固化体表面起皮，结构疏松等，使固化体的结构产生一定的破坏。例如，在我国的北部地区，几乎所有的工程都受到冻融的影响而出现不同程度的破损。所以抗冻融性能是反映固化体耐久性的重要指标之一。本节将通过强度、质量损失、外观破损、As 的动态浸出等指标的变化讨论 4 组固化体的抗冻融性能。

将标准条件下养护 28d 后的 4 种固化体试块分为对照组和待测组 2 组，置于 20℃环境条件下，并采用喷水雾（离子水）的办法替代浸泡，以免固化体在泡水的过程中出现 As 流失的现象。在该环境条件下放置 4d，取出擦干表面的水分，称重。将待测组试样放在冻融箱中，温度保持为－20～18℃，放置的时间应不少于 4h。对照组放置于标准条件下养护替代冻融过程，时间与冻融试样同步。两组试样结束冻融后取出置于 20℃的喷水雾环境中，转入融化状态，融化时间不小于 4h。完毕即为一个循环周期结束。试块称重并检查其外观的破损情况，每组取 2、4、8、12 次冻融后的试块测其强度，称重。在 12 次冻融完毕后取冻融试样进行动态浸出实验分析 As 的浸出特性。

（1）强度及质量损失

固化体经不同冻融循环后的强度变化和质量损失见图 4.3-29，开始阶段 4 种固化体的强度都出现了不同程度的上升，W20 试块的强度值上升期甚至延续到了第 4 次冻融循环周期，但随后强度值都出现了下降，累积质量损失均小于 0.07%。

由于固化体具有一定孔隙结构，这些大小不尽相同的孔隙中填充有水溶液，根据渗透压和膨胀压理论可知，在冻融循环的过程中，当温度下降到冰点以下时，孔隙水溶液转化为固态的冰，其体积会产生多达 9%的膨胀，这种膨胀压力对固化体孔隙周围的壁部会产生一定的拉应力。此外，由于孔隙表面的张力作用，毛细孔隙中的水溶液的冰点会随着孔径的减小而降低，当大孔隙中的水溶液转化为冰后，冰与过冷水（主要指在小孔隙和凝胶孔中的水溶液）的饱和蒸气压和过冷水之间存在一定的溶质浓度差，这种浓度差会导致水分发生迁移而形成渗透压力。冻融循环引起的膨胀拉应力和渗透压力首先在固化体的薄弱结构处慢慢累积，随着冻融循环次数的增加，两种应力积累到一定程度就会导致结构发生破坏，最终在试块的表面产生裂缝。

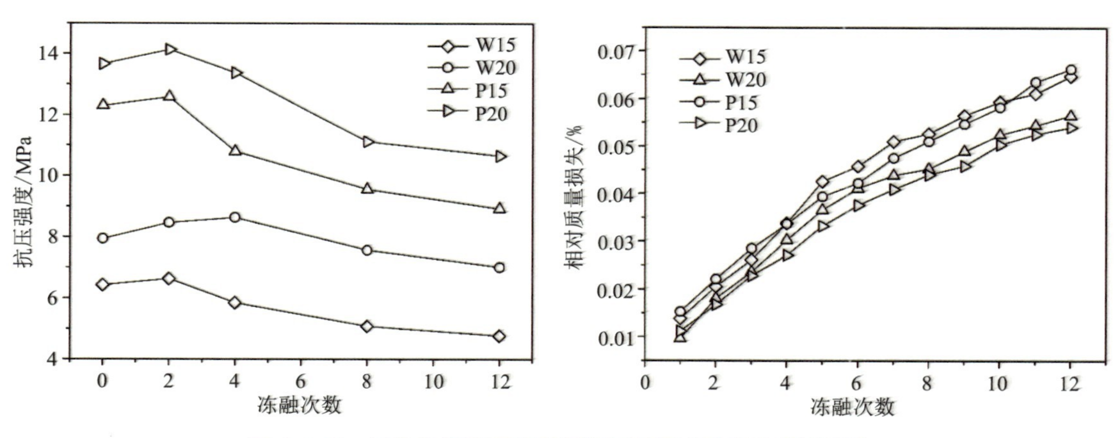

图 4.3-29 固化体经不同冻融循环后的强度变化和质量损失

与干湿循环过程类似，固化体在水雾养护的时候，未完全水化的修复剂会在水分充足的条件下继续发生水化反应，形成的水化产物填充固化体的孔隙，使其强度增大。同时由于冻融循环作用破坏固化体的结构，其强度会下降。在冻融循环次数较少的时候，其对固化体结构的破坏程度相对不大，但此时未水化的修复剂进一步水化增大了强度，因此此阶段是水化提高强度的过程占主导作用，最终表现出固化体的强度值上升。但之后由于未水化修复剂越来越少，水化作用提高强度效应弱化，相反，冻融循环作用加强，破坏作用更大，最终固化体的强度下降。

4 种固化体试块经过 12 次冻融循环后的外观见图 4.3-30。W15 和 W20 表面没有出现裂纹，而 P15 和 P20 表面产生了少量的裂缝（方框）。

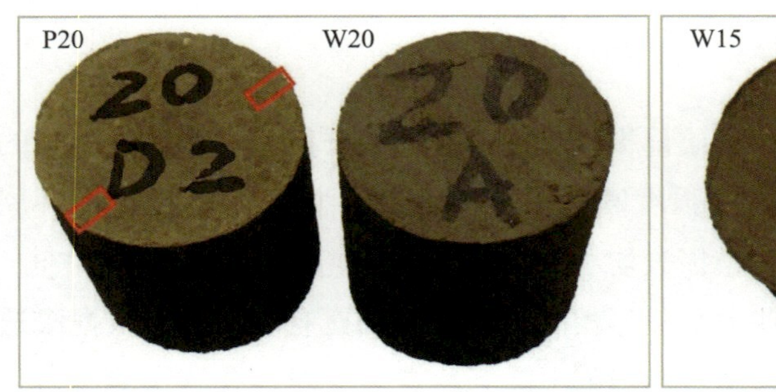

图 4.3-30　经过 12 次冻融循环后的固化体试块外观

（2）土壤固化体经冻融循环预处理后 As 的动态浸出特性

冻融循环前后固化体试块各周期动态浸出液 pH 值变化见图 4.3-31。随着浸泡周期次数的增多，各周期的浸泡液 pH 值变化呈“V”型，其原因与前述相同，随着浸出次数的增多，固化体试块表层的 Ca 逐步下降，对于酸液的缓冲能力逐步下降，所以开始阶段出现浸泡液 pH 值下降。后期由于浸泡的时间延长，更多的 Ca 释放进入浸提剂中，提高了浸泡液的 pH 值。从 4 种固化体经干湿及冻融处理前后，其动态浸出液有一个共同的特征：浸出时间加长，更多 Ca 释放，导致第 8 个浸出周期的浸泡液 pH 值都出现峰值。

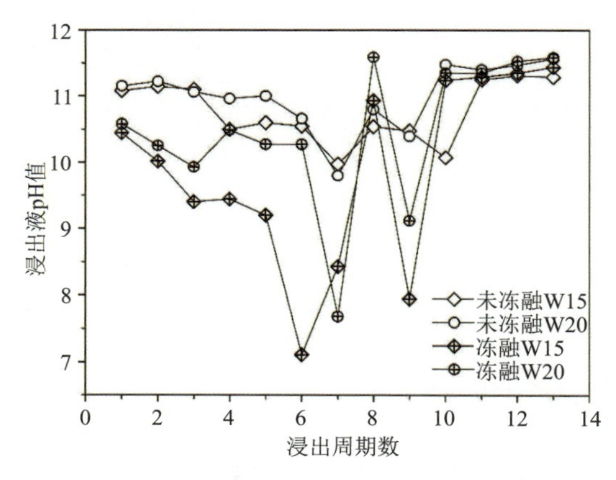

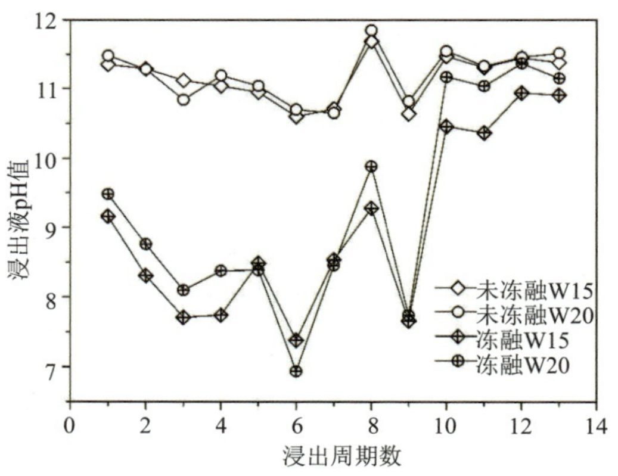

图 4.3-31　冻融循环前后固化体试块各周期动态浸出液 pH 值变化

从图中还可看出，开始阶段，冻融处理后试块的动态浸出液的 pH 值低于未经冻融处理的浸泡液，尤其是 P15 和 P20 更为严重。这可能与干湿循环处理后的试样浸出液 pH 值低于未经处理试样的原因相似，都是由于水雾环境养护条件下，试块吸收了充分的水分，未完全水化的修复剂进一步水化，消耗了 Ca，降低了其对酸度的缓冲能力。

固化体试块经冻融循环后 As 累积浸出分数随浸出时间的变化见图 4.3-32。曲线的形状与未经冻融处理的试块类似。虽然开始阶段 As 的累积浸出量急剧上升，但后期曲线很平缓，尤其是固化体 P15 和 P20。对比未冻融处理和冻融处理的试块中 As 累积浸出量，对于 W15 和 W20 试块，冻融处理不仅没有提高固化体中 As（Ⅴ）的累积总量，反而其浸出量相对未冻融处理的试块更低，表明冻融对于 As（Ⅴ）的固定起到了有利的作用。其原因可能是冻融处理过程不仅破坏了固化体的结构，同时也会破坏固化体中的团聚体，使得固化体中相互包裹的铁锰氧化物散开，增强了这些矿质与 As（Ⅴ）的反应，从而降低了 As（Ⅴ）的迁移性。对于 P15 和 P20，冻融循环使其 As 的累积浸出相对未冻融处理试样有所提高，但提高的幅度相对干湿循环处理过程试块小一些，表明干湿循环处理相对于冻融循环处理对固化体试块的破坏影响更大一些。

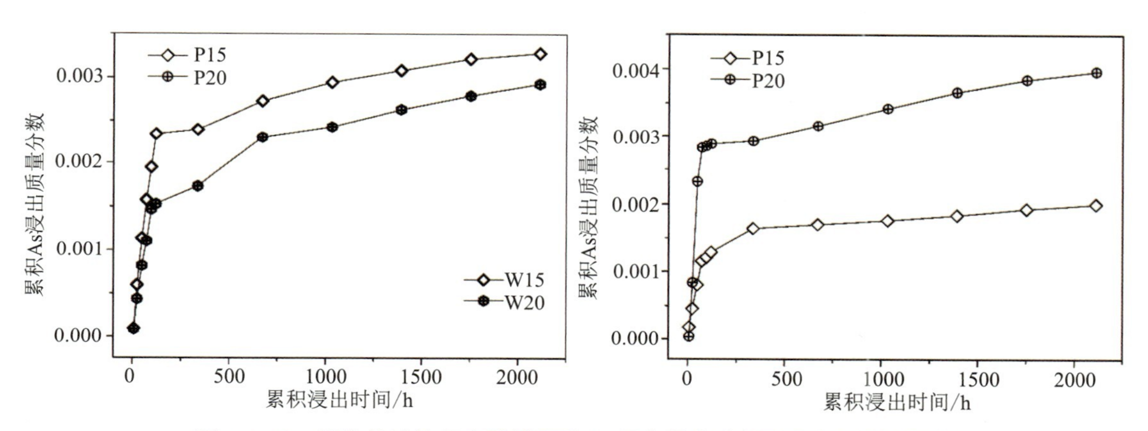

图 4.3-32 固化体试块经冻融循环后 As 累积浸出分数随浸出时间的变化

（3） 土壤固化体经冻融循环预处理后 As 的动态浸出特性

固化体试块经冻融循环后 As 累积浸出分数对时间平方根的变化见图 4.3-33。

在不同的时间尺度上基本上都符合线性关系，表明冻融循环处理后固化体中 As 的释放仍然属于扩散行为占优势。在各个阶段的扩散速率不同，见表 4.3-6，与未经冻融处理的试块相比，处理后的 4 种固化体试块 As 在浸泡的后期，As 的扩散速率较慢，可能是由于冻融过程影响加大，铁锰氧化物释放对 As（Ⅴ）和 As（Ⅲ）的固定起到了促进作用，阻止 As 的释放。此外根据图中的线性关系，当 $t=0$ 时直线在 Y 轴上的截距均小于 0，表明都存在浸出延迟现象。

通过扩散系数计算得出 LX（t）的变化，见图 4.3-34，冻融处理后的 4 种试样 As 的浸出指数均保持为 10～14，符合加拿大环保局关于固化废弃物处置资源化利用评判的性能标准，理论上经冻融循环处理后该固化体试块也可进行资源化利用。

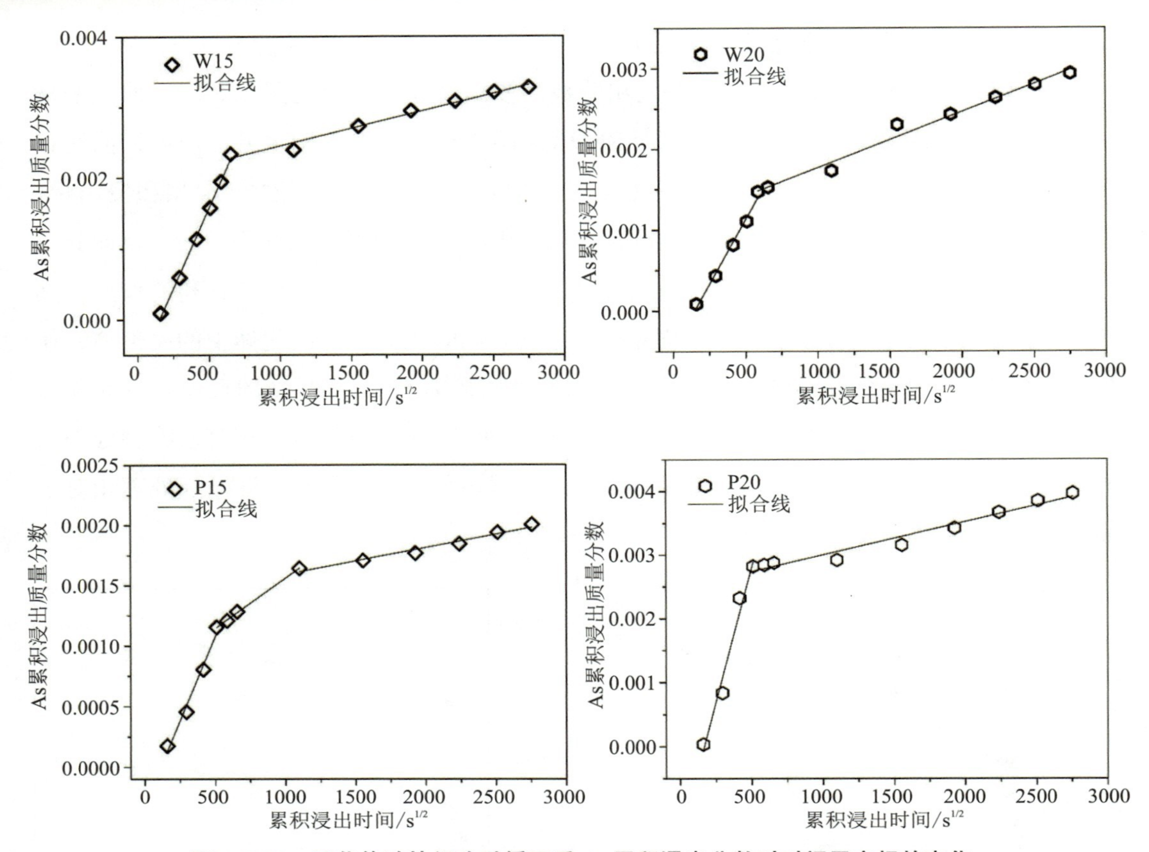

图 4.3-33　固化体试块经冻融循环后 As 累积浸出分数对时间平方根的变化

表 4.3-6　　经冻融循环处理后的固化体中 As 浸泡过程中的扩散系数

阶段	参数	单位	W15	W20	P15	P20
阶段一	持续时间	s	0～2	0～2	0～2	0～2
	斜率		0	0	0	0
	扩散系数	cm^2/s	—	—	—	—
阶段二	持续时间	s	2～120	2～96	2～72	2～72
	斜率	10^{-6}	4.5	3.17	2.77	8.4
	扩散系数	$10^{-11}cm^2/s$	1.1	5.47	4.17	3.85
阶段三	持续时间	s	120～2112	96～2112	72～336	72～2112
	斜率	10^{-7}	4.93	6.92	8.34	5.19
	扩散系数	$10^{-13}cm^2/s$	132	2.61	3.79	1.47
阶段四	持续时间	h	—	—	336～2112	—
	斜率	10^{-7}	—	—	2.21	—
	扩散系数	$10^{-14}cm^2/s$	—	—	2.67	—

注：范围取值包含下限不包含上限。

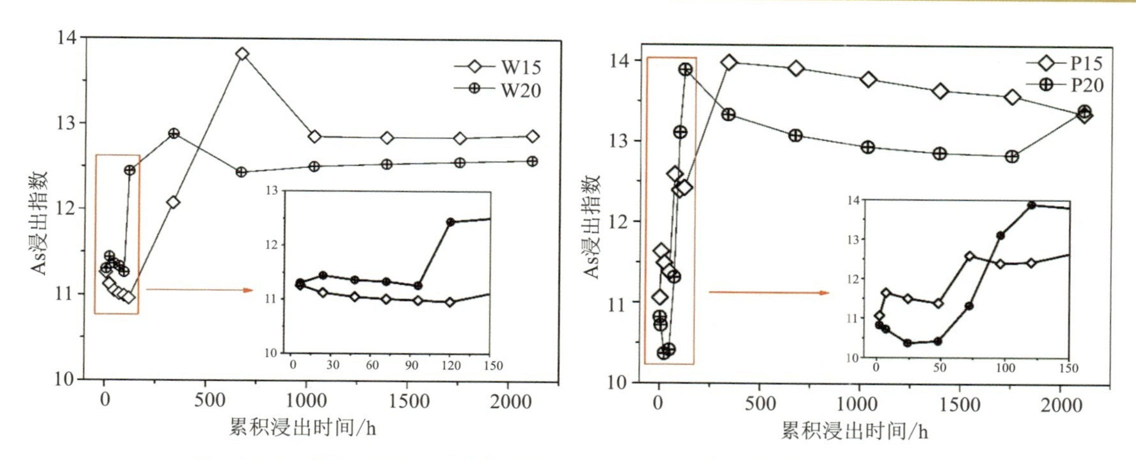

图 4.3-34 冻融循环处理固化体动态浸出中 As 的浸出指数随时间的变化

4.3.2.6 As 污染土壤固化体微观分析

取 As（Ⅴ）和 As（Ⅲ）污染土壤固化体测试完强度后试样的芯样破碎后两次采用无水乙醇分别浸泡 24h 以终止修复剂的水化反应，然后在 40℃温度下烘干，取一部分试样采用玛瑙碾钵磨细至 0.08μm，以便进行 XRD 和 SEM 分析。

（1）As 污染土壤固化体矿物组成分析

从 As（Ⅴ）和 As（Ⅲ）污染土固化体的 X 射线衍射图谱中可看出（图 4.3-35）。污染土壤固化体中占有绝大多数的是土壤本身含有的二氧化硅（SiO_2），其次是修复剂 W 和 P 水化反应后产生的钙矾石（AFt）。分别比较两种固化体 W 和 P 养护 14d 和 28d 的结果，钙矾石峰值有明显的增高，表明修复剂持续水化反产生钙矾石。污染土固化体的 XRD 图无法检测其他低含量的矿物相，因此有必要制备直接将 As（Ⅴ）和 As（Ⅲ）掺入修复剂净浆养护，以便进一步分析固化体的水化产物。

含 As（Ⅴ）和 As（Ⅲ）修复剂净浆固化体 X 射线衍射图谱见图 4.3-36。

掺 As（Ⅴ）的修复剂 W 水化 14d 后的产物主要有 AFt，其次是 $CaSO_4 \cdot 2H_2O$、硅酸二钙（C_2S）、 $(Al, Fe)_3AsO_4(OH)_6 \cdot 5H_2O$、$FeAsO_4$、$Ca_5(AsO_4)_3(OH)$、$CaCO_3$ 和 $(CaO)_x \cdot SiO_2 \cdot zH_2O$。养护 28d 后，$CaSO_4 \cdot 2H_2O$ 峰基本上消失，没有明显的峰存在，而硅酸二钙的峰值也有所下降，表明随着水化反应的进行，二者逐渐被消耗。而掺 As（Ⅲ）的修复剂 P 水化 14d 后，主要产物有 $CaSO_4 \cdot 2H_2O$、AFt，其次是 C_3S 和 C_2S。28d 后 $CaSO_4 \cdot 2H_2O$、C_3S 和 C_2S 的量也没有出现明显的下降。表明修复剂 P 反应的速率相对较慢。

1—$CaSO_4 \cdot 2H_2O$，2—AFt，3—C_3S，4—C_2S，5—$(Al, Fe)_3AsO_4(OH)_6 \cdot 5H_2O$，
6—$FeAsO_4$，7—$CaCO_3$，8—$(CaO)_x \cdot SiO_2 \cdot zH_2O$，9—$Ca_5(AsO_4)_3(OH)$

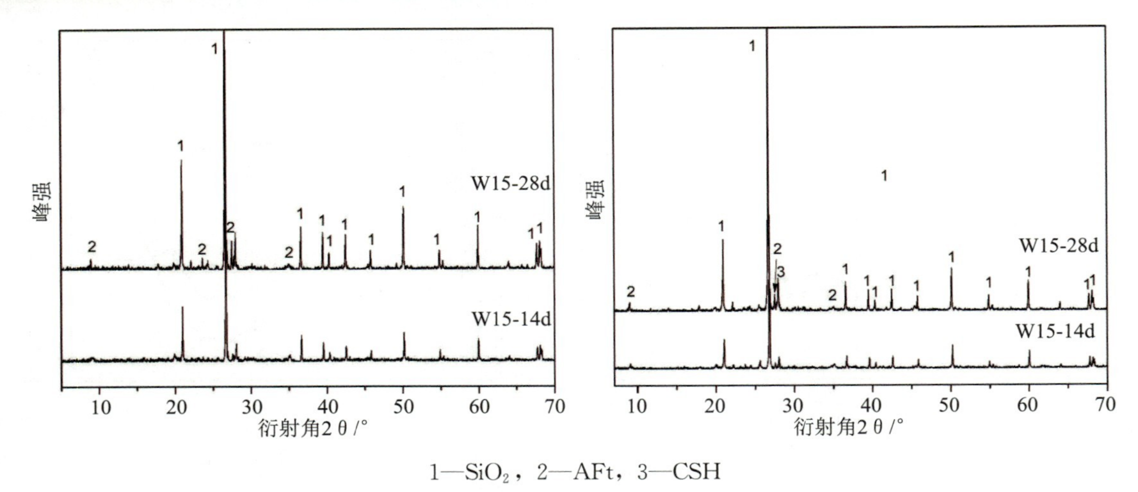

图 4.3-35　污染土壤固化体 X 射线衍射图谱

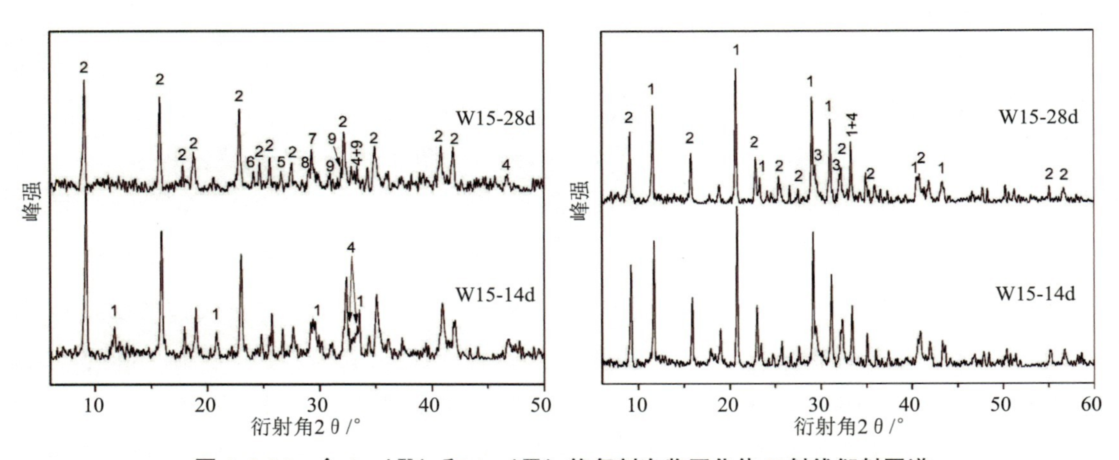

图 4.3-36　含 As（Ⅴ）和 As（Ⅲ）修复剂净浆固化体 X 射线衍射图谱

(2) 修复剂处理 As 水化过程分析

修复剂中含有熟料、矿渣、钢渣、石膏、激发剂。在激发剂的促进作用下，由于熟料的水化活性最高，其最先参与水化反应。熟料的 X 射线衍射结果表明，熟料主要含有硅酸三钙（C_3S）、硅酸二钙（C_2S）、铝酸三钙（C_3A）。

其中 C_3S 相的水化过程相对水泥来说具有典型的代表性，通常可将其水化过程作为水泥熟料水化的模型，C_3S 水化方程通式如下：

$$3CaO \cdot SiO_2 + nH_2O \rightarrow xCaO \cdot SiO_2 \cdot yH_2O + (3-x)Ca(OH)_2 \quad (4.3\text{-}13)$$

熟料中含有的硅酸二钙的水化过程与硅酸三钙非常相似，只是反应速率慢很多，约为硅酸三钙的二十分之一。其反应的通式如下：

$$2CaO \cdot SiO_2 + nH_2O \rightarrow xCaO \cdot SiO_2 \cdot yH_2O + (2-x)Ca(OH)_2 \quad (4.3\text{-}14)$$

熟料中 C_3A 的水化对水泥早期水化与浆体流变性质起着重要作用。其水化反应与环境中是否存在石膏/SO_4^{2-} 而相差很大，见图 4.3-37。由于该研究的材料体系中有石膏存在，因此 CA 的水化反应如下：

$$3CaO + Al_2O_3 + 3CaSO4 + 32H_2O \rightarrow 3CaO \cdot Al_2O_3 \cdot 3CaSO_4 \cdot 32H_2O \quad (4.3\text{-}15)$$

上式中水化产物三硫型水化硫铝酸钙 $3CaO \cdot Al_2O_3 \cdot 3CaSO_4 \cdot 32H_2O$ 即所谓的钙矾石（AFt）。

当介质中石膏/SO_4^{2-} 被消耗完，而还有未水化 CA 存在时，CA 将与上述水化产物钙矾石 AFt 继续反应，反应式如下：

$$3CaO \cdot Al_2O_3 \cdot 3CaSO_4 \cdot 32H_2O + 2(3CaO \cdot Al_2O_3) + 4H_2O \rightarrow 3(3CaO \cdot Al_2O_3 \cdot CaSO_4 \cdot 12H_2O) \quad (4.3\text{-}16)$$

上式中单硫型水化硫铝酸钙 $3CaO \cdot Al_2O_3 \cdot CaSO_4 \cdot 12H_2O$ 简称 AFm。

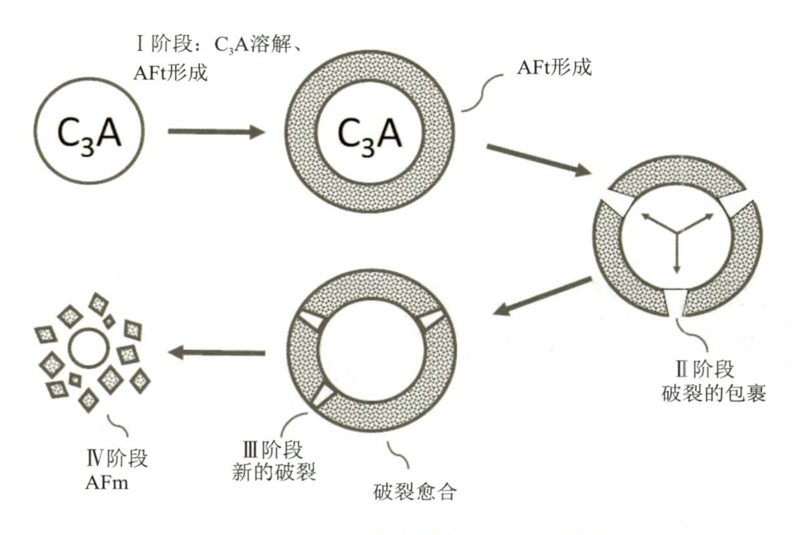

图 4.3-37　C_3A 在有石膏时水化示意图

一般来说，水泥中矿物反应活性经常按下列次序递减：$C_3A \geqslant C_3S \geqslant C_2S$，由于 C_2S 活性相对较低，在固化体养护 28d 后 XRD 的图谱中仍然出现 C_2S 特征峰。

根据钢渣粉的 X 衍射图谱分析结果可知，钢渣中主要含有 $CaCO_3$、Fe_3O_4、SiO_2、C_2S、Fe_2O_3、$Ca_2Fe_2O_5$、Al_2O_3 等矿物组分，矿渣主要含有活性 Al 组分。水泥熟料水化后产生 $Ca(OH)_2$，形成强碱性环境，OH^- 侵入钢渣及矿渣网状结构的内部空穴，与活性阳离子相互作用，促进钢渣及矿渣组分解体，溶出 Fe、Al、Ca 等离子，可以与 AsO_4^{3-}、AsO_3^{3-} 形成（亚）砷酸铁和（亚）砷酸钙沉淀。

此外 $Ca(OH)_2$ 可与钢渣及矿渣中活性组分 SiO_2、Al_2O_3、Fe_2O_3 化合，生成相应的 C—S—H 水化产物。在有石膏存在的条件下，水泥熟料水化产生的强碱环境首先促使钢渣和矿渣溶解，其中活性 Al_2O_3 还会与石膏反应产生钙矾石 AFt。

$$Al_2O_3 + 3Ca(OH)_2 + 3(CaSO_4 \cdot 2H_2O) + nH_2O \rightarrow 3CaO \cdot Al_2O_3 \cdot 3CaSO_4 \cdot 32H_2O \quad (4.3\text{-}17)$$

这些 C—S—H、AFt、AFm 等水化产物都具有胶结能力，在修复剂水化的过程中，首先 C_3A 水化形成棒状的钙矾石，积累到一定量形成骨架结构，而 C_3S 及 C_2S 水化产生的凝胶状 C—S—H 填充到骨架结构中，最终形成高强度。因此固化体的强度主要来源于修复剂水化产生的水化产物。

从图 4.3-36 含 As 修复剂净浆固化体的 XRD 图谱中可看出，W15 修复剂水化后最终的产物含有 As（Ⅴ）相的有 $FeAsO_4$、$(Al，Fe)_3AsO_4$ $(OH)_6 \cdot 5H_2O$，主要是钢渣中的活性含 Fe 矿物相在水泥熟料水化后产生的强碱环境中分散溶解，溶解态的 Fe 与 AsO_4 反应产生不溶态化合物。而 P15 的图谱分析结果中似乎没有发现含 As 矿物相。

所有污染土固化体和修复剂净浆固化体的产物中都有钙矾石作为主要成分出现，而且 As（Ⅴ）和 As（Ⅲ）在采用该修复剂处理后，其浸出浓度都有明显的下降。因此分析认为钙矾石在 As（Ⅴ）和 As（Ⅲ）浸出浓度降低中起到重要作用。从 W15 固化体的 SEM 图像（图 4.3-38）上可以看出大量钙矾石在固化体中出现，钙矾石可吸收 As（Ⅴ）和 As（Ⅲ）进入其通道，As（Ⅴ）主要以 $HAsO_4^{2-}$ 的形式替代 SO_4^{2-}。As（Ⅴ）进入钙矾石非常难溶出。As（Ⅲ）会与 Ca 形成 Ca－As 化合物，其溶度积 $K\mathrm{sp}$ 约为 $10^{-21.02}$，导致 As（Ⅲ）难以浸出。

图 4.3-38　W15 固化体水化反应 28d 龄期的 SEM 图像

本小节从 As 污染土壤固化体的长期稳定性、耐干湿循环、抗冻性三方面分别进行研究，结果表明固化体无论是否经干湿循环、冻融循环预处理，其 As 的动态浸出过程都属于扩散行为，干湿、冻融处理后的固化体中 As 的扩散系数虽然高于未经处理的固化体，但是扩散系数仍然为 10^{-11}～10^{-14} 数量级，比水泥、石灰、粉煤灰等材料低 1～3 个数量级。固化体中三价 As 和五价 As 的浸出指数均大于 9，理论上符合作为资源化处置的条件。钙矾石是固化剂 W 和 P 对 As（Ⅴ）和 As（Ⅲ）产生固化作用的主要因素，高硫型钢渣固化剂可促进钙矾石的产生；而钢渣中的高铁含量也会在水化时促进砷酸铁的产生，对重金属 As 起到良好的固化作用。

4.3.3 河湖底泥快速脱水修复材料与技术

底泥是河湖内源污染的源和汇。当前，我国各类河湖库面临不同程度的水环境问题。海域滩涂或河道底泥由于其特有矿物相而具有较高的吸附潜力。经过改性之后，甚至可以开发废水处理的吸附材料。因此，尽管海域及河道水体污染并不严重，但是底泥沉积物中往往会富集重金属等污染物，并造成海产品的污染。因此，在海岛河道水系综合整治时，有必要对近海河道底泥污染状况进行分析和处理。生态清淤是控制河湖库内源污染的有效工程手段。随着清淤工程日渐增加，疏浚底泥上岸后作为固废处理处置也成为重要的环境问题。

近几年关于疏浚底泥处理的研究主要集中在两个方面：一是受污染的疏浚底泥中污染物去除的问题，二是疏浚底泥最终去向及其环境影响问题。脱水固化是疏浚底泥处理处置及资源化利用的前提条件。研究底泥和脱水固化底泥的污染特征及力学性能，对其生态风险和养分进行综合评估，可以为底泥资源化利用提供理论依据。

4.3.3.1 原材料及试验方法

（1）实验材料

本次勘测 7 条河道水系位于海岛中心区，村庄和农田沿河道两岸分布，周边居民密集，见图 4.3-39。取样布点主要参考《场地环境调查技术导则》（HJ 25.1—2014）及《水质 采样方案设计技术指导》（HJ 495—2009）中关于底泥沉积物采样的指导。

图 4.3-39 取样断面位置

（1）底泥理化性质测试方法

参考《土工试验方法标准》(GB/T 50123—1999)中的规定测试底泥的含水率、pH 值、有机质含量。粒径分布由激光粒度分布仪（Mastersizer 2000）测定。采用比表面积和孔隙度分析仪（BELSORPmini）对固化底泥进行比表面积和孔隙的测试和分析。

采用波长色散型 X 射线荧光光谱仪（AXIOS advanced）对灼烧后的底泥样品进行化学全分析，得出其中各无机组分含量。并根据湿底泥含水率、有机物含量等计算湿底泥中无机成分含量。

将烘干试样混合均匀后按照四分法取样，碾磨成粉后采用电感耦合等离子体质谱仪进行重金属含量检测。采用潜在生态危害指数评价法对琅岐镇各河段底泥中的重金属对环境的潜在危害。潜在生态危害指数评价法通过考虑不同影响因素（毒性差异、环境敏感程度、背景值的差异、生态环境效应等）来综合评价沉积物中的重金属对环境的潜在危害。具体的表达公式为：

$$E_r^i = T_r^i c_f^i \tag{4.3-18}$$

$$RI = \sum_{i=1}^{n} E_r^i = \sum_{i=1}^{n} T_r^i c_f^i = \sum_{i=1}^{n} \frac{T_r^i c_s^i}{c_n^i} \tag{4.3-19}$$

式中：E_r^i——单一重金属的潜在生态危害指数，无量纲；

C_f^i——污染系数，无量纲；

C_s^i——重金属的实测浓度，mg/kg；

C_n^i——重金属的环背景值，mg/kg；

As、Hg、Cr、Pb、Cd、Cu、Zn——背景值参照正常颗粒沉淀物中重金属的最高背景值，对应取值分别为 15.0，0.25，60.0，25.0，0.50，30.0，80.0mg/kg；

$T_r{}^i$——重金属 i 的毒性系数，无量纲。

Cd、As、Cu、Pb、Cr、Zn 和 Hg 所对应的毒性系数分别为 30，10，5，5，1，1，40。

潜在生态危害分级评价标准见表 4.3-7。

表 4.3-7　潜在生态危害评价标准

单一污染物潜在生态危害指数 E_r^i		综合潜在生态危害指数 RI	
阈值范围	程度分级	阈值范围	程度分级
<40	轻微	<150	轻微
[40，80)	中等	[150，300)	中等
[80，160)	强	[300，600)	强
[160，320)	很强	[600，1200)	很强
≥320	极强	≥1200	极强

（2）底泥固化实验

由于原泥性质较为接近，选取 4 条河道底泥进行固化实验。采用固化剂Ⅰ和固化剂Ⅱ

作为干化材料对原底泥进行改性脱水试验，脱水试验的指标为脱水底泥含水率，分别编号为 TT-Ⅰ、TT-Ⅱ、HQ-Ⅰ、HQ-Ⅱ、GH-Ⅰ、GH-Ⅱ、XQ-Ⅰ和 XQ-Ⅱ。从表 4.3-8 化学组成来看，除硫酸盐含量固化剂Ⅱ较高以外，两种固化剂其他组成相似，根据前期实验结果，材料掺量 η 所取水平为 7%，为模拟实际处理过程，底泥改性脱水采用常温自然养护方式。每隔 24h，从底泥土堆中部取一次样，使用快速水分测定仪测定含水量。将自然养护 7d 的底泥固化土堆切成小块，取适量土样置于 10cm×10cm 模具底部中，进行多层次捣实。使用锤子将环刀击入捣实的土样中，制备环刀样。采用应变控制式直剪仪测试固化土的黏聚力、内摩擦角和抗剪强度；另取环刀样进行耐水浸泡实验，测试固化土泡水前后的抗压强度和软化系数。

（3） 固化土矿物组成分析

取原风干底泥和固化底泥，低温（<60℃）烘干，采用玛瑙研钵进行磨后过 45μm 筛。采用 XRF 分析其矿物组成，结果见表 4.3-8。

表 4.3-8 底泥及固化剂的主要化学成分 （单位：%）

编号	SiO_2	Al_2O_3	Fe_2O_3	K_2O	CaO	MgO	TiO_2	Na_2O	SO_3	P_2O_5	MnO	Cl
HQ-1	66.790	18.330	6.650	4.250	0.522	0.985	0.912	0.723	0.176	0.241	0.081	0.113
HQ-2	62.760	19.930	6.850	4.120	1.690	1.300	0.936	0.719	0.266	0.915	0.145	0.180
HQ-3	63.430	20.980	6.950	4.060	0.532	1.370	0.958	0.706	0.226	0.371	0.097	0.140
TT-1	60.530	22.060	8.300	3.880	0.536	1.720	1.040	0.794	0.187	0.266	0.150	0.356
TT-2	61.180	21.920	8.050	4.000	0.561	1.460	0.963	0.759	0.178	0.248	0.179	0.275
TT-3	59.580	22.590	8.480	3.910	0.596	1.590	0.941	0.971	0.152	0.247	0.211	0.498
DS-1	61.350	21.090	7.160	4.120	1.730	1.370	0.994	0.769	0.492	0.437	0.125	0.051
FX-1	60.580	22.280	7.690	4.040	1.140	1.550	1.000	0.662	0.327	0.255	0.160	0.076
GH-1	60.270	21.640	8.600	3.920	0.960	1.550	0.952	0.786	0.238	0.453	0.179	0.217
LB-1	58.750	21.360	7.950	3.880	3.350	1.620	0.953	0.800	0.308	0.389	0.150	0.202
XQ-1	62.020	21.080	7.540	4.220	0.637	1.610	0.939	0.906	0.176	0.242	0.204	0.231
固化剂Ⅰ	19.869	8.004	7.748	0.392	43.927	5.090	0.405	0.178	11.581	0.549	0.766	0.037
固化剂Ⅱ	19.089	7.871	6.584	0.311	47.810	4.773	0.373	0.154	20.386	0.466	0.657	0.025

11 个断面的底泥主要元素含量基本相同，主要为硅铝结构（Al_2O_3 和 SiO_2 为主），硅铝含量（以氧化物计）为 80%～85%。钙含量和氯含量较低，主要元素的百分比含量也相差不大。

4.3.3.2 底泥重金属污染情况

各断面底泥重金属含量试验结果见表 4.3-9。从检测结果可以看出，除部分河段底泥 Zn 和 Cd 轻微超标以外，其他重金属含量都低于《土壤环境质量 农用地土壤污染风险管控标准》（GB 15618—2018）中农用地重金属污染风险筛选值要求。所有重金属含量均远低于《土壤环境质量 建设用地土壤污染风险管控标准》（GB 36600—2018）中建设用地重金属污染风险筛选值，可以用作工程建设用地。TT-1、HQ-2、HQ-3、GH-1、FX-1、LB-1、DS-1 重金属超过农用地筛选值，超标量不高，可以采用调理 pH 值的方式达到农用地要求。底泥潜在生态危害指数见图 4.3-40。

表 4.3-9　　各断面底泥重金属含量试验结果

样品编号	pH 值	Cr/（mg/kg）	Ni/（mg/kg）	Zn/（mg/kg）	Cu/（mg/kg）	As/（mg/kg）	Cd/（mg/kg）	Pb/（mg/kg）	Hg/（mg/kg）	Cr（Ⅵ）/（mg/kg）
TT-1	7.11	79	36	203	45	19.9	0.37	63.2	0.346	0.568
TT-2	6.78	65	29	159	36	10.3	0.24	54.6	0.084	0.625
TT-3	6.44	126	35	189	43	12.0	0.29	62.2	0.093	1.98
HQ-1	6.01	53	15	105	22	14.6	0.14	42.9	0.084	N. D.
HQ-2	6.53	67	24	224	67	11.3	0.37	37.5	0.045	1.5
HQ-3	6.42	71	28	188	44	10.7	0.33	45.2	0.039	1.14
GH-1	6.41	91	32	263	50	13.3	0.39	50.4	0.078	N. D.
FX-1	6.72	73	27	205	35	10.8	0.36	53.9	0.033	0.789
LB-1	7.56	95	29	313	53	10.4	0.58	49.7	0.156	1.2
DS-1	6.58	62	24	324	46	9.31	0.72	56.6	0.122	1.44
XQ-1	7.20	86	30	167	37	13.0	0.29	97.1	0.078	0.527
筛选值 1[b]	5.5<pH 值≤6.5	150	70	200	50	40	0.3	90	1.8	—
	6.5<pH 值≤7.5	200	100	250	100	30	0.3	120	2.4	—
筛选值 2[c]	—	—	150	—	2000	20	20	400	8	3
筛选值 3[d]	—	—	900	—	18000	60	65	800	38	5.7

注：a：N. D. 表示 not detected，未检出。

b：《土壤环境质量 农用地土壤污染风险管控标准》（GB 15618—2018）中农用地重金属污染风险筛选值。

c：《土壤环境质量 建设用地土壤污染风险管控标准》（GB 36600—2018）中第一类建设用地重金属污染风险筛选值。

d：《土壤环境质量 建设用地土壤污染风险管控标准》（GB 36600—2018）中第二类建设用地重金属污染风险筛选值。

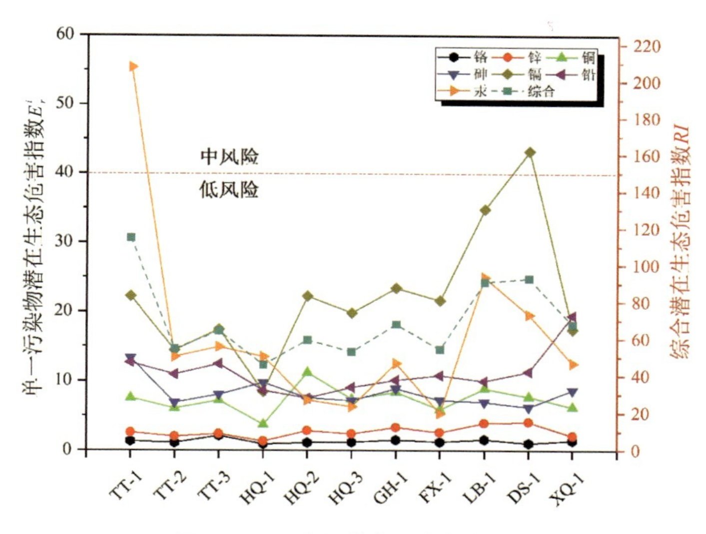

图 4.3-40　底泥潜在生态危害指数

4.3.3.3　底泥养分含量分析

根据全国第二次土壤普查制定的土壤养分分级标准，耕地土壤根据养分含量划分为6个不同等级，详见表4.3-10。光辉河（GH-1）底泥达到一级土壤养分标准，其周边均为果园和田地；红旗河中游（HQ-2）、土头尾河上游（TT-1）、东升河（DS-1）和连般河（LB-1）均达到二级土壤养分标准；土头尾河中下游（TT-2、TT-3）、红旗河上游（HQ-1）和下游（HQ-3）达到三级土壤养分标准；下岐河（XQ-1）和坊下河（FX-1）达到四级土壤养分标准。总体来看，各河段底泥具有一定的营养成分，经过脱水和调理后可用作农用与建设用地土壤。

表 4.3-10　　试样的养分含量及分级

样品编号	总氮/(mg/kg)	总磷/(mg/kg)	有机质/(g/kg)	速效钾/(mg/kg)	阳离子交换量/(cmol+/kg)	分级指标			
						总氮	有机质	速效钾	综合
TT-1	1.56×10^3	963	30.1	323	22.9	2	2	1	2
TT-2	1.36×10^3	770	20.3	227	19.7	3	3	1	3
TT-3	1.68×10^3	965	21.2	378	23.8	2	3	1	3
HQ-1	1.49×10^3	1.03×10^3	22.4	248	14.6	3	3	1	3
HQ-2	2.50×10^3	3.00×10^3	37.4	377	27.0	1	2	1	2
HQ-3	1.87×10^3	1.56×10^3	27.0	286	21.2	2	3	1	3
GH-1	2.43×10^3	1.67×10^3	45.0	252	26.8	1	1	1	1
FX-1	1.43×10^3	755	19.2	381	26.9	3	4	1	4
LB-1	1.75×10^3	1.04×10^3	33.3	371	25.9	2	2	1	2
DS-1	2.60×10^3	1.38×10^3	56.6	196	28.2	1	1	2	2
XQ-1	1.41×10^3	754	17.0	289	21.9	3	4	1	4

将 11 个底泥样品的化学组成、养分含量和重金属含量分别进行系统聚类分析，类间距离的计算方法为类平均法，见图 4.3-41。

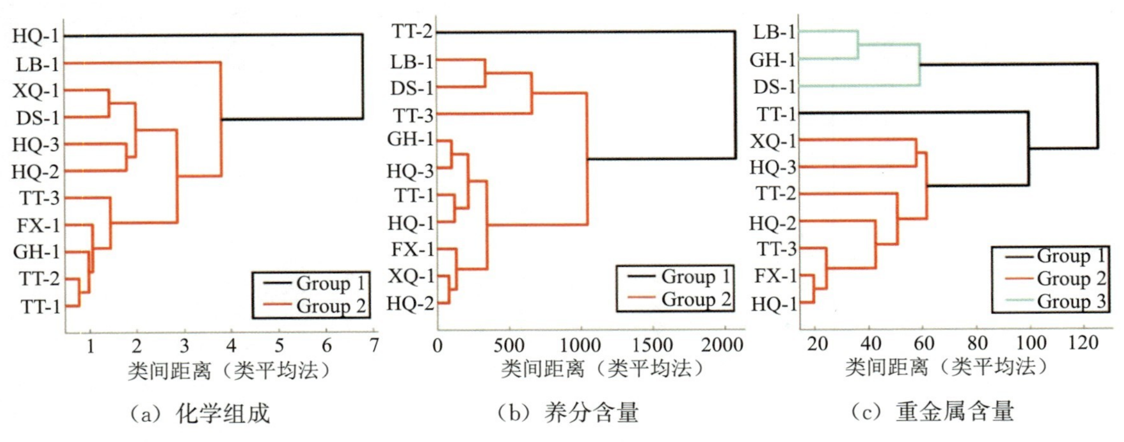

(a) 化学组成　　(b) 养分含量　　(c) 重金属含量

图 4.3-41　底泥聚类分析

从化学组成来看（无机成分来源），HQ-1 为第一类，其他底泥为第二类；HQ-1 中 Al_2O_3 和 MgO 成分明显低于其他底泥，而 SiO_2 成分明显高于其他底泥。从养分含量来看（有机成分来源），TT-2 为第一类，其他底泥为第二类；TT-2 总氮、总磷以及有机质含量均为最低。从重金属含量来看（污染物来源），第一类为 TT-1，其总体重金属含量为最高，潜在生态危害指数也最高，见图 4.3-41（c）；第二类为 LB-1、GH-1、DS-1，有两类重金属超标，潜在生态危害指数次之；第三类为其他底泥，其潜在生态危害指数最低。从聚类分析结果来看，由于土头尾河直接位于入海口，处于降水淡水河流及海水交汇地段，上游（TT-1）、中游（TT-2）及下游（TT-3）底泥性质差异较大。

4.3.3.4　固化剂脱水性能研究

（1）含水率

图 4.3-42 为固化前后污泥的含水率。从图中可知，4 条河道底泥原泥（HQ-0、TT-0、XQ-0、GH-0）脱水效率较低。添加固化剂Ⅰ和固化剂Ⅱ之后，4 条河道底泥的脱水效率显著提高；在自然养护 2d 内，含水率显著降低，超过 2d 后，含水率降低速率开始减慢。固化剂Ⅰ用于下岐河底泥（XQ-Ⅰ）脱水效果更好，由 59.31%降低至 26.92%；固化剂Ⅱ用于土头尾河底泥（TT-Ⅱ）和光辉河底泥（GH-Ⅱ）脱水效果更好，含水率分别由 60.78%和 66.8%降低至 26.59%和 26.16%。掺加 7%的固化剂 5d 后可将底泥含水降低至 30%以下，可满足城市用土的基本要求。

（2）力学性能

通过对掺量 7%的固化剂Ⅰ和固化剂Ⅱ的底泥进行快剪强度检测，结果表明底泥固化后其黏聚力远远大于城市用土 10kPa 的要求，说明经固化后脱水后的底泥符合作为回填土的剪切强度指标。

土壤微观结构（矿物组成、孔隙结构、颗粒排布形式）是影响其宏观力学性能（抗压性能、抗剪性能）的关键因素。

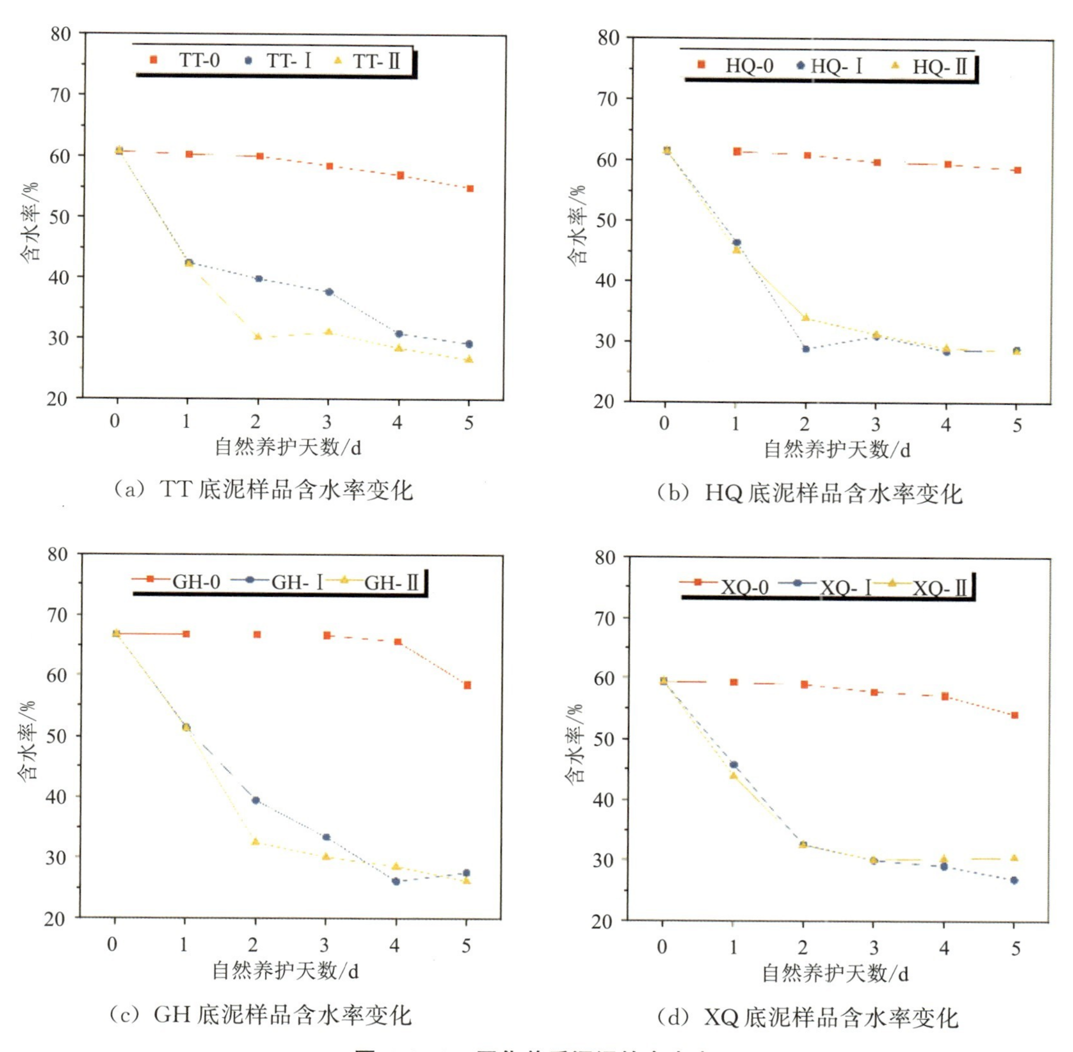

（a）TT 底泥样品含水率变化

（b）HQ 底泥样品含水率变化

（c）GH 底泥样品含水率变化

（d）XQ 底泥样品含水率变化

图 4.3-42　固化前后污泥的含水率

图 4.3-43 为固化底泥宏观力学参数与微观结构参数关系。从图 4.3-43 中可以看出，加固化剂后土体黏聚力与土体平均孔径和比表面积均呈显著负相关。固化剂掺入底泥中，会逐渐形成新的矿物相。底泥脱水会形成孔隙和土体裂隙，这些新产生的矿物相会填充孔隙和裂隙之中，降低底泥颗粒之间的平均间距，从而减小固化底泥平均孔径，提升固化土的黏聚力。另外新的矿物相会与底泥颗粒之间形成咬合力，增加颗粒之间的摩擦阻力，抵抗外力变形，提升内摩擦角。

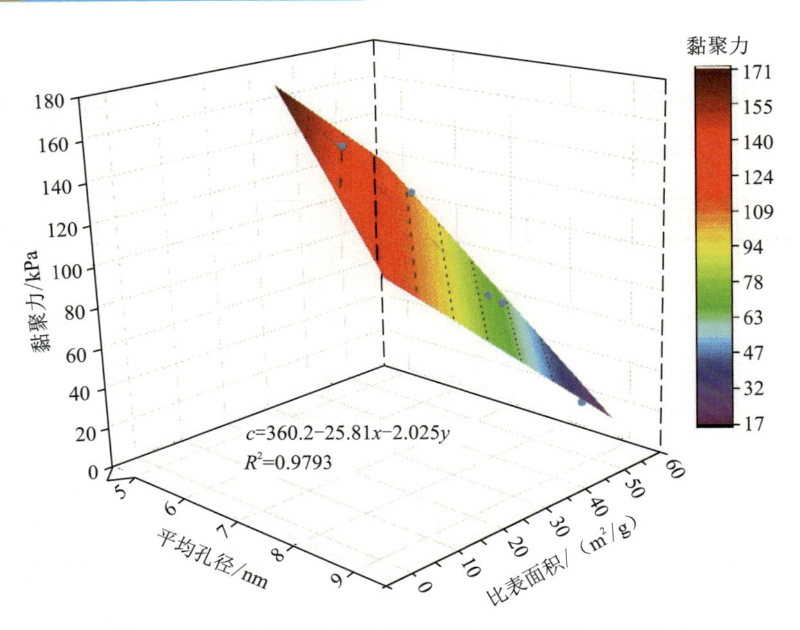

图 4.3-43　固化底泥宏观力学参数与微观结构参数关系

表 4.3-11 为固化剂改性河道底泥抗剪强度和微观结构参数。从表中可以看出，固化剂Ⅰ对黏聚力的提升作用小于固化剂Ⅱ，对内摩擦角的提升作用大于固化剂Ⅱ。

图 4.3-44 为固化底泥各龄期的抗压强度变化情况。随着养护龄期的增长，底泥固化体抗压强度逐渐升高。固化剂Ⅱ得到的固化试样抗压强度均高于同龄期固化剂Ⅰ固化试样。固化剂Ⅰ固化试样底泥 28d 强度高于 1MPa，而固化剂Ⅱ固化试样底泥 28d 强度高于 2MPa。

表 4.3-11　固化剂改性河道底泥抗剪强度和微观结构参数

样品编号	黏聚力 /kPa	内摩擦角 /°	平均孔径 /nm	孔隙率 /%	比表面积 /（m²/g）
HQ-Ⅰ	74.18	30.4	7.63	54.88	44.45
HQ-Ⅱ	126.10	23.5	5.79	47.95	40.18
TT-Ⅰ	69.16	38.9	7.69	53.03	47.20
TT-Ⅱ	141.20	26.6	5.72	49.82	36.23
XQ-Ⅰ	142.00	40.1	5.70	48.50	34.68
XQ-Ⅱ	118.80	35.1	6.45	52.18	42.71
GH-Ⅰ	26.33	43.5	8.79	54.88	50.41
GH-Ⅱ	121.90	35.1	5.77	49.68	40.18

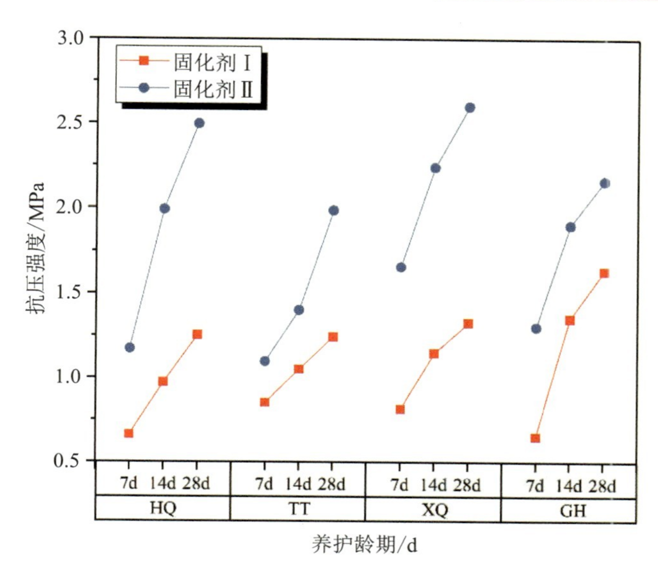

图 4.3-44　固化剂改性河道底泥抗压强度

4.3.3.5　底泥脱水固化机理分析

原泥与固化底泥的 XRD 图谱见图 4.3-45。从图中可以看出，4 种河道底泥均以石英（Quartz）、泡沸石（Gismondine）和白云母（Muscovite）为主要矿物相。泡沸石化学式为 $CaAl_2Si_2O_8 \cdot 4H_2O$，是一种含结晶水的碱/碱土金属的架状铝硅酸盐，经常在海边、湖泊等沉积物中出现。泡沸石具有吸附性和阳离子交换性，因此会吸附重金属，使其在底泥中富集。这也可能是研究区域无工业区等重金属污染源来源，而底泥中重金属 Zn 和 Cd 超过《土壤环境质量 农用地土壤污染风险管控标准》筛选值的原因。

采用固化剂Ⅱ固化的底泥样品（GH-Ⅱ、HQ-Ⅱ、XQ-Ⅱ、TT-Ⅱ）中矿物相与原泥相比，多出了钙矾石（Ettringite）矿物相。钙矾石化学式为 $Ca_6(Al(OH)_6)_2(SO_4)_3 \cdot 25.7H_2O$，为柱状结构，钙矾石的产生会导致原始污泥絮状结构改变，起到骨架构建体的作用，一方面其矿物相含有大量结晶水，另一方面钙矾石会促进污泥水分蒸发，从而提高污泥含水率降低速率。另外，水化产物的骨架作用会提高底泥固化土的抗剪强度与抗压强度。钙矾石具有离子通道，Ca 和 Al 能与+2/+3 价阳离子交换，从而起到固化稳定化固体废物中重金属阳离子和含氧阴离子的作用。钙矾石水化进程如式（4.3-20）：

$$3CaO + Al_2O_3 + 3CaSO_4 + 25.7H_2O \rightarrow \text{钙矾石} \tag{4.3-20}$$

采用固化剂Ⅰ固化的底泥样品（GH-Ⅰ、HQ-Ⅰ、XQ-Ⅰ、TT-Ⅰ）中矿物相与原泥并无明显差别，主要是因为固化剂Ⅰ为低硫固化剂，会吸收底泥中水分，可能产生 C—S—H、C—A—S—H 等为非晶态胶凝物质，由于掺量较少，在 XRD 上无法以包峰的形式反映出来。

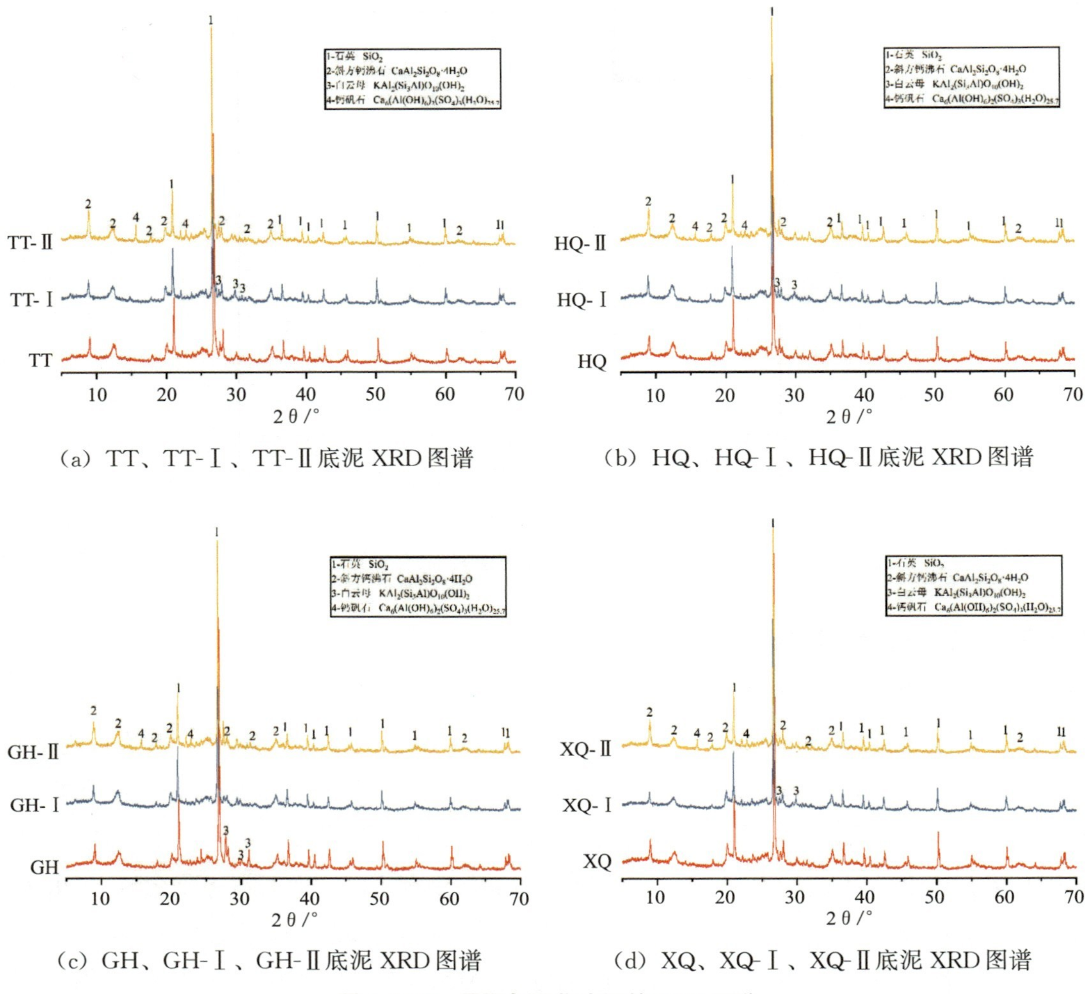

(a) TT、TT-Ⅰ、TT-Ⅱ底泥 XRD 图谱

(b) HQ、HQ-Ⅰ、HQ-Ⅱ底泥 XRD 图谱

(c) GH、GH-Ⅰ、GH-Ⅱ底泥 XRD 图谱

(d) XQ、XQ-Ⅰ、XQ-Ⅱ底泥 XRD 图谱

图 4.3-45 原泥与固化底泥的 XRD 图谱

从图 4.3-46 中可以看出，HQ、TT 和 GH 底泥原样中存在明显的大孔隙。加入固化剂Ⅰ后，在水化 28d 后 HQ-Ⅰ出现明显的水化晶体结构，原泥的絮状产物和孔隙依旧存在于水化产物的网络结构中。而加入固化剂Ⅱ的底泥水化产物凝胶结构更为完善，孔隙率显著减小，形成了一个较为致密的整体结构。水化产物为具有较明显的棱角的不规则的多片层状结构，具有较强的抵抗轴向变形与侧向滑移的能力，因此土体的抗压强度与黏聚力显著提高。

本节在针对福建省琅岐镇 7 条河道底泥的理化性质及重金属污染特性分析的基础上，通过研究固化剂对底泥改性脱水及其重金属固化稳定化，分析了固化改性后底泥作为农用土和回填土的可行性，并确定了固化剂的种类。得出了以下结论。

原底泥含水率均为 60%～80%，pH 值呈中性。由于底泥存在吸附能力和离子交换能力较高的海沸石组分，导致底泥具有较高的富集重金属离子的能力。经检测，部分样品底泥中重金属 Cd 和 Zn 超过《土壤环境质量 农用地土壤污染风险管控标准》（GB 15618—

2018）规定的农用地重金属污染风险筛选限值，但低于管控限值，存在轻微的环境风险，建议进行调理后资源化利用。

固化剂对底泥脱水性能实验结果表明，固化剂对底泥的脱水效率都很高，掺加 7%土壤修复剂的底泥 5d 后其含水大大降低，能到 30%以下，满足城市用土的要求。

本次 7 条河道底泥重金属和有机污染物检测结果均远低于农用泥质污染物浓度限值。光辉河、红旗河中游、土头尾河上游、东升河和连般河养分较高，可以农业利用，考虑到琅岐镇以蔬果种植为主，清淤固化后淤泥达到 A 级泥质要求，可以作为蔬果种植用土；其他河段底泥可以用作园林绿化用土。固化后土体满足回填土利用要求，可结合工程实际，将固化底泥用作回填土方。

固化剂Ⅱ会消耗底泥中的水分发生水化反应，产生钙矾石，作为骨架构建体改善底泥结构，进一步促进底泥水分蒸发，起到加速脱水成土作用。脱水之后底泥呈现致密结构，底泥颗粒平均间距和比表面积减小，抗压强度和黏聚力提升。

图 4.3-46　原泥与固化底泥的 SEM 图

4.3.4　水体污染物去除材料与技术

钢渣是在钢铁冶炼时产生的一种副产物，我国作为炼钢大国，据统计每年炼钢产生的钢渣约 1.15 亿 t，约占工业固体废物总量的 24%，当前国内对钢渣的利用率较低，不仅对环境构成了严重威胁，而且造成了大量潜在资源的浪费，因此，钢渣资源化利用具有重要意义。如前面章节所述，本实验中 3 种材料不属于危险性固体废弃物，可被资源化利用，且钢渣不仅具有表面结构疏松多孔、有很多空隙和活性官能团、比表面积大、吸附能力强的特性，而且密度大、沉降速度快、固液分离效果好、性能稳定，是一种极具潜力的吸附剂。钢渣作为吸附剂在重金属离子废水、有机染料废水、化工废水等废水处理方面都有较好吸附效果。因此，本章主要针对 3 种材料对重金属（Cd^{2+} 和 Pb^{2+}）的吸附性能展开研究，提供一种钢渣再利用的方法。

4.3.4.1 实验材料与方法

采用本书第 3 章的机械力化学粉磨的方式，将钢渣、黏土与淀粉混合制成陶粒。陶粒包括梅钢热泼渣、武钢热泼渣、梅钢滚筒渣以及梅钢热泼渣、黏土和淀粉分别以 4∶3∶1、5∶3∶1 和 5∶2∶1 这 3 种不同比例改性后的钢渣陶粒，总共 6 种材料。6 种材料均分别过 100 目筛。其中，图中标注的钢渣指的是梅钢热泼渣。制成的陶粒见图 4.3-47。

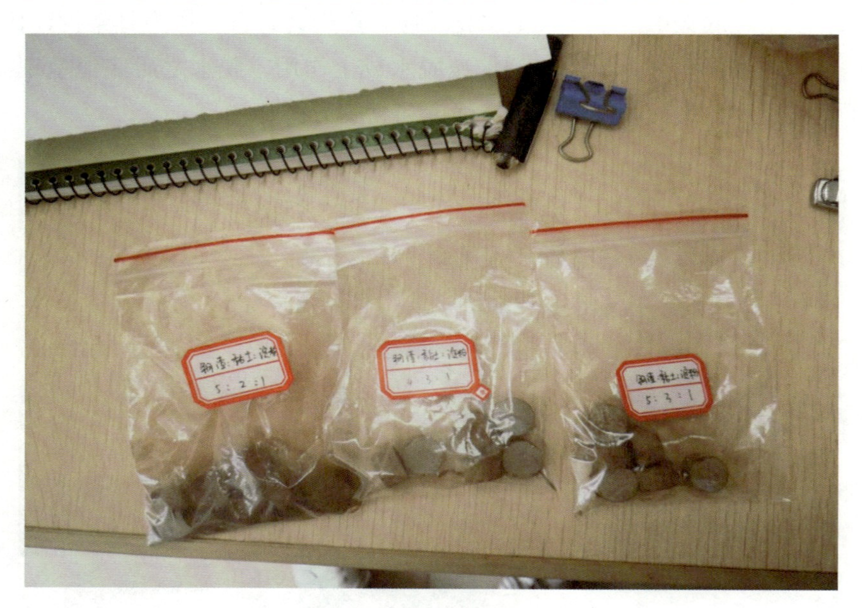

图 4.3-47 制成的陶粒

（1）3 种钢渣材料对 Cd^{2+} 的吸附

分别配置 100mg/L Cd^{2+} 溶液，用浓 HNO_3 调节溶液使 pH 值为 3，并将其分别稀释成 1、5、10、20、50mg/L Cd^{2+} 溶液。3 种样品（梅钢热泼渣、武钢热泼渣和梅钢滚筒渣）分别称量 2g 于 500mL 具塞锥形瓶中，再分别加入 250mL 不同初始浓度 Cd^{2+} 溶液，然后将锥形瓶放入空气恒温振荡器振荡 5h，调节转速为 150 r/min，温度为 25℃，分别在 0.5、1、1.5、2、2.5、3、3.5、4、5h 时定时取 2mL 样品，每组设置 3 个平行组。取出的样品过 0.45μm 滤膜，滤液中重金属浓度由微波等离子体原子发射光谱仪（MP-AES）测定，并计算吸附容量和去除效率。

（2）6 种钢渣材料对 Pb^{2+} 吸附动力学

配置 1000mg/L Pb^{2+} 溶液，用浓 HNO_3 调节溶液使 pH 值为 3，并将其依次稀释成 5、

10、25、50、100mg/L Pb^{2+} 溶液。将 6 种材料各称量 0.4g 于锥形瓶中，再分别加入 40mL 不同浓度 Pb^{2+} 溶液，使液固比为 10∶1（g/L），然后将锥形瓶放入恒温振荡器，调节转速为 150 r/min，温度为 25℃，分别在振荡 0.5、1、2、4、8、12、20、48h 时取样。每组设置 3 个平行组。反应完成后，取出锥形瓶，用 0.45μm 滤膜过滤，滤液中重金属浓度由微波等离子体原子发射光谱仪（MP-AES）测定。

（3）6 种钢渣材料对 Pb^{2+} 吸附等温线

配置 1000mg/L Pb^{2+} 溶液，用浓 HNO_3 调节溶液使 pH 值为 3，并将其依次稀释成 100、50、25、10、5mg/L Pb^{2+} 溶液。将 6 种材料各称量 0.4g 于锥形瓶中，再分别加入 40mL 不同浓度的 Pb^{2+} 溶液，使液固比为 10∶1（g/L），然后将离心管放入恒温振荡器，调节转速为 150 r/min，于 25℃下震荡 48 h。每组 3 个平行组。反应完成后，取出离心管，用 0.45μm 滤膜过滤，滤液中重金属浓度由微波等离子体原子发射光谱仪（MP-AES）测定。

（4）6 种钢渣材料对 P 的吸附

P 的标准溶液由 KH_2PO_4（A. R）配置。将 3 种钢渣材料各称量 0.1 g 到锥形瓶中，加入 20mL 的浓度为 25mg/L 的初始磷溶液，在 25℃，转速为 150 r/min 的条件下，恒温震荡 5 h，分别在 0.5、1、2、3、4、5h 时取样。取出的样品经 0.45μm 滤膜过滤后，滤液中磷浓度由紫外可见分光光度计测定，并计算吸附量和去除效率。

（5）溶液中被吸附介质浓度的测定

ρ（Cd^{2+}）和 ρ（Pb^{2+}）用等离子体发射光谱仪（Agilent 4200MP-AES）进行测定，ρ（P）用紫外可见分光光度计进行测定，每组进行 2 个平行实验，取其平均值。达到吸附平衡后的吸附量 q_e 及去除效率 η，由下列公式计算：

$$\eta=\frac{C_0-C_e}{C_0}\times 100\% \tag{4.3-21}$$

$$q_e=\frac{C_0-C_e}{m}\times V \tag{4.3-22}$$

式中：q_e——吸附平衡容量，mg/g；

η——去除效率，%；

C_0、C_e——吸附前和平衡时溶液中的浓度，mg/L；

V——溶液体积，L；

m——投加钢渣材料的质量，g。

（6）动力学模型

钢渣吸附的动力学数据采用准一级动力学模型式（4.3-23）和准二级动力学模型式（4.3-24）进行拟合，表达式为：

$$q_t=q_e\times(1-e^{-k_1t}) \tag{4.3-23}$$

$$q_t = \frac{q_e \times (k_2 q_e) t}{1 + (k_2 q_e) t} \tag{4.3-24}$$

式中：t——吸附时间，min；

q_t——t 时刻的吸附量，mg/g；

q_e——平衡吸附容量，mg/g；

k_1——准一级反应速率常数，1/min；

k_2——准二级反应速率常数，1/min。

（7）等温吸附模型

采用 Langmuir 方程式（4.3-25）和 Freundlich 方程式（4.3-26）两种模型来对钢渣吸附实验数据进行拟合，其表达式分别为：

$$q_e = \frac{q_m k_L C_e}{1 + k_L C_e} \tag{4.3-25}$$

$$q_e = k_F C_e^{1/n} \tag{4.3-26}$$

式中：q_e——平衡吸附容量，mg/g；

C_e——吸附平衡时溶液中的浓度，mg/L；

q_m——单层饱和吸附量，mg/g；

k_L——Langmuir 吸附常数；

k_F——Freundlich 吸附常数；

n——吸附过程的经验常数。

4.3.4.2 钢渣对重金属的吸附

（1）3 种钢渣材料对 Cd^{2+} 的吸附

由图 4.3-48 可知，3 种钢渣材料吸附去除浓度为 1、5、10、20、50mg/L 的 Cd^{2+} 溶液时，在 1h 之内，反应达到吸附平衡。在本实验中，当初始 Cd^{2+} 浓度为 1、5、10、20、50mg/L 时，3 种钢渣材料分别对不同浓度梯度的 Cd^{2+} 的去除效率均高达 99%，且 3 种材料的平衡吸附量随着初始溶液 Cd^{2+} 浓度的增加而增加，这与钢渣表面可吸附利用位点的数量比例有关。当初始 Cd^{2+} 浓度一定时，3 种材料吸附性能未见明显差异，见图 4.3-49。

（2）6 种钢渣材料对 Pb^{2+} 吸附动力学

见图 4.3-50，不同材料吸附量随着时间的变化约在 30min 后趋于平衡，吸附的初始阶段速率较快，吸附曲线比较陡峭，随着时间的延长，吸附逐渐趋于平衡，吸附曲线变化较为平缓。这是因为初始浓度越大，液—固传质推动力越大，Pb^{2+} 更容易被送入钢渣表面活性位点进行吸附，随着时间的延长，钢渣表面的活性位点被 Pb^{2+} 不断占据，导致传质推动力降低，吸附速率开始逐渐减慢，当钢渣表面的活性位点趋于饱和时，Pb^{2+} 就无法被吸附，从而达到吸附平衡。且由图 4.3-50 可知，钢渣与黏土和淀粉以不同比例改性后的材料与未改性材料相比，对 Pb^{2+} 的吸附速率未见明显变化。

研究 6 种材料对 Pb^{2+} 的吸附动力学，并分别进行拟合。从表 4.3-12 可以看出，准一级动力学方程相关系数 R^2 均不小于 0.999，拟合效果良好。6 种材料吸附 Pb^{2+} 的吸附速率 k_1 的大小依次为：武钢热泼渣>梅钢滚筒渣>5∶2∶1>5∶3∶1>4∶3∶1>梅钢热泼渣，其中，武钢热泼渣对 Pb^{2+} 吸附速率最快，梅钢热泼渣吸附速率最慢。此外，6 种材料对 5mg/L Pb^{2+} 平衡吸附量均大于 0.456g/kg。

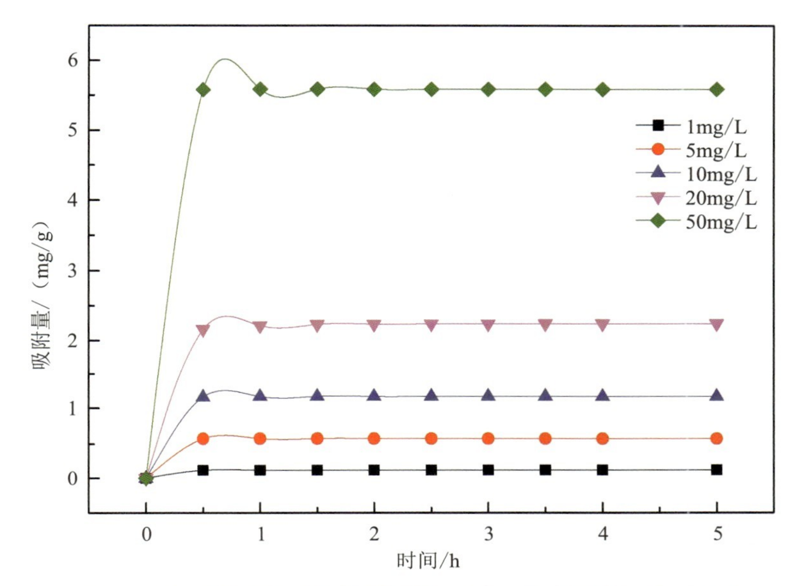

图 4.3-48　武钢热泼渣对不同浓度 Cd^{2+} 的吸附量与时间的关系

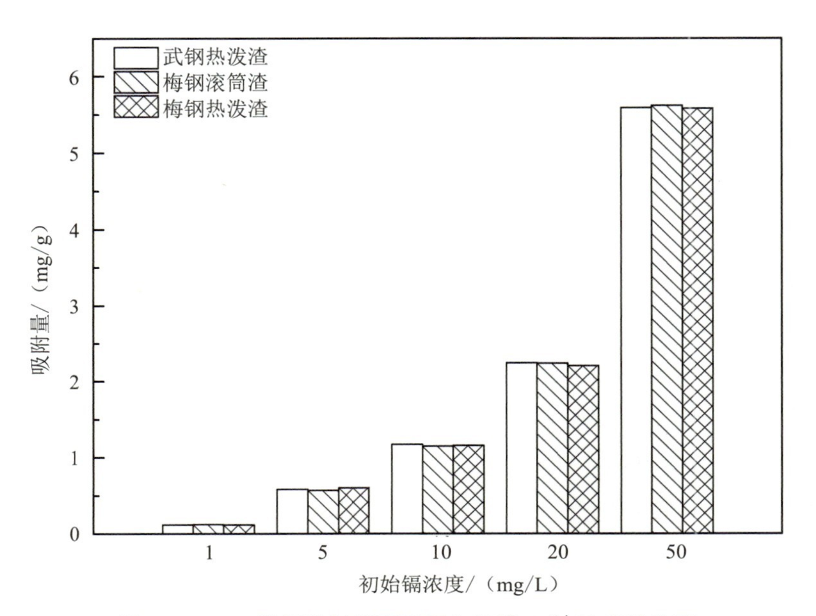

图 4.3-49　3 种钢渣材料吸附量与初始 Cd^{2+} 浓度的关系

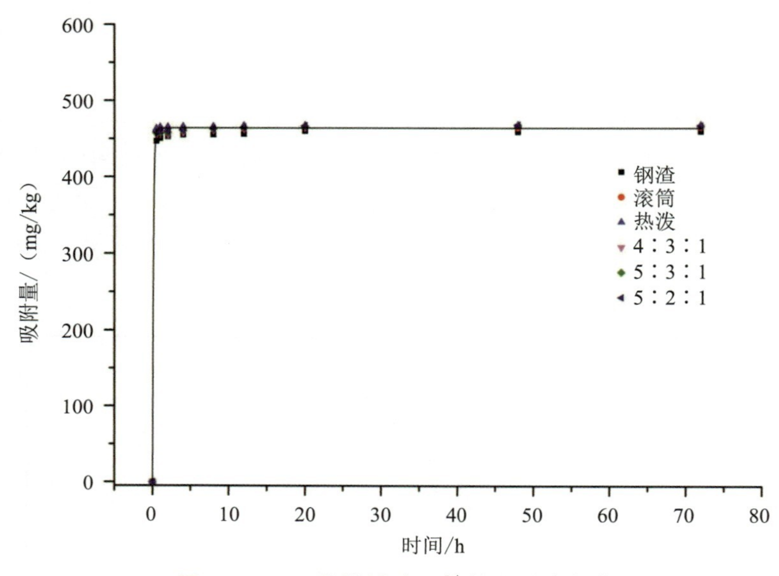

图 4.3-50　6 种材料对 Pb^{2+} 的吸附动力学

表 4.3-12　6 种钢渣材料对 Pb^{2+} 吸附动力学拟合参数

Lagergren 一级吸附动力学 $y=a\times(1-e^{-bx})$				
	拟合方程	a	b	R^2
武钢热泼渣	$y=0.466\times(1-e^{-9.93t})$	0.466	9.93	0.999
梅钢滚筒渣	$y=0.463\times(1-e^{-9.36t})$	0.463	9.36	0.999
梅钢热泼渣	$y=0.456\times(1-e^{-7.86t})$	0.456	7.86	0.999
4∶3∶1	$y=0.461\times(1-e^{-8.70t})$	0.461	8.70	0.9992
5∶3∶1	$y=0.463\times(1-e^{-8.74t})$	0.463	8.74	0.9993
5∶2∶1	$y=0.464\times(1-e^{-8.98t})$	0.464	8.98	0.9995

(3) 6 种钢渣材料对 Pb^{2+} 吸附等温线

将不同温度下的等温吸附平衡数据代入公式中进行非线性拟合，见图 4.3-51 和表 4.3-13。

从表中可以看出，Freundlich 方程拟合相关性 R^2 均大于 0.999，Freundlich 方程可以更好地反映 6 种钢渣材料对 Pb 的吸附行为，说明该吸附过程属于多分子层吸附。在 Freundlich 方程中，b 指吸附剂本身的吸附特性，代表的吸附的强度系数。一般 b 越大，吸附性能越强。钢渣与黏土和淀粉以不同比例改性后的材料与未改性材料相比，对 Pb^{2+} 的吸附强度未见明显变化，3 种改性材料的吸附强度比未改性材料的吸附强度略低。

6 种材料对 Pb^{2+} 的吸附在 30min 内均达到平衡。

6 种材料对 Pb^{2+} 的吸附符合 Lagergren 一级吸附动力学（$R^2>0.999$）。其中，武钢热泼渣对 Pb^{2+} 的吸附速率最快，梅钢热泼渣吸附速率最慢。且梅钢热泼渣与黏土和淀粉以不同比例改性后的材料与未改性材料相比，对 Pb^{2+} 的吸附速率未见明显变化。

6 种材料对 5mg/L Pb^{2+} 的吸附效果佳，平衡吸附量均大于 0.456g/kg。

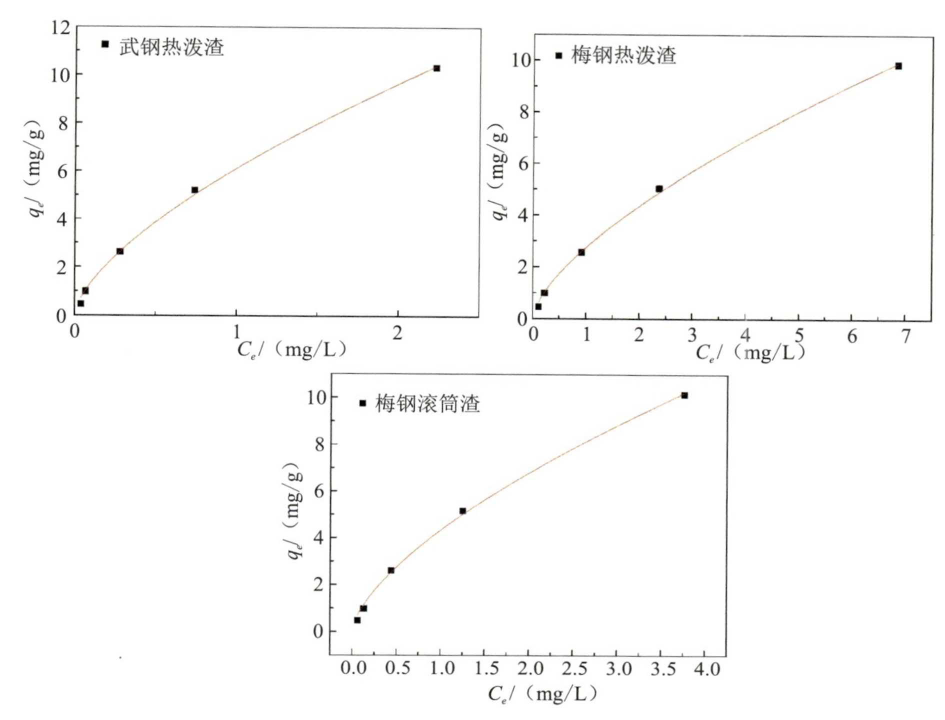

图 4.3-51　3 种钢渣材料对不同浓度 Pb^{2+} 的吸附等温线

表 4.3-13　　6 种钢渣材料对不同浓度 Pb^{2+} 的吸附等温线拟合参数

Freundlich 吸附等温线 $y=a\times x^{(1/b)}$				
	拟合方程	a	b	R^2
梅钢热泼渣	$y=106.86\times x^{(1/1.02)}$	106.86	1.02	0.99981
梅钢滚筒渣	$y=105.39\times x^{(1/1.01)}$	105.39	1.01	0.99985
武钢热泼渣	$y=104.05\times x$	104.05	1.00	0.99988
4：3：1	$y=97.09\times x^{(1/0.98)}$	97.09	0.98	0.99995
5：3：1	$y=97.07\times x^{(1/0.99)}$	97.07	0.99	0.99994
5：2：1	$y=97.24\times x^{(1/0.99)}$	97.24	0.99	0.99993

6 种材料对不同浓度 Pb^{2+} 的吸附都符合 Freundlich 方程（$R^2>0.999$），说明该吸附过程属于多分子层吸附。且梅钢热泼渣与黏土和淀粉以不同比例改性后的材料与未改性材料相比，对 Pb^{2+} 的吸附强度未见明显变化，3 种改性材料的吸附强度比未改性材料的吸附强度略低。武钢钢渣陶粒吸附 Pb 后材料的表面形貌与 EDS 成分见图 4.3-52。从图 4.3-52（b）中可以看出 Pb 形成的矿物相（点 1）插入到钢渣陶粒的多孔结构中。EDS 结果证明陶粒表面为硅铝基结构。钢渣陶粒对 Pb 的吸附机理见图 4.3-53：首先钢渣陶粒拥有多孔结构，形成了带负电荷表面，因此具有较高的阳离子交换性能。Pb^{2+} 被陶粒表面的阴离子基团吸引进入陶粒的孔结构，然后与陶粒表面的 Si—O 或者 Al—O—Si—O 结构包覆进入陶粒的基体中，多余的含 Pb 矿物则形成沉淀在陶粒表面。

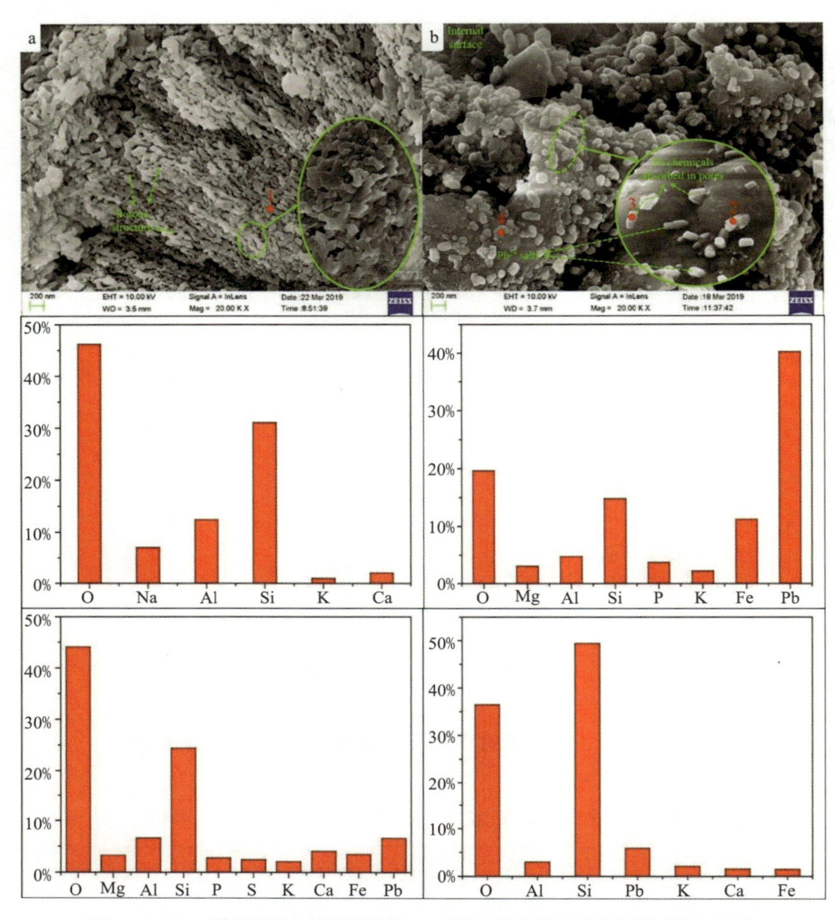

图 4.3-52　武钢钢渣陶粒吸附 Pb 后材料的表面形貌与 EDS 成分

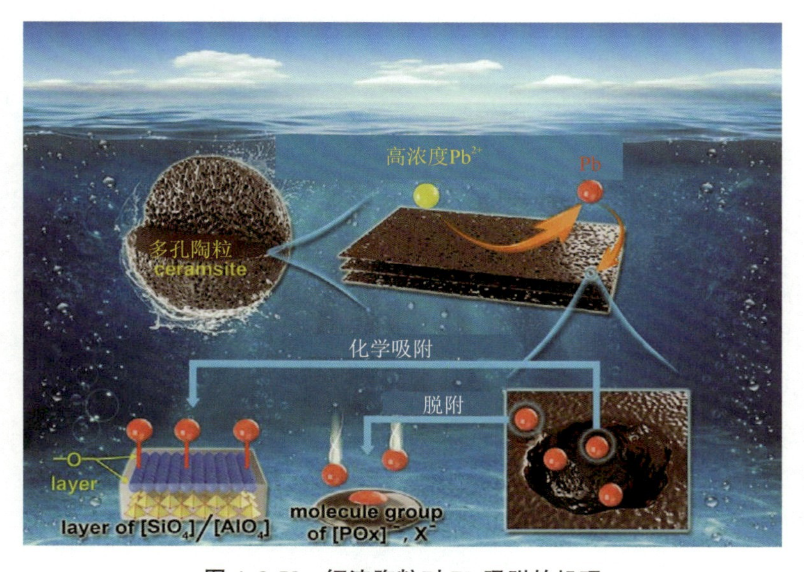

图 4.3-53　钢渣陶粒对 Pb 吸附的机理

4.3.4.3 钢渣对营养盐磷的吸附性能研究

已有研究表明钢渣中所含的钙（Ca）、铁（Fe）、铝（Al）、镁（Mg）和硅（Si）等元素可以与磷酸根反应生成磷酸盐沉淀（化学吸附）；此外，钢渣较高的比表面积和孔隙率使其具有较强的吸附性能（物理吸附），微观上钢渣表面多孔特征显著，比表面积大。同时其主要成分中含有多种金属元素如 Ca、Fe 和 Mg 等，以上成分已被证实与磷酸盐具有较强的亲和力，钢渣对磷酸盐表现出了良好的吸附性能。将其作为一种磷酸盐吸附材料具有巨大的发展潜力。在此基础上，本章节主要研究 3 种材料对特定浓度（25mg/L）P 的吸附去除能力，为钢渣作为吸附材料去除水中 P 提供理论基础。

从图 4.3-54 可以看出，当初始磷溶液为 25mg/L 时，武钢热泼渣、梅钢滚筒渣和梅钢热泼渣 3 种材料吸附磷在 3h 之内变化明显，且在 5h 内，3 种材料对 P 的吸附量分别为 3.34、4.16、3.99mg/g。最大去除效率分别为 70.49%、81.82%、84.11%。

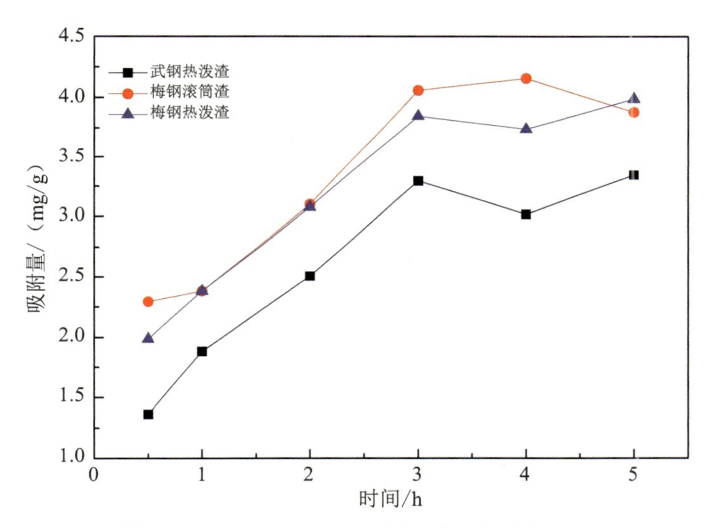

图 4.3-54　3 种材料对 P 吸附量与时间的关系

武钢热泼渣、梅钢滚筒渣和梅钢热泼渣在 5h 之内，对 25mg/L 的 P 的吸附量分别达到 3.34、4.16、3.99mg/g，最大去除效率分别为 70.49%、81.82%、84.11%。

本节以长江经济带工业固体废弃物（武钢和梅钢钢渣材料）为研究对象，按照《危险废物鉴别标准浸出毒性鉴别》(GB 5085.3—2007）标准，测试了武钢热泼渣、梅钢滚筒渣和梅钢热泼渣 3 种钢渣材料浸出液中 N、P 和重金属含量，分析了 3 种材料的环境友好性和可资源化利用可能性；探讨了 3 种工业固体废弃物中重金属与富营养盐随着时间、液固比和浸提液 pH 值变化的浸出特征和释放负荷；开展了工业固体废弃物对重金属（Cd^{2+}）、富营养元素（P）的吸附去除研究以及梅钢热泼渣与黏土、淀粉以不同比例（4∶3∶1、5∶3∶1 和 5∶2∶1）改性后的材料和未改性材料对重金属（Pb^{2+}）的吸附去除研究，揭示了将工业固体废弃物（武钢和梅钢钢渣材料）作为吸附材料，去除水中重金属和富营养盐的作用机理。

第 5 章　硅铝基固废水工混凝土制备关键技术

5.1　尾矿骨料用作大坝混凝土制备关键技术

5.1.1　尾矿骨料品质控制指标

以攀枝花钢铁集团朱家包铁矿（简称攀钢朱矿）为研究对象，分别采用筛分与破碎两种加工工艺，研究骨料的颗粒形态、颗粒级配及分布、各个级配的获得率等物理性能参数，为尾矿用作混凝土骨料时的加工工艺选择提供技术支持。

5.1.1.1　尾矿骨料加工工艺研究

（1）*尾矿料场*

本次尾矿加工试验选取攀枝花攀钢朱矿料场，图 5.1-1 为取料的尾矿骨料料场，该尾矿料场规模庞大，尾矿储量约为 1.2 亿 m^3，储量完全能够满足金沙水电站工程的需求。从堆放点现场来看，部分堆放点尾矿碎石颗粒级配较好，但大多数堆放点尾矿碎块石颗粒不均，粒径最大可达 2m，经过适当加工可满足大坝混凝土级配需求。

（a）攀钢朱矿

(b) 骨料料场现场

图 5.1-1　攀枝花尾矿堆放现场图

(2) *尾矿筛分试验*

以攀枝花攀钢朱矿为研究对象，在堆放料场选取 3 个部位分别进行尾矿筛分与破碎后筛分试验，见图 5.1-2；每个部位筛分两次，计算各个级配骨料所占的质量比和平均值，见表 5.1-1 和图 5.1-3。

图 5.1-2　尾矿加工试验选取点示意图

表 5.1-1　尾矿筛分试验结果　(单位:%)

第一次筛分试验							
骨料粒径	尾矿质量占比		平均值	中径占比			
>80mm	7.2	6.5	6.9	—	—	—	—
80～40mm	23.3	30.2	26.7	80～60mm	79	60～40mm	21

续表

第一次筛分试验							
骨料粒径	尾矿质量占比		平均值	中径占比			
40～20mm	34.6	35.5	35.1	40～30mm	62	30～20mm	38
20～5mm	25.3	21.7	23.5	20～10mm	58	10～5mm	42
≤5mm	9.5	6.2	7.8	—	—	—	—
第二次筛分试验							
骨料粒径	尾矿质量占比		平均值	中径占比			
>80mm	8.9	14.8	11.9	—	—	—	—
80～40mm	16.2	12.0	14.1	80～60mm	76	60～40mm	24
40～20mm	37.3	29.9	33.6	40～30mm	69	30～20mm	31
20～5mm	30.5	36.5	33.5	20～10mm	62	10～5mm	38
≤5mm	7.1	6.7	6.9	—	—	—	—
第三次筛分试验							
骨料粒径	每级尾矿质量占比		平均值	中径占比			
>80mm	13.6	16.1	14.8	—	—	—	—
80～40mm	26.0	23.7	24.8	80～60mm	70	60～40mm	30
40～20mm	21.6	19.6	20.6	40～30mm	61	30～20mm	39
20～5mm	24.2	27.1	25.6	20～10mm	65	10～5mm	35
≤5mm	14.7	13.5	14.1	—	—	—	—

注：范围取值包含上限不包含下限，后图同。

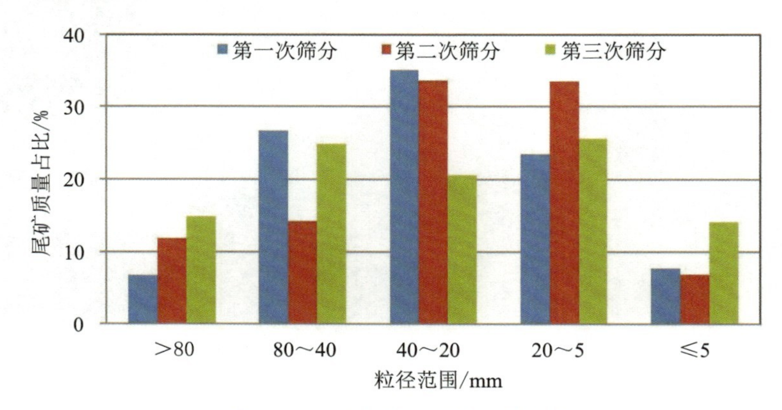

图 5.1-3　3 次筛分试验结果比较

从现场筛分试验结果可以看出，各个料堆之间颗粒粒径存在差异，具体为：第一次筛分试验时中石（40～20mm）颗粒含量最高，其次是大石（80～40mm）和小石（20～5mm），尾矿砂（≤5mm）与特大石（>80mm）颗粒含量最低。第二次筛分试验时中石（40～20mm）与小石（20～5mm）颗粒含量最高且两者基本相当，其次是大石（80～

40mm）和特大石（＞80mm），尾矿砂（≤5mm）颗粒含量最低。第三次筛分试验时小石（20～5mm）与大石（80～40mm）颗粒含量最高，其次是中石（40～20mm），特大石（＞80mm）与尾矿砂（≤5mm）颗粒含量最低且两者基本相当。

从上述筛分试验结果看，尾矿中各个级配颗粒含量范围分别为：中石颗粒含量（20.6%～35.1%）＞小石颗粒含量（23.5%～33.5%）＞大石颗粒含量（14.1%～26.7%）＞特大石颗粒含量（6.9%～14.8%）和尾矿砂颗粒含量（6.9%～14.1%）。

从各个级配尾矿的中值粒径来看，80～60mm、40～30mm、20～10mm 粒径范围内颗粒含量相对较高，即每个级配中大于中值粒径的颗粒含量更高。

（3）*尾矿破碎筛分试验*

利用攀枝花旺达商品混凝土站的骨料加工系统，对上述选取的 3 个料堆部位分别进行破碎再筛分，见图 5.1-4。每次试验时进料口一次进混合料约 4t，经破碎、筛分后计算各个级配骨料所占的质量比和平均值，尾矿破碎筛分试验结果见表 5.1-2 和图 5.1-5。

表 5.1-2　　尾矿破碎筛分试验结果　　（单位：%）

	骨料粒径	尾矿质量占比		平均值	中径占比			
第一次破碎筛分试验	＞80mm	0.0	0.0	0.0	—	—	—	—
	80～40mm	8.1	10.3	9.2	80～60mm	32	60～40mm	68
	40～20mm	46.1	49.3	47.7	40～30mm	57	30～20mm	43
	20～5mm	27.5	24.3	25.9	10～5mm	61	20～10mm	40
	≤5mm	18.3	16.1	17.2	—	—	—	—
第二次破碎筛分试验	骨料粒径	尾矿质量占比		平均值	中径占比			
	＞80mm	0.0	0.0	0.0	—	—	—	—
	80～40mm	15.5	15.2	15.4	80～60mm	44	60～40mm	56
	40～20mm	34.7	34.0	34.4	40～30mm	61	30～20mm	39
	20～5mm	27.4	25.5	26.4	10～5mm	56	20～10mm	44
	≤5mm	22.3	25.3	23.8	—	—	—	—
第三次破碎筛分试验	骨料粒径	尾矿质量占比		平均值	中径占比			
	＞80mm	0.0	0.0	0.0	—	—	—	—
	80～40mm	18.0	17.9	17.9	80～60mm	30	60～40mm	70
	40～20mm	32.0	33.4	32.7	40～30mm	63	30～20mm	37
	20～5mm	29.3	28.1	28.7	20～10mm	58	10～5mm	42
	≤5mm	20.8	20.7	20.7	—	—	—	—

注：范围取值包含上限不包含下限。

图 5.1-4　尾矿现场破碎筛分图

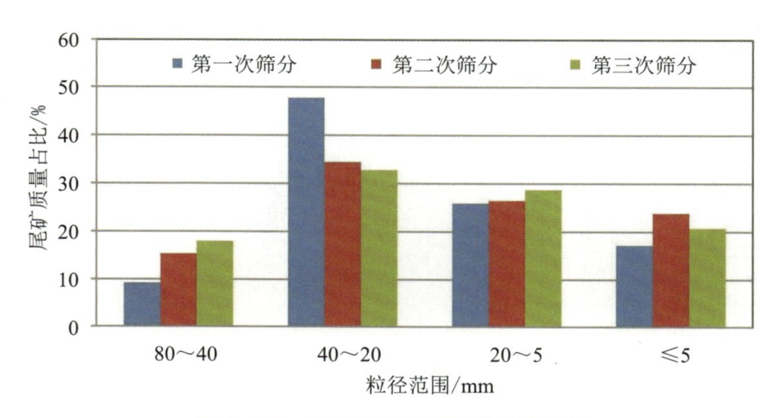

图 5.1-5　三次破碎筛分试验结果比较

注：范围取值包含上限不包含下限。

从破碎筛分试验结果看，经过破碎后加工成品料中各个级配颗粒所占的比例较为一致，均不含特大石，且中石颗粒含量最高（32.7%～47.7%），其次是小石颗粒含量（25.9%～28.7%）和尾矿砂（17.2%～23.8%），大石颗粒含量最低（9.2%～17.9%）。

（4）尾矿筛分与破碎筛分试验比较

对比尾矿经单独筛分以及破碎再筛分的试验结果（表5.1-3）。

表5.1-3　尾矿加工工艺试验结果对比

骨料分类	颗粒粒径/mm	筛分试验/%	破碎筛分试验/%
特大石	＞80	6.9～14.8	0
大石	80～40	14.1～26.7	9.2～17.9
中石	40～20	20.6～35.1	32.7～47.7
小石	20～5	23.5～33.5	25.9～28.7
砂	≤5	6.9～23.1	17.2～23.8
	细度模数	2.4～2.8	2.4～2.7
	石粉含量	14.4～18.0	14.3～24.8

注：范围取值包含上限不包含下限。

经比较可知：

从颗粒形态看，两种加工工艺获得的骨料均含有较多不规则形状颗粒，但相对而言破碎加工后长条状、片状颗粒含量减少。采用筛分工艺时，可以获得一定量的特大石用于配制四级配混凝土且大石的获得率更高，中石与小石的获得率基本相当（20%～35%），尾矿砂的波动范围较大。与筛分试验相比，采用破碎筛分试验时获得的不同粒径骨料的连续性更好，即不同粒径尾矿骨料所占的比例较为一致；中石的获得率更高，但大石获得率更低，小石的获得率相差不大。

两种工艺获得的尾矿砂细度均在（2.4～2.8）范围内，满足《水工混凝土施工规范》（DL/T 5144—2015）人工砂的品质要求，破碎筛分获得的尾矿砂的石粉含量更高。

5.1.1.2　尾矿骨料品质检测

（1）骨料品质

尾矿骨料采用攀枝花市旺达商品混凝土有限责任公司的骨料加工系统加工出来的成品骨料。尾矿粗骨料物理力学性能见表5.1-4，尾矿粗骨料品质检验结果见表5.1-5。尾矿细骨料品质检验结果见表5.1-6，尾矿细骨料颗粒级配曲线见图5.1-6。检测结果表明，尾矿粗骨料和细骨料的性能指标均满足《水工混凝土施工规范》（DL/T 5144—2015）的要求。

（2）骨料成分及碱活性试验

在攀枝花攀钢尾矿（朱矿）6个不同堆放点取样用于化学成分分析、岩相鉴定与碱活性试验。尾矿骨料岩相鉴定结果见图5.1-7。

表 5.1-4　　尾矿粗骨料物理力学性能

名称	抗压强度/MPa		弹性模量/GPa		泊松比		软化系数
	烘干	饱和	烘干	饱和	烘干	饱和	
尾矿骨料	160	131	81	65	0.25	0.26	0.82

表 5.1-5　　尾矿粗骨料品质检验结果

名称	饱和面干表观密度/(kg/m³)	饱和面干吸水率/%	针片状含量/%	坚固性/%	压碎指标/%	有机质含量
小石	3160	0.4	—	2.8	9.0	不允许
中石	3220	0.2	—	1.8	—	不允许
大石	3280	0.2	—	1.5	—	不允许
DL/T 5144—2015 碎石品质要求	≥2550	≤2.5	≤15	≤5	≤16	不允许

表 5.1-6　　尾矿细骨料品质检验结果

种类	细度模数	石粉含量/%	饱和面干吸水率/%	饱和面干表观密度/(kg/m³)	有机质含量
尾矿细骨料	2.79	15.8	1.22	3080	浅于标准色
DL/T 5144—2015 人工砂品质要求	2.4～2.8	6～18	≤2.5	≥2500	浅于标准色

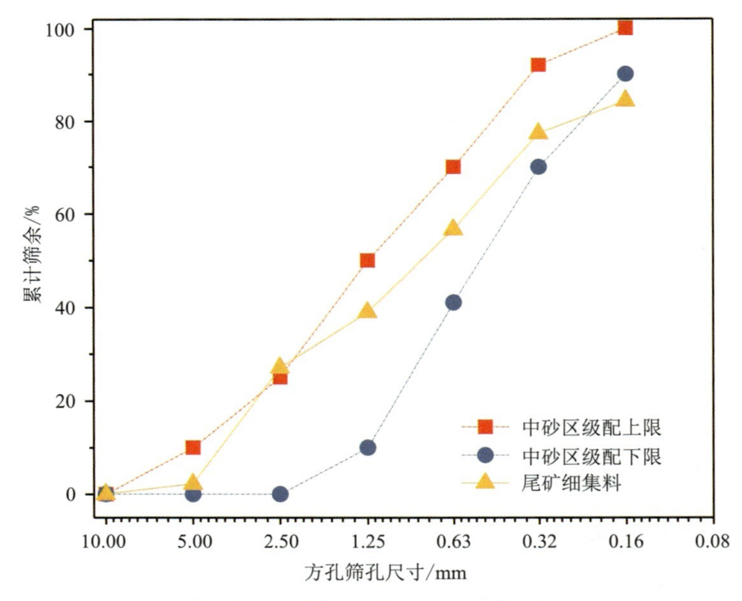

图 5.1-6　尾矿细骨料颗粒级配曲线

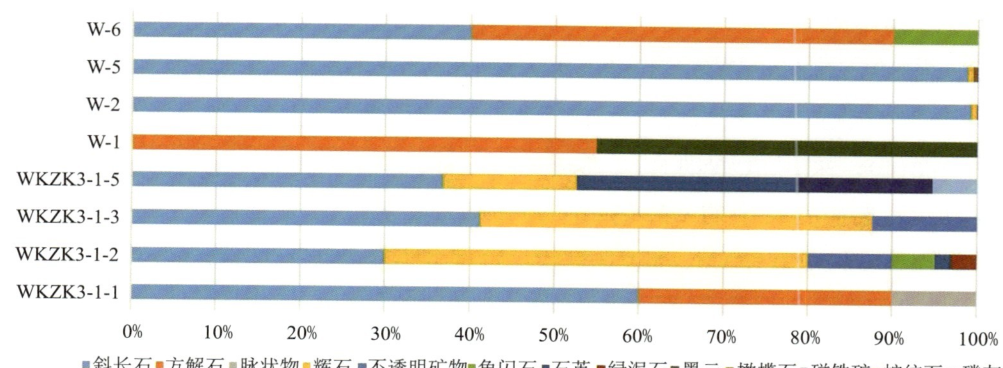

图 5.1-7　尾矿骨料岩相鉴定结果

尾矿骨料的化学成分分析见表 5.1-7。从化学成分可以看出，部分样品的 Fe_2O_3 含量较高，最高达到 42.79%；编号为 WKZK3-1-5 试样经荧光分析测得其 Fe_2O_3 含量为 15.09%，试验结果与岩相分析结果（15%）一致。部分试样的 TiO_2 含量也较高，编号 WKZK3-1-1、WKZK4-1-1、WKZK4-1-2 试样的 TiO_2 含量分别为 4.10%、7.98%和 12.73%。

表 5.1-7　尾矿骨料的化学成分　（单位：%）

样品名称	CaO	SiO_2	Al_2O_3	Fe_2O_3	MgO	SO_3	R_2O	烧失量	TiO_2	P_2O_5
WKZK3-1-4	27.79	2.48	0.23	0.34	31.49	0.06	0.00	37.56	0.04	0.01
WKZK3-1-5	8.18	43.43	18.36	15.09	5.05	0.51	3.53	0.40	4.10	1.28
WKZK4-1-1	9.85	38.64	12.19	18.79	8.42	0.80	2.09	1.10	7.98	0.07
WKZK4-1-2	3.03	16.58	10.87	42.79	9.39	3.16	0.77	—	12.73	0.03

分别采用 6 个不同堆放点取样进行砂浆棒快速法碱活性试验，见表 5.1-8。试验结果表明，6 组岩样 14d 膨胀率为－0.001%～0.003%，小于 0.100%；28d 时膨胀率为 0.001%～0.004%，小于 0.200%，不具碱活性，为非活性骨料。

表 5.1-8　尾矿骨料砂浆棒快速法碱活性试验结果

骨料种类	试件膨胀率/%			
	3d	7d	14d	28d
W-1	0.005	－0.001	0.000	0.001
W-2	0.007	0.000	0.003	0.004
W-3	0.005	0.001	0.001	0.003
W-4	0.004	－0.001	－0.001	0.001
W-5	0.008	0.001	0.003	0.004
W-6	0.007	0.001	0.001	0.002

为了明确尾矿骨料中 Cr、As、Cd、Pb、Hg 等重金属的含量，将尾矿骨料粉磨成微细粉，然后结合《土壤和沉积物 12 种金属元素的测定王水提取—电感耦合等离子体质谱法》(HJ 803—2016) 和《固体废弃物汞、砷、硒、铋、锑的测定微波消解/原子荧光法》(HJ 702—2014)，采用电感耦合等离子体质谱仪 NexION300X 和原子荧光光度计 AFS-3100 检测尾矿骨料中的 Cr、As、Cd、Pb、Hg 等 5 种重金属含量，检测结果见表 5.1-9。尾矿骨料中 As、Cd、Hg 含量较低，部分低于检测限度值；Pb 的含量最高为 43.75mg/kg，Cr 的含量最高为 589.4mg/kg。根据国标《土壤环境质量标准》(GB 15618—2008) 中土壤无机污染物的环境质量第二级标准值规定，商业用地和工业用地中总 Cr 含量分别不得超过 800mg/kg 和 1000mg/kg，总 Pb 含量均不得超过 600mg/kg。即尾矿骨料中 Pb 和 Cr 的检测含量处于规范规定的安全限值内。对浸出液进行分析，得到浸出液中不同金属浓度（表 5.1-10），所有重金属均低于地下水浸出标准。

表 5.1-9　　尾矿骨料重金属含量检测结果

序号	样品名称	检测结果/（mg/kg）				
		Cr	As	Cd	Pb	Hg
1	W-1	36.21	0.05	0.09L	43.75	0.002L
2	W-2	110.6	0.01L	0.09L	18.11	0.011
3	W-5	25.47	0.01L	0.09L	13.07	0.021
4	W-6	49.30	0.12	0.09L	29.71	0.013
5	4-1-1	21.71	0.01L	0.09L	22.60	0.018
6	4-1-2	589.4	0.01L	0.169	9.85	0.010

注：表中数据后的“L”表示未检出。

表 5.1-10　　骨料浸出液中不同金属浓度

项目	浓度/（mg/L）	项目	浓度/（mg/L）
Cu	0.0050	Pb	0.0054
As	0.0024	Cr	0.0021
Zn	0.0087	Ni	0.0036
Cd	N.D.	V	0.0541
Ti	0.0012	Mn	0.0019

注：N.D. 表示未检出。

(3) 尾矿骨料有毒有害物质及放射性物质检测分析

本次任务分为现场工作和实验室工作两个部分，其中现场主要从事矿石采样、现场放射性检测及现场电磁辐射检测，实验室分析主要对现场采集的矿石样品进行分析，完成样品放射性核素放射比活度试验等有关内容。电磁辐射现场检测数据见表 5.1-11。根据《电磁环境控制限值》(GB 8702—2014)，在 50Hz 测量频率下，电磁强度环境限值为 80A/m，测量各点位数值均未超标。放射性核素放射性比活度试验结果见表 5.1-12，放射性核素内照射指数 I_{Ra}、外照射指数 I_r 计算结果见表 5.1-13。

表 5.1-11　　电磁辐射现场检测数据

测量点	东/（uA/m）	南/（uA/m）	西/（uA/m）	北/（uA/m）
电磁测量点 1	280.4	283.1	283.1	283.1
电磁测量点 2	273.6	273.6	275.5	275.5
电磁测量点 3	256.9	256.4	266.4	266.4
电磁测量点 4	272.4	272.4	272.4	272.4
电磁测量点 5	262.2	268.1	268.3	274.7
电磁测量点 6	281.5	281.5	286.1	286.1

表 5.1-12　　放射性核素放射性比活度试验结果

检测项目	检测结果/（bq/kg）
Ra-226	12.7
Th-232	4.56
K-40	320

表 5.1-13　　放射性核素内照射指数 I_{Ra}、外照射指数 I_r 计算结果

检测项目	规范要求	计算结果
内照射指数 I_{Ra}	≤1.0	0.0635
外照射指数 I_r	≤1.0	0.0762

基于上述现场与室内分析试验结果，本次现场采样是从地质钻孔和地面取样岩石，由于该样品长期裸露或浸润，其重金属成分已析出一部分，因此，从实验分析结果来看，尾矿骨料浸出毒性在标准范围内，但 V 的活性较大，对水质有一定的影响，建议施工时注意观测水质变化。

大地电磁场的强度随时间变化，其方向也不断变化，一般来说，受太阳黑子辐射等因素影响，夏天中午大地表面电磁强度最强，本次检测电磁辐射现场检测符合要求，对环境及人员安全影响不大。

经能谱仪实验室放射性分析，尾矿的放射性满足标准要求。

5.1.2 尾矿骨料混凝土配合比试验及性能研究

(1) 混凝土配制强度的确定

根据《水工混凝土配合比设计规程》(DL/T 5330—2015)，混凝土配制强度按下式计算：

$$f_{cu,0}=f_{cu,k}+t\sigma \tag{5.1-1}$$

式中：$f_{cu,0}$——混凝土配制强度，MPa；

$f_{cu,k}$——混凝土设计龄期立方体抗压强度标准值，MPa；

t——概率度系数，由给定的保证率 P 选定，见表 5.1-14；

σ——混凝土立方体抗压强度标准差，MPa，见表 5.1-15。

根据混凝土设计强度等级，依上式计算混凝土配制强度，见表 5.1-16。

（2）粗骨料组合级配

对不同级配的尾矿粗骨料进行组合试验，测试各种组合的粗骨料在松散和振实情况下的堆积密度和空隙率，见表 5.1-17。从表 5.1-17 的试验结果可以看出，对于二级配尾矿骨料，当中石与小石的质量比为 55∶45 时，骨料的堆积密度与紧密度最大，空隙率最小；对于三级配骨料，当大石、中石与小石的质量比为 30∶40∶30 时，骨料的堆积密度与紧密度最大，空隙率最小；对于四级配骨料，当特大石、大石、中石与小石的质量比为 25∶25∶25∶25 时，骨料的堆积密度与紧密度最大，空隙率最小。

表 5.1-14　　保证率和概率度系数关系

保证率 P/%	75	80	85	90	95	99.9
概率度系数 t	0.675	0.840	1.040	1.280	1.645	3.0

表 5.1-15　　混凝土强度标准差 σ 值

混凝土强度标准值	≤C15	C20～C25	C30～C35	C40～C45	≥C50
σ/MPa	3.5	4.0	4.5	5.0	5.5

表 5.1-16　　混凝土设计指标与配制强度

部位		保证率/%	级配	强度标准差 σ	概率度系数 t	配制强度/MPa
泄洪建筑物	坝内大体积	80	四	3.5	0.84	17.9
	厂坝导墙、地质缺陷处理	80	三	4.0	0.84	23.4
	坝体基础及过渡	80	三	4.0	0.84	28.4
	坝顶变电所、机房	95	二	4.0	1.645	31.6
	闸墩、消力池	95	二、三	4.5	1.645	37.4
	溢流面表面抗冲耐磨	95	二	4.5	1.645	42.4
	公路梁、电缆沟梁预制混凝土	95	二	4.5	1.645	42.4
	预应力锚块	95	二	5.0	1.645	48.2
	门机轨道梁预制混凝土	95	二	5.5	1.645	
电站建筑物	基础回填	95	三	3.5	1.645	20.8
	F9 断层处理回填混凝土、引水渠及尾水渠护坦	95	二	4.0	1.645	31.6

续表

部位		保证率/%	级配	强度标准差 σ	概率度系数 t	配制强度/MPa
电站建筑物	厂房主体	95	二	4.0	1.645	31.6
	厂房流道混凝土	95	二	4.5	1.645	37.4
	闸门门槽二期混凝土、下游进场公路	95	二	4.5	1.645	37.4
	厂房上部结构、弯管段二期混凝土、吊车梁、预制梁、下游进厂交通桥梁	95	二	4.5	1.645	42.4
	钢纤维混凝土		二			
鱼道	主体结构、隔板	95	二、三	4.0	1.645	31.6
	二期混凝土、启闭机房	95	二	4.5	1.645	37.4

表 5.1-17　　尾矿粗骨料各级配组合试验结果

级配	组合比例/%				堆积状态		振实状态	
	特大石	大石	中石	小石	密度/(kg/m^3)	空隙率/%	密度/(kg/m^3)	空隙率/%
四	30	30	20	20	1890	41.8	2104	35.2
	30	20	25	25	1887	42.0	2103	35.3
	25	25	25	25	1945	40.4	2119	35.0
三	—	40	30	30	1864	42.3	2092	35.2
		30	40	30	1875	41.8	2102	34.8
		50	30	20	1850	42.9	2088	35.6
二	—	—	45	55	1832	42.5	2056	35.5
			50	50	1832	42.6	2066	35.2
			55	45	1872	41.4	2082	34.8
			60	40	1840	42.4	2062	35.5

根据试验结果，拟选二级配常态混凝土尾矿骨料组合比为 55∶45，三级配常态混凝土骨料组合比则采用 30∶40∶30，四级配骨料组合比则采用 25∶25∶25∶25。

（3）砂率和用水量选择

按《水工混凝土配合比设计规程》（DL/T 5330—2015）进行试验，骨料为饱和面干状态，采用嘉华 42.5 中热硅酸盐水泥、利源Ⅱ级粉煤灰、博特 PCA-Ⅰ聚羧酸缓凝型高性能减水剂、博特 GYQ 引气剂进行试验。控制混凝土坍落度 50～70mm，混凝土含气量为 3.5%～4.5%。通过试拌选择 PCA-Ⅰ聚羧酸高性能减水剂掺量为 0.8%，二级配水胶比 0.45，粉煤灰掺量 25%；三级配水胶比 0.45，粉煤灰掺量 35%，四级配水胶比 0.50，粉煤灰掺量 35%。

最优砂率指在保证混凝土拌和物具有良好的黏聚性，并达到要求的工作性的同时，用水量最小的砂率。合理的砂率不仅可以使混凝土拌和物获得良好的和易性，并能使硬化混凝土获得优良的综合性能。分别选取不同砂率，保持混凝土用水量不变拌制混凝土，测试混凝土坍落度、含气量等，观察混凝土拌和物的和易性及表面泛浆情况。进行不同骨料二级配、三级配和四级配最佳砂率选择试验，见表 5.1-18 和表 5.1-19。

表 5.1-18　尾矿骨料混凝土砂率选择试验结果

级配	编号	砂率/%	引气剂掺量/%	工作性				坍落度/mm	含气量/%	抗压强度/MPa	
				棍度	黏聚性	含砂	析水			7d	28d
二级配	YSL1	30	0.006	中	差	少	无	35	3.8	25.5	37.6
	YSL2	32	0.006	上	好	多	无	65	3.9	26.9	39.7
	YSL3	34	0.006	中	好	多	无	55	3.7	26.5	39.2
	YSL4	36	0.006	中	差	多	无	20	3.6	25.8	38.1
三级配	YSL5	26	0.007	中	差	少	无	20	3.6	23.8	34.5
	YSL6	28	0.007	上	好	多	无	70	3.4	24.6	35.7
	YSL7	30	0.007	中	好	多	无	40	3.5	23.5	33.1
	YSL8	32	0.007	下	差	多	无	35	3.5	22.5	32.4
四级配	YSL9	24	0.007	中	差	少	无	35	3.7	18.5	26.5
	YSL10	26	0.007	上	好	多	无	66	3.8	19.0	27.1
	YSL11	28	0.007	中	好	多	无	45	3.8	18.4	26.1
	YSL12	30	0.007	下	差	多	无	0	3.6	17.9	25.5

表 5.1-19　尾矿骨料混凝土用水量选择试验结果

级配	编号	砂率/%	引气剂掺量/%	工作性				坍落度/mm	含气量/%	抗压强度/MPa	
				棍度	黏聚性	含砂	析水			7d	28d
二级配	YYS1	32	0.006	中	差	多	无	35	3.8	26.3	38.8
	YYS2	32	0.006	上	好	多	无	65	3.9	26.9	39.7
	YYS3	32	0.006	上	好	多	无	75	4.0	26.4	39.0
	YYS4	32	0.006	上	差	多	无	90	4.0	25.5	37.9
三级配	YYS5	28	0.007	中	差	多	无	35	3.6	23.5	34.7
	YYS6	28	0.007	上	好	多	无	55	3.4	24.6	35.7
	YYS7	28	0.007	上	好	多	无	70	3.5	22.5	33.8
	YYS8	28	0.007	上	差	多	少	90	3.5	21.7	32.8
四级配	YYS9	26	0.007	中	差	多	无	35	3.7	17.5	25.0
	YYS10	26	0.007	上	好	多	无	66	3.8	19.0	27.1
	YYS11	26	0.007	上	好	多	无	77	3.9	18.5	25.5
	YYS12	26	0.007	上	差	多	少	92	4.0	17.8	26.5

试验结果表明：

固定水胶比为 0.45、粉煤灰掺量为 25%时，尾矿骨料二级配混凝土的最优砂率为

32%。固定水胶比为 0.45、粉煤灰掺量为 35%时，尾矿骨料三级配混凝土最优砂率为 28%。固定水胶比为 0.50、粉煤灰掺量为 35%，尾矿骨料四级配混凝土最优砂率为 26%；

固定水胶比为 0.45、粉煤灰掺量为 25%时，尾矿骨料二级配混凝土的用水量为 130kg/m^3。固定水胶比为 0.45、粉煤灰掺量为 35%时，尾矿骨料三级配混凝土用水量为 113kg/m^3。固定水胶比为 0.50、粉煤灰掺量为 35%，尾矿骨料四级配混凝土用水量为 105kg/m^3。

5.1.3 大坝混凝土配合比设计与优选

5.1.3.1 大坝混凝土试验方案及拌和物性能

根据大坝分区及级配要求，进行大坝配合比设计，确定混凝土强度等性能与水胶比、掺和料掺量关系。采用嘉华 42.5 中热硅酸盐水泥、利源Ⅱ级粉煤灰、尾矿骨料、博特 JM-Ⅱ缓凝型高效减水剂、博特 GYQ 引气剂进行试验。控制混凝土坍落度为 40～70mm，混凝土含气量为 3.5%～4.5%。选择博特 JM-Ⅱ缓凝型高效减水剂掺量为 0.8%，GYQ 引气剂掺量为使混凝土含气量为 3.5%～4.5%，成型不同水胶比的混凝土。

三级配混凝土采用 0.45、0.50、0.55 水胶比，30%矿物掺和料掺量；四级配混凝土采用 0.45、0.50、0.55 水胶比，40%粉煤灰掺量，使用尾矿骨料进行混凝土水胶比选择试验。大坝常态混凝土水胶比试验配合比及拌和物性能试验结果列于表 5.1-20。

试验结果表明：三级配、四级配尾矿骨料混凝土的单位用水量分别约为 115kg/m^3 和 110kg/m^3，混凝土拌和物形态良好；三级配、四级配尾矿骨料混凝土的初凝与终凝时间分别为 13～16h、19～22h。

表 5.1-20　　大坝常态混凝土水胶比试验配合比及拌和物性能试验结果

编号	坍落度/mm	含气量/%	凝结时间	
			初凝	终凝
YQD7	58	3.4	13h35min	18h56min
YQD8	55	4.3	14h00min	19h00min
YQD9	45	3.4	13h42min	19h12min
YQD10	72	4.5	15h20min	21h20min
YQD11	55	3.9	15h40min	21h40min
YQD12	55	4.0	15h50min	21h50min

5.1.3.2 大坝混凝土抗压强度

大坝常态混凝土水胶比试验抗压强度及增长率列于表 5.1-21，增长率以大坝混凝土 28d 抗压强度为基准。大坝常态混凝土抗压强度（fc）与胶水比（B/W）的关系曲线表达式列于表 5.1-22。试验结果表明：

①在 0.45～0.55 水胶比条件下，使用尾矿骨料的混凝土不同龄期抗压强度较高；

三级配尾矿骨料混凝土的 28d 抗压强度为 27.9～40.4MPa，四级配尾矿骨料混凝土的 90d 抗压强度为 36.6～48.7MPa。

②使用尾矿骨料的混凝土，三级配大坝常态混凝土 7d 抗压强度增长率略高于四级配大坝常态混凝土。

表 5.1-21　　大坝常态混凝土水胶比试验抗压强度及增长率

编号	抗压强度/MPa			抗压强度增长率/%		
	7d	28d	90d	7d	28d	90d
YQD7	25.1	40.4	48.7	62	100	121
YQD8	21.2	33.0	42.6	64	100	129
YQD9	18.8	27.9	36.6	67	100	125
YQD10	19.1	36.6	42.2	52	100	115
YQD11	16.5	30.2	35.4	55	100	117
YQD12	14.8	24.0	28.1	62	100	117

表 5.1-22　　大坝常态混凝土抗压强度（fc）与胶水比（B/W）的关系曲线表达式

混凝土类型	龄期/d	关系曲线	相关系数 R^2
三级配—尾矿—粉煤灰 30%	7	$f_c=15.66(B/W)-9.839$	0.993
	28	$f_c=31.02(B/W)-28.69$	0.997
	90	$f_c=29.85(B/W)-17.48$	0.997
四级配—尾矿—粉煤灰 40%	7	$f_c=10.68(B/W)-4.706$	0.996
	28	$f_c=31.09(B/W)-32.34$	0.997
	90	$f_c=34.74(B/W)-34.71$	0.993

5.1.3.3　大坝混凝土极限拉伸值

大坝常态混凝土水胶比试验极限拉伸值及增长率见表 5.1-23，增长率以大坝混凝土 28d 极限拉伸值为基准。试验结果表明尾矿骨料混凝土的极限拉伸值及其增长率符合混凝土极限拉伸值发展的一般规律。

表 5.1-23　　大坝常态混凝土水胶比试验极限拉伸值及增长率

编号	极限拉伸值/$\times10^{-6}$			极限拉伸值增长率/%		
	7d	28d	90d	7d	28d	90d
YQD7	78	95	100	82	100	105
YQD8	75	90	96	83	100	107
YQD9	73	88	92	83	100	105
YQD10	72	100	111	72	100	111
YQD11	69	95	105	73	100	110
YQD12	67	94	103	71	100	110

5.1.3.4 大坝混凝土弹性模量

大坝常态混凝土水胶比试验弹性模量及增长率见表 5.1-24，增长率以大坝混凝土 28d 弹性模量为基准。试验结果表明：在 0.45～0.55 水胶比条件下，使用尾矿骨料的混凝土弹性模量较高，这与强度发展规律一致。

表 5.1-24　大坝常态混凝土水胶比试验弹性模量及增长率

编号	弹性模量/GPa			弹性模量增长率/%		
	7d	28d	90d	7d	28d	90d
YQD7	26.2	30.5	33.8	86	100	111
YQD8	25.2	28.1	31.2	90	100	111
YQD9	24.1	27.3	30.4	88	100	111
YQD10	17.5	25.5	28.4	69	100	111
YQD11	16.8	23.2	25.8	72	100	111
YQD12	15.5	22.4	25.1	69	100	112

5.1.3.5 大坝混凝土干缩

大坝大体积混凝土水胶比试验干缩值趋势见图 5.1-8。试验结果表明：

①保持单位用水量基本不变时，水胶比增加，胶凝材料总量减少，尾矿骨料混凝土的干缩率减小。

②在相同水胶比条件下，尾矿骨料三级配坝内大体积混凝土的干缩率大于四级配坝内大体积混凝土的干缩率。

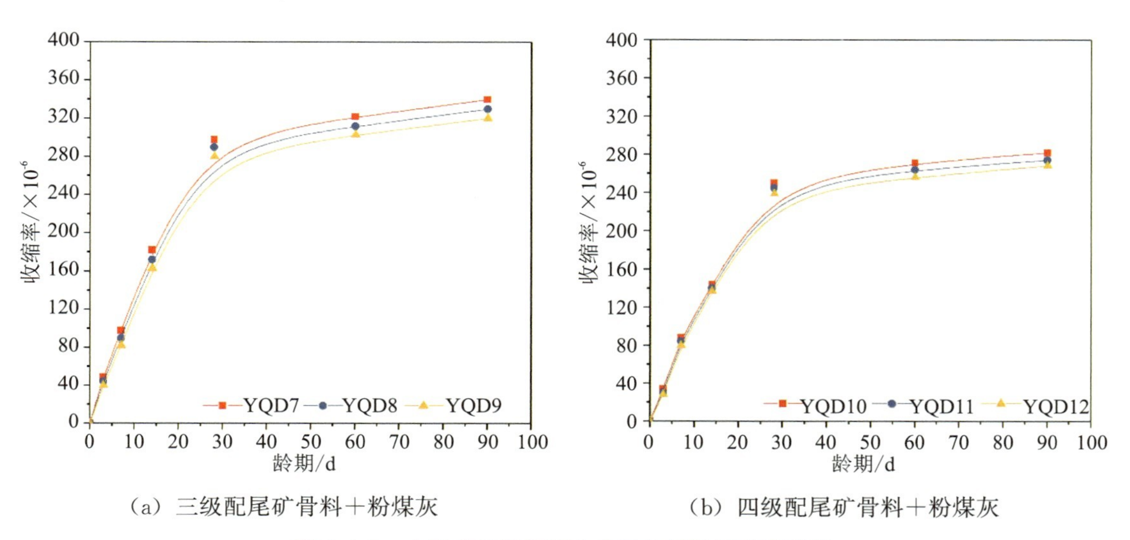

(a) 三级配尾矿骨料＋粉煤灰　　(b) 四级配尾矿骨料＋粉煤灰

图 5.1-8　大坝大体积混凝土水胶比试验干缩值趋势

5.1.3.6 大坝混凝土抗渗性能

大坝常态混凝土水胶比试验抗渗性能试验结果见表5.1-25。试验结果表明：采用不同矿物掺和料和不同骨料组合的大坝混凝土抗渗性能满足W6的设计要求。不同矿物掺和料和不同骨料组合对混凝土抗渗性能的影响差异性较小。

表5.1-25　大坝常态混凝土水胶比试验抗渗性能试验结果

编号	最大水压力/MPa	平均渗水高度/mm	抗渗等级
YQD7	0.8	3.0	>W6
YQD8	0.8	3.2	>W6
YQD9	0.8	3.7	>W6
YQD10	0.8	3.5	>W6
YQD11	0.8	3.8	>W6
YQD12	0.8	4.3	>W6

5.1.3.7 大坝混凝土抗冻性能

大坝常态混凝土水胶比试验抗冻性能试验结果见表5.1-26。试验结果表明：尾矿混凝土抗冻性能满足F50的设计要求。

表5.1-26　大坝常态混凝土水胶比试验抗冻性能试验结果

编号	质量损失率/%	相对动弹性模量/%
	50次	50次
YQD9	0.7	96
YQD12	0.8	96

5.1.4 结构混凝土配合比设计与优选

5.1.4.1 结构混凝土试验方案及拌和物性能

采用嘉华42.5中热硅酸盐水泥、利源Ⅱ级粉煤灰、博特JM-Ⅱ（T）缓凝型高效减水剂、博特GYQ引气剂进行试验，结构混凝土水胶比试验配合比及拌和物性能试验结果见表5.1-27。控制混凝土坍落度为40～70mm，混凝土含气量为3.5%～4.5%。选择JM-Ⅱ（T）高效减水剂掺量为0.8%，引气剂掺量以使混凝土含气量达到3.5%～4.5%为准，采用0.40、0.45、0.50水胶比，25%粉煤灰掺量，采用尾矿骨料进行结构混凝土水胶比选择试验。试验结果表明：

①在合适的用水量和外加剂掺量情况下，尾矿骨料可配制出坍落度和含气量满足要求的结构混凝土；

②使用尾矿骨料的二级配混凝土用水量比三级配混凝土高15kg/m^{3}左右。

表 5.1-27　　结构混凝土水胶比试验配合比及拌和物性能试验结果

编号	坍落度/mm	含气量/%	凝结时间	
			初凝	终凝
YQD3	45	3.8	—	—
YQD2	45	3.5	—	—
YQD4	80	4.0	—	—
YQD26	65	3.5	13h25min	18h40min
YQD27	50	3.8	13h50min	18h50min
YQD28	55	3.5	13h10min	18h35min

5.1.4.2　结构混凝土抗压强度

结构混凝土抗压强度与胶水比的关系曲线见图 5.1-9。试验结果表明：同等水胶比条件下，二级配混凝土抗压强度略高于三级配混凝土。

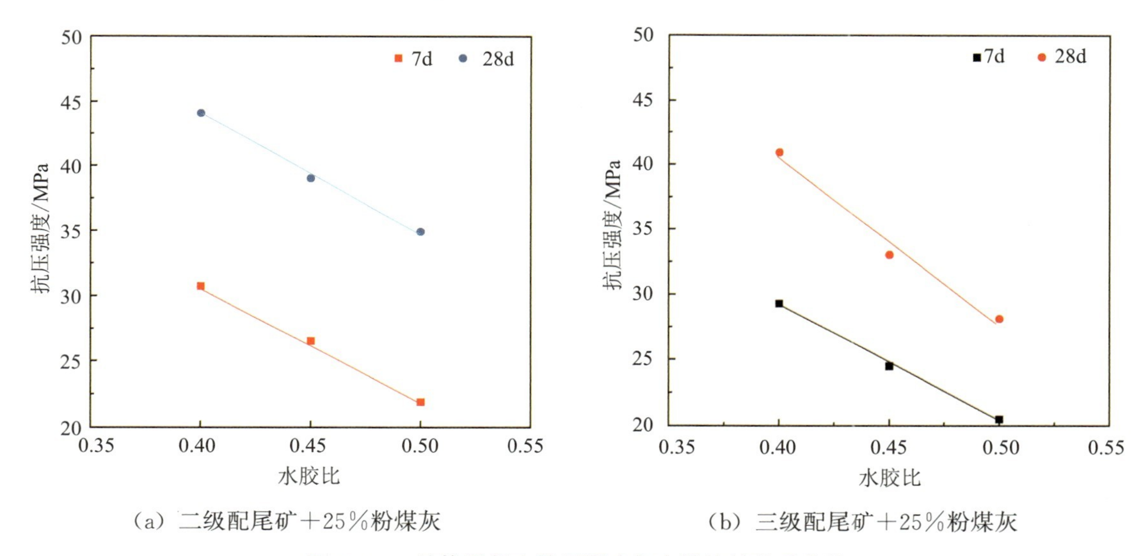

(a) 二级配尾矿+25%粉煤灰　　(b) 三级配尾矿+25%粉煤灰

图 5.1-9　结构混凝土抗压强度与水胶比的关系曲线

5.1.4.3　结构混凝土极限拉伸值

结构混凝土水胶比试验极限拉伸值及增长率见表 5.1-28，增长率以结构混凝土 28d 极限拉伸值为基准。试验结果表明：极限拉伸值及其增长率符合混凝土极限拉伸值发展的一般规律。

表 5.1-28　　结构混凝土水胶比试验极限拉伸值及增长率

编号	极限拉伸值/$\times10^{-6}$			极限拉伸值增长率/%		
	7d	28d	90d	7d	28d	90d
YQD3	95	111	122	86	100	110
YQD2	90	104	112	87	100	108

续表

编号	极限拉伸值/×10⁻⁶			极限拉伸值增长率/%		
	7d	28d	90d	7d	28d	90d
YQD4	85	100	108	85	100	108
YQD26	80	96	102	83	100	106
YQD27	77	91	98	85	100	108
YQD28	73	87	94	84	100	108

5.1.4.4 结构混凝土弹性模量

结构混凝土水胶比试验弹性模量及增长率见表5.1-29，增长率以结构混凝土28d弹性模量为基准。试验结果表明：二级配混凝土7d弹性模量增长率与三级配混凝土的增长率接近。

表 5.1-29　　结构混凝土水胶比试验弹性模量及增长率

编号	弹性模量/GPa			弹性模量增长率/%		
	7d	28d	90d	7d	28d	90d
YQD3	28.7	33.2	36.5	86	100	110
YQD2	27.4	31.5	35.0	87	100	111
YQD4	26.2	29.4	32.9	89	100	112
YQD26	27.6	32.1	36.1	86	100	112
YQD27	26.5	30.9	34.1	91	100	110
YQD28	25.3	28.4	32.2	91	100	113

5.1.4.5 结构混凝土干缩

结构混凝土水胶比试验干缩率发展趋势见图5.1-10。结果表明：在相同水胶比条件下，尾矿骨料三级配结构混凝土的干缩率大于二级配结构混凝土的干缩率。

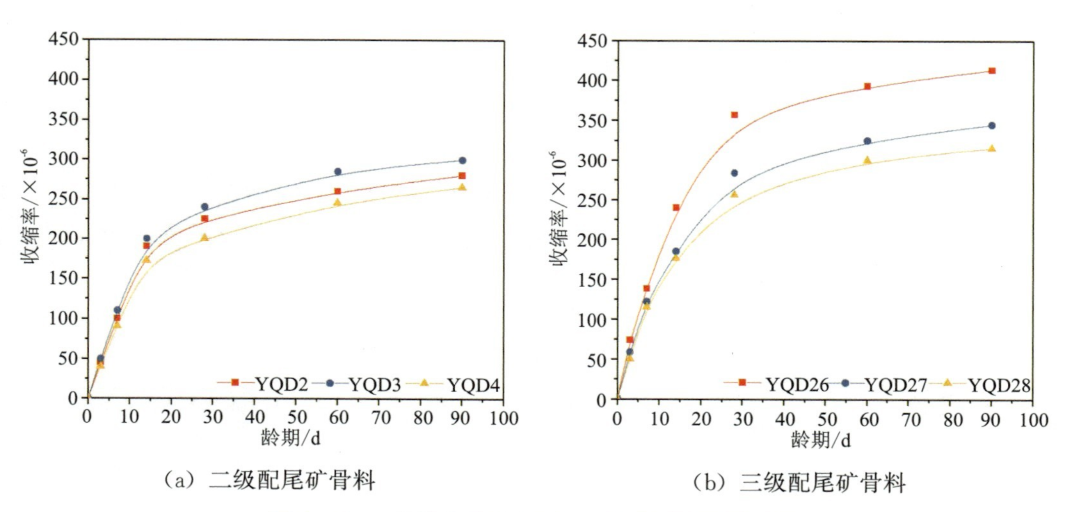

(a) 二级配尾矿骨料　　(b) 三级配尾矿骨料

图 5.1-10　结构混凝土水胶比试验干缩率发展趋势

5.1.4.6 结构混凝土抗渗性能

结构混凝土水胶比试验抗渗性能试验结果见表 5.1-30。试验结果表明：采用尾矿骨料的结构混凝土抗渗性能满足 W8 的设计要求。

表 5.1-30　结构混凝土水胶比试验抗渗性能试验结果

编号	最大水压力/MPa	平均渗水高度/mm	抗渗等级
YQD3	0.8	2.2	>W8
YQD2	0.8	2.4	>W8
YQD4	0.8	2.6	>W8
YQD26	0.8	2.5	>W8
YQD27	0.8	2.8	>W8
YQD28	0.8	3.1	>W8

5.1.4.7 结构混凝土抗冻性能

结构混凝土水胶比试验抗冻性能试验结果见表 5.1-31。试验结果表明：采用尾矿骨料的结构混凝土抗冻性能满足 F100 的设计要求。

表 5.1-31　结构混凝土水胶比试验抗冻性能试验结果

编号	质量损失率/%		相对动弹性模量/%	
	50 次	100 次	50 次	100 次
YQD4	0.2	0.9	98	95
YQD28	0.4	1.1	97	94

5.1.6 金沙水电站尾矿—磷渣粉混凝土应用研究

5.1.6.1 混凝土推荐配合比

在混凝土配合比设计与优选成果试验推荐配合比的基础上，结合金沙水电站原材料实际招标采购情况，采用瑞丰 42.5 中热硅酸盐水泥、桠华Ⅱ级粉煤灰、尾矿骨料、北京建工高性能减水剂和引气剂，以及对比华新中热水泥等，对坝内大体积四级配 C9015、大坝基础三级配混凝土 C9025、抗冲耐磨二级配混凝土 C35、厂房主体二级配混凝土 C25 这 4 个部位各选择 1 个配合比，进行尾矿骨料混凝土性能试验复核，并进行混凝土的力学、热学、变形和耐久性等特性试验。金沙水电站不同部位混凝土推荐配合比参数见表 5.1-32。

表 5.1-32　金沙水电站不同部位混凝土推荐配合比参数

编号	使用部位及设计要求	水胶比	级配	粉煤灰掺量/%	用水量/(kg/m^3)	砂率/%
JST1	溢流面表面抗冲耐磨 C35	0.40	二	10	126	34
JST2		0.40	二	10	124	34

续表

编号	使用部位及设计要求	水胶比	级配	粉煤灰掺量/%	用水量/(kg/m³)	砂率/%
JST3	厂房主体 C25	0.45	二	25	126	34
JST4	大坝基础混凝土 C_{90}25	0.50	三	30	116	28
JST5	坝内大体积 C_{90}15	0.55	四	40	104	26
JST6	坝内大体积 C_{90}15	0.58	四	40	104	26

5.1.6.2 拌和物性能

混凝土水胶比试验配合比及拌和物性能试验结果列于表 5.1-33。试验结果表明：在减水剂和引气剂合适的掺量下，采用尾矿骨料可以配制出满足设计要求的混凝土坍落度和含气量。

表 5.1-33　　混凝土推荐配合比拌和物试验结果

编号	坍落度/mm	含气量/%
JST1	65	3.8
JST2	60	3.6
JST3	55	4.3
JST4	65	4.0
JST5	62	3.7
JST6	65	3.8

5.1.6.3 拌和物离析试验

由于尾矿骨料密度较大，通常为 3100～3200kg/m³，水泥基材料密度与尾矿骨料密度存在较大差异，为明确试验拌和成型过程中尾矿是否会与水泥基材料发生离析，开展了全级配混凝土试件拌和、浇筑、成型全过程中尾矿骨料在混凝土中的分布均匀性研究。

同步对比粉煤灰与磷渣粉两种不同密度掺和料拌制水泥砂浆与尾矿骨料的黏结性能。成型全级配混凝土试件，尺寸选择 450mm×450mm×450mm 立方体试件和 φ450mm×900mm 圆柱体试件。

（1）拌和物中骨料分布特性

选取大坝大体积混凝土配合比（水胶比 0.55，四级配），开展全级配混凝土拌和特性试验，粉煤灰与磷渣粉的掺量均控制为 30%，尾矿骨料最大粒径达到 150mm。混凝土拌和物分层浇筑，采用行星插入式振捣器（ZN90）振捣密实。混凝土拌和与成型根据《水工混凝土试验规程》（SL 352—2020）进行，全级配混凝土试件拌和与成型照片见图 5.1-11。试验过程中观察到，尾矿骨料表面均匀包裹着水泥浆，尾矿与水泥基材料拌和较为均匀，拌和后摊铺时有部分大粒径尾矿滚落至边缘，经人工翻铲均匀后浇筑至大尺寸试模。

(a)

(b)

图 5.1-11　全级配混凝土试件拌和与成型照片

（2）硬化混凝土中骨料分布特性

将成型脱模后的全级配混凝土试模置于标准养护室养护至 28d 龄期，全级配立方体试件在 3000kN 试验机上劈裂破坏，全级配圆柱体试件在 15000kN 压力试验机上劈裂破坏。试件加载与破坏照片分别见图 5.1-12 至图 5.1-14。

(a)

(b)

(c)

图 5.1-12　掺粉煤灰全级配混凝土立方体试件破坏形态

(a)

(b)

(c)

图 5.1-13　掺磷渣粉全级配混凝土立方体试件破坏形态

(a)

(b)

(c)

图 5.1-14 掺粉煤灰全级配混凝土圆柱体试件破坏形态

从上述试验结果可以看出，尾矿骨料在硬化混凝土中分布基本均匀，未发现尾矿骨料下沉或尾矿与水泥砂浆离析的现象。混凝土试件劈裂破坏时，整体来看，试件破坏面呈高低起伏状，说明尾矿骨料与水泥砂浆的黏结较好，大部分尾矿处于被拔出状态，特别是尺寸较大、边缘较为光滑或形态偏椭圆形的尾矿骨料，大多是从与水泥砂浆界面处脱落破坏，大尺寸尾矿边缘处存在明显的界面脱落痕迹；这说明混凝土试件承荷时部分部位发生应力集中，能量选择从最薄弱环节释放，沿尾矿骨料边缘释放产生裂缝。另外，也有少量尾矿发生劈裂破坏，较多发生在具有尖锐棱角和含有类似于编号 3-1-1 矿物成分的尾矿中。试验过程中也观察到，采用磷渣粉作为掺和料时混凝土的劈裂抗拉强度高于粉煤灰混凝土。

5.1.6.4 力学性能

推荐配合比混凝土的力学性能试验结果见表 5.1-34。试验结果表明：

①采用瑞丰 42.5 中热硅酸盐水泥与华新 42.5 中热硅酸盐水泥配制的混凝土强度均满足设计要求。

②相同试验条件下，华新 42.5 中热硅酸盐水泥配置的混凝土强度略高于瑞丰 42.5 中热硅酸盐水泥混凝土。

③对于相同配合比，轴拉强度略高于劈拉强度。

表 5.1-34 推荐配合比混凝土的力学性能试验结果

编号	抗压强度/MPa			劈拉强度/MPa			轴拉强度/MPa		
	7d	28d	90d	7d	28d	90d	7d	28d	90d
JST1	27.5	42.7	48.2	2.07	3.02	3.29	2.19	3.10	3.43
JST2	29.4	43.8	49.7	2.14	3.13	3.36	2.24	3.17	3.51
JST3	23.9	33.4	41.6	1.55	2.46	2.80	1.96	2.87	3.14
JST4	15.8	28.7	32.1	1.30	1.77	2.21	1.81	2.68	2.92
JST5	12.0	19.5	23.8	0.90	1.25	1.72	1.35	1.94	2.28
JST6	10.1	15.5	19.6	0.81	1.12	1.58	1.25	1.78	2.06

5.1.6.5 热学性能

（1）绝热温升

混凝土的绝热温升指在绝热条件下，由水泥的水化热引起的混凝土的温度升高值。大体积混凝土由于结构断面尺寸较大、热传导率低，浇筑过程中胶凝材料水化释放出的水化热聚集在结构内部难以散发出去，当内外温差过大时可能导致结构出现温度裂缝。

混凝土绝热温升曲线见图 5.1-15，混凝土绝热温升的双曲线表达式及相关系数见表 5.1-35，试验结果表明：胶凝材料用量是影响混凝土绝热温升的关键要素，尾矿骨料配置的二级配、三级配、四级配混凝土的 28d 绝热温升分别为 33.2℃、25.9℃和 21.7℃。

表 5.1-35　混凝土绝热温升的双曲线表达式及相关系数

编号	双曲线表达式	相关系数
JST1	$Y=34.76\times T/(1.32+T)$	0.991
JST4	$Y=27.7\times T/(1.78+T)$	0.998
JST5	$Y=23.49\times T/(2.25+T)$	0.991

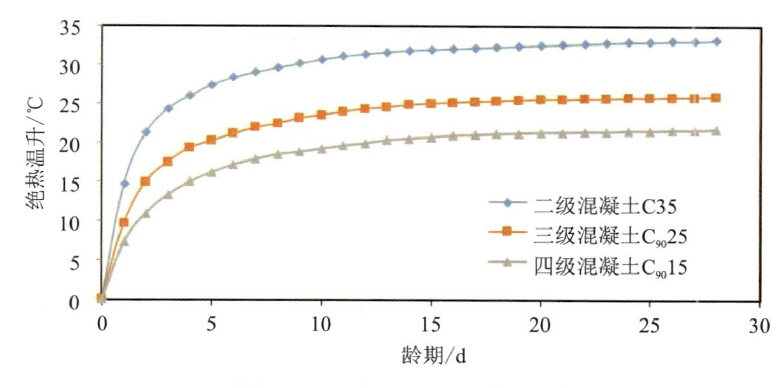

图 5.1-15　混凝土绝热温升曲线

（2）线膨胀系数、导温、导热、比热

混凝土的比热和线膨胀系数分别指温度每升高 1℃混凝土需要吸收的热量和混凝土单位长度的变化率，导温、导热系数主要表征混凝土不同部位温度趋于一致的速率，这几项热学性能参数主要与混凝土骨料种类和用量、用水量、混凝土含水率、掺和料等有关，其中骨料种类与用量是其主要影响因素。

混凝土热学性能参数试验结果见表 5.1-36。试验结果表明：尾矿骨料混凝土的线膨胀系数为 6.5×10^{-6}/℃～6.9×10^{-6}/℃。

表 5.1-36　　混凝土热学性能参数试验结果

编号	导温系数 a / (m^2/h)	比热 C / [kJ/(kg·K)]	导热系数 k / [W/(m·K)]	线膨胀系数 α / $(\times 10^{-6}/℃)$
JST1	0.002580	0.724	6.5763	6.6
JST2	0.002563	0.761	6.5738	6.6
JST3	0.002558	0.750	6.5237	6.8
JST4	0.002575	0.778	6.3812	6.9
JST5	0.002531	0.747	6.3776	6.5

5.1.6.6　耐久性能

(1) 抗渗性能

混凝土抗渗性能试验结果见表 5.1-37，试验结果表明：不同部位的混凝土抗渗性能均满足设计要求。

表 5.1-37　　混凝土抗渗性能试验结果

编号	渗水高度/mm	抗渗等级
JST1	3.5	＞W8
JST2	3.2	＞W8
JST3	4.0	＞W8
JST4	4.3	＞W8
JST5	3.6	＞W6
JST6	3.8	＞W6

(2) 抗冻性能

混凝土抗冻试验结果见表 5.1-38，试验结果表明：不同部位的混凝土抗冻性能均满足设计要求。

表 5.1-38　　混凝土抗冻性能试验结果

编号	质量损失率/%		相对动弹性模量/%	
	50 次	100 次	50 次	100 次
JST1	0.2	0.5	97	92
JST2	0.1	0.3	98	93
JST3	0.2	0.8	96	90
JST4	0.3	0.9	95	90
JST5	0.5	1.2	94	87
JST6	0.7	1.2	95	85

5.1.6.7　抗冲磨性能

采用水下钢球法研究了抗冲耐磨混凝土（C35）的抗冲磨性能，试验结果见表 5.1-39。试验结果表明：采用瑞丰中热水泥配制的抗冲磨部位混凝土的抗冲磨强度为 5.7h/(kg/m^2)。

表 5.1-39　　混凝土抗冲磨性能试验结果

编号	水胶比	级配	粉煤灰掺量/%	抗冲磨强度/[h/(kg/m^2)]	磨损率/%
JST1	0.40	二	10	5.7	4.6

5.1.7　应用效果小结

金沙水电站混凝土骨料优先采用开挖有用料，根据土石方平衡与调配，尚缺混凝土骨料 33.91 万 m^3，不足部分混凝土骨料料源有两个方案：一是从老花地人工骨料场开采加工，运距约 5km；二是购买攀钢尾矿加工料，运距约 24km。

根据研究成果，采用工程招标原材料拌制混凝土，尾矿骨料二级配、三级配和四级配常态混凝土的最优砂率分别为 34%、28%和 26%。采用尾矿骨料配制的混凝土拌和物和易性良好，不会出现离析分层等现象。根据推荐配合比，采用尾矿骨料可以配置出力学性能与耐久性满足设计要求的混凝土。采用推荐配合比配制的二、三、四级配尾矿骨料混凝土的 28d 绝热温升分别为 33.2℃、25.9℃和 21.7℃，线膨胀系数为 6.5×10^{-6}/℃～6.9×10^{-6}/℃。经初步经济比较，采用购买的攀钢尾矿加工料可节省投资约 2403.94 万元，且避免了征地、移民及环保等程序，对节能减排起到了积极作用，促进了筑坝技术进步，为水利水电工程应用天然火山灰掺和料起到了良好的示范推广作用，具有显著的技术、经济和社会环境效应。

5.2　钢渣骨料用作水工混凝土制备关键技术

工业固体废弃物污染防治与资源化处理是我国经济社会发展亟待解决的重大问题。钢渣尾渣作为大宗工业固体废弃物，其年排放量与存量规模巨大而综合资源化利用率较低，这给我国特别是长江中下游发达地区的生态环境带来巨大压力。据中钢协 2017 年统计数据，我国各类钢渣累计堆放量超过 15 亿 t，钢渣的综合利用率约为 10%，距离《中国制造 2025》工业固体废弃物综合利用率达到 79%的目标尚远。当前我国大部分地区面临砂石资源供需矛盾困局，开发钢渣用作建筑原材料是实现其规模化资源利用的有效技术途径。

5.2.1　钢渣细骨料安定性测试方法适应性及评价指标研究

钢渣的安定性是制约其建筑材料资源化利用的关键技术瓶颈。钢渣中残留的 *f*-CaO 和 *f*-MgO 在水化反应过程中会逐渐生成 $Ca(OH)_2$ 和 $Mg(OH)_2$，反应前后体积分别增加 98%和 148%，部分研究认为 RO 相也会对钢渣体积稳定性产生不利影响，具体与 RO 相中 MgO/FeO 比值有关；当体积膨胀变形产生的拉应力超过混凝土自身抗拉强度就会出现开裂，屡见曝光的应用钢渣骨料的建筑工程发生结构破坏的根本原因就在于钢渣的安定性不良。选择合适的测试方法检验与评价钢渣的安定性是确保其安全应用的根本前提。

目前有关钢渣安定性的测试方法主要包括其分别用作钢渣粉与细骨料两类，详见表 5.2-1。对于应用于混凝土中钢渣粉的安定性，主要以沸煮法、压蒸法进行表征，这与混凝土的服役环境和孔隙结构特性有关；对于道路沥青混凝土和工程回填的钢渣骨料及颗粒料，主要采用浸水膨胀率这一指标进行表征，这与其在使用环境中主要面临水浸渍有关；钢渣砂的安定性主要采用压蒸粉化率、压蒸膨胀率进行表征，其中压蒸膨胀率是按固定的材料配合配制砂浆，然后在规定的条件下进行养护，最后测量砂浆试件长度的变化情况。

表 5.2-1　　现行钢渣安定性测试方法及评价指标分析

规范或标准	评价指标	限制值	钢渣颗粒	应用途径
《钢渣应用技术要求》(GB/T 32546—2016)	压蒸膨胀率	0.8%	0.15～4.75mm	作为钢渣砂用于配制砂浆
	压蒸膨胀率	0.8%	0.15～4.75mm	钢渣砂细骨料用于制备砖和砌块
	压蒸膨胀率	0.8%	5～20mm	钢渣粗骨料用于制备砖和砌块
《钢渣粉混凝土应用技术规程》(DG/TJ 08—2013—2007)	*f*-CaO	≤3%	粉状	作为掺和料用于混凝土
	f-MgO	≤13%		
	雷氏夹法	≤5mm		
	压蒸法	合格		
《用于水泥和混凝土中的钢渣粉》(GB/T 20491—2006)	*f*-CaO	≤3%	粉状	作为掺和料用于混凝土
	碱度系数	≥1.8		
	沸煮法	合格		
	压蒸法	合格		
《钢铁渣粉混凝土应用技术规范》(GB/T 50912—2013)	沸煮安定性	合格	粉状	作为掺和料用于混凝土
	6h 压蒸膨胀率	≤0.5%		
《道路用钢渣》(GB/T 25824—2010)	浸水膨胀率	≤2%	0.6～37.5mm	用于制备钢渣沥青路面
《工程回填用钢渣》(YB/T 801—2008)	浸水膨胀率	≤2%		用做回填颗粒料
《普通预拌砂浆用钢渣砂》(YB/T 4201—2009)	压蒸粉化率	≤5.9%	0.15～4.75mm	用于配制预拌砂浆
《水泥混凝土路面用钢渣砂应用技术规程》(YB/T 4201—2009)	压蒸粉化率	≤5.9%	0.15～4.75mm	作为钢渣砂用于配制混凝土
《钢渣复合料》(GB/T 28294—2012)	沸煮安定性	合格	0.15～4.75mm	将钢渣与石膏、硅酸盐相、矿渣等复合，制成水硬性材料
	压蒸安定性			

注：范围取值包含上限不包含下限。

当钢渣用作砂浆或混凝土细骨料时，采用雷氏夹法、压蒸粉化率法与压蒸法对比检测钢渣砂安定性差异的试验结果表明，钢渣的体积安定性并非简单地随 f-CaO 的含量增大而降低，雷氏夹法及压蒸粉化率法在衡量钢渣体积安定性方面均不可靠，建议采用压蒸法测定强度变化进行安定性评判。有研究认为仅当 f-CaO 含量或者压蒸粉化率特别高时才适用雷氏夹法或压蒸粉化率法检验钢渣的体积安定性，根据压蒸后试块是否破碎以及压蒸后试样的强度变化判断钢渣的体积安定性更为合理。康明认为采用“混凝土评定方法”评定钢渣在混凝土中的安定性更为合理，并提出钢渣细颗粒料用作砂时其掺量应控制在 50% 以下，当钢渣砂掺量为 35%时，钢渣石掺量不宜超过 25%。由于钢渣排放与处理工艺的不同，钢渣矿物与化学组成差异大，根据其具体应用途径及服役环境特点选择合适的安定性测试与评价方法尤为重要。

5.2.1.1 原材料及实验方法

（1）水泥

试验选用嘉华 42.5 中热硅酸盐水泥开展不同品种钢渣的安定性检验与评价，钢渣的颗粒级配见表 5.2-2 。分别选择盘南 F 类 Ⅰ 级粉煤灰（FA）、S95 矿渣粉（BFS）和艾肯硅粉（SF）进行钢渣的高温水养护安定性试验，其中盘南 Ⅰ 级粉煤灰与 S95 矿渣粉的比表面积分别为 360m^2/kg 和 450m^2/kg。

表 5.2-2 钢渣的颗粒级配

钢渣品种	各孔径筛累计筛余量/%						石粉含量（$d\leqslant$0.16mm 颗粒）/%	细度模数
	4.75mm	2.5mm	1.25mm	0.63mm	0.315mm	0.16mm		
BG-RFS	1.56	47.08	63.72	80.30	88.74	92.53	7.47	3.7
BG-HSS	0.02	20.56	35.28	57.22	75.40	80.62	19.38	2.7
MG-HSS	0.10	26.84	56.04	72.26	82.34	89.41	10.59	3.2
MG-RFS	0.19	40.24	70.13	85.31	93.82	96.39	3.61	3.9
EG-SDS	0.00	18.20	31.10	50.60	73.10	86.60	13.40	2.8
DL/T 5144—2015 技术要求	—	—	—	—	—	—	6.00～18.00	2.4～2.8

（2）钢渣

选取多个厂家排放的 BG-滚筒渣（BG-RFS）、MG-滚筒渣（MG-RFS），BG-热泼渣（BG-HSS）、MG-热泼渣（MG-HSS）和 ER-热闷渣（ER-SDS）共 5 种钢渣，分别经过 4.75mm 方孔筛后用作安定性试验细骨料。参照《水工混凝土砂石骨料试验规程》（DL/T 5151—2014）的技术要求，分别对几种钢渣颗粒料（≤4.75mm）进行品质检验，钢渣作为细骨料的品质检验结果见表 5.2-3，钢渣的颗粒级配分布见图 5.2-1。

表 5.2-3　　钢渣作为细骨料的品质检验结果

钢渣品种	表观密度/(kg/m^3)	饱和面干吸水率/%	坚固性/%	云母含量/%	泥块含量/%
BG-RFS	3520	1.40	0.1	0	0
BG-HSS	3240	4.90	0.4	0	0
MG-HSS	3450	2.09	0.2	0	0
MG-RFS	3470	1.98	0.3	0	0
EG-SDS	3420	2.80	0.5	0	0
DL/T 5144—2015 人工砂品质要求	≥2500	—	≤8.0	≤2	不允许

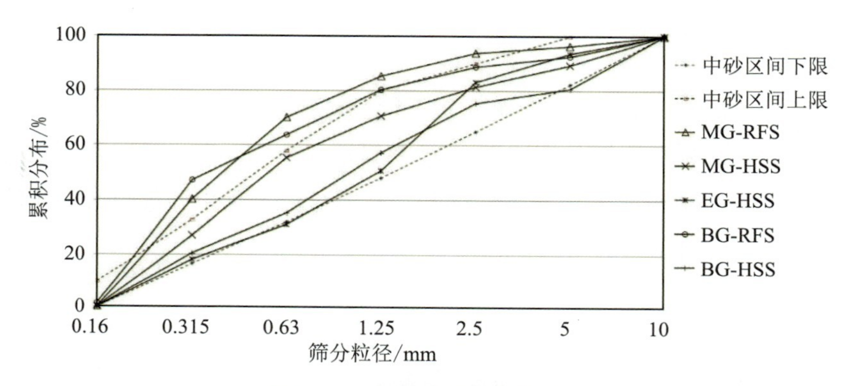

图 5.2-1　钢渣的颗粒级配分布

从细度模数看，除 BG-HSS 和 EG-SDS 的细度模数达到《水工混凝土施工规范》(DL/T 5144—2015) 人工砂技术要求外，其他几种钢渣均超过《水工混凝土施工规范》(DL/T 5144—2015) 人工砂的相关技术要求，属于粗砂；从颗粒级配分布也可以看出，其他几种钢渣中粒径（0.315～2.50mm）范围内颗粒含量偏高，粒径（≤0.16mm）颗粒含量偏低，滚筒渣的石粉含量更低，导致钢渣的细度模数偏大。

5.2.1.2　安定性测试方法

以钢渣用作混凝土细骨料为研究对象，分别采用压蒸膨胀率、压蒸粉化率、分级压蒸膨胀率及高温水养护膨胀率等试验方法，对比分析不同品种钢渣的安定性差异。

（1）压蒸膨胀率试验

参照《钢渣应用技术要求》(GB/T 32546—2016) 附录 A “钢渣压蒸膨胀率试验方法”进行，其试验原理是将钢渣用作砂拌制砂浆，在饱和蒸汽压下压蒸，加速钢渣中的 f-CaO 和 f-MgO 快速反应膨胀，通过测得砂浆的压蒸膨胀率判定将钢渣用作砂是否会产生不安定体积变形。

（2）压蒸粉化率试验

参照《钢渣稳定性试验方法》（GB/T 24175—2009）相关规定进行，其试验原理是使钢渣在饱和蒸汽条件下压蒸，使钢渣中的 *f*-CaO 和 *f*-MgO 消解粉化，钢渣试样的颗粒粒径范围为 4.75～2.36mm，以压蒸后通过 1.18mm 方孔筛筛余颗粒质量与钢渣试样总量的比值，即压蒸分化率来评价钢渣的安定性。《普通预拌砂浆用钢渣砂》（YB/T 4201—2009）和《水泥混凝土路面用钢渣砂应用技术规程》（YB/T 4329—2012）均规定压蒸粉化率不超过 5.9%时钢渣安定性合格。

（3）分级压蒸膨胀率试验

将钢渣细颗粒（4.75mm 以下）筛分得到粒径范围 0.16～0.315mm 和 2.50～4.75mm 两个粒级颗粒，参照上述压蒸膨胀率方法进行，判断不同级配钢渣的安定性。

（4）高温水养护膨胀率试验

基于高温水养护加速钢渣中 *f*-CaO 和 *f*-MgO 消解原理，自主提出 60℃和 80℃水养护观测钢渣用作细骨料的砂浆试件膨胀率及完整性，判定钢渣砂浆安定性。

5.2.1.3 压蒸膨胀率试验

BG-RFS、BG-HSS、MG-HSS、MG-RFS 与 EG-SDS 等 5 种钢渣用作细骨料的砂浆压蒸膨胀率试验结果见表 5.2-4，不同类型钢渣砂浆试件经过压蒸后的形态见图 5.2-2。从表 5.2-4 中的压蒸膨胀率试验结果可以看出，BG-RFS 和 MG-RFS 作为细骨料的试件压蒸膨胀率分别为 0.34%和 0.07%，均满足《钢渣应用技术要求》（GB/T 32546—2016）中压蒸膨胀率不超过 0.8%的规范要求；不同类型钢渣砂浆试件经过压蒸后的形态见图 5.2-2，BG-HSS 和 EG-SDS 作为细骨料的砂浆试件经过压蒸后全部粉碎。

表 5.2-4　　钢渣用作细骨料的砂浆压蒸膨胀率试验结果

钢渣	压蒸膨胀率/%	备注
BG-RFS	0.34	试件有破损和剥落
BG-HSS	—	试件全部粉碎
MG-HSS	0.07	试件完整性较好
MG-RFS	—	试件全部粉碎
EG-SDS	—	试件全部粉碎

值得注意的是，BG-RFS 作为细骨料的砂浆试件经过压蒸后表面明显可见局部点蚀和剥落现象，MG-RFS 作为细骨料时砂浆试件表面完整性较好，《钢渣应用技术要求》（GB/T 32546—2016）等标准仅将压蒸膨胀率作为安定性判定依据，并未对压蒸后试件表面局部出现点蚀或剥落是否视为安定性不良进行明确说明。

（a）BG-RFS
砂浆试件

（b）BG-HSS
砂浆试件

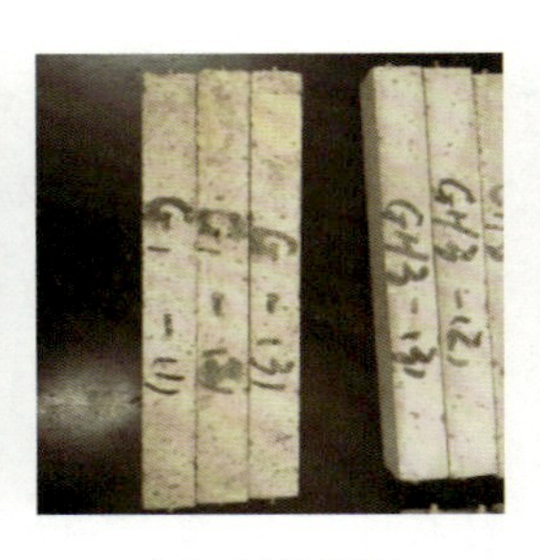

（c）MG-RFS
砂浆试件

（d）EG-SDS
砂浆试件

图 5. 2-2　不同类型钢渣砂浆试件经过压蒸后的形态

5. 2. 1. 4　压蒸粉化率试验

（1）压蒸粉化率

5 种钢渣细骨料的压蒸粉化率试验结果见图 5. 2-3。BG-RFS 与 MG-RFS 的压蒸粉化率分别为 1. 20％和 1. 40％，均低于《普通预拌砂浆用钢渣砂》（YB/T 4201—2009）和《水泥混凝土路面用钢渣砂应用技术规程》（YB/T 4329—2012）中压蒸粉化率不超过 5. 9％的技术要求；BG-HSS 的压蒸粉化率为 26. 5％，远超过 5. 9％技术要求；BG-HSS 的压蒸粉化率为 4. 61％，EG-SDS 的压蒸粉化率为 2. 26％，均低于 5. 9％的技术要求。经过压蒸后各钢渣试样的粗颗粒含量减小、细颗粒量增加，这也反映出压蒸过程中粒径较大的粗颗粒内的部分 *f*-CaO 和 *f*-MgO 在高压水蒸气作用下快速水解反应，粗颗粒消解粉化，使钢渣颗粒平均粒径细化，该试验结果与文献观测得到的试验现象一致。

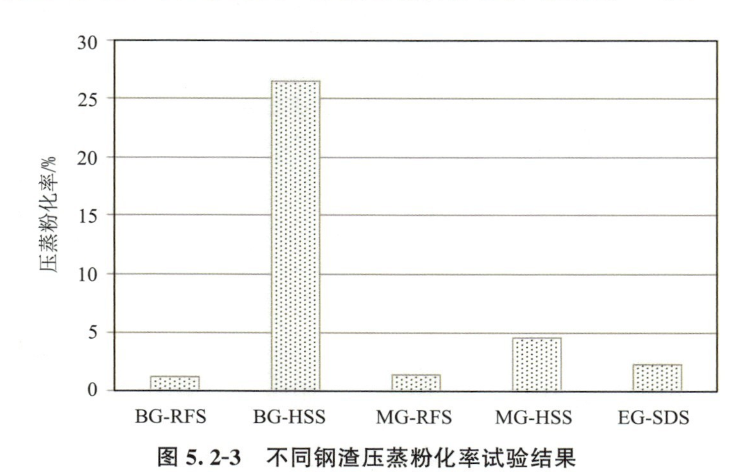

图 5. 2-3　不同钢渣压蒸粉化率试验结果

结合前述压蒸安定性试验结果，尽管 MG-HSS 和 EG-SDS 的压蒸粉化率满足《普通预拌砂浆用钢渣砂》（YB/T 4201—2009）和《水泥混凝土路面用钢渣砂应用技术规程》（YB/T 4329—2012）中压蒸粉化率不超过 5. 9％的规范要求，但经过压蒸后砂浆试件均断裂、粉碎。分析认为，尽管该类型钢渣内含有的部分 *f*-CaO 和 *f*-MgO 在压蒸条件下发生消解粉化的量较少，但当用作细骨料时，这部分反应引起的膨胀会在砂浆内形成局部应力集中而发生开裂、剥落或断裂，即 f-CaO 和 f-MgO 的不均匀分布产生的危害相比其量的增加更应该引起重视。文献也提出钢渣内 f-CaO 和 f-MgO 基本呈局部集中或聚集分布，其水化生成的 $Ca(OH)_2$、$Mg(OH)_2$ 也呈局部集中分布且以无定形或小晶体形态存在，随着水化进行，初期形成的 $Ca(OH)_2$、$Mg(OH)_2$ 晶体逐渐增大不断挤压周围的水化产物，使硬化浆体内部产生局部膨胀压力和结构受力不均匀并最终导致材料膨胀开裂；文献通过对游离氧化钙水泥的显微结构进行分析，印证了其局部集中不均匀膨胀的特点。

（2）压蒸粉化率与压蒸前后成分变化的关系

压蒸前后钢渣颗粒 f-CaO 与 MgO 含量对比分析见图 5.2-4，钢渣压蒸粉化率与压蒸前后 MgO/Fe_2O_3 比值的关系见图 5.2-5。

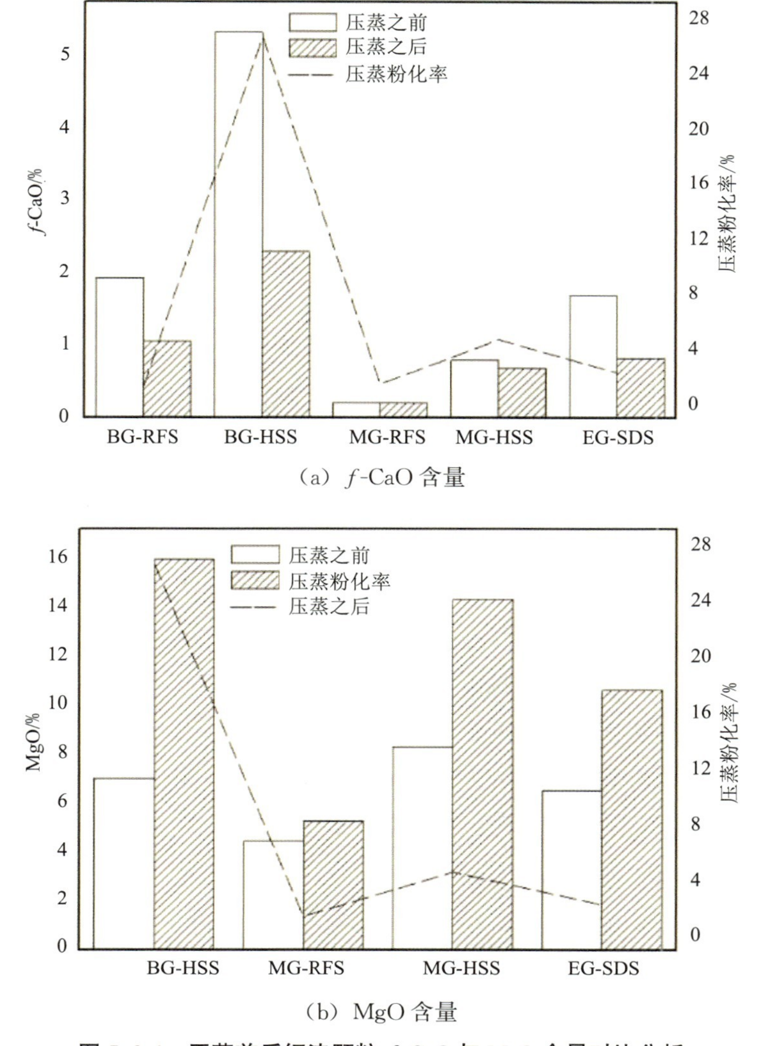

图 5.2-4 压蒸前后钢渣颗粒 f-CaO 与 MgO 含量对比分析

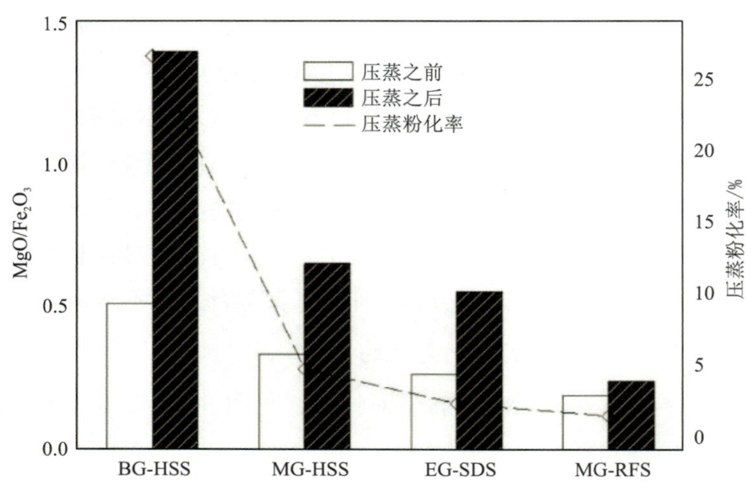

图 5.2-5　钢渣压蒸粉化率与压蒸前后 MgO/Fe_2O_3 比值的关系

从压蒸前后化学组成看，经过压蒸后钢渣的 MgO、CaO、Fe_2O_3、CO_2 含量变化明显，经过压蒸后 MgO 和 CO_2 含量增加、CaO 和 Fe_2O_3 含量降低，变化幅度从大到小依次为：MgO>CaO>Fe_2O_3>CO_2。压蒸前选取的是粒径范围 4.75～2.36mm 的钢渣颗粒，压蒸后测试对象为经过 1.18mm 方孔筛的细颗粒；从试验结果来看，经过压蒸后钢渣粗颗粒内 f-MgO 消解程度较高，经过 1.18mm 方孔筛后颗粒中 MgO 含量占比相对增加，导致经过压蒸后钢渣细颗粒中 MgO 含量增加。

比较不同类型钢渣压蒸前后的化学组成变化幅度，热泼渣与热闷渣经过压蒸后化学成分变化幅度较大，滚筒渣的化学成分变化幅度最小；压蒸前后钢渣 f-CaO 含量对比分析结果与上述化学成分分析结果一致，即滚筒渣的化学成分相对更加稳定。

钢渣的压蒸粉化率与 f-CaO、MgO 含量以及 MgO/Fe_2O_3 比值之间存在良好的对应关系，即 f-CaO 和 MgO 含量越高的钢渣，其压蒸粉化率也相对较高；经过压蒸后 f-CaO 含量降幅越大、MgO 含量增幅越大，钢渣的压蒸粉化率越大；钢渣原样中 MgO/Fe_2O_3 比值越高，钢渣的压蒸粉化率越大；经过压蒸后钢渣的 MgO/Fe_2O_3 比值呈不同幅度增长，该比值增幅越大、压蒸粉化率越高。

为保证钢渣体积稳定性，应高度重视钢渣中 f-CaO 和 f-MgO 含量的影响，由于难以准确定量表征钢渣中以游离态存在的方镁石含量，在钢渣应用过程中应格外重视 MgO 含量控制并重点关注 RO 相中 MgO/FeO 的比值。

5.2.1.5　分级压蒸膨胀率试验

目前仅有部分文献对不同级配钢渣粉的碳化效果进行研究，有关钢渣细骨料的颗粒级配与安定性的相关研究较少。根据前述试验结果，MG-RFS 的安定性相对较好，现采用分级试验方法，将 MG-RFS 细骨料 4.75mm 以下筛分得到粒径范围 0.15～0.315mm 和 2.50～4.75mm 的颗粒，开展压蒸膨胀率试验以确定不同级配对安定性的影响。

经过压蒸后两组不同粒径钢渣成型砂浆试件的安定性均不合格。其中，粒径范围 0.16～0.315mm 的颗粒砂浆试件经压蒸后完全粉碎，粒径范围 2.50～4.75mm 的颗粒砂浆试件断裂破坏，见图 5.2-6。

(a) 粒径 0.16～0.315mm

(b) 粒径 2.50～4.75mm

图 5.2-6　压蒸后不同粒径钢渣细骨料砂浆试件形态

对比钢渣颗粒料分级压蒸与混合原样压蒸试验结果可知，相较于原样 MG-RFS（0.16～4.75mm）经过压蒸后膨胀率可测（0.07%）且表面完整性较好，经过分级后钢渣颗粒料砂浆试件完全粉碎或断裂，表明单一级配钢渣颗粒料用作细骨料时比连续级配骨料安定性问题更加严重。分析认为，单一级配钢渣颗粒料经过高温压蒸后，由 *f*-CaO、*f*-MgO 水化生成 $Ca(OH)_2$ 和 $Mg(OH)_2$ 产生的体积膨胀更易在局部富集引起试件开裂，而连续级配颗粒料经压蒸产生的体积膨胀会有部分被各级骨料间空隙消纳，通过紧密堆积起到一定程度的膨胀弥散效果。因此，钢渣细颗粒料用作细骨料时，应优先考虑连续级配。

5.2.1.6　高温水养试验

选择 BG-RFS 进行高温水养试验，养护水温分别为 60℃、80℃，钢渣细骨料砂浆试件的膨胀率试验结果见图 5.2-7。

显而易见，提高养护水温会加速钢渣颗粒料的膨胀，加快钢渣颗粒料砂浆试件的膨胀开裂速度。60℃、80℃水温养护条件下经过一段时间养护后砂浆试件均断裂，养护水温越高，开裂破坏时间越早，60℃与 80℃水温养护下试件断裂龄期分别为 120～150d 和 28～56d。对于试验用 BG-RFS，掺入 15%～50%的粉煤灰、矿渣粉或 3%～8%硅粉，均不能有效抑制钢渣颗粒料的不均匀膨胀。

值得注意的是，掺入不同品种、不同掺量活性掺和料时，钢渣颗粒料砂浆试件开裂破坏时对应的临界膨胀率基本一致，即为 0.06%左右；当钢渣颗粒料砂浆试件的膨胀率接近或达到 0.06%时，试件发生膨胀开裂破坏。

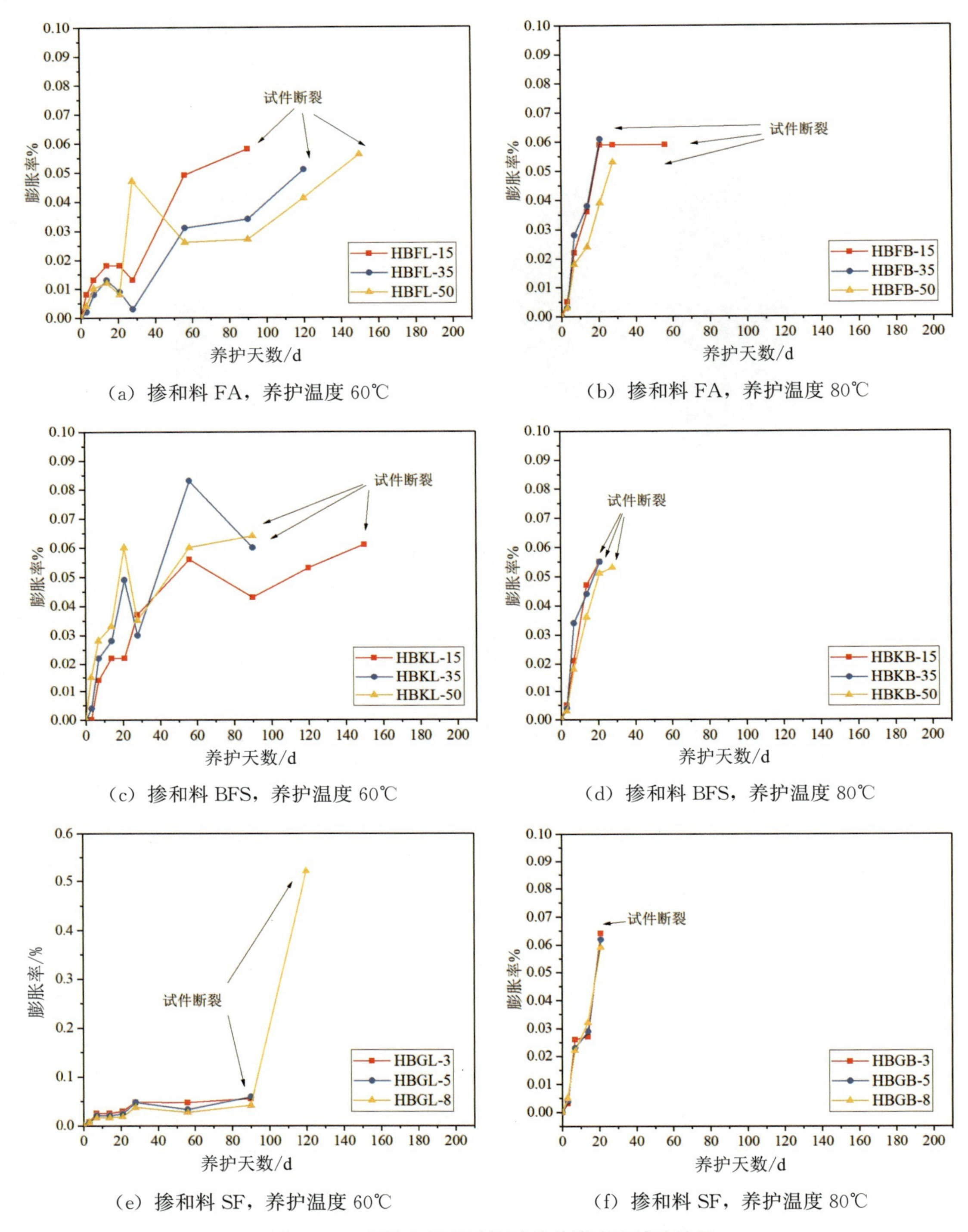

图 5.2-7　钢渣细骨料砂浆试件的膨胀率试验结果

5.2.1.7　各测试方法与评价指标比较分析

综合比较上述压蒸膨胀率、压蒸粉化率、分级压蒸膨胀率以及高温水养护膨胀率等试验方法时热泼渣、热闷渣和滚筒渣的体积安定性试验结果，发现滚筒钢渣的体积安定性明显优于热泼渣与热闷渣。

基于前述压蒸粉化率试验结果，MG-HSS 和 EG-SDS 分别采用压蒸粉化率与压蒸膨胀率进行安定性检验时，根据测试结果判定钢渣的安定性互相矛盾，即压蒸粉化率满足相关规范要求但压蒸膨胀率不合格；分析认为钢渣内残留 f-CaO 和 f-MgO 经过压蒸消解粉化的量即使相对较少，但当其用作骨料时，这部分膨胀在砂浆内形成的局部应力足以引发开裂、剥落或断裂破坏，与控制 f-CaO 和 f-MgO 含量相比，更应该重视其不均匀分布带来的安定性不良问题。相比较而言，在钢渣安定性检验时，压蒸膨胀率试验方法相比压蒸粉化率测试方法更为严苛，相对更安全。

除此之外，当钢渣用作细骨料时，应优先考虑连续级配。单一级配钢渣颗粒料经过高温压蒸后产生的体积膨胀更易在局部富集引起试件开裂，而连续级配颗粒料经压蒸产生的体积膨胀会有部分被各级骨料间空隙消纳，通过紧密堆积起到一定程度的膨胀弥散效果。值得注意的是，在高温水养护膨胀率试验中发现，无论掺和料种类与掺量如何变化，当钢渣颗粒料砂浆试件的膨胀率接近或达到 0.06%时，试件均会发生膨胀开裂破坏，可以进一步探讨采用高温水养护膨胀率方法用于检验或评价钢渣安定性时，将膨胀率不超过 0.06%作为判定依据的合理性。

综合考虑测试周期、测试结果的敏感性及应用安全性，建议采用压蒸膨胀率测试方法检验和评价钢渣安定性，并结合“压蒸膨胀率”和“外观完整性”双控指标进行安定性评价。

5.2.2 水工混凝土用钢渣细骨料关键技术研究

5.2.2.1 钢渣作为细骨料对水泥胶砂流动性及强度的影响

根据《水泥胶砂强度检验方法（ISO 法）》（GB/T 17671—1999），采用迪庆中热硅酸盐水泥，对比分析将钢渣用作细骨料与标准砂、灰岩砂配制砂浆胶砂强度的影响，研究掺入不同品种活性掺和料对钢渣砂胶砂的强度及增长率的影响规律。

（1）用水量与流动度

固定水泥用量（450g）和细骨料用量（1350g），胶/砂比 1∶3，首先固定用水量 225g，对比钢渣细骨料、标准砂、灰岩人工砂对水泥胶砂用水量与流动度的影响，见表 5.2-5。

表 5.2-5　不同细骨料胶砂用水量与流动度对比

指标	细骨料品种				
	标准砂 BS	灰岩人工砂 HY	宝钢滚筒渣 BG	武钢渣颗粒料	
				掺入减水剂 WRJ	不掺减水剂 WR
流动度/mm	227	182	190	220	226（300mL 用水量）

试验过程中发现，武钢热泼渣用作细骨料且保持用水量225mL时，胶砂流动性较差、成型困难；为改善胶砂流动性，以达到标准砂胶砂流动度，同时采取掺入少量减水剂（水泥用量的2.7%）和增加用水量的方式。

通过试验结果可知，相同用水量条件下宝钢滚筒渣颗粒料砂浆流动性优于武钢热泼渣，掺入减水剂后武钢热泼渣砂浆的流动性明显改善；固定水胶比时，宝钢滚筒渣用作细骨料时，其流动度小于标准砂砂浆但大于灰岩人工砂砂浆。

（2）胶砂强度

基于上述胶砂试验配合比和原材料用量，固定水泥用量（450g）和细骨料用量（1350g），胶/砂比1：3，对比钢渣细骨料、标准砂、灰岩人工砂对水泥胶砂强度的影响，见表5.2-6和图5.2-8。

表5.2-6　不同细骨料胶砂强度随龄期增长幅度

编号	细骨料	抗压强度增幅/%			
		7d	28d	60d	180d
BS	标准砂	60	100	117	134
HY	灰岩	65	100	108	120
BG	宝钢滚筒渣	68	100	117	142
WR	武钢热泼渣	66	100	113	128
WRJ	武钢热泼渣+减水剂	58	100	109	107

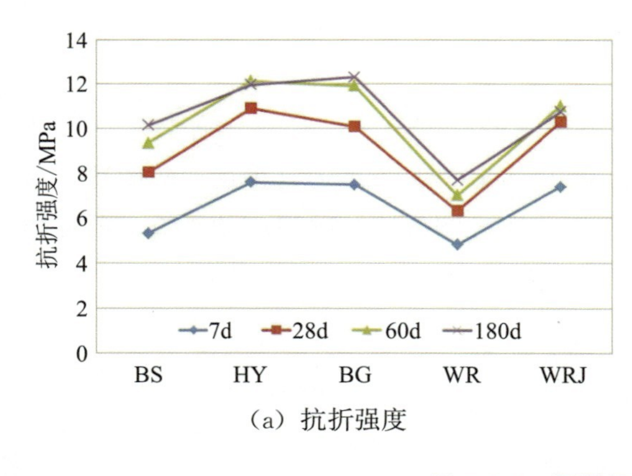

（a）抗折强度

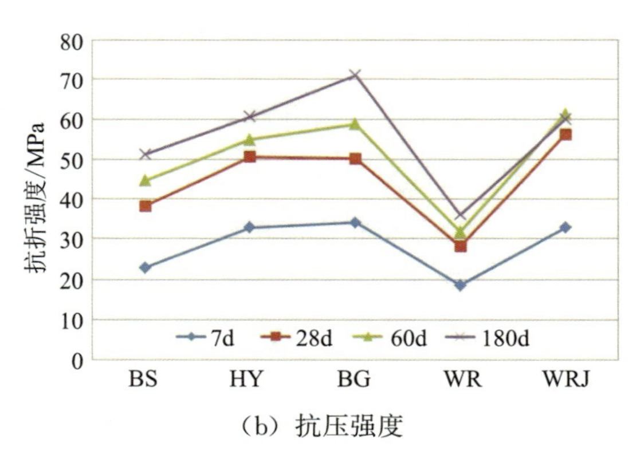

（b）抗压强度

图5.2-8　不同细骨料胶砂强度对比

从试验结果可以看出：

①为达到标准砂相同流动度，武钢热泼渣胶砂强度降幅明显，这是因为用水量增加、水胶比增大。

②相同水胶比条件下，宝钢滚筒渣胶砂强度最高，灰岩和武钢热泼渣砂胶砂强度次之，均高于标准砂胶砂强度。

③从强度增幅看，7d龄期时标准砂胶砂强度增幅大于灰岩砂、宝钢滚筒渣和武钢热

泼渣，随龄期增长，宝钢滚筒渣和武钢热泼渣的强度增幅增加，60d 和 180d 龄期时宝钢滚筒渣的胶砂强度最高，其强度增幅达到 142%。

将宝钢滚筒渣用作细骨料，见图 5.2-9 至图 5.2-11。

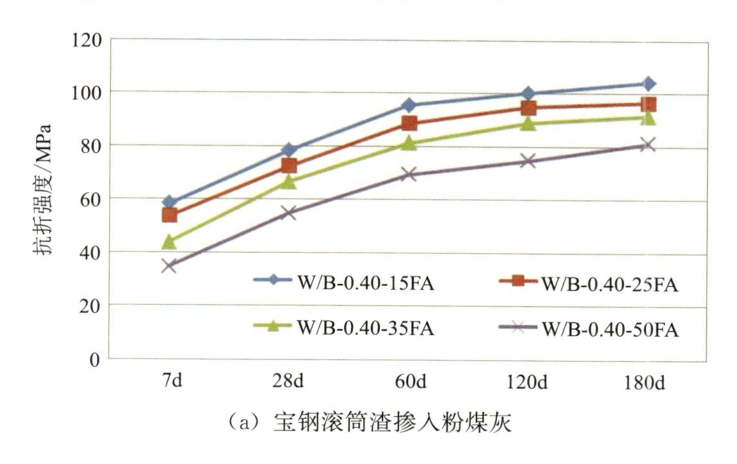

（a）宝钢滚筒渣掺入粉煤灰

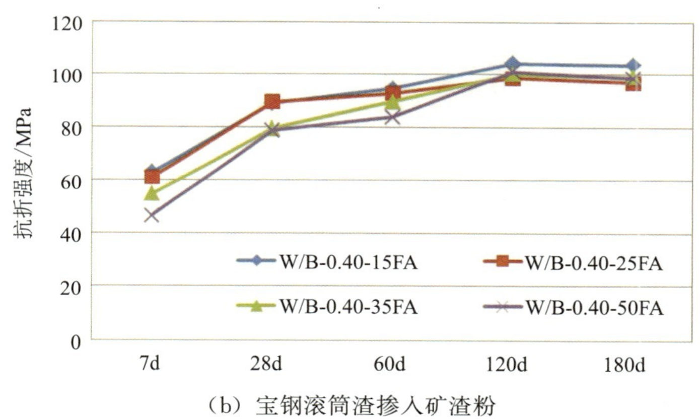

（b）宝钢滚筒渣掺入矿渣粉

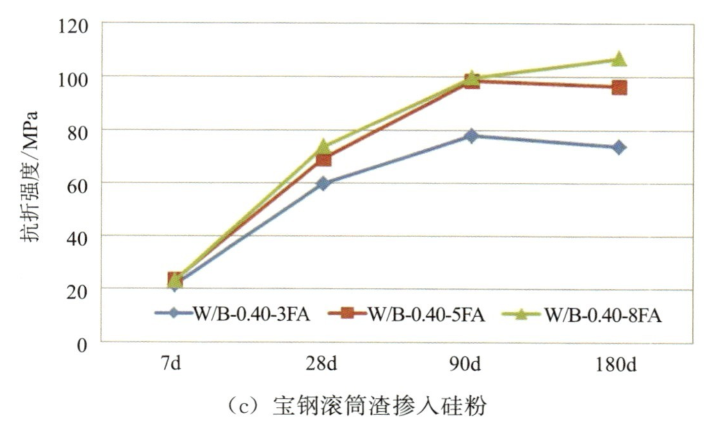

（c）宝钢滚筒渣掺入硅粉

图 5.2-9　掺入不同活性掺和料的钢渣细颗粒料胶砂强度

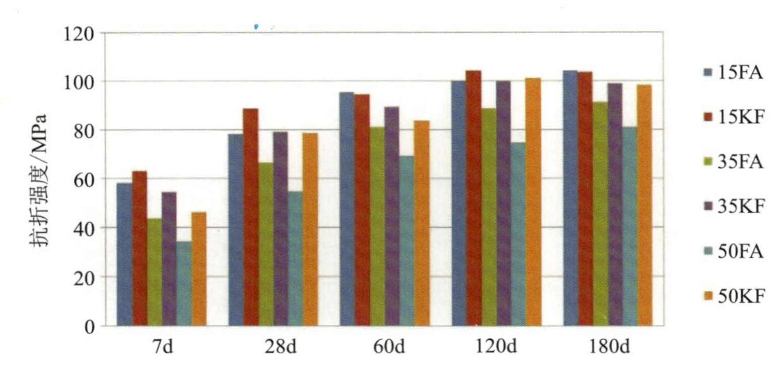

图 5.2-10　掺粉煤灰和矿渣粉的钢渣细颗粒料胶砂强度对比（宝钢滚筒渣 W/B=0.40）

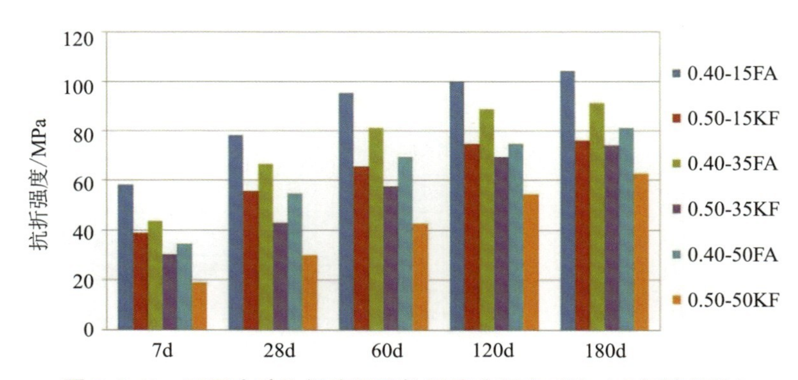

图 5.2-11　不同水胶比钢渣细颗粒料胶砂强度对比（宝钢滚筒渣）

从试验结果可以看出：

①钢渣细颗粒料用作细骨料，相同水胶比和相同矿物掺和料掺量时，胶砂强度随龄期增长不断增加。

②固定水胶比，粉煤灰和矿渣粉掺量增加，胶砂强度降低；相同掺和料和掺量时，水胶比增加，胶砂强度降低；相同水胶比和掺和料掺量时，硅粉胶砂强度最高，矿渣粉胶砂强度次之，粉煤灰胶砂强度最低。

③固定水胶比和掺和料掺量，从强度发展规律看，水化早期（7d 和 28d）硅粉和矿渣粉胶砂强度增幅较大，随着水化程度加深，180d 龄期时粉煤灰胶砂强度增长幅度超过矿渣粉和硅粉胶砂。

5.2.2.2　钢渣细骨料对混凝土配合比参数的影响

水工混凝土配合比参数主要包括水胶比、单位用水量、胶凝材料用量、砂率等。水工混凝土配合比设计原则是在满足设计要求的强度、耐久性及施工性前提下，确定技术可行且经济合理的配合比参数。

为了掌握钢渣用作细骨料对水工混凝土配合比参数的影响，选择华新中热水泥、Ⅰ级粉煤灰进行二级配混凝土配合比设计与性能试验，选择花岗岩人工砂石骨料作为对比；武钢钢渣、宝钢钢渣与人工花岗岩骨料均以饱和面干状态进行配合比试验，钢渣替代花岗岩人工砂的取代率分别为 50%、100%，粗骨料均为花岗岩人工碎石。常态二级配混凝土试验配合比见表 5.2-7。

表 5.2-7　常态二级配混凝土试验配合比

编号	级配	钢渣品种	钢渣取代率/%	材料用量/（kg/m³）					坍落度/mm
				水	水泥	粉煤灰	砂	石	
JZ	二	0	0	129	229	57	722	1303	70
W1	二	武钢	50	127	226	56	127	226	50
W2	二	武钢	100	125	222	56	125	222	55
B1	二	宝钢	50	124	220	55	124	220	60
B2	二	宝钢	100	119	212	53	119	212	50

注：所有骨料均以饱和面干状态，粉煤灰掺量 20%，砂率 36%，外加剂 JM-Ⅱ 0.8%，GYQ 0.008%。

从配合比参数可以看出：

武钢钢渣取代花岗岩人工砂时，取代率越高，混凝土单位用水量越低，即与花岗岩人工砂相比，两种钢渣拌制的混凝土单位用水量均降低；取代率 50%～100%时，混凝土单位用水量降幅为 2～10kg/m³。

相同取代率时，宝钢钢渣混凝土的单位用水量低于武钢钢渣混凝土，这与前述检测的武钢钢渣石粉含量更高的试验结果一致。且相同取代率时，宝钢钢渣混凝土的单位用水量低 3～6kg/m³，取代率越高，单位用水量降幅越大。

在拌和过程中还观察到，宝钢钢渣拌制混凝土的浆体与骨料的包裹性较差，应进一步提高砂率；武钢钢渣拌制的混凝土拌和物和易性较好，浆体与骨料的包裹性能较好，这也与武钢钢渣石粉含量更高有关。

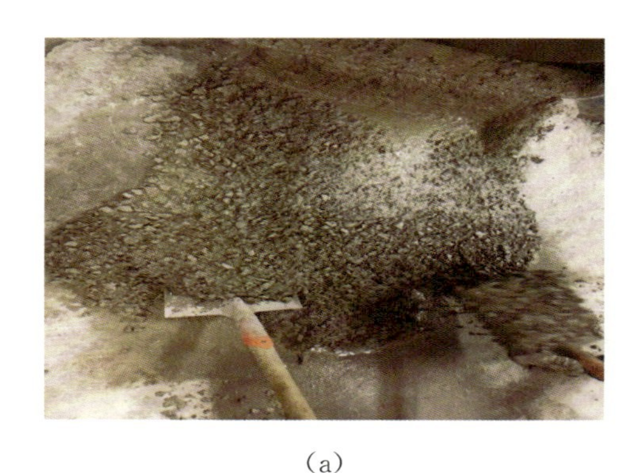

(a)

(b)

图 5.2-12　宝钢钢渣混凝土拌和物（100%取代率）

(a)

(b)

图 5.2-13　武钢钢渣混凝土拌和物（100%取代率）

5.2.2.3　钢渣用作粗、细骨料的混凝土热、力学特性及体积稳定性

（1）混凝土配合比及拌和物性能

采用华新 42.5 中热硅酸盐水泥、Ⅰ级粉煤灰和江苏苏博特高效减水剂 JM-Ⅱ、引气剂 GYQ 用作原材料，梅钢滚筒渣用作粗（>20mm）、细（≤5mm）骨料，进行混凝土性能试验；同时，选择花岗岩人工砂石骨料进行对比。

鉴于滚筒渣颗粒最大粒径不超过 20mm，主要选择一级配混凝土进行滚筒渣用作粗、细骨料混凝土性能试验，考虑滚筒渣在不同强度等级混凝土中的应用需求，水胶比选择 0.35 和 0.45。见表 5.2-8 和表 5.2-9。从混凝土配合比参数及拌和物性能可知：

①梅钢滚筒渣同时用作粗、细骨料时，与花岗岩粗、细骨料混凝土相比，一级配混凝土单位用水量降低 6～7kg/m^3，砂率增加 2%～3%。

②梅钢滚筒渣代砂用作细骨料时，一级配混凝土单位用水量降低 4kg/m^3，砂率增加 2%；二级配混凝土单位用水量降低 8kg/m^3，砂率增加 5%。

③梅钢滚筒渣用作粗骨料时，一级配混凝土单位用水量降低 2kg/m^3，砂率增加 2%。

试验过程中观察拌和物形态，由于滚筒渣密度大、颗粒最大粒径尺寸偏小，当其用于拌制低水胶比混凝土时，由于浆体量增多，浆体与骨料的包裹性较好，拌和物黏聚性良好，振捣过程中浆体表面易泛浆；滚筒渣经过一定粒级的筛分后，可代替瓜米石用于拌制较高强度等级的混凝土。

表 5.2-8　　钢渣骨料混凝土试验配合比

编号	级配	钢渣骨料	骨料组合	材料用量/（kg/m^3）				
				水	水泥	粉煤灰	砂	石
MG-1	一	粗、细	滚筒渣砂＋滚筒渣石	143	327	82	968	1296
MG-2	一	粗、细	滚筒渣砂＋滚筒渣石	142	252	63	1037	1328
MG-3	一	细	滚筒渣砂＋花岗岩石	144	256	64	987	1063

续表

编号	级配	钢渣骨料	骨料组合	材料用量/（kg/m³）				
				水	水泥	粉煤灰	砂	石
MG-4	一	粗	花岗岩砂＋滚筒渣石	150	267	67	804	1374
HG-4	—	—	花岗岩砂＋花岗岩石	150	343	86	764	1017
HG-3	一	—	花岗岩砂＋花岗岩石	148	263	66	824	1053
BG-1	二	细	滚筒渣砂＋花岗岩石	116	206	52	960	1223
HG-2	二	—	花岗岩砂＋花岗岩石	124	220	55	685	1281

注：所有骨料均以饱和面干状态，粉煤灰掺量 20%，砂率 36%，外加剂掺量 JM-Ⅱ 0.8%，GYQ 掺量 0.03%。

表 5.2-9　钢渣骨料混凝土试验配合比

编号	坍落度/mm	含气量/%
MG-1	35	5.5
MG-2	35	4.0
MG-3	37	4.2
MG-4	35	4.4
HG-4	55	4.2
HG-3	50	4.8
BG-1	50	5.5
HG-2	55	5.0

（2）力学与变形性能

梅钢滚筒渣分别用作粗、细骨料拌制混凝土的强度试验结果见表 5.2-10，从力学性能试验结果可以看出：

相同水胶比时，梅钢滚筒渣用作粗、细骨料拌制混凝土的同龄期抗压强度与劈拉强度均高于花岗岩骨料混凝土。

以 28d 抗压强度作为设计龄期，对于一级配混凝土，水胶比 0.35 时，梅钢滚筒渣粗、细骨料混凝土的抗压强度达到 C35 强度等级，而花岗岩骨料混凝土抗压强度达到 C30 强度等级；水胶比 0.45 时，梅钢滚筒渣粗、细骨料混凝土的抗压强度达到 C25 强度等级，而花岗岩骨料混凝土抗压强度达到 C20 强度等级。由此可见，当采用钢渣类高硬质骨料制备水工混凝土时，在同水胶比的前提下可以采用提高一个强度等级的设计原则。

当梅钢滚筒渣用作细骨料时，相同水胶比（0.45）条件下，根据混凝土抗压强度高低可排列为：梅钢滚筒渣粗、细骨料混凝土>梅钢滚筒渣粗骨料混凝土>梅钢滚筒渣细骨料混凝土>花岗岩粗细骨料混凝土。

表 5.2-10　　梅钢滚筒渣分别用作粗、细骨料拌制混凝土的强度试验结果

编号	抗压强度/MPa				劈拉强度/MPa	
	7d	28d	90d	180d	28d	90d
MG-1	38.1	43.6	49.0	62.7	2.70	2.92
MG-2	23.0	32.3	39.3	43.6	1.86	2.70
MG-3	19.3	27.5	32.1	—	1.54	1.82
MG-4	20.0	28.9	34.8	—	1.57	2.19
HG-4	—	39.4	44.0	47.2	1.84	2.74
HG-3	—	26.2	31.7	36.4	1.48	1.93
BG-1	—	39.0	50.1	53.7	2.26	2.72
HG-2	—	32.0	37.0	40.5	1.98	2.27

混凝土在空气中凝结硬化时，由于水分蒸发，水泥石胶凝体逐渐干燥收缩，使混凝土产生收缩。混凝土干缩变形会使混凝土表面产生拉应力，引起表面裂纹，进而降低混凝土抗渗、抗冻、抗侵蚀等性能。影响混凝土干缩的因素主要有水泥品种、掺和料、水胶比、骨料级配和用量、养护龄期与养护条件等。梅钢滚筒渣用作粗、细骨料混凝土的干缩率观测结果见图 5.2-14。

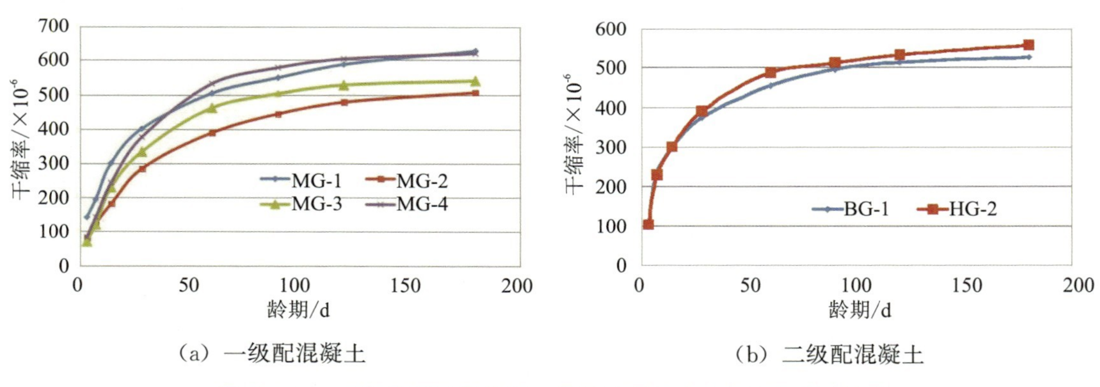

图 5.2-14　梅钢滚筒渣用作粗、细骨料混凝土的干缩率观测结果

比较混凝土干缩率试验结果可知：

①水胶比相同时，混凝土单位用水量越高，混凝土干缩率越大，这与混凝土表面可蒸发的自由水量增加有关。

②水胶比相同时，根据混凝土干缩率大小可排列为：梅钢滚筒渣粗骨料混凝土>梅钢滚筒渣细骨料混凝土>梅钢滚筒渣粗、细骨料混凝土。说明梅钢滚筒渣用作粗骨料对混凝土的干缩率影响较明显，分析认为，梅钢滚筒渣粗骨料呈不规则微细粒状结构，气孔构造，拌制混凝土时处于饱和面干吸水状态，随着龄期增加，粗骨料中部分自由水在空气中蒸发，加大了混凝土的收缩变形。

在恒温绝湿条件下，混凝土胶凝材料自身水化引起的体积变形称为自生体积变形。自生体积变形主要与胶凝材料性质有关，是在保证充分水化条件下产生的变形。混凝土的自生体积变形与混凝土的抗裂性密切相关，已成为混凝土原材料选择和配合比设计考虑的一个重要指标。

混凝土的自生体积变形与温度及湿度变形不同，只受化学反应和历程的影响，普通水泥混凝土中水泥水化生成物的体积相比反应前物质的总体积小，所以混凝土自生体积变形多为收缩型。当水泥中含有膨胀组分或在混凝土中掺入膨胀剂时，可使混凝土产生膨胀型的自生体积变形，可以抵消部分（或全部）的干缩及温降收缩变形。由于混凝土自生体积变形通常呈收缩型，通过选用合适的水泥品种和膨胀剂等技术手段，控制和利用混凝土的自生体积变形，可以达到改善和提高混凝土抗裂性的目的。

梅钢滚筒渣用作粗、细骨料混凝土的自生体积变形观测结果见图 5.2-15。从试验结果可知，钢渣骨料与花岗岩骨料混凝土自生体积变形均呈先胀后缩趋势，水胶比为 0.35～0.45 时，截至 140d 观测龄期，钢渣粗、细骨料混凝土自生体积收缩变形为 23×10^{-6}～57×10^{-6}，花岗岩粗、细骨料混凝土自生体积收缩变形为 56×10^{-6}～64×10^{-6}。相同水胶比（0.35）时，钢渣粗、细骨料混凝土自生体积收缩变形（52×10^{-6}）小于花岗岩骨料混凝土（64×10^{-6}）。

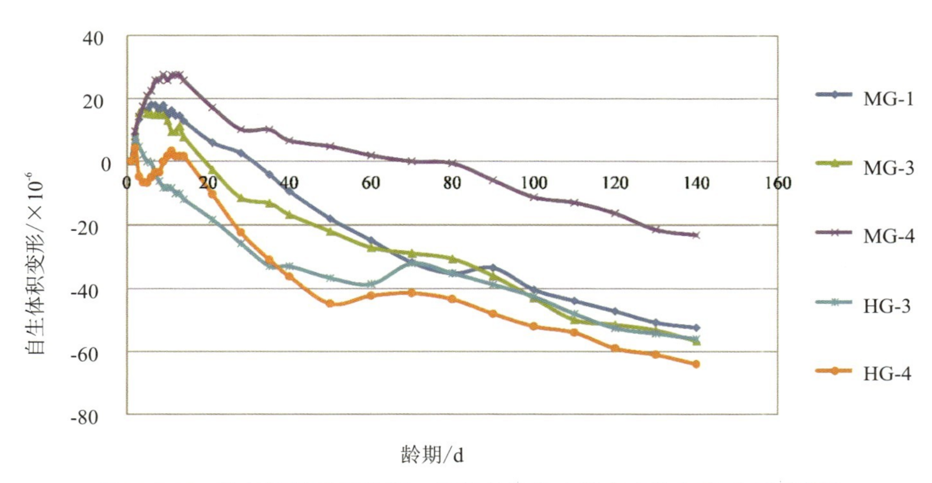

图 5.2-15　梅钢滚筒渣用作粗、细骨料混凝土的自生体积变形观测结果

（3）热学性能参数

水工混凝土建筑物结构设计中，混凝土的热学性能是分析混凝土内的温度、温度应力和温度变形以及采取有效温控措施的主要依据，除绝热温升外，混凝土的热学性能参数主要有导温系数、导热系数、比热和线膨胀系数。比热和线膨胀系数分别指温度每升高 1℃ 混凝土需要吸收的热量和混凝土单位长度的变化率，导温、导热系数主要表征混凝土不同部位温度趋于一致的速率，这几项热学性能参数主要与混凝土骨料种类与用量、用水量、混凝土含水率、掺和料等有关，其中骨料种类与用量是其主要影响因素。钢渣骨料混凝土的热学性能参数试验结果见表 5.2-11。

表 5.2-11　　钢渣骨料混凝土热学性能参数试验成果

编号	导热系数 /[kJ/(m·h·℃)]	比热 /[kJ/(kg·℃)]	线膨胀系数 /($\times10^{-6}$/℃)
MG-1	4.6	0.755	10.6
MG-3	5.6	0.817	10.3
MG-4	4.8	0.791	10.5
HG-3	6.3	0.925	9.1

试验结果表明：

①钢渣骨料混凝土的线膨胀系数为 10.3×10^{-6}/℃～10.6×10^{-6}/℃，高于花岗岩骨料混凝土（9.1×10^{-6}/℃），表明在发生温度变化时钢渣骨料混凝土产生的形变更大。

②钢渣骨料混凝土的导温系数和导热系数均小于花岗岩骨料混凝土，说明钢渣骨料混凝土的热传导能力比花岗岩骨料混凝土差，这与钢渣骨料颗粒内部气孔较多、空气导热系数低有关。

（4）抗冲磨性能

参照《水工混凝土试验规程》(DL/T 5150—2017）的“水下钢球法”，开展混凝土抗冲磨性能试验。鉴于抗冲磨混凝土强度等级较高，选择水胶比 0.35，对比分析梅钢滚筒渣粗、细骨料混凝土与花岗岩骨料混凝土的抗冲磨能力，试验结果见表 5.2-12。

表 5.2-12　　钢渣骨料混凝土抗冲磨试验结果

编号	抗冲磨强度 h/(kg/m^2)	磨损率/%
MG-1	10.70	2.89
HG-4	7.17	4.24

水胶比为 0.35 时，经过 72h 冲磨试验，滚筒渣粗、细骨料混凝土的磨损率为 2.89，抗冲磨强度为 10.70h/(kg/m^2)，花岗岩骨料混凝土磨损率为 4.24%，抗冲磨强度为 7.17h/(kg/m^2)。显而易见，滚筒渣用作粗、细骨料时，混凝土抗冲磨能力显著增强，抗冲磨强度相比花岗岩骨料混凝土提高 49.2%，即对于有较高抗冲耐磨性能要求的混凝土，可以将滚筒渣用作粗、细骨料。

5.2.2.4　水工混凝土用钢渣细骨料的技术要求

参照《水工混凝土施工规范》(DL/T 5144—2015)，基于目前研究成果，在钢渣细骨料的石粉含量、压蒸膨胀率、含水率等指标方面提出了具体要求，见表 5.2-13。

表 5.2-13　钢渣细骨料的技术要求

项目		指标
表观密度/ (kg/m^3)		≥2900
石粉含量/%	MB≤1.4	≤10.0
	MB>1.4	≤5.0
泥块含量/%		不允许
坚固性/%	有抗冻要求的混凝土	≤8
	无抗冻要求的混凝土	≤10
硫化物及硫酸盐含量/%		≤0.5
表面饱和面干吸水率/%		≤6.0
有机质含量		不允许
云母含量/%		≤2
轻物质含量/%		—
f-CaO/%		≤2.0
体积安定性/%		合格

5.3　低活性石粉掺和料水工混凝土应用技术

5.3.1　混凝土的主要设计技术指标

混凝土的强度等级和设计要求见表 5.3-1。

表 5.3-1　混凝土的强度等级和设计要求

混凝土类型	设计技术指标	级配	坍落度/VC 值	保证率/%	配制强度/MPa
泵送混凝土	C30F150W8	二	140～160mm	95	37.4
碾压混凝土	C_{90}25F200W8	二	3～5s	80	28.4

5.3.2　推荐配合比混凝土性能

5.3.2.1　泵送结构混凝土

(1) 试验配合比及拌和物性能

根据表 5.3-2 和表 5.3-3 给出的推荐配合比进行新拌混凝土性能试验，混凝土的坍落度控制为 140～160mm、含气量控制在 3.5%～4.5%，拌和物的基本性能试验结果见表 5.3-4。

表 5.3-2　　单掺粉煤灰、石粉的混凝土推荐配合比（非碱活性骨料）

混凝土类型	掺和料品种	水胶比	体积砂率/%	掺和料掺量/%	外加剂品种及掺量/%		编号
					ZB-1C800/JM-Ⅱ（C）	GYQ	
泵送	粉煤灰	0.35	40	20	0.60	0.15	YX1
		0.37	40	15	0.60	0.10	YX2
	砂板岩	0.35	39	15	0.60	0.15	YX3
	花岗岩	0.35	39	15	0.60	0.15	
	灰岩	0.35	39	15	0.60	0.15	
碾压	粉煤灰	0.40	35	45	0.80	0.10	YXR1
	砂板岩	0.37	35	40	0.80	0.25	YXR2

表 5.3-3　　复掺粉煤灰、石粉的混凝土推荐配合比（碱活性骨料）

混凝土类型	掺和料品种	水胶比	体积砂率/%	掺和料掺量/%		外加剂品种及掺量/%		编号
				硅粉/粉煤灰	砂板岩石粉	ZB-1C800	GYQ	
泵送	硅粉＋砂板岩	0.40	39	3	20	0.60	0.015	YX4
		0.40	39	5	25	0.60	0.015	YX5
		0.42	39	5	20	0.60	0.015	YX6
	粉煤灰＋砂板岩	0.35	39	5	15	0.60	0.15	YX7
		0.35	39	10	10	0.60	0.15	YX8
碾压	粉煤灰＋砂板岩	0.37	34	10	35	0.80	0.30	
	硅粉＋砂板岩	0.40	34	3	45	0.80	0.15	YXR3

表 5.3-4　　C30 泵送混凝土推荐配合比拌和物基本性能

编号	坍落度及经时变化/（mm/%）		含气量及经时变化/（%/%）		凝结时长	
	0	1h	0	1h	初凝	终凝
YX1	160/100	144/90	4.3/100	3.2/74	16h06min	23h30min
YX2	155/100	123/79	3.8/100	2.7/71	15h02min	24h57min
YX3	155/100	118/76	3.7/100	2.6/70	14h55min	21h17min
YX4	145/100	100/69	3.6/100	3.0/83	15h03min	20h17min
YX5	155/100	110/71	4.5/100	3.5/78	13h04min	19h00min
YX6	140/100	100/71	4.0/100	2.6/65	13h27min	19h20min
YX7	153/100	113/74	3.8/100	2.8/74	14h13min	21h42min
YX8	160/100	102/64	3.9/100	2.2/56	16h02min	24h30min

注：凝结时长从 0h0min 开始计时，后同。

从坍落度及经时损失可以看出：

①单掺砂板岩石粉、粉煤灰的混凝土的坍落度经时损失最小，1h 坍落度损失率为 10%～24%，其中单掺砂板岩石粉混凝土的坍落度经时损失略大于单掺粉煤灰混凝土。

②复掺砂板岩石粉与硅粉混凝土的坍落度经时损失最大，1h 坍落度损失率为 30%左右。

③复掺粉煤灰与砂板岩石粉的混凝土的坍落度经时损失大于单掺石粉/粉煤灰混凝土，1h 坍落度损失率在 26%～34%波动。

从含气量及经时损失可以看出：

①单掺砂板岩石粉与单掺粉煤灰混凝土的含气量经时损失相差不大，两者复掺混凝土的含气量经时损失略大。

②复掺砂板岩石粉与硅粉混凝土的含气量经时损失相对较小，1h 经时损失率最小值为 17%。

从凝结时间试验结果看：

①单掺石粉混凝土的凝结时间略早于单掺粉煤灰混凝土，复掺混凝土的凝结时间介于两种单掺之间。

②复掺砂板岩石粉与硅粉混凝土的凝结时间有所缩短，且初凝与终凝时间之差减小。

(2) 力学性能与变形性能

C30 泵送混凝土推荐配合比混凝土抗压强度与劈拉强度见图 5.3-1。推荐配合比的抗压强度均能达到 37.4MPa 的配置强度，满足设计要求。7～28d 龄期，混凝土的强度增长较快，90～180d 龄期强度仅有小幅增加。

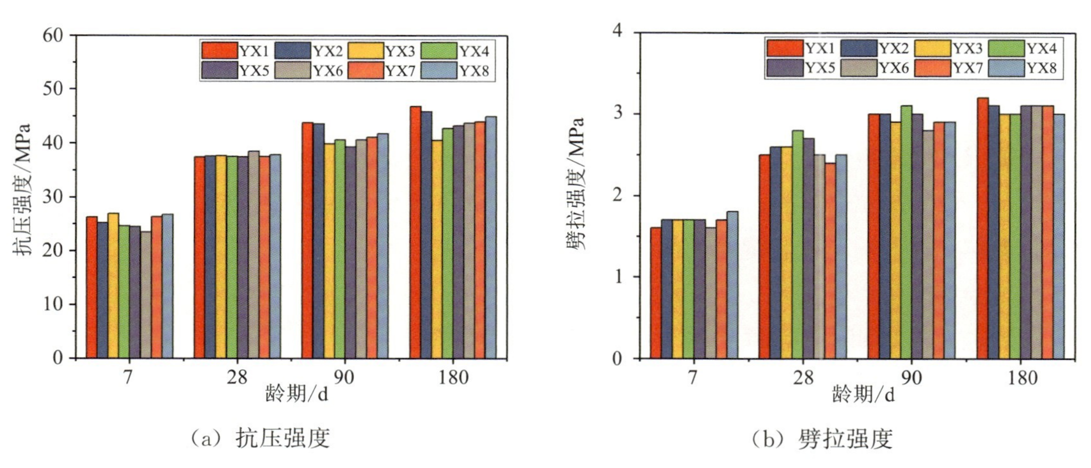

(a) 抗压强度　　(b) 劈拉强度

图 5.3-1　C30 泵送混凝土推荐配合比混凝土的抗压强度与劈拉强度

混凝土的弹性模量与极限拉伸值是关乎混凝土变形性能的主要考核指标，特别是极限拉伸值，能比较直观地反映混凝土的变形能力，极限拉伸值越大，混凝土的抗裂性越好。影响混凝土弹性模量与极限拉伸变形的因素较多，主要包括水泥品种、水胶比、掺和料、骨料级配及种类、龄期等。

根据推荐配合比成型 ϕ150mm×300mm 圆柱体试件和截面为 100mm×100mm×600mm 的翼型试件，养护至规定龄期分别进行混凝土弹性模量与极限拉伸值测试试验。C30 泵送混凝土推荐配合比混凝土的弹性模量与极限拉伸值见图 5.3-2。

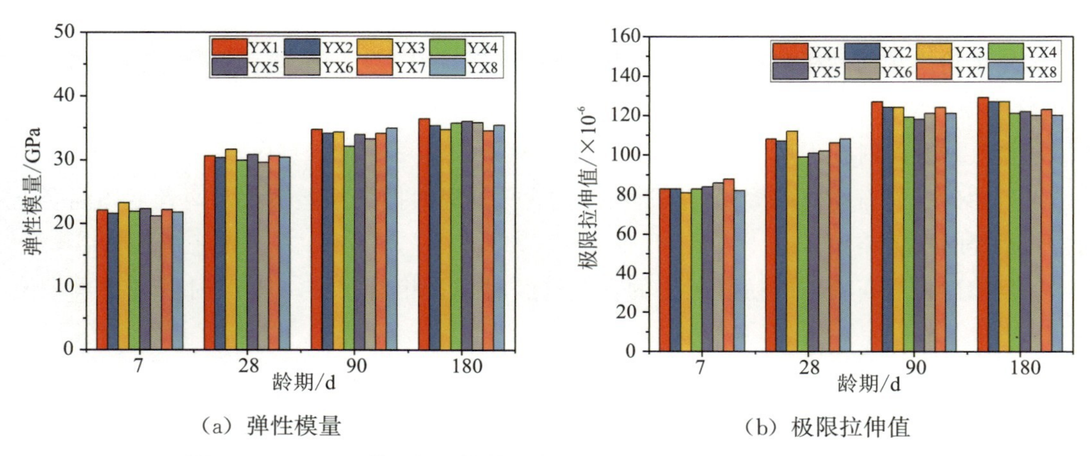

(a) 弹性模量　　(b) 极限拉伸值

图 5.3-2　C30 泵送混凝土推荐配合比混凝土的弹性模量与极限拉伸值

结合试验结果可以看出：混凝土的弹性模量与极限拉伸值在 7～28d 龄期内增长较快，28～90d 龄期范围内小幅增加。混凝土的 28d 弹性模量为 29.6～31.6GPa，90d 弹性模量为 32.1～34.9GPa，180d 龄期为 34.7～36.4GPa。混凝土的 28d 龄期极限拉伸值为 99～112×10^{-6}，90d 龄期极限拉伸值为 118×10^{-6}～127×10^{-6}。

混凝土在空气中凝结硬化时，由于水分蒸发，水泥石胶凝体逐渐干燥收缩，使混凝土产生收缩。混凝土干缩变形可使混凝土表面产生拉应力，引起表面裂纹，进而降低混凝土抗渗、抗冻、抗侵蚀等性能。影响混凝土干缩的因素主要有水泥品种、掺和料、水胶比、骨料级配和用量、养护龄期与养护条件等。

根据《水工混凝土试验规程》（DL/T 5150—2001）规定，采用推荐配合比成型尺寸为 100mm×100mm×515mm 的混凝土棱柱体干缩试件，成型过程中筛除粒径大于 30mm 的骨料颗粒。掺石粉与硅粉混凝土的干缩率见图 5.3-3。

从试验结果可以看出：

①经过 90d 龄期后，混凝土的干缩变形基本趋于稳定。

②对于单掺砂板岩石粉与单掺粉煤灰混凝土，水胶比增大，干缩率减小，其中单掺砂板岩石粉混凝土的干缩率略大于单掺粉煤灰混凝土。

③复掺砂板岩石粉与硅粉混凝土的干缩率最大，硅粉与砂板岩石粉掺量增加，混凝土干缩率增大。

④180d 龄期时，单掺砂板岩石粉与单掺粉煤灰混凝土的干缩率为 371×10^{-6}～394×10^{-6}，二者复掺混凝土的干缩率在 372×10^{-6}～397×10^{-6} 波动，而复掺砂板岩石粉与硅粉混凝土的干缩率在 422×10^{-6}～454×10^{-6} 范围内波动。

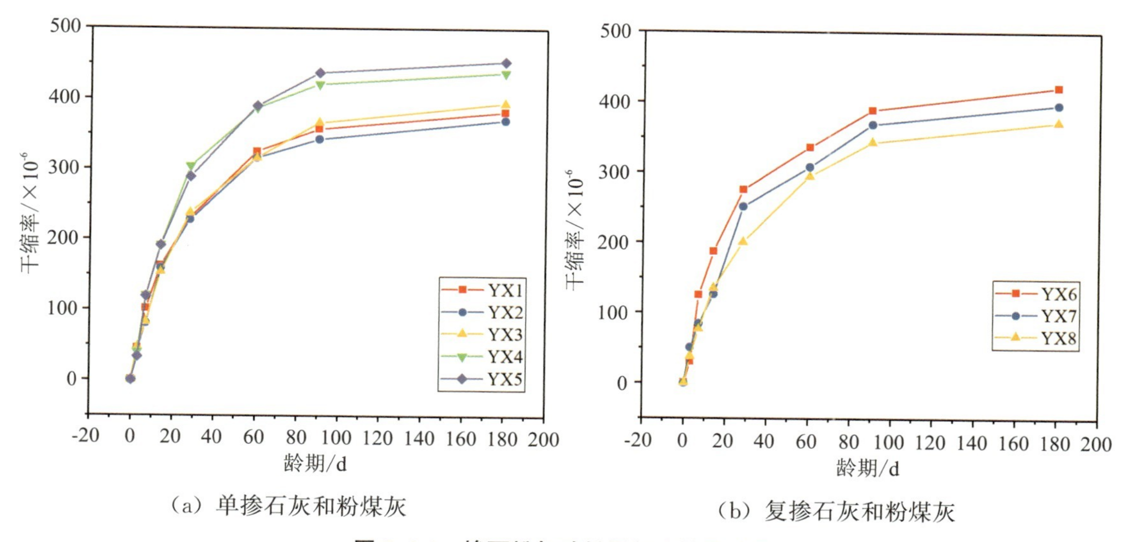

图 5.3-3 掺石粉与硅粉混凝土的干缩率

(4) 自生体积变形

在恒温绝湿条件下，混凝土在硬化过程中由于胶凝材料水化作用引起的体积变形称为自生体积变形。自生体积变形主要取决于胶凝材料的性质，是在保证充分水化的条件下产生的。混凝土的自生体积变形与温度及湿度变形不同，只受化学反应和历程的影响，普通水泥混凝土中水泥水化生成物的体积相比反应前物质的总体积小，所以混凝土自生体积变形多表现为收缩型。当水泥中含有膨胀组分或在混凝土中掺入膨胀剂时，可使混凝土产生膨胀型的自生体积变形，可以抵消部分（或全部）的干缩及温降收缩变形。

本次试验按照《水工混凝土试验规程》（DL/T 5150—2001）执行，试件密封后置于20±2℃的环境中养护，至规定龄期分别进行测试，以成型后终凝时间对应的应变计测值为基准值进行计算。采用推荐配合比成型混凝土的自生体积变形，见图 5.3-4。

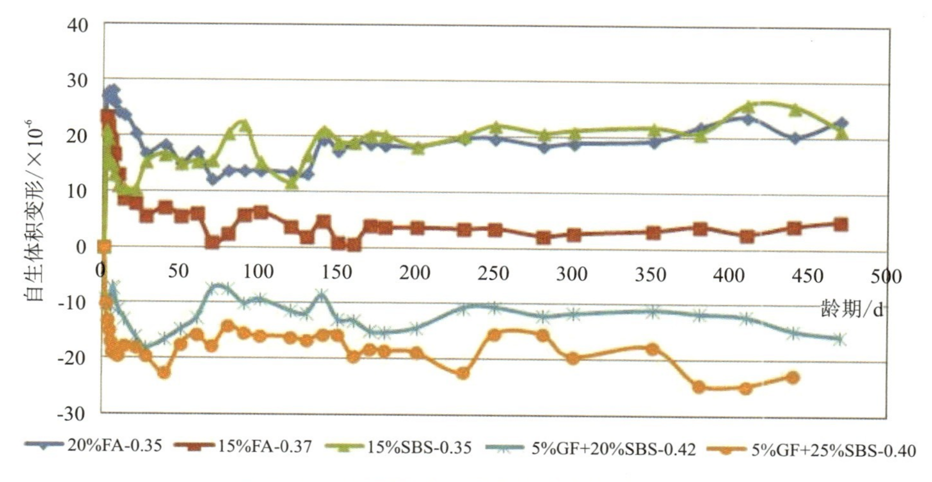

图 5.3-4 推荐配合比混凝土的自生体积变形

从试验结果可以看出：

①单掺砂板岩石粉、粉煤灰以及两者复掺时，混凝土的早期自生体积变形均呈微膨胀趋势，经过180d龄期之后自生体积变形基本趋于稳定。

②相同水胶比0.35时，470d观测龄期时单掺15%砂板岩石粉混凝土的自生体积膨胀变形与单掺20%粉煤灰混凝土基本相当，为$21.4\times10^{-6}\sim23.6\times10^{-6}$。

③复掺硅粉与砂板岩石粉混凝土的自生体积变形呈收缩状，440d龄期自生体积变形为$-14.6\times10^{-6}\sim-22.6\times10^{-6}$。

（5）抗冻与抗渗性能

抗冻性是评价混凝土耐久性的一个重要方法，抗渗性能也是混凝土耐久性的重要指标，抗渗性好的混凝土抵抗环境介质侵蚀的能力较强。采用推荐配合比成型100mm×100mm×400mm的混凝土棱柱体试件和上口直径175mm、下口直径185mm、高150mm的混凝土截头圆锥体试件，试验按《水工混凝土试验规程》（DL/T 5150—2001）进行，至规定龄期后分别进行混凝土抗冻与抗渗等级试验，见表5.3-5。

表5.3-5 推荐配合比成型混凝土的抗冻与抗渗性能试验结果（28d）

编号	水胶比	质量损失/%				相对动弹性模量/%				抗冻等级	抗渗等级
		0	50	100	150	0	50	100	150		
YX1	0.35	0	0.4	1.6	2.7	100	90	76	69	F150	≥W8
YX2	0.37	0	0.6	1.2	2.2	100	90	84	72	F150	≥W8
YX3	0.35	0	0.1	0.4	0.9	100	96	78	63	F150	≥W8
YX7	0.35	0	0.1	0.8	2.0	100	97	77	62	F150	≥W8

根据观测试验结果可知：

单掺粉煤灰、单掺砂板岩石粉以及复掺5%粉煤灰与15%砂板岩石粉混凝土的抗冻等级均达到F150，其中单掺砂板岩石粉混凝土经过相同冻融循环次数后质量损失较小，但相对动弹性模量损失较大。

单掺粉煤灰、单掺砂板岩石粉以及复掺5%粉煤灰与15%砂板岩石粉混凝土的抗渗等级均达到W8。

（6）热学特性

混凝土的绝热温升指混凝土在绝热条件下，由水泥的水化热引起的混凝土的温度升高值。由于大坝混凝土结构断面尺寸较大、热传导率低，浇筑过程中胶凝材料水化释放出的水化热容易聚集在结构内部难以散发出去，产生内外温差导致结构出现温度裂缝，严重者甚至危及工程安全运行，应该重视大体积混凝土的温度裂缝，严控混凝土的绝热温升。

遴选单掺粉煤灰、单掺砂板岩石粉以及复掺砂板岩石粉与硅粉的混凝土配合比，并增加不掺掺和料的基准混凝土 JZ1 与掺 5%硅粉的混凝土 JZ2，成型绝热温升混凝土试件，推荐配合比混凝土的绝热温升曲线见图 5.3-5。

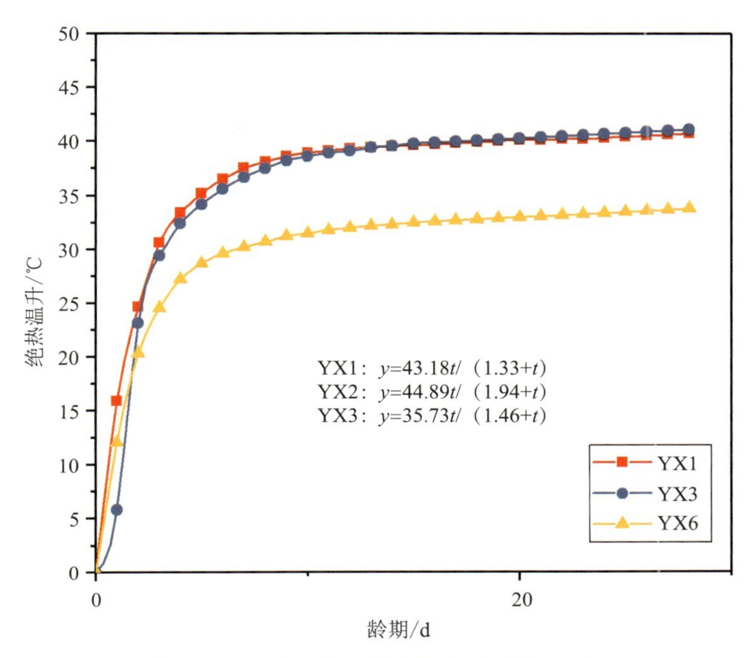

图 5.3-5 推荐配合比混凝土的绝热温升曲线

试验按照《水工混凝土试验规程》(DL/T 5150—2001) 进行。结合图 5.3-5 试验结果可知：

水灰比增大，混凝土的绝热温升降低。掺入 5%硅粉混凝土的 28d 绝热温升比基准混凝土高 2.2℃。单掺 20%粉煤灰与单掺 15%砂板岩石粉的混凝土的 28d 绝热温升值分别为 40.7℃与 41.1℃，高于复掺砂板岩石粉与硅粉混凝土，后者 28d 绝热温升为 33.8℃。混凝土的绝热温升与测试龄期的拟合关系曲线均呈双曲线型，相关性好。

水工混凝土建筑物结构设计中，混凝土的热学性能是分析混凝土内的温度、温度应力和温度变形以及采取有效温控措施的主要依据，除绝热温升外，混凝土的热学性能参数还有导温系数、导热系数、比热和线膨胀系数。比热和线膨胀系数分别指温度每升高 1℃混凝土需要吸收的热量和混凝土单位长度的变化率，导温、导热系数主要表征混凝土不同部位温度趋于一致的速率，这几项热学性能参数主要与混凝土骨料种类与用量、用水量、混凝土含水率、掺和料等有关，其中骨料种类与用量是其主要影响因素。推荐泵送混凝土热学性能试验结果见表 5.3-6。从表中可以看出：单掺粉煤灰混凝土的比热最小，复掺硅粉与砂板岩石粉的比热最大，单掺砂板岩石粉、复掺砂板岩石粉和粉煤灰混凝土的比热介于两者之间。推荐配合比混凝土的导温系数相差不大，导热系数在 6.95～7.79kJ/（m·h·K）范围内变化，线膨胀系数在 9.52×10^{-6}～9.80×10^{-6}/℃范围内变化。

表 5.3-6　推荐泵送混凝土热学性能试验结果

编号	导温系数 a / (m^2/h)	比热 C / [kJ/ (kg·℃)]	导热系数 k / [kJ/ (m·h·℃)]	线膨胀系数 / ($\times 10^{-6}$/℃)
YX1	0.0036	0.841	7.79	9.7
YX2	0.0034	0.794	7.20	9.7
YX3	0.0037	0.825	7.62	9.6
YX5	0.0032	0.852	6.95	9.8
YX6	0.0033	0.913	7.24	9.5
YX7	0.0035	0.823	7.41	9.6

5.3.2.2 大坝碾压混凝土

(1) 试验配合比及拌和物性能

根据表 5.3-2 和表 5.3-3 给出的推荐配合比进行新拌混凝土性能试验，混凝土的 VC 值控制在 3～5s、含气量控制在 3.5%～4.5%，拌和物的基本性能试验结果见表 5.3-7。

表 5.3-7　C_{90}25 碾压混凝土推荐配合比拌和物基本性能

编号	VC 值/s		含气量/%		凝结时间	
	0	1h	0	1h	初凝	终凝
YXR1	3.9	4.2	3.6	3.4	29h25min	49h30min
YXR2	4.8	5.0	3.7	2.8	27h06min	47h50min
YXR3	3.6	5.4	3.5	2.7	8h34min	29h36min

从拌和物性能试验结果看：

①掺入 45%粉煤灰与 40%砂板岩石粉后，混凝土的凝结时间大大延迟，初凝与终凝时间分别在 28h 与 48h 左右。

②掺入 3%硅粉碾压混凝土的凝结时间相比单掺粉煤灰、单掺砂板岩石粉混凝土大大缩短，初凝与终凝时间分别在 8h 和 29h 左右。

③从 VC 值与含气量经时损失看，掺入硅粉后碾压混凝土 VC 值经过 1h 后增长幅度最大，单掺粉煤灰与砂板岩石粉碾压混凝土的 VC 值增长幅度较小，单掺砂板岩石粉碾压混凝土的含气量的经时损失最大。

(2) 力学性能与变形性能

C_{90}25 碾压混凝土的推荐配合比混凝土抗压与劈拉强度、C_{90}25 碾压混凝土的推荐配合比混凝土的弹性模量与极限拉伸值、碾压混凝土推荐配合比的自生体积变形见图 5.3-6 至图 5.3-8。

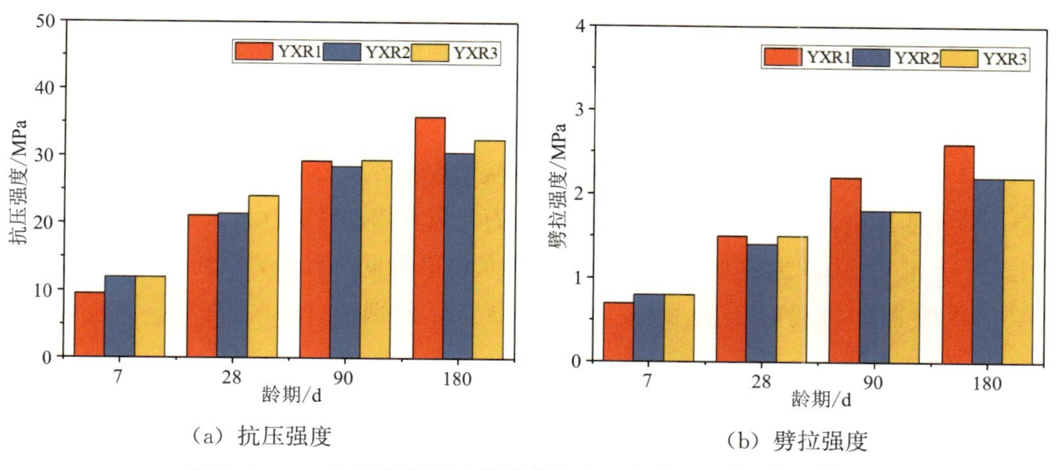

(a) 抗压强度　　(b) 劈拉强度

图 5.3-6　$C_{90}25$ 碾压混凝土的推荐配合比混凝土抗压与劈拉强度

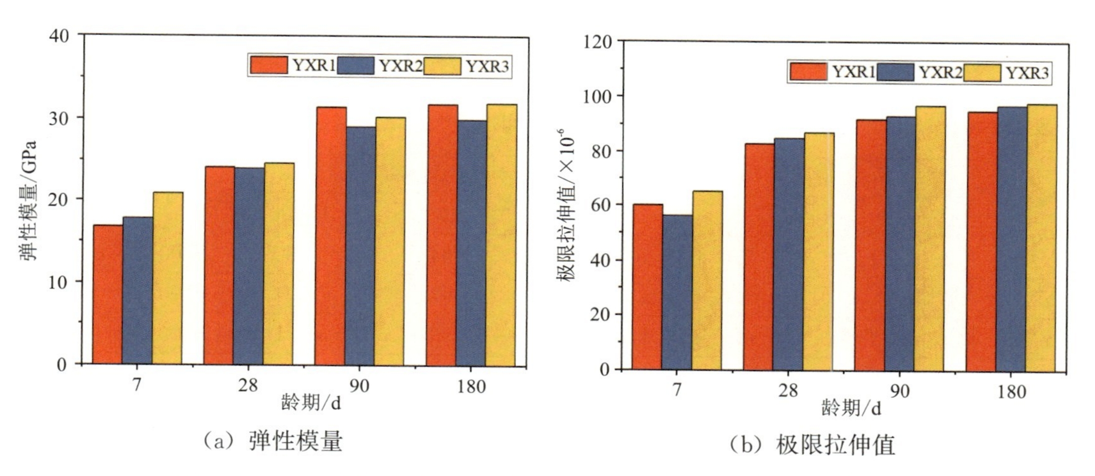

(a) 弹性模量　　(b) 极限拉伸值

图 5.3-7　$C_{90}25$ 碾压混凝土的推荐配合比混凝土的弹性模量与极限拉伸值

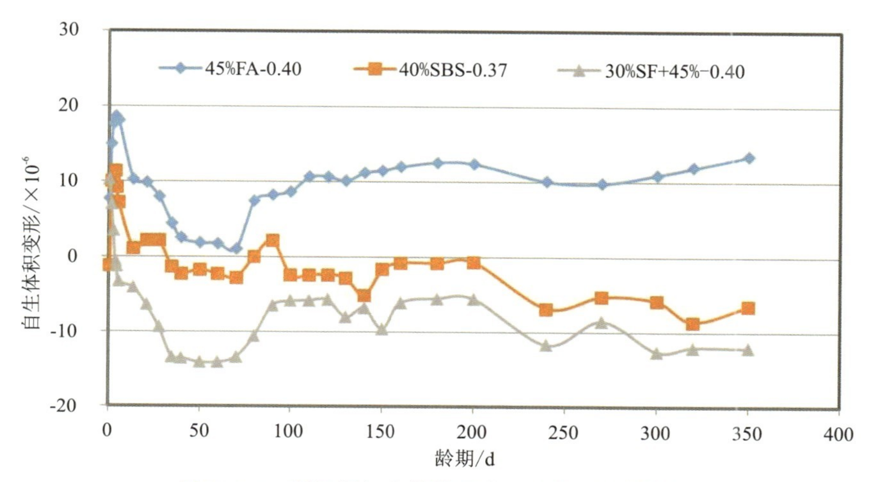

图 5.3-8　碾压混凝土推荐配合比的自生体积变形

推荐配合比碾压的 90d 龄期弹性模量为 29.0～31.4GPa；7～28d 龄期混凝土的极限拉伸值增长较快，在 28～90d 龄期范围内缓慢增长，在 90d 龄期极限拉伸值为 92×10^{-6}～97×10^{-6}。

以终凝后混凝土的应变计测值为基准值，截至观测龄期 350d，单掺粉煤灰碾压混凝土的自生体积变形呈微膨胀趋势，而单掺砂板岩石粉与复掺硅粉和砂板岩石粉碾压混凝土的自生体积变形均呈微收缩趋势；单掺 45%粉煤灰、单掺 40%砂板岩石粉以及复掺 3%硅粉和 45%砂板岩石粉混凝土的 350d 自生体积变形分别为 13.5×10^{-6}、-6.6×10^{-6} 和 -12.1×10^{-6}。

(3) 抗冻与抗渗性能

推荐配合比碾压混凝土的抗冻与抗渗性能试验结果见表 5.3-8。根据观测试验结果可知，在混凝土含气量满足要求前提下，单掺粉煤灰、单掺砂板岩石粉以及复掺 3%硅粉与 40%砂板岩石粉混凝土的抗冻等级均达到 F200，抗渗等级均也能达到 W8。

表 5.3-8　推荐配合比碾压混凝土的抗冻和抗渗性能试验结果 (90d)

编号	质量损失/%					相对动弹性模量/%					抗冻等级	抗渗等级
	0	50	100	150	200	0	50	100	150	200		
YXR1	0	1.0	2.0	2.0	3.0	100	97	94	92	89	F200	≥W8
YXR2	0	0.5	0.7	1.0	1.0	100	98	97	95	94	F200	≥W8
YXR3	0	0.2	0.4	0.9	2.0	100	97	93	87	81	F200	≥W8

(4) 热学特性

对推荐配合比 YXR2 进行混凝土绝热温升试验，见表 5.3-9 和图 5.3-9。水胶比 0.37、掺入 40%砂板岩石粉的碾压混凝土的 28d 绝热温升为 25.0℃，混凝土的绝热温升与测试龄期的拟合关系曲线均呈双曲线型，相关性好。其拟合公式为：$y=27.54t/(2.79+t)$。

复掺硅粉与砂板岩石粉碾压混凝土的比热与线膨胀系数高于单掺粉煤灰与单掺砂板岩石粉混凝土，即内部温度升高或降低 1℃时复掺硅粉与砂板岩石粉的大体积混凝土吸收或释放出的热量最高，其单位长度变化率也最大。单掺砂板岩石粉碾压混凝土的导温系数与导热系数略高于其他两组混凝土，即大体积混凝土内部温度趋于一致的速率更快。

表 5.3-9　碾压混凝土推荐配合比热学性能参数

编号	导温系数 a/(m^2/h)	比热 C /[kJ/(kg·℃)]	导热系数 k /[kJ/(m·h·℃)]	线膨胀系数 α /($\times10^{-6}$/℃)
YXR1	0.0038	0.843	8.21	9.4
YXR2	0.0040	0.852	8.50	9.2
YXR3	0.0038	0.855	8.29	9.8

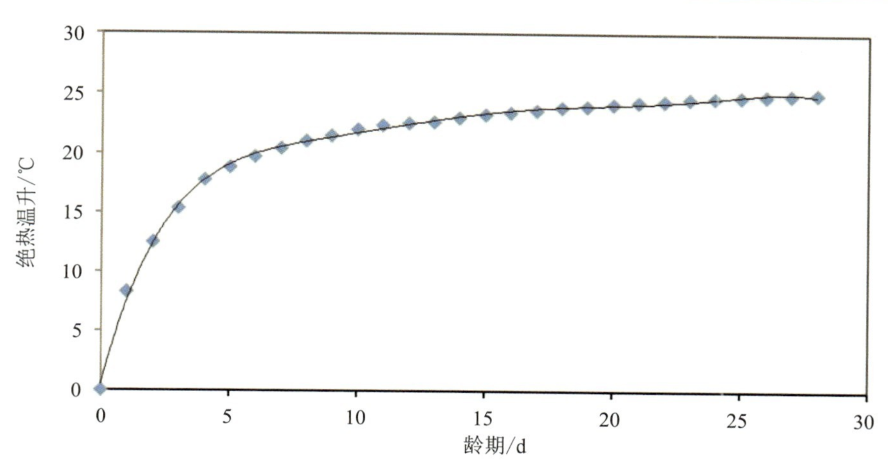

图 5.3-9　碾压混凝土推荐配合比的绝热温升曲线

5.3.2.3　推荐配合比混凝土经济性分析

综合前述骨料碱活性和混凝土配合比试验结果，对 C30 泵送混凝土和 $C_{90}25$ 碾压混凝土的推荐配合比进行了原材料经济性分析。混凝土原材料单价见表 5.3-10，C30 泵送混凝土与 $C_{90}25$ 碾压混凝土推荐配合比经济性对比见图 5.3-10。

表 5.3-10　混凝土原材料单价　（单位：元/t）

原材料	水泥	石粉	粉煤灰	硅粉	细骨料	粗骨料	减水剂	引气剂
单价	600	300	750	1100	40	30	6000	10000

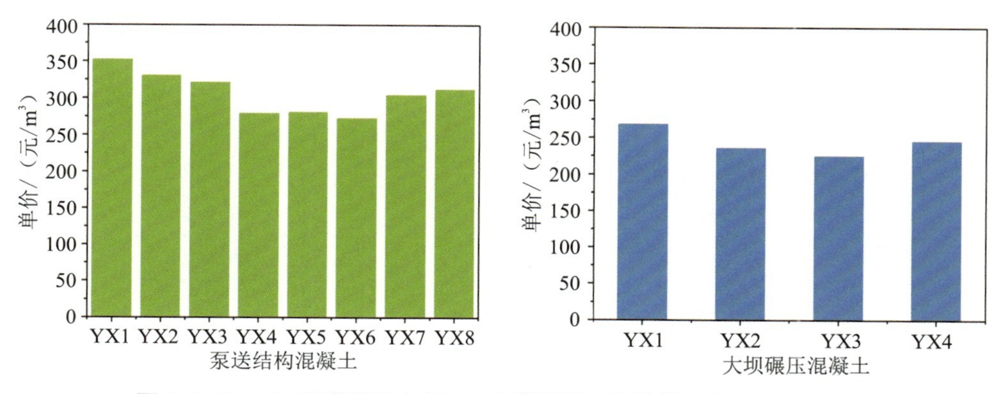

图 5.3-10　C30 泵送混凝土与 $C_{90}25$ 碾压混凝土推荐配合比经济性对比

①与单掺粉煤灰、单掺石粉混凝土相比，复掺方案的配合比经济性更好，其中单掺石粉混凝土方案相比单掺粉煤灰方案单价略低。

②复掺砂板岩石粉与硅粉方案的经济性更优。对于泵送混凝土，复掺 5%硅粉+20%砂板岩石粉方案单价最低（272.5 元/m³），比单掺 20%粉煤灰混凝土单价便宜

65.3 元/m³；对于碾压混凝土，复掺3%硅粉+45%砂板岩石粉单价最低（224.6 元/m³），比单掺45%粉煤灰混凝土单价便宜43.3 元/m³。

值得注意的是，上述经济性比较是基于原材料购置与运输成本计算得出的，还需要考虑以下几个因素：

①石粉加工系统：工程现场应用掺石粉技术方案时，需要在现场增加石粉加工体系，或者在骨料加工体系中增设一级粉磨加工系统，采用机制砂直接粉磨制得石粉。

②拌和楼配料计量系统重新设计：拌和楼混凝土量产时，若采用复掺技术方案，施工现场需要增加料仓并在拌和楼配料计量系统中增加储料罐。

③混凝土温控防裂与养护技术措施：采用掺硅粉或掺砂板岩石粉混凝土技术方案时，混凝土早期水化热增加、运输过程中流动性损失过快、水分蒸发过大等，这些都会增大混凝土的早期开裂风险，加强早期温控防裂与养护措施也会相应增加经济成本。

本次试验用硅粉品质相对较差，成本较低，工程大规模使用时，若供应关系紧张，也会带来成本上涨风险。

5.3.3 水工混凝土掺用砂板岩石粉技术指标要求

基于上述石粉品质、掺石粉砂浆与混凝土性能以及石粉在胶凝体系中的作用机理等研究成果，结合雅砻江流域水利水电工程混凝土掺和料应用现状，基于技术与经济性比较和分析，推荐部分工程可考虑将砂板岩石粉用作混凝土掺和料，并规定其技术指标应满足表5.3-11中对应的技术要求。

表 5.3-11　　用于水工混凝土的砂板岩石粉的技术指标及要求

项目	品质指标
细度 * [体积平均粒径 D（4，3）] /μm	≤25.0
需水量比/%	≤102
亚甲基蓝吸附量/（g/kg）	≤1.0
含水量/%	≤1.0
烧失量/%	≤5.0
28d 抗压强度比/%	≥55
砂板岩石粉在混凝土应用	**掺量限值建议/%**
C30 泵送混凝土	15
C_{90}25 碾压混凝土	40

注：采用勃式比表面积测定仪时，其比表面积应不小于600m²/kg。

规定砂板岩石粉细度以激光粒度分析仪测得的体积平均粒径 D（4，3）为评价指标，其中 D（4，3）不得大于25。根据前述试验结果可知，砂板岩石粉的可加工性较好，人工砂中粒径（<0.16mm）颗粒在球磨机上粉磨40min，其比表面积即可达到648m^2/kg，50min可达到662m^2/kg；由于勃式比表面积测量范围有限，当粉体比表面积超过450m^2/kg时，测值与粉体比表面积真值之间存在较大误差；采用激光粒度分析仪时，其体积平均粒径与D_{50}、D_{90}之间存在良好的对应关系，且该方法还可以获得粉体的颗粒粒径分布及范围，对于石粉应用于水泥胶凝体系时指导性更强。因此，推荐采用激光粒度分析仪获得的体积评价粒径来表征石粉的细度。

为限制石粉因颗粒较细产生的混凝土单位用水量增加和流动性变差等问题，规定砂板岩石粉的需水量比不得大于102%。

石粉中通常含有部分黏土、高岭土等杂质，石粉用作掺和料使用时可能会对混凝土的性能产生影响。经岩相鉴定，砂板岩骨料由粉砂（25%）、泥质（70%）和团块状黑色有机质（3%）组成，其中泥质由伊利水云母和泥质质点及黑色有机质沉点组成。对砂板岩石粉的黏土质含量与亚甲基蓝吸附值关系进行试验发现，其亚甲基蓝吸附值为0.2g/kg，因此本书中规定亚甲基蓝吸附量不得超过1.0g/kg。

本次采用两河口水电工程骨料进行试验，发现骨料表面含有部分碳，拌制混凝土时引气较难；石粉烧失量过大，会进一步加剧混凝土引气困难。因此，限值砂板岩石粉的烧失量不得超过5%。

28d抗压强度比即为活性指数，可以从宏观层面表征不同材料取代水泥后其胶凝体系的活性程度。参照粉煤灰、石灰石粉等技术标准，砂板岩石粉掺量为30%，试验结果表明胶凝体系28d抗压强度比为57%。为增加石粉利用率，规定其28d抗压强度比不得低于55%。

5.3.4 不同技术方案的技术与经济性比较分析

经过上述单掺石粉、复掺石粉与粉煤灰以及复掺石粉与硅粉技术方案的技术与经济性比较，可知在相同强度等级条件下，经过配合比设计与优化均可以配置出满足设计要求的混凝土。对单掺粉煤灰与单掺砂板岩石粉、复掺砂板岩石粉与粉煤灰、复掺砂板岩石粉与硅粉的混凝土技术方案的技术与经济性进行比较。

对相同强度等级下不同技术方案进行技术性比较与分析：

（1）拌和物性能

单掺粉煤灰混凝土的坍落度经时损失最小，单掺砂板岩石粉混凝土与单掺粉煤灰基本相当，复掺硅粉和砂板岩石粉混凝土的经时损失最大但含气量经时损失最小，复掺砂板岩石粉与粉煤灰混凝土的坍落度与含气量经时损失略大于单掺粉煤灰混凝土。

（2）力学性能

单掺粉煤灰混凝土早期强度增长较快且后期有一定增长，单掺砂板岩石粉、复掺砂板岩石粉与粉煤灰混凝土早期强度与单掺粉煤灰基本相当但后期仅有小幅增长，复掺砂板岩石粉与硅粉混凝土早期强度增长较快且后期有小幅增长。

（3）变形性能

单掺粉煤灰混凝土的弹性模量28d前增长较快且后期有一定增长，单掺砂板岩石粉的弹性模量28d前与单掺粉煤灰混凝土基本相当、后期仅有小幅增长，复掺砂板岩石粉与硅粉混凝土的弹性模量最低，复掺砂板岩石粉与粉煤灰混凝土的早期弹性模量与单掺粉煤灰基本相当且后期基本保持不变。

单掺粉煤灰混凝土的极限拉伸值90d前增长较快且后期有一定增长，单掺砂板岩石粉与单掺粉煤灰混凝土基本相当，复掺砂板岩石粉与硅粉混凝土的极限拉伸值略小于单掺粉煤灰，复掺砂板岩石粉与粉煤灰混凝土极限拉伸值与单掺粉煤灰基本相当。

单掺粉煤灰混凝土的干缩率最小，单掺砂板岩石粉干缩率略大于单掺粉煤灰混凝土，复掺砂板岩石粉与硅粉混凝土的干缩率最大，复掺砂板岩石粉与粉煤灰混凝土的干缩率与单掺砂板岩石粉混凝土基本相当。

单掺粉煤灰混凝土的自生体积变形趋于膨胀且膨胀量最大，单掺砂板岩石粉与单掺粉煤灰混凝土基本相当，复掺砂板岩石粉与硅粉混凝土的收缩变形最大，复掺砂板岩石粉与粉煤灰混凝土的自生体积变形膨胀略小于单掺粉煤灰混凝土。

（4）热学性能

复掺砂板岩石粉与硅粉混凝土的28d绝热温升最低，其次为单掺粉煤灰混凝土，单掺砂板岩石粉混凝土28d绝热温升略高于单掺粉煤灰混凝土。

（5）抗冻与抗渗性能

几种技术方案的28d抗冻与抗渗性能均能达到F200和W8，但单掺砂板岩石粉以及复掺砂板岩石粉与粉煤灰混凝土的相对动弹模损失速率大于单掺粉煤灰混凝土。

经过对几种不同技术方案的拌和物性能、力学性能、变形性能、热学性能与抗冻、抗渗性能的综合对比分析，认为单掺粉煤灰混凝土的性能最优，其次是复掺砂板岩石粉与粉煤灰，再者为复掺砂板岩石粉与硅粉，单掺砂板岩石粉的技术性能略差。

但结合5.3.3节推荐配合比混凝土的经济性分析，复掺砂板岩石粉与硅粉混凝土的经济性最优，其次为复掺砂板岩石粉与粉煤灰混凝土、单掺砂板岩石粉混凝土，单掺粉煤灰混凝土技术方案最不经济。

综合考虑上述几种方案的技术与经济性，见表5.3-12。推荐优先选择复掺砂板岩石粉与硅粉混凝土技术方案，其次为复掺砂板岩石粉与粉煤灰混凝土，再者为单掺粉煤灰混凝土，当骨料为非碱活性时在满足设计要求的前提下可考虑单掺砂板岩石粉混凝土技术方案。

表 5.3-12　　不同技术方案的技术性分析与比较

性能指标	单掺粉煤灰	单掺砂板岩石粉	复掺砂板岩石粉与硅粉	复掺砂板岩石粉与粉煤灰
拌和物性能	坍落度经时损失小	坍落度及含气量经时损失与单掺粉煤灰相当	坍落度经时损失大、含气量经时损失小	含气量经时损失略大于单掺粉煤灰
力学性能	早期强度增长快、后期有一定增长	早期强度与单掺粉煤灰相当，后期小幅增长	早期强度增长快、后期有小幅增长	早期强度与单掺粉煤灰相当，后期有小幅增长
弹性模量	28d 前弹模增长快、后期有一定增长	28d 前弹模增长快、后期仅小幅增长	弹模最低	早期与单掺粉煤灰相当，后期基本保持不变
极限拉伸值	90d 前明显增长，后期小幅增长	与单掺粉煤灰相当	略小于单掺粉煤灰	与单掺粉煤灰相当
干缩	最小	略大于单掺粉煤灰	最大	与单掺粉煤灰相当
自生体积变形	膨胀值最大	与单掺粉煤灰相当	收缩最大	膨胀量略小于单掺粉煤灰
抗冻性能	F200	F200，相对动弹模损失速率大于单掺粉煤灰	—	F200，相对动弹模损失速率大于单掺粉煤灰
抗渗性能	W8	W8	—	W8
绝热温升（28d）/℃	40.7	41.1	33.8	—
综合技术性能分析	1	4	3	2
综合经济性分析	4	3	1	2
综合性能排名	3	4	1	2

5.4　磷渣粉作为碾压混凝土掺和料在沙沱水电站中的应用

沙沱水电站位于贵州省沿河县城上游约 7km 处，距乌江口 250.5km，坝址以上控制流域面积为 54508km^2，占整个乌江流域面积的 62%，是乌江干流开发选定方案中的第九级水电站，属“西电东送”第二批开工项目的“四水工程”之一。沙沱水电站上游为思林水电站，下游为彭水水电站，从思林到沙沱坝址河段长 120.8km，天然落差 74m。沙沱水电站主体建筑物混凝土方量为 295 万 m^3，其中碾压混凝土为 130 万 m^3。

沙沱水电站以发电为主，其次为航运，兼有防洪、灌溉等综合效益。水库正常蓄水位 365m，总库容 9.21 亿 m^3，调节库容 2.87 亿 m^3，属日调节水库。电站装机容量 1120MW（4×280MW），保证出力 322.9MW，多年平均发电量 45.52 亿 kW·h。枢纽由碾压混凝土重力坝、坝顶溢流表孔、左岸坝后式厂房及右岸通航建筑物等组成。沙沱水电站大坝设计坝高 101m，坝长 631m。大坝从左到右为左岸挡水坝段、引水坝段、河床溢流坝段、通航坝段（垂直升船机，过船吨位 500t）和右岸挡水坝段，共分为 16 个坝段，见图 5.4-1。水库正常蓄水位 365m，总库容 $9.1\times10^{8}m^{3}$。

图 5.4-1　沙沱水电站

随着西南地区水利水电工程相继建设，传统混凝土矿物掺和料粉煤灰资源紧张，但沙沱工程附近电炉磷渣粉等工业废渣来源丰富，如果能将磷渣粉作为水工混凝土掺和料全部或部分替代粉煤灰，就可以大量消耗作为废渣长期堆放的磷渣，从而减少其占地面积、降低对环境的污染，还可以解决沙沱电站粉煤灰供应紧张的问题，并降低工程成本，改善混凝土性能。

我国是世界第一大黄磷生产和出口国，通常每生产 1t 黄磷产生 8～10t 磷渣。据不完全统计，2006 年我国黄磷生产总量约为 83.07 万 t，产渣量 660～830 万 t，而我国年处理黄磷渣仅占全年产渣量的 10%左右，除少量作为建材原料和生产农用硅肥磷渣外，大部分都作为废渣堆放。如此多的废渣长年露天堆放，不仅占用土地，而且其中含有的磷及有毒元素经雨水淋湿后会渗透到土壤中，甚至造成对地表水资源的污染，危及径流地区人畜安全。

磷渣与凝灰岩粉复掺已在云南大朝山水电站碾压混凝土重力坝和碾压混凝土拱围堰工程中应用。长江科学院在索风营电站大坝混凝土的试验研究中，对单掺磷矿渣粉取代粉煤灰以及磷矿渣粉与粉煤灰复掺应用于索风营电站大坝碾压混凝土的力学性能、热学性能、变形性能等进行了研究。此外，长江科学院在对贵州构皮滩电站工程大坝混凝土中掺用磷渣的可行性研究中，对掺磷渣胶凝材料性能、掺磷渣混凝土拌和物性能和硬化混凝土的各项性能进行了全面研究，并与掺粉煤灰的水泥及混凝土的性能进行了对比分析。研究表明，磷渣作为掺和料掺入混凝土中，可提高混凝土的抗拉强度和极限拉伸值，大幅度降低水化热，减小收缩，提高耐久性，延长混凝土初、终凝时间，降低大体积混凝土施工强度。

项目通过试验论证磷渣粉全部或部分取代粉煤灰作为大坝碾压混凝土掺和料技术的可靠性和比较优势，确定其特征技术参数，并与粉煤灰混凝土的性能进行对比，拓宽现行混凝土掺和料的种类，以解决沙沱工程混凝土掺和料短缺的紧迫需要，切实为业主节约建设成本，减少沙沱水电站粉煤灰供应压力。

5.4.1 研究成果简介

（1）磷渣粉的品质

采用瓮福黄磷厂的磷渣粉，其化学成分和物理力学性能检测结果分别列于表 5.4-1、表 5.4-2 中。可以看出，主要性能指标均能达到电力行业标准《水工混凝土掺用磷渣粉技术规范》(DL/T 5387—2007) 的要求。

表 5.4-1　磷渣粉化学成分　（单位：%）

类别	CaO	SiO_2	Al_2O_3	Fe_2O_3	MgO	SO_3
瓮福磷渣粉	46.60	34.21	4.65	0.65	1.85	1.27
DL/T 5387—2007	—	—	—	—	—	≤3.5
类别	K_2O	Na_2O	P_2O_5	Loss	质量系数 K	
瓮福磷渣粉	1.17	1.13	6.72	1.50	1.31	
DL/T 5387—2007	—	—	≤3.5	—	1.10	

表 5.4-2　磷渣粉物理力学性能

类别	密度 / (kg/m^3)	比表面积 / (m^2/kg)	细度* /%	需水量比 /%	活性指数/%		含水量 /%	安定性
					28d	90d		
瓮福磷渣粉	2860	321	15.5	98.1	65.3	100.2	0.06	合格
DL/ T 5387—2007	—	≥300	—	≤105	≥60	—	≤1.0	合格

注：表中细度均为 80μm 筛余。

（2）碾压混凝土配合比及性能

对各部位混凝土的技术要求，见表 5.4-3 至表 5.4-5。

表 5.4-3　沙沱水电站碾压及变态混凝土主要期望技术指标

混凝土种类	工程部位	强度等级	级配	抗渗等级	抗冻等级	抗压弹模/GPa
碾压	迎水面	$C_{90}20$	二	W8	F100	<30
	坝体内部	$C_{90}15$	三	W6	F50	<30
变态	上游坝面	$C_{90}20$	二	W8	F100	<32
	下游坝面	$C_{90}15$	三	W6	F100	<30

注：表观密度≥$2350kg/m^3$；28d 极限拉伸值≥75×10^{-6}。

表 5.4-4 碾压混凝土试验配合比

编号	水胶比	粉煤灰掺量/%	磷渣粉掺量/%	级配	砂率/%
ST1	0.50	60	0	四	30
ST2	0.50	30	30	四	30
ST3	0.50	60	0	三	34
ST4	0.50	50	0	三	33
ST5	0.50	50	0	四	30

注：减水剂 HLC-NAF 掺量为 0.7%；引气剂 AE 掺量为 0.05%。

表 5.4-5 变态混凝土浆液配合比及拌和物性能

编号	母体配合比编号	级配	浆液配合比参数			加浆量/%	变态混凝土浆液材料用量/（kg/m^3）		
			水胶比	粉煤灰掺量/%	减水剂		水	水泥	粉煤灰
ST8	ST4	三	0.45	45	0.7	6	33	40	33

（1）抗压强度

四级配碾压混凝土抗压强度能够满足设计要求；复掺粉煤灰和磷渣粉的四级配碾压混凝土湿筛小试件 7d 龄期的抗压强度略低于单掺粉煤灰的四级配碾压混凝土湿筛试件，全级配大试件 7d 龄期的抗压强度略高于单掺粉煤灰的四级配碾压混凝土全级配大试件。早期的微小差别可能是由于全级配碾压混凝土的骨架作用较大，磷渣粉早期水化慢，对湿筛试件影响更明显，见图 5.4-2。

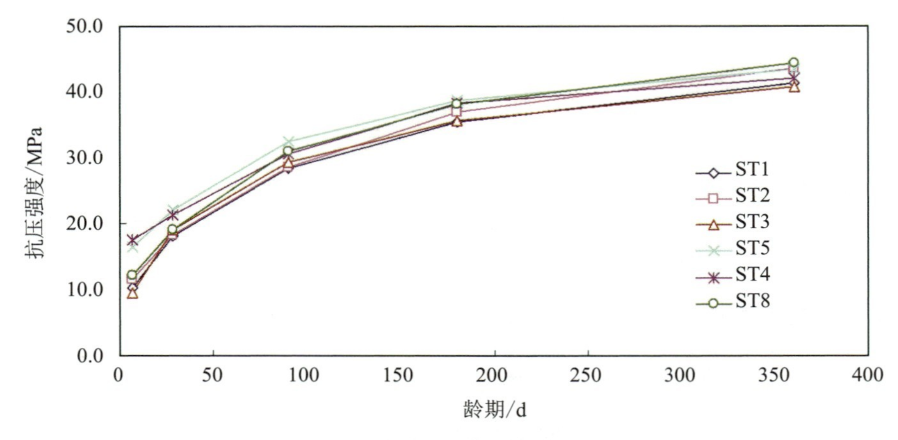

图 5.4-2 全级配混凝土抗压强度随龄期发展曲线

无论是湿筛试件还是全级配大试件，复掺粉煤灰磷渣粉和单掺粉煤灰的四级配碾压混凝土 28d、90d 龄期的抗压强度都十分接近。但随着龄期增长，到 180d、360d 龄期，复掺粉煤灰磷渣粉和单掺粉煤灰的四级配碾压混凝土及湿筛试件的抗压强度显著高于单掺粉煤灰四级配碾压混凝土。磷渣粉对四级配碾压混凝土的抗压强度影响表现为早期、中期接近，后期显著提高。

（2）轴拉强度及极限拉伸值

复掺磷渣粉对四级配碾压混凝土的中后期轴拉强度略有提高。与单掺粉煤灰的四级配碾压混凝土相比，复掺粉煤灰和磷渣粉四级配碾压混凝土 28d、90d、180d 龄期的轴拉强度可分别提高 1%、13%、23%，湿筛小试件 28d、90d、180d 龄期轴拉强度可分别提高 3%、7%、10%。

复掺粉煤灰和磷渣粉可提高混凝土极限拉伸值。与单掺粉煤灰相比，复掺粉煤灰和磷渣粉四级配碾压混凝土大试件 28d、90d、180d 极限拉伸值可分别提高约 26%、16%、25%，湿筛小试件 28d、90d、180d 极限拉伸值平均提高约 13%、7%、24%，因此磷渣粉作为掺和料，对提高大体积碾压混凝土的抗裂能力有利。

（3）绝热温升

复掺磷渣粉时碾压混凝土早期绝热温升值略低。由于磷渣粉在水化早期有缓凝作用，复掺粉煤灰和磷渣粉的四级配碾压混凝土早期绝热温升略低于单掺粉煤灰的四级配碾压混凝土，随着水化的进行，从 7d 左右起两者的绝热温升相当，见图 5.4-3。

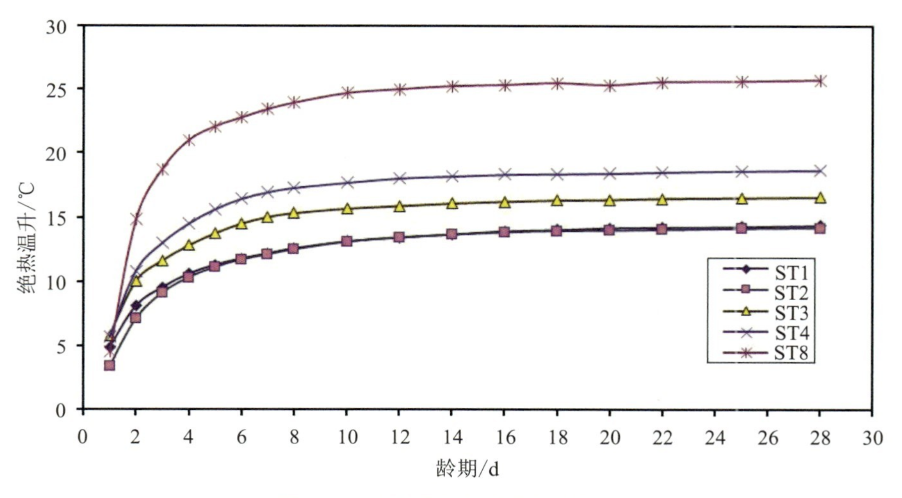

图 5.4-3 混凝土绝热温升过程线

（4）抗渗性能

90d 龄期的四级配碾压混凝土、三级配碾压混凝土和三级配变态混凝土抗渗等级均达到 W40。复掺粉煤灰和磷渣粉的四级配碾压混凝土 90d 相对抗渗性系数低于单掺粉煤灰试件，说明复掺粉煤灰和磷渣粉的四级配碾压混凝土抗渗性能优于单掺粉煤灰。磷渣粉是活性掺和料，磷渣粉与 $Ca(OH)_2$ 发生火山灰反应水化，降低水泥石孔隙率，提高混凝土密实度，改善全级配混凝土耐久性能，与混凝土强度试验结果一致。

(5) 抗冻性能

经过 100 次冻融循环，单掺及复掺粉煤灰和矿渣粉，四级配碾压混凝土与三级配碾压混凝土的质量损失率及相对动弹性模量差别不大，但全级配混凝土大试件质量损失率均低于湿筛试件，相对动弹性模量均低于湿筛试件。

根据试验结果及分析，推荐沙沱水电站坝体内部 $C_{90}15$ 使用四级配碾压混凝土时的各部位碾压混凝土配合比，供工程现场试验时选择和使用，见表 5.4-6 和表 5.4-7。

表 5.4-6　　沙沱水电站碾压及变态混凝土推荐配合比

混凝土种类	工程部位	强度等级	级配	水胶比	粉煤灰掺量/%	磷渣粉掺量/%	砂率/%	减水剂 HLC-NAF/%	引气剂 AE/%
碾压	迎水面防渗层	$C_{90}20$	三	0.50	50	0	33	0.7	0.05
	坝体内部	$C_{90}15$	四	0.50	60	0	30	0.7	0.05
变态	RCC 上游坝面	$C_{90}20$	三级配母体	0.50	50	0	33	0.7	0.05
			浆液 6%	0.45	45	0	0	0.7	0
	RCC 下游坝面	$C_{90}15$	四级配母体	0.50	60	0	30	0.7	0.05
				0.50	30	30	30	0.7	0.05
			浆液 6%	0.45	55	0	0	0.7	0

表 5.4-7　　推荐配合比拌和物性能

混凝土种类	工程部位	级配	材料用量/（kg/m³）						VC 值/s	含气量/%
			水	水泥	粉煤灰	磷渣粉	砂	石		
碾压	迎水面防渗层	三	80	80	80	—	738	1503	3～5	3.5～4.5
			71	57	85	—	686	1607	1～3	3.5～4.5
	坝体内部	四	70	56	42	42	688	1617	1～3	3.5～4.5
变态	RCC 上游坝面	三级配母体	80	80	80	—	738	1503	3～5	3.5～4.5
		浆液 6%	33	40	33	0	0	0	—	—
	RCC 下游坝面	四级配母体	71	57	85	—	686	1607	1～3	3.5～4.5
			70	56	42	42	688	1617	1～3	3.5～4.5
		浆液 6%	32.5	32.5	39.5	0	0	0	—	—

坝体内部 $C_{90}15$ 四级配碾压混凝土推荐了两种配合比，供单掺粉煤灰或复掺粉煤灰和磷渣粉时使用；由于磷渣粉在早期缓凝作用，从拆模时间考虑，迎水面防渗层 C9020 三级配碾压混凝土暂不推荐复掺粉煤灰和磷渣粉的配合比；为简化配料和从拆模时间考虑，变态混凝土浆液也只推荐单掺粉煤灰混凝土。

5.4.2 应用成果小结

实践表明，经过适当筛选、粉磨、加工得到的高品质磷渣粉可以完全或部分替代粉煤灰掺和料，磷渣粉的掺入大大降低了大坝混凝土的水化热和绝热温升，提高了混凝土的抗拉强度和抗裂性能，此外，磷渣粉特有的缓凝性能也对碾压混凝土的施工十分有利。磷渣粉作为混凝土掺和料在沙沱水电站大坝碾压混凝土中累计使用达 10 万多 t，产生直接经济效益约 7000 万元。磷渣的资源化和规模化应用降低了工程的资源能源消耗，简化了温控措施，促进了技术进步，节约了工程投资，获得了显著的社会效益、经济效益和环境效益。

第6章 结 语

作者及其团队经过多年研究，在钢渣、矿渣粉、磷渣粉、石灰石粉、尾矿、飞灰、赤泥等硅铝基固废材料胶凝体系的水化机理、品质控制、性能规律、配制技术及测试方法等多个方面取得了一系列创新性的成果，获得国家专利 9 项；出版专著 1 部；发表论文 60 余篇，其中 SCI 论文 26 篇。

项目研究成果对水工混凝土骨料及矿物掺和料种类的选择、最大掺量的确定、固废无害化及资源化等方面具有很强的指导意义，为固废基水工混凝土的设计提供了重要的理论支持，在开发固废资源属性的同时拓展了其高质化利用途径，提升了水利水电建设的生态环境效益，成果在金沙江银江水电站、岳阳水环境综合整治、琅岐镇区中心水系整治及村庄截污工程等长江流域水利水电工程建设与环境综合整治中得到成功应用，为这些重大工程建设提供了重要科技支撑，累计经济效益超 1 亿元。主要创新如下：

(1) 揭示了硅铝基多源固废协同调质活化机理

明晰了钢渣、尾矿、低活性石粉等固废硅—铝增强活化及灰—渣协同调质机理，阐明了多源固废胶凝体系水化发展历程，协调多源固废的硅铝矿相、粒径组成、水化进程，提出了多源固废胶凝活性调控技术。

(2) 阐明了硅铝基多源固废体系中复合污染物在复杂环境下的多相归趋机制

揭示了低碱条件下重金属在灰—渣体系及环境介质中的固液分配规律，解析了钢渣—矿渣—飞灰、赤泥—煤矸石、钢渣—气化粉煤灰等体系中重金属—有机复合污染物的协同无害化作用机理，研发了以钢渣—矿渣—飞灰等为主要原料的重金属固化及水处理修复材料。

(3) 形成了硅铝基多源固废在水工混凝土中资源化利用关键技术体系

确定了低活性石粉、钢渣、尾矿等固废用作掺和料及骨料的品质控制指标，提出了固废基水工混凝土配合比设计原则及质量控制要求，形成了多源硅铝基固废制备水工混凝土应用关键技术。铁尾矿骨料制备大坝混凝土技术首次在金沙江银江水电站得到成功应用。

主要参考文献

[1] Qi Dongming, Bao Yongzhong, Weng Zhixue, et al. Preparation of acrylate polymer/silica nanocomposite particles with high silica encapsulation efficiency via miniemulsion polymerization [J]. Polymer, 2006, 47: 4622-4629.

[2] Rajamma Rejini, Labrincha João A, Ferreira Victor M. Alkali activation of biomass fly ash-metakaolin blends [J]. Fuel, 2012, 98: 265-271.

[3] Rossman G R, Aines R D. The hydrous components in garnets-grossular-hydrogrossular [J]. American Mineralogist, 1991, 76: 1153-1164.

[4] Schwieger W, Machoke A G, Weissenberger T, et al. Hierarchy concepts: classification and preparation strategies for zeolite containing materials with hierarchical porosity [J]. Chemical Society Reviews, 2016, 45: 3353-3376.

[5] Shao Yan, Zhou Min, Wang Weixing, et al. Identification of chromate binding mechanisms in Friedel's salt [J]. Construction and Building Materials, 2013, 48: 942-947.

[6] Shi Caijun, Wu Z emei, Lv Kuixi, et al. A review on mixture design methods for self-compacting concrete [J]. Construction and Building Materials, 2015, 84: 387-398.

[7] Shiota Kenji, Nakamura Takafumi, Takaoka Masaki, et al. Stabilization of lead in an alkali-activated municipal solid waste incineration fly ash-Pyrophyllite-based system [J]. Journal of Environmental Management, 2017, 201: 327-334.

[8] Shock Everett L, Sassani David C, Willis Marc, et al. Inorganic species in geologic fluids: Correlations among standard molal thermodynamic properties of aqueous ions and hydroxide complexes [J]. Geochimica et Cosmochimica Acta, 1997, 61: 907-950.

[9] Strohmeier B R. Influence of surface-composition on initial hydration of aluminum in boiling water-comment [J]. Applied Surface Science, 1994, 81: 273-275.

[10] Sverjensky D A, Shock E L, Helgeson H C. Prediction of the thermodynamic properties of aqueous metal complexes to 1000℃ and 5 kb [J]. Geochimica et Cosmochimica Acta, 1997, 61: 1359-1412.

[11] Tian Quanzhi, Sasaki Keiko. Structural characterizations of fly ash-based geopolymer after adsorption of various metal ions [J]. Environmental Technology. 2021 (42): 941-951.

[12] Van Jaarsveld J G S, Van Deventer J S J, Schwartzman A. The potential use of geopolymeric materials to immobilise toxic metals: Part II [J]. Material and leaching characteristics. Minerals Engineering 1999, 12: 75-91.

[13] Veprek S, Cocke D L, Kehl S, et al. Mechanism of the deaction of hopcalite catalysis studied by XPS, ISS, and other techniques [J]. Journal of Catalysis, 1986, 100: 250-263.

[14] Wang Hao, Feng Qiming, Liu Kun. The dissolution behavior and mechanism of kaolinite in alkali-acid leaching process [J]. Applied Clay Science, 2016, 132-133: 273-280.

[15] Wang Jin, Wu Xiuling, Wang Junxia, et al. Hydrothermal synthesis and characterization of alkali-activated slag-fly ash-metakaolin cementitious materials [J]. Microporous and Mesoporous Materials, 2012, 155: 186-191.

[16] Wang Lei, Geddes Daniel A, Walkley Brant, et al. The role of zinc in metakaolin-based geopolymers [J]. Cement and Concrete Research, 2020, 136: 106194.

[17] Wang Lei, Yu Iris K M, Tsang Daniel C W, et al. Mixture Design and Reaction Sequence for Recycling Construction Wood Waste into Rapid-Shaping Magnesia-Phosphate Cement Particleboard [J]. Industrial & Engineering Chemistry Research, 2017, 56: 6645-6654.

[18] Wang Xuexue, Li Aimin, Zhang Zhikun. The Effects of Water Washing on Cement-based Stabilization of MWSI Fly Ash [J]. Procedia Environmental Sciences, 2016, 31: 440-446.

[19] Westrum Edgar F, Essene Eric J, Perkins Dexter. Thermophysical properties of the garnet, grossular: $Ca_3Al_2Si_3O_{12}$ [J]. The Journal of Chemical Thermodynamics, 1979, 11: 57-66.

[20] Xu Hua, Van Deventer J S J. The geopolymerisation of aluminosilicate min erals [J]. International Journal of Mineral Processing, 2000, 59: 247-266.

[21] Xu P, Zhao Q L, Qiu W, et al. The Evaluation of the Heavy Metal Leaching Behavior of MSWI-FA Added Alkali-Activated Materials Bricks by Using Different Leaching Test Methods [J]. International Journal of Environmental Research and Public Health, 2019, 16: 17.

[22] Yang Tao, Yao Xiao, Zhang Zuhua. Quantification of chloride diffusion in fly ash-slag-based geopolymers by X-ray fluorescence (XRF) [J]. Construction and Building Materials, 2014, 69: 109-115.

[23] Yi Yan, Wang Xiangyu, Ma Jun, et al. An efficient Egeria najas-derived biochar supported nZVI composite for Cr (VI) removal: Characterization and mechanism investigation based on visual MINTEQ model [J]. Environmental Research, 2020,

189：109912.

［24］ Yu Qijun，Nagataki S，Lin Jinmei，et al. The leachability of heavy metals in hardened fly ash cement and cement-solidified fly ash［J］. Cement and Concrete Research，2005，35：1056-1063.

［25］ Yu Shuyao，Du Bing，Baheiduola Amanjiao，et al. HCB dechlorination combined with heavy metals immobilization in MSWI fly ash by using n-Al/CaO dispersion mixture［J］. Journal of Hazardous Materials，2020.，392：122510.

［26］ Zeng Fanrong，Ali Shafaqat，Zhang Haitao，et al. The influence of pH and organic matter content in paddy soil on heavy metal availability and their uptake by rice plants［J］. Environmental Pollution，2011，159：84-91.

［27］ Zhang Hui，Yang Zhenghong，Su Yufeng. Hydration kinetics of cement-quicklime system at different temperatures［J］. Thermochimica Acta，2019，673：1-11.

［28］ Zhang Na，Li Hongxu，Zhao Yazhao，et al. Hydration characteristics and environmental friendly performance of a cementitious material composed of calcium silicate slag［J］. Journal of Hazardous Materials，2016，306：67-76.

［29］ Zhang Sheng，Chen Zhiliang，Lin Xiaoqing，et al. Kinetics and fusion characteristics of municipal solid waste incineration fly ash during thermal treatment［J］. Fuel，2020，279：118410.

［30］ Zhang Xiang，Zhou Jianhua，Liu Chao，et al. Effects of Ni addition on mechanical properties and corrosion behaviors of coarse-grained WC-10（Co，Ni）cemented carbides［J］. International Journal of Refractory Metals and Hard Materials，2019，80：123-129.

［31］ Zhao S J，Muhammad F，Yu L，et al. Solidification/stabilization of municipal solid waste incineration fly ash using uncalcined coal gangue-based alkali-activated cementitious materials［J］. Environmental Science and Pollution Research，2019，26：25609-25620.

［32］ Zhao Shujie，Muhammad Faheem，Yu Lin，et al. Solidification/stabilization of municipal solid waste incineration fly ash using uncalcined coal gangue-based alkali-activated cementitious materials［J］. Environmental Science and Pollution Research，2019，26：25609-25620.

［33］ Zhong Lihua，He Xiaoman，Qu Jun，et al. Precursor preparation for Ca-Al layered double hydroxide to remove hexavalent chromium coexisting with calcium and magnesium chlorides［J］. Journal of Solid State Chemistry，2017，245：200-206.

［34］ Zhou Xian，Zhou Min，Wu Xian，et al. Reductive solidification/stabilization of chromate in municipal solid waste incineration fly ash by ascorbic acid and blast furnace slag [J]. Chemosphere，2017，182：76-84.

[35] Zhou Xian，Zhou Min，Wu Xian，et al. Studies of phase relations and AFm solid solution formations in the system CaO-Al_2O_3-$CaCl_2$-$CaCrO_4$-H_2O [J]. Applied Geochemistry，2017，80：49-57.

[36] Zhu Beirong，Yang Quanbing. pozzolanic reactivity and reaction kinetics of fly ash [J]. Journal of the Chinese Silicate Society，2004，32：892-896.

[37] Zhu Boquan，Song Yanan，Li Xiangcheng，et al. Synthesis and hydration kinetics of calcium aluminate cement with micro $MgAl_2O_4$ spinels [J]. Materials Chemistry and Physics，2015，154：158-163.

[38] 陈瑜，张起森．掺粉煤灰道路混凝土耐磨性能的模糊综合评估 [J]. 建筑材料学报，2004：178-182.

[39] 程红强，张雷顺，李平先．冻融对混凝土强度的影响 [J]. 河南科学，2003：214-216.

[40] 崔登珲．电动力学结合钢渣可渗透反应墙强化对铜铅污染土壤修复试验研究 [D]. 吉林：东北电力大学，2020.

[42] 董祎挈．灰渣基地聚合物—纤维屏障的构建及其重金属固化机理研究 [D]. 武汉：武汉大学，2020.

[42] 高卓，白浩，蒋小茜．天然砂及粉煤灰改性机制砂道路混凝土研究 [J]. 公路交通科技（应用技术版），2017，13：113-115.

[43] 胡玉飞．超细粉煤灰混凝土的试验及工程应用 [J]. 建材发展导向，2009，7：43-46.

[44] 黄萧．复合地质聚合物固化/稳定化铬渣及其强化技术研究 [D]. 重庆：重庆大学，2018.

[45] 李爱美，王汝恒．粉煤灰对道路混凝土脆性的改善效应 [J]. 中南公路工程，1999：3-5.

[46] 李广慧，李炜，史国强，等．碱渣的产生、危害、处理及再利用 [J]. 河南化工，2002：48-54.

[47] 李红燕．橡胶改性水泥基材料的性能研究 [D]. 南京：东南大学，2004.

[48] 李建军，蔡佳，余晓艳，等．优化处理红宝石中轻微玻璃态物质的清理实验 [J]. 岩石矿物学，2012，31：104-112.

[49] 李婕．钢渣透水沥青混合料性能研究 [J]. 湖南交通科技，2020，46：44-47.

[50] 李新颖．城市生活垃圾焚烧飞灰固化稳定化机制及活性矿物水化产物表征 [D]. 上海：东华大学.2015.

[51] 李逸．关于水泥强度发展及后期强度应用的试验研究 [J]. 建材与装饰，2018，555：48-49.

[52] 李周义．水泥基材料的一维碳化、氯离子和硫酸盐侵蚀的 XCT 结果分析 [D]．深圳：深圳大学，2019.
[53] 厉超．矿渣、高/低钙粉煤灰玻璃体及其水化特性研究 [D]．北京：清华大学，2011.
[54] 梁越．施用钢渣对酸化菜地土壤的效果 [D]．武汉：华中农业大学，2016.
[55] 刘佳．金属阳离子对水溶液中蒙脱石膨胀性和凝聚的影响 [D]．武汉：武汉理工大学，2016.
[56] 刘朋．粒状煤矸石的活化及其在水泥基材料中的应用研究 [D]．合肥：安徽建筑大学，2019.
[57] 刘晓成．填埋生活垃圾稳定化特征及开采可行性研究 [D]．杭州：浙江大学，2018.
[58] 刘子涵．地质聚合物基硅酮纳米纤维超疏水复合涂层的制备与性能研究 [D]．南宁：广西大学，2019.
[59] 门慧娟，高永明．Shell 煤气化和 GSP 煤气化的工艺对比 [J]．内蒙古石油化工，2011，37：56-57.
[60] 闵孟禹．短切碳纤维增强地质聚合物复合材料制备及摩擦性能研究 [D]．兰州：兰州交通大学，2019.
[61] 祁珍丽．煤气化粉煤灰制备沸石工艺研究 [D]．郑州：郑州大学，2014.
[62] 秦宝山，张中国．熟料游离氧化钙偏高的原因及解决方法 [J]．水泥技术，2020：91-94.
[63] 宋鲁侠．矿渣基地质聚合物路面修补材料的研究 [D]．北京：中国地质大学，2018.
[64] 宋倩楠，王峰，唐一，等．螯合剂稳定飞灰的条件优化及螯合产物的稳定性评价 [J]．环境工程，2020：1-11.
[65] 孙立，吴新，刘道洁，等．基于硅基的垃圾焚烧飞灰中温热处理重金属稳固化实验 [J]．化工进展，2017，36：3514-3522.
[66] 孙善彬，赵法国，郑文涛．晶化温度对粉煤灰—赤泥微晶玻璃微观结构及性能的影响研究 [J]．科技风，2020：167-169.
[67] 童立志，韦黎华，王峰，等．焚烧飞灰重金属含量及浸出长期变化规律研究 [J]．中国环境科学，2020，40：2132-2139.
[68] 王华，张强，宋存义．莫来石在粉煤灰碱性溶液中的反应行为 [J]．粉煤灰综合利用，2001：24-27.
[69] 王凯．煤炭气化发展及应用中的热点问题研究 [J]．化工设计通讯，2018，44：13.
[70] 王永伟，王志青，张林仙，等．高铝煤气化残渣提取氧化铝的实验研究 [J]．化学工程，2016，44：65-69.
[71] 肖永丰．粉煤灰提取氧化铝方法研究 [J]．矿产综合利用，2020：156-162.

[72] 闫英师，李玉凤，赵礼兵．改性钢渣对锌离子的去除研究［J］．华北理工大学学报（自然科学版），2020，42：41-46.

[73] 杨世玉，赵人达，靳贺松，等．粉煤灰地聚物砂浆早期强度的影响参数研究［J］．工程科学与技术，2020：1-8.

[74] 尹志刚．煤矸石、粉煤灰作为道路基层填料的试验研究［D］．阜新：辽宁工程技术大学，2004.

[75] 游世海，郑化安，付东升，等．粉煤灰制备微晶玻璃研究进展［J］．硅酸盐通报，2014，33：2902-2907+2912.

[76] 于金海．钢渣—水泥注浆加固全强风化花岗岩试验研究［J］．西安建筑科技大学学报（自然科学版），2020，52：528-536.

[77] 张朝晖，廖杰龙，巨建涛，等．钢渣处理工艺与国内外钢渣利用技术［J］．钢铁研究学报，2013，25：1-4.

[78] 张楚，王爽．城市垃圾焚烧飞灰高温熔融处理实验研究［J］．辽宁石油化工大学学报，2019，39：31-35.

[79] 张端峰．壳牌炉粉煤灰合成沸石及其脱氮应用研究［D］．郑州：郑州大学，2015.

[80] 章家海．混凝土碱活性反应危害及质量控制要点［J］．安徽建筑，2017，24：255-257.

[81] 赵永彬，吴辉，蔡晓亮，等．煤气化残渣的基本特性研究［J］．洁净煤技术，2015，21：110-113+174.

[82] 郑广俭．无定形 Al_2O_3-$2SiO_2$ 粉体制备及地质聚合反应机理研究［D］．南宁：广西大学，2011.

[83] 郑振安．壳牌煤气化装置运行性能评述［J］．化肥设计，2004：3-7.

[84] Dechang J. Geoplymer and Geopolymer Matrix Composites［D］. Harbin：Harbin Institute of Technology Press，2014.

[85] Davidovits J. Gerpolymers-Inorganic polymeric new materials［J］. Journal of Thermal Analysis，1991. 37（8）：1633-1656.

[86] Yun-Ming L，et al. Structure and properties of clay-based geopolymer cements：A review［J］. Progress in Materials Science，2016，83：595-629.

[87] Duxson P，et al. Geopolymer technology：the current state of the art［J］. Journal of Materials Science，2007，42（9）：2917-2933.

[88] Saidi N，B Samet，S Baklouti. Effect of Composition on Structure and Mechanical Properties of Metakaolin Based PSS-Geopolymer［J］. International Journal of Material Science，2013，3（4）：145-151.

[89] Pacheco-Torgal F，et al. Durability of alkali-activated binders：A clear advantage over Portland cement or an unproven issue?［J］. Construction and Building Materials，2012，

30：400-405.

[90] Pan，Z H，et al. Properties and microstructure of the hardened alkali-activated red mud-slag cementitious material [J]. Cement and Concrete Research，2003，33 (9)：p. 1437-1441.

[91] Duxson P，et al. The effect of alkali and Si/Al ratio on the development of mechanical properties of metakaolin-based geopolymers [J]. Colloids and Surfaces a-Physicochemical and Engineering Aspects，2007，292 (1)：8-20.

[92] Wang H L，H H Li，F Y Yan. Synthesis and mechanical properties of metakaolinite-based geopolymer [J]. Colloids and Surfaces a-Physicochemical and Engineering Aspects，2005，268：1-6.

[93] Rovnanik P. Effect of curing temperature on the development of hard structure of metakaolin-based geopolymer [J]. Construction and Building Materials，2010，24 (7)：1176-1183.

[94] Rahier H，et al. Production of Geopolymers from Untreated Kaolinite [J]. Developments in Strategic Materials and Computational Design Ii，2011，32 (10)：83-89.

[95] Zeng L，et al. Novel method for preparation of calcined kaolin intercalation compound-based geopolymer [J]. Applied Clay Science，2014，101：637-642.

[96] Kanuchova M，et al. Influence of Mechanical Activation of Fly Ash on the Properties of Geopolymers Investigated by XPS Method [J]. Environmental Progress & Sustainable Energy，2016，35 (5)：1338-1343.

[97] 陈鼎．机械力化学 [M]. 北京：化学工业出版社，2008.

[98] 杨南如．机械力化学过程及效应（Ⅰ）机械力化学效应 [J]. 建筑材料学报，2000，3 (1)：19-19.

[99] 杨南如．机械力化学过程及效应（Ⅱ）机械力化学过程及应用 [J]. 建筑材料学报，2000，3 (2)：93-93.

[100] 温金保．钢渣的机械力化学效应研究 [J]. 钢铁钒钛，2005，26 (2)：39-43.

[101] Kumar S，et al. Improved processing of blended slag cement through mechanical activation [J]. Journal of Materials Science，2004，39 (10)：3449-3452.

[102] Kumar S，et al. Mechanical activation of granulated blast furnace slag and its effect on the properties and structure of portland slag cement [J]. Cement & Concrete Composites，2008，30 (8)：679-685.

[103] 孙朋，郭占成．钢渣的胶凝活性及其激发的研究进展 [J]. 硅酸盐通报，2014，33 (9)：2230-2235.

[104] 吴辉，倪文，仇夏杰，等．机械活化对热闷法钢渣胶凝活性的影响 [J]. 硅酸盐通报，2014，33 (6)：1550-1555.

[105] Hela R, D Orsáková. The Mechanical Activation of Fly Ash [J]. Procedia Engineering, 2013, 65 (65): 87-93.

[106] Temuujin J, R P Williams, A V Riessen. Effect of mechanical activation of fly ash on the properties of geopolymer cured at ambient temperature [J]. Journal of Materials Processing Technology, 2009, 209 (12): 5276-5280.

[107] 马保国，罗忠涛，张美香，等．湿排粉煤灰机械活化效应及其机理研究 [J]. 混凝土，2006 (10): 7-9.

[108] 徐玲玲，杨南如，钟白茜．机械活化粉煤灰的颗粒分布和活性的研究 [J]. 硅酸盐通报，2003，22 (2): 73-76.

[109] E F Aglietti，王宏新．高岭土磨矿中的机械化学效应——结构和物理化学方面 [J]. 国外非金属矿，1988 (6): 14-18.

[110] Reynolds R C, D L Bish. The effects of grinding on the structure of a low-defect kaolinite [J]. American Mineralogist, 2002, 87 (11-12): 1626-1630.

[111] Kulebakin V G, A S Shakora. Mechanochemical activation of clays as a means for changing their physicochemical and manufacturing properties. Refractories & Industrial Ceramics, 1994, 35 (9): 301-310.

[112] Vizcayno C, et al. Some physico-chemical alterations caused by mechanochemical treatments in kaolinites of different structural order [J]. Thermochimica Acta, 2005, 428 (1-2): 173-183.

[113] 司鹏，乔秀臣，于建国．机械力化学效应对高岭石铝氧多面体的影响 [J]. 武汉理工大学学报，2011 (5): 22-26.

[114] 王春梅，等．煅烧制度及激发剂对偏高岭土活性的影响 [J]. 武汉理工大学学报，2009 (7): 126-130.

[115] Hajimohammadi A, J S J van Deventer. Characterisation of One-Part Geopolymer Binders Made from Fly Ash [J]. Waste and Biomass Valorization, 2017, 8 (1): 225-233.

[116] Nematollahi B, J Sanjayan, F U A Shaikh. Synthesis of heat and ambient cured one-part geopolymer mixes with different grades of sodium silicate [J]. Ceramics International, 2015, 41 (4): 5696-5704.

[117] Ke X Y, et al. One-Part Geopolymers Based on Thermally Treated Red Mud/NaOH Blends [J]. Journal of the American Ceramic Society, 2015, 98 (1): 5-11.

[118] Ye N, et al. Synthesis and strength optimization of one-part geopolymer based on red mud [J]. Construction & Building Materials, 2016, 111: 317-325.

[119] Sturm P, et al. The effect of heat treatment on the mechanical and structural properties of one-part geopolymer-zeolite composites [J]. Thermochimica Acta,

2016，635：41-58.

［120］ Sturm P，et al. Synthesizing one-part geopolymers from rice husk ash ［J］. Construction and Building Materials，2016，124：961-966.

［121］ Choo H，et al. Compressive strength of one-part alkali activated fly ash using red mud as alkali supplier ［J］. Construction and Building Materials，2016，125：21-28.

［122］ Hajimohammadi A J L. Provis J S J V Deventer. One-Part Geopolymer Mixes from Geothermal Silica and Sodium Aluminate ［J］. Industrial & Engineering Chemistry Research，2008. 47（23）：9396-9405.

［123］ 王美荣，铝硅酸盐聚合物聚合机理及含漂珠复合材料组织与性能［D］. 哈尔滨：哈尔滨工业大学，2011.

［124］ Ding Y，J G Dai，C J Shi. Mechanical properties of alkali-activated concrete：A state-of-the-art review2011 ［J］. Construction and Building Materials，2016. 127：68-79.

［125］ Sakulich A R. Reinforced geopolymer composites for enhanced material greenness and durability ［J］. Sustainable Cities and Society，2011，1（4）：195-210.

［126］ Shaikh F U A. Review of mechanical properties of short fibre reinforced geopolymer composites ［J］. Construction and Building Materials，2013. 43：37-49.

［127］ Salahuddin M B M，M Norkhairunnisa，F Mustapha. A review on thermophysical evaluation of alkali-activated geopolymers ［J］. Ceramics International，2015. 41（3）：4273-4281.

［128］ Sabbatini A，et al. Control of shaping and thermal resistance of metakaolin-based geopolymers ［J］. Materials & Design，2017，116：374-385.

［129］ Nazari A，G Khalaj，S Riahi. ANFIS-based prediction of the compressive strength of geopolymers with seeded fly ash and rice husk-bark ash ［J］. Neural Computing & Applications，2013，22（3-4）：689-701.

［130］ Nazari A，J G Sanjayan. Johnson-Mehl-Avrami-Kolmogorov equation for prediction of compressive strength evolution of geopolymer ［J］. Ceramics International，2015，41（2）：3301-3304.

［131］ Bernal S A ，J L Provis. Durability of Alkali-Activated Materials：Progress and Perspectives ［J］. Journal of the American Ceramic Society，2014，97（4）：997-1008.

［132］ 马鸿文，等 . 矿物聚合材料：研究现状与发展前景［J］. 地学前缘，2002，9（4）：397-407.

［133］ Rashad A M. Metakaolin as cementitious material：History，scours，production and composition-A comprehensive overview [J]. Construction and Building Materials, 2013, 41: 303-318.

[134] Mehta A, R Siddique. An overview of geopolymers derived from industrial by-products [J]. Construction and Building Materials, 2016, 127: 183-198.

[135] Ken P W, M Ramli, C C Ban. An overview on the influence of various factors on the properties of geopolymer concrete derived from industrial by-products [J]. Construction and Building Materials, 2015, 77: 370-395.

[136] Khale D, R Chaudhary. Mechanism of geopolymerization and factors influencing its development: a review [J]. Journal of Materials Science, 2007, 42 (3): 729-746.

[137] Reddy M S, P Dinakar, B H Rao. A review of the influence of source material' s oxide composition on the compressive strength of geopolymer concrete [J]. Microporous and Mesoporous Materials, 2016, 234: 12-23.

[138] Zhang H Y, et al. Comparative Thermal and Mechanical Performance of Geopolymers derived from Metakaolin and Fly Ash [J]. Journal of Materials in Civil Engineering, 2016, 28 (2): 1-12.

[139] Hajjaji W, et al. Composition and technological properties of geopolymers based on metakaolin and red mud [J]. Materials & Design, 2013, 52: 648-654.

[140] Bernal S A, et al. Activation of Metakaolin/Slag Blends Using Alkaline Solutions Based on Chemically Modified Silica Fume and Rice Husk Ash [J]. Waste and Biomass Valorization, 2012, 3 (1): 99-108.

[141] Van Jaarsveld J G S, J S J van Deventer, G C Lukey. The effect of composition and temperature on the properties of fly ash-and kaolinite-based geopolymers [J]. Chemical Engineering Journal, 2002, 89 (1-3): 63-73.

[142] He J, et al. The strength and microstructure of two geopolymers derived from metakaolin and red mud-fly ash admixture: A comparative study [J]. Construction and Building Materials, 2012, 30: 80-91.

[143] Oh J E, et al. The evolution of strength and crystalline phases for alkali-activated ground blast furnace slag and fly ash-based geopolymers [J]. Cement and Concrete Research, 2010, 40 (2): 189-196.

[144] Son S G, et al. Properties of the Alumino-Silicate Geopolymer using Mine Tailing and Granulated Slag [J]. Journal of Ceramic Processing Research, 2013, 14 (5): 591-594.

[145] 寇德慧，段瑜芳．煤矸石基土聚合物材料的性能研究 [J]. 粉煤灰综合利用，2008 (4): 16-19.

[146] Pathak A, V K Jha. Synthesis of Geopolymer from Inorganic Construction Waste [J]. Journal of Nepal Chemical Society, 2013, 30 (2): 45-51.

[147] Jha V K, A Tuladhar. An Attempt of Geopolymer Synthesis from Construction Waste [J]. Chemistry & Biology, 2013, 28 (2): 29-33.

[148] Badanoiu A I, et al. Preparation and characterization of foamed geopolymers from waste glass and red mud [J]. Construction and Building Materials, 2015, 84: 284-293.

[149] Cyr M, R Idir, T Poinot. Properties of inorganic polymer (geopolymer) mortars made of glass cullet [J]. Journal of Materials Science, 2012, 47 (6): 2782-2797.

[150] Peng M X, et al. Synthesis, characterization and mechanisms of one-part geopolymeric cement by calcining low-quality kaolin with alkali [J]. Materials and Structures, 2015, 48 (3): 699-708.

[151] Pan F, et al. Synthesis and crystallization kinetics of ZSM-5 without organic template from coal-series kaolinite [J]. Microporous and Mesoporous Materials, 2014, 184: 134-140.

[152] Han B Q, N Li. Preparation of beta-SiC/Al_2O_3 composite from kaolinite gangue by carbothermal reduction [J]. Ceramics International, 2005, 31 (2): 227-231.

[153] Kumar A, S Kumar. Development of paving blocks from synergistic use of red mud and fly ash using geopolymerization [J]. Construction and Building Materials, 2013, 38: 865-871.

[154] Shukla S K. Utilisation of iron ore mine tailings for the production of geopolymer bricks [J]. International Journal of Mining Reclamation & Environment, 2014, 30 (2): 1-23.

[155] Okada K, et al. Water retention properties of porous geopolymers for use in cooling applications [J]. Journal of the European Ceramic Society, 2009, 29 (10): 1917-1923.

[156] Liu L P, et al. Preparation of phosphoric acid-based porous geopolymers [J]. Applied Clay Science, 2010, 50 (4): 600-603.

[157] Lin T, et al. Effects of fibre content on mechanical properties and fracture behaviour of short carbon fibre reinforced geopolymer matrix composites [J]. Bulletin of Materials Science, 2009, 32 (1): 77-81.

[158] He P, et al. Effects of high-temperature heat treatment on the mechanical properties of unidirectional carbon fiber reinforced geopolymer composites [J]. Ceramics International, 2010, 36 (4): 1447-1453.

[159] He P, et al. Effect of cesium substitution on the thermal evolution and ceramics formation of potassium-based geopolymer [J]. Ceramics International, 2010, 36 (8): 2395-2400.

[160] Bell J, M Gordon, W Kriven. Use of Geopolymeric Cements as a Refractory Adhesive for Metal and Ceramic Joins [J]. John Wiley & Sons, 2005: 407-413.

[161] Comrie D C, W M Kriven. Composite Cold Ceramic Geopolymer in a Refractory Applicati on [J]. John Wiley & Sons, 2004: 211-225.

[162] Davidovits J, M Davidovics. Geopolymer: Room - Temperature Ceramic Matrix for Composites [J]. Ceram. Eng. Sci. Proc (United States), 1988, 9 (12): 835-841.

[163] Cheng T W, J P Chiu. Fire-resistant geopolymer produce by granulated blast furnace slag [J]. Minerals Engineering, 2003, 16 (3): 205-210.

[164] Wang S B, H M Ang, M O Tade. Novel applications of red mud as coagulant, adsorbent and catalyst for environmentally benign processes [J]. Chemosphere, 2008, 72 (11): 1621-1635.

[165] Liu X M, N Zhang. Utilization of red mud in cement production: a review [J]. Waste Management & Research, 2011, 29 (10): 1053-1063.

[166] Zhang N, et al. Evaluation of blends bauxite-calcination-method red mud with other industrial wastes as a cementitious material: Properties and hydration characteristics [J]. Journal of Hazardous Materials, 2011, 185 (1): 329-335.

[167] Pan Z H, et al. Hydration products of alkali-activated slag-red mud cementitious material. Cement and Concrete Research, 2002, 32 (3): 357-362.

[168] Dimas D D, I P Giannopoulou, D Panias. Utilizations of alumina red mud for syntheses of inorganic polymeric materials [J]. Mineral Processing and Extractive Metallurgy Review, 2009, 30 (3): 211-239.

[169] Zhang G P, J A He, R P Gambrell. Synthesis, Characterization, and Mechanical Properties of Red Mud-Based Geopolymers [J]. Transportation Research Record, 2010 (2167): 1-9.

[170] He J, et al. Synthesis and characterization of red mud and rice husk ash-based geopolymer composites [J]. Cement & Concrete Composites, 2013, 37: 108-118.

[171] 张金山，等．煤系高岭岩制备偏高岭土实验研究 [J]. 无机盐工业，2016 (9): 64-67.

[172] Li D X, et al. Research on cementitious behavior and mechanism of pozzolanic cement with coal gangue [J]. Cement and Concrete Research, 2006, 36 (9): 1752-1759.

[173] Yao Y, H H Sun. A novel silica alumina-based backfill material composed of coal refuse and fly ash [J]. Journal of Hazardous Materials, 2012, 213: 71-82.

[174] Li Y, et al. Improvement on pozzolanic reactivity of coal gangue by integrated

thermal and chemical activation [J]. Fuel，2013，109：527-533.

[175] Hind A R，S K Bhargava，S C Grocott. The surface chemistry of Bayer process solids：a review [J]. Colloids and Surfaces a-Physicochemical and Engineering Aspects，1999，146（1-3）：359-374.

[176] Zhang M，et al. Synthesis factors affecting mechanical properties，microstructure，and chemical composition of red mud-fly ash based geopolymers [J]. Fuel，2014，134：315-325.

[177] Djobo J N Y，et al. Mechanical activation of volcanic ash for geopolymer synthesis：effect on reaction kinetics，gel characteristics，physical and mechanical properties [J]. Rsc Advances，2016，6（45）：39106-39117.

[178] Temuujin J，R P Williams，A van Riessen. Effect of mechanical activation of fly ash on the properties of geopolymer cured at ambient temperature [J]. Journal of Materials Processing Technology，2009，209（12-13）：5276-5280.

[179] 方莹，芋艳梅，张少明．机械力化学效应对煤矸石物理性能的影响 [J]. 材料科学与工艺，2008，16（2）：290-292.

[180] Sun H H，et al. The influence of mechanochemistry on the structure speciality and cementitious performance of red mud [J]. Rare Metal Materials and Engineering，2007，36：568-570.

[181] Li C，et al.，Investigation on the activation of coal gangue by a new compound meth od [J]. Journal of Hazardous Materials，2010，179（1-3）：515-520.

[182] Williams R P，A van Riessen. Determination of the reactive component of fly ashes for geopolymer production using XRF and XRD [J]. Fuel，2010，89（12）：3683-3692.

[183] Fernandez-Jimenez A，et al. Quantitative determination of phases in the alkali activation of fly ash. Part I. Potential ash reactivity [J]. Fuel，2006，85（5-6）：625-634.

[184] 张茂根，翁志学，黄志明，等．颗粒统计平均粒径及其分布的表征 [J]. 高分子材料科学与工程，2000，16（5）：1-4.

[185] Ye N，et al. Synthesis and Characterization of Geopolymer from Bayer Red Mud with Thermal Pretreatment [J]. Journal of the American Ceramic Society，2014，97（5）：1652-1660.

[186] 叶家元．活化铝土矿选尾矿制备碱激发胶凝材料及其性能变化机制 [D]. 北京：中国建筑材料科学研究总院，2015.

[187] Provis J L，G C Lukey，J S J van Deventer. Do geopolymers actually contain nanocrystalline zeolites? A reexamination of existing results [J]. Chemistry of Materials，2005，17（12）：3075-3085.

[188] 崔登珲．电动力学结合钢渣可渗透反应墙强化对铜铅污染土壤修复试验研究 [D].

吉林：东北电力大学，2020.
[189] 董祎挈．灰渣基地聚合物—纤维屏障的构建及其重金属固化机理研究 [D]. 武汉：武汉大学，2020.
[190] 秦宝山，张中国．熟料游离氧化钙偏高的原因及解决方法 [J]. 水泥技术，2020：91-94.
[191] 厉超．矿渣、高/低钙粉煤灰玻璃体及其水化特性研究 [D]. 北京：清华大学，2011.
[192] 刘佳．金属阳离子对水溶液中蒙脱石膨胀性和凝聚的影响 [D]. 武汉：武汉理工大学，2016.
[193] 刘朋．粒状煤矸石的活化及其在水泥基材料中的应用研究 [D]. 合肥：安徽建筑大学，2019.
[194] 刘晓成．填埋生活垃圾稳定化特征及开采可行性研究 [D]. 杭州：浙江大学，2018.
[195] 刘子涵．地质聚合物基硅酮纳米纤维超疏水复合涂层的制备与性能研究 [D]. 南宁：广西大学，2019.
[196] 门慧娟，高永明．Shell 煤气化和 GSP 煤气化的工艺对比 [J]. 内蒙古石油化工，2011，37：56-57.
[197] 闵孟禹．短切碳纤维增强地质聚合物复合材料制备及摩擦性能研究 [D]. 兰州：兰州交通大学，2019.
[198] 祁珍丽．煤气化粉煤灰制备沸石工艺研究 [D]. 郑州：郑州大学，2014.
[199] 武伟娟，等．钢渣—水泥复合胶凝材料的水化放热和动力学研究 [J]. 北京化工大学学报（自然科学版），2016，43（4）：40-45.
[200] Yao X，et al. Geopolymerization process of alkali-metakaolinite characterized by isothermal calorimetry [J]. Thermochimica Acta，2009，493（1-2）：49-54.
[201] Krstulovic R，P Dabic. A conceptual model of the cement hydration process [J]. Cement & Concrete Research，2000，30（5）：693-698.
[202] Sutar H. Progress of Red Mud Utilization：An Overview [J]. American Chemical Science Journal，2014，4（3）：255-279.
[203] Van Jaarsveld，J S J Van Deventer，et al. The potential use of geopolymeric materials to immobilise toxic metals：Part II. Material and leaching characteristics [J]. Minerals Engineering，1999. 12（1）：75-91.
[204] Liu Y J，R Naidu，H Ming. Red mud as an amendment for pollutants in solid and liquid phases [J]. Geoderma，2011，163（1-2）：1-12.
[205] Zhang Y S，et al. Synthesis and Heavy Metal Immobilization Behaviors of Fly Ash based Gepolymer [J]. Journal of Wuhan University of Technology-Materials Science Edition，

2009，24（5）：819-825.

[206] Nikolic V，et al. Lead immobilization by geopolymers based on mechanically activated fly ash [J]. Ceramics International，2014，40（6）：8479-8488.

[207] Zhang J G，et al. Geopolymers for immobilization of Cr^{6+}，Cd^{2+}，and Pb^{2+}. Journal of Hazardous Materials，2008，157（2-3）：587-598.

[208] Palomo A，M Palacios. Alkali-activated cementitious materials：Alternative matrices for the immobilisation of hazardous wastes：Part II [J]. Stabilisation of chromium and lead. Cement & Concrete Research，2003，33（2）：289-295.

[209] Deja J. Immobilization of Cr^{6+}，Cd^{2+}，Zn^{2+} and Pb^{2+} in alkali-activated slag binde rs [J]. Cement & Concrete Research，2002，32（12）：1971-1979.

[210] Zhou X，et al. Reductive solidification/stabilization of chromate in municipal solid waste incineration fly ash by ascorbic acid and blast furnace slag [J]. Chemosphere，2017，182：76-84.

[211] Quina M J，J C M Bordado，R M Quintaferreira. The influence of pH on the leaching behaviour of inorganic components from municipal solid waste APC residues [J]. Waste Management，2009，29（9）：2483-2493.

[212] Zheng L，et al. Immobilization of MSWI fly ash through geopolymerization：Effects of water-wash [J]. Waste Management，2011，31（2）：311-317.

[213] Zheng L，W Wang，X B Gao. Solidification and immobilization of MSWI fly ash through aluminate geopolymerization：Based on partial charge model analysis [J]. Waste Management，2016，58：270-279.

[214] Palacios M，A Palomo. Alkali-activated fly ash matrices for lead immobilisation：A comparison of different leaching tests [J]. Advances in Cement Research，2004，16（4）：137-144.

[215] Sloot H A V D. Developments in evaluating environmental impact from utilization of bulk inert wastes using laboratory leaching tests and field verification [J]. Waste Management，1996，16（1-3）：65-81.

[216] Spence R，Designing of Cement-Based Formula for Solidification/Stabilization of Hazardous，Radioactive，and Mixed Wastes [J]. Critical Reviews in Environmental Science & Technology，2004，34（4）：391-417.

[217] Ye N，et al. Co-disposal of MSWI fly ash and Bayer red mud using an one-part geopolymeric system [J]. Journal of Hazardous Materials，2016，318：70-78.

[218] Chen Q Y，et al. Immobilisation of heavy metal in cement-based solidification/stabilisation：a review [J]. Waste Management，2009，29（1）：390-403.

[219] Shin W，Y K Kim. Stabilization of heavy metal contaminated marine sediments

with red mud and apatite composite [J]. Journal of Soils and Sediments，2016，16 (2)：726-735.

[220] Cui X，et al. Applications and Formation Mechanism of Zeolite-like Structure of Geopolymer [J]. Rare Metal Materials & Engineering，2015，44：600-604.

[221] 朱伟，闵凡路，吕一彦，等."泥科学与应用技术"的提出及研究进展 [J]. 岩土力学，2013，34 (11)：3041-3054.

[222] 许颖，余肖婷，吴艳梅，等.滩涂海泥的矿物组成及其对亚甲基蓝的吸附 [J]. 当代化工，2019，48 (11)：2485-2489.

[223] 许丽梅，黄建辉.镁盐改性海底污泥及其对印染废水的处理 [J]. 莆田学院学报，2015，22 (2)：79-82.

[224] 杨天池，施家威，毛国华.宁波地区滩涂海产品重金属与多氯联苯污染状况及其环境相关性分析 [J]. 中国卫生检验杂志，2013，23 (9)：2157-2159+2161.

[225] 韩博平.中国水库生态学研究的回顾与展望 [J]. 湖泊科学，2010 (2)：151-160.

[226] 杨家宽，杨晓，李亚林，等.基于骨架构建体污泥脱水及其固化土工性能研究 [J]. 武汉科技大学学报，2012，35 (2)：133-136.

[227] 高立新.掺复合微粉水工混凝土抗冻性试验分析 [J]. 黑龙江水利科技，2023，51 (9)：68-72.

[228] 黄东海，杨一琛，夏超群，等.宝钢滚筒渣替代近海水工混凝土骨料的试验研究 [J]. 水运工程，2021 (7)：27-31.

[229] 谢悦凯.铜尾矿粉对水工混凝土性能的影响 [J]. 江西建材，2023 (11)：44-46.

[230] 高立新.掺复合微粉水工混凝土抗冻性试验分析 [J]. 黑龙江水利科技，2023，51 (9)：68-72.

[231] 李家正.水工混凝土材料研究进展综述 [J]. 长江科学院院报，2022，39 (5)：1-9.

[232] 钱文勋，白银，徐雪峰，等.高寒复杂条件下混凝土坝新型防护和耐磨材料 [M]. 南京：东南大学出版社：2021，12：328.

[233] 黄东海，杨一琛，夏超群，等.宝钢滚筒渣替代近海水工混凝土骨料的试验研究 [J]. 水运工程，2021 (7)：27-31.

[234] 张亚妮.钢渣骨料对水工混凝土性能的影响 [J]. 四川建材，2021，47 (5)：3-4+12.

[235] 董亮.铁尾矿砂对水工高性能混凝土的试验研究 [J]. 水利技术监督，2020 (5)：34-36+237.

[236] 陈晓润.水工混凝土组成、结构与抗冲磨性能关系的研究 [D]. 武汉：武汉大学，2018.

[237] 信玉良.掺钢渣混凝土强度及抗冲磨性能的试验研究 [D]. 乌鲁木齐：新疆农业大学，2014.

[238] 黄杰.基于尾矿砂的塑性混凝土力学特性试验研究 [D]. 沈阳：沈阳工业大

学，2013.

［239］李明霞，杨华全，闫小虎．不同掺和料对水工混凝土性能影响的研究［J］．混凝土，2012（12）：60-62+65.

［240］吕平．采用铁矿石尾矿为骨料的混凝土配合比设计试验［J］．山西水利科技，2012（4）：13-15.

［241］李明霞，杨华全，董芸．掺磷渣、粉煤灰对水泥水化热的影响研究［J］．人民长江，2012，43（S1）：196-198.

［242］国家能源局．水工混凝土掺用天然火山灰质材料技术规范：DL/T 5273—2012［S］．北京：中国电力出版社，2012.

［243］杨华美．高钛矿渣作为水工混凝土掺和料及骨料性能研究［D］．武汉：长江科学院，2010.

［244］中华人民共和国国家发展和改革委员会．水工混凝土掺用磷渣粉技术规范：DL/T 5387—2007［S］．北京：中国标准出版社，2007.

［245］中华人民共和国国家发展和改革委员会，水工混凝土掺用粉煤灰技术规范：DL/T 5055—2007［S］．北京：中国电力出版社，2007.

［246］国家能源局．水工混凝土配合比设计规程：DL/T 5330—2005［S］．北京：中国电力出版社，2005.

［247］国家能源局．水工混凝土砂石骨料试验规程：DL/T 5151—2001［S］．北京：中国电力出版社，2001.